全国中医药行业高等教育"十三五"创新教材

肌动学

（供康复治疗学专业、运动康复专业用）

主　编　王　艳　朱路文

中国中医药出版社
·北　京·

图书在版编目（CIP）数据

肌动学 / 王艳，朱路文主编 . —北京：中国中医药出版社，2020. 6（2023.1重印）

全国中医药行业高等教育"十三五"创新教材

ISBN 978 - 7 - 5132 - 4265 - 3

Ⅰ . ①肌…　Ⅱ . ①王…　朱…　②　Ⅲ . ①肌肉—运动生理学—中

医学院—教材　Ⅳ . ① R322.7

中国版本图书馆 CIP 数据核字（2017）第 121243 号

中国中医药出版社出版

北京经济技术开发区科创十三街 31 号院二区 8 号楼

邮政编码　100176

传真　010 - 64405721

三河市同力彩印有限公司印刷

各地新华书店经销

开本 787×1092　1/16　印张 18.25　字数 408 千字

2020 年 6 月第 1 版　2023 年 1 月第 4 次印刷

书号　ISBN 978 - 7 - 5132 - 4265 - 3

定价　65.00 元

网址　www.cptcm.com

服 务 热 线　010—64405510
购 书 热 线　010—89535836
维 权 打 假　010—64405753

微信服务号　zgzyycbs
微商城网址　https://kdt.im/LIdUGr
官 方 微 博　http://e.weibo.com/cptcm
淘宝天猫网址　http://zgzyycbs.tmall.com

如有印装质量问题请与本社出版部联系（010 - 64405510）

全国中医药行业高等教育"十三五"创新教材

《肌动学》编委会

编写说明

　　肌动学是研究人类动作的一门学科，涉及运动、艺术及医学等方面。本教材主要针对运动与康复的相关内容，涉及解剖学、生物力学及生理学相关内容。

　　本教材编写以提高学生和临床康复人员的实践操作为原则，通过对骨骼、肌肉系统的解剖（包括神经支配），在结构与功能方面分析动作及临床应用。同时，对正常情况与疾病或外伤的不正常情况进行讨论，目的是提高学生对肌动学的了解，针对造成骨骼、肌肉系统的疾病建立合理评估、精确诊断及有效治疗，从而为康复者提供高品质照护。

　　本教材共十三章，第一章、第九章由王艳编写，第二章、第五章由朱路文编写，第三章由王蕾编写，第四章由赵彬编写，第六章由陈慧杰编写，第七章由张春艳编写，第八章由庞秀明编写，第十章由项栋良编写，第十一章、第十三章由陈国平编写，第十二章由裴飞编写。刘长辉、张洋、李姝涵、郭峰、于虹霈、杨艳旭、张书梅、齐辉、金洁、宫双、戚彪、徐若男、郭子楠、董传菲、郑琳琳、丁丹阳、李文思、袁一鸣、郑淞尹、冯宇晴、陈程程等在资料收集、整理、校稿及插图制作等方面做了大量工作。

　　虽然我们在本专业取得了一定的经验和成绩，编写过程中全体人员尽心尽力，但不足之处在所难免，敬请读者提出，以便再版时修订提高。

　　　　　　　　　　　　　　　　　　　　　《肌动学》编委会
　　　　　　　　　　　　　　　　　　　　　2020 年 1 月

目 录

第一章　概　述 ▷▷▷▷

　　肌动学这个词来自希腊语的 kinesis（移动）和 logy（研究）。肌肉骨骼系统的肌动学以康复的基本原则为指引，注重肌肉、骨骼系统中解剖与生物力学间的相互作用。许多艺术家，如 Michelangelo Buonarroti 和 Leonardo davinci 已描述了这些相互作用的美感和复杂性。他们的作品激励了 1747 年解剖学家 Bernhard Siegfried Albinus（1697—1770）的经典文献 Tabulae Sceleti et Musculorum Corporis Humani 的产生。

　　肌动学的内容大量引用解剖学、生物力学和生理学三大主体知识。解剖学是人类躯干与肢体在外形与结构上的学科。生物力学是应用物理原则量化研究力量如何在活体中作用的学科。生理学是活体的生物研究。本教材结合骨骼肌肉解剖学、生物力学和生理学的原理进行分析，以推论的方式理解骨骼肌肉系统的运动机制。

第一节　运动学

　　运动学（kinematics）是力学的一个分支，主要描述物体的运动而不考虑产生运动的力或扭转力。在生物力学中，"肢体"泛指整个身体及身体的任何部分，如骨骼或某身体部位。一般来讲，运动分为两类，即位移和旋转。

一、位移与旋转

　　位移（translation）描述的是一个线性动作，一个刚硬主体的所有部位与主体本身均朝同样方向平行移动。位移可发生在直线上（直线上的位移），也可发生在曲线上（曲线上的位移）。例如，行走时头顶上的一点大致以曲线的方式移动，移动的幅度构成振幅约为 2.5cm 的弦性曲线（图 1-1）。

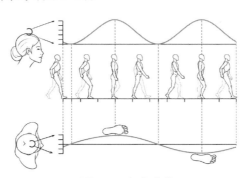

图 1-1　行走曲线

旋转（rotation）描述的是一个刚硬主体环绕着一个中间点，以圆形路径移动的动作。在这个刚硬主体中，所有的点都以相同的角方向旋转（即顺时针和逆时针），跨越同样的角度。

整体而言，人体的动作通常以身体重心的位移进行描述，重心大致落在骶骨的前方。虽然一个人的重心在空间上形成位移，但也是由肌肉旋转肢体所驱动的。肢体旋转的实际状况可通过观察手肘屈曲时拳头所形成的路径来理解（本教材把关节旋转与骨骼旋转这两个词交替使用）。

主体或主体上的部位进行旋转动作的中点称为旋转轴心。对于肢体与躯干的大多数动作，旋转轴心会落在关节中或非常接近关节的地方。

无论是位移还是旋转，身体的动作可分为主动动作和被动动作。主动动作由启动动作的肌肉引起，例如拿起装了水的杯子到嘴边。被动运动由主动肌肉收缩以外的力量引起，例如被他人推、重力拉扯、伸展后结缔组织的张力等。

与运动学相关的主要变量为位置、速度和加速度。这些变量有特殊的测量单位。位移使用距离单位，旋转使用角度或弧度单位。大部分情况下，肌肉、骨骼系统肌动学使用的是 1960 年采用的国际单位制，缩写 SI，源自法文 syteme international dunites。该单位系统被许多肌动学和康复相关的期刊广泛接受。

二、骨骼运动学

1. 动作平面　骨骼运动学（osteokinematics）描述的是骨骼的动作。这些动作与人体的三个基本（主要）平面相关，即矢状面（sagittal plane）、冠状面（frontal plane）和水平面（horizontal plane）。一个人在以解剖姿势站立的情况下可以解释这些动作的平面。矢状面平行穿越头颅的矢状缝，将身体分为左右两部分。冠状面平行穿越头颅的冠状缝，将身体分为前后两部分。水平面或横切平面（transverse plane）与地平线平行，将身体分为上下两部分。

2. 旋转轴　骨骼在一个与旋转轴垂直的平面上环绕关节旋转。旋转轴会经过关节的凸面部分，如肩关节可以在三个平面上产生动作，因此它有三个旋转轴。虽然这三个彼此垂直的轴被描述为不动的状态，但实际上对所有关节来说，任何一个旋转轴在关节活动的整个范围内仍会有些许偏移，旋转轴只有在关节凸面部分是完全球面，且连接一个完全相反形状的凹面部分的情况下才会维持不动。绝大多数关节的凸面部分，如肩关节的肱骨头是不完全且表面会改变的弯曲球面。

3. 自由度（degrees of freedom）　自由度是指关节可产生动作方向的数目。一个关节对应三个基本动作平面，最多有三个自由度。例如，肩部有三个自由度（在三个面上做动作），手腕只有两个自由度（在矢状面与冠状面上做动作），手肘仅有一个自由度（在矢状面上做动作）。

然而，从工程学的观点看，自由度同时用于线或角动作。由于关节内的结构有先天的松紧度，故无论肌肉引起的动作是主动的还是被动的，身体所有的滑囊关节至少会有一些位移。发生在大多数关节的轻微被动位移称附属动作（accessory movements）或关节内动作，且常常被定义在三个线性方向上。从解剖姿势看，空间的定义与附属动作的方向可通过三个旋转轴进行描述。例如，在放松的盂肱关节中，肱骨可以产生轻微的被动运动：前后、内外和上下的位移。

许多关节被动位移的"量"在临床上被用来测试该关节的松紧度，骨头相对于关节有过多的位移可能表示有韧带损伤或不正常的松紧度。相反，位移（附属动作）明显减少，可能表示关节周围结缔组织有病理性僵硬。关节中的不正常位移会影响主动动作质量，并存在潜在危险，包括关节内压力的增高和微创伤的形成。

4. 骨骼运动学 一般来说，两个或两个以上的骨骼结合组成一个关节。关节产生的动作可从两方面考虑：①近端可围绕相对固定的远端旋转。②远端可围绕相对固定的近端旋转。例如，膝关节屈曲只能描述大腿与小腿间的相对动作，而不能描述这两个部分究竟哪一个是在真正的旋转。为了清楚地描述动作，有必要指明哪个是主动旋转的骨头。如胫骨对股骨的动作和股骨对胫骨的动作就可适当描述该关节的骨骼运动特点（图1-2）。

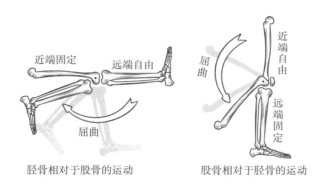

图 1-2　膝关节屈曲骨骼运动

多数情况下，由上肢做出的习惯动作是远端对近端的运动，这反映出日常生活的需求。我们需将手拿住的东西移向身体或远离身体。上肢关节的近端通过肌肉、重力或惯性进行稳定，远端则因相对地不受限制而产生旋转动作。

自己吃东西和丢球都是常见的上肢所做的远端对近端的运动。上肢也有能力做出像拉单杠时屈曲与伸直手肘等近端对远端的运动。

下肢习惯上会执行近端对远端和远端对近端的运动。一般来说，这些动作反映两个主要行走的时期，即站立期（stance phase）和摆动期（swing phase）。站立期肢体在体重负荷下直立于地面，摆动期肢体向前推进。行走以外的许多活动均会用到上述描述的两种运动形式。例如，准备踢球前，屈曲膝关节就是一种远端对近端的运动。相反，身体向下呈下蹲的姿势则是近端对远端的运动。然而控制身体慢慢向下对膝关节股四头肌有相对较大的需求。

开链运动和闭链运动是描述相关肢体运动的概念，常用于康复领域。一个运动链与肢体连接有关，如下肢的骨盆、大腿、小腿及足部的连接。开链与闭链主要用于肢体远端是否固定在地面或其他一些无法移动的物体上。开链运动描述的是动力链的远端（如下肢的足部）没有固定在地面或其他无法移动的物体上的情况，通常远端是可以移动的。闭链运动描述的是动力链的远端固定在地面或其他无法移动的物体上的情况，这种情形下近端肢体是可以自由移动的。开链和闭链运动更广泛地用于描述对肌肉施行阻力运动方式的时候，特别是针对下肢的关节运动。

开链与闭链的提法常常让人觉得模糊不清。从工程学的角度看，该术语多用于一系列紧密相连的关节之间的"运动依赖"。从这个角度讲，如果两个末端共同固定在一个物体上，那么这个动力链就是闭锁的，像一个封闭的回路。这样任何一个环节产生动作都需要该动力链中的一个或多个环节在运动上有所调整。将一个末端与其固定的附着物断开，开放这个动力链，会打断其运动学的相依性，其并未广泛用于与运动相关的工程学学科。例如，一个单脚微蹲的动作，临床上通常被认为是一个闭链动作，但也有人认为是一个开链动作，因为对侧的脚并没有固定在地板上。也就是说，整个身体形成的回路是开放的。

三、关节运动学

1. 典型关节形态学　关节运动学（arthrokinematics）描述的是发生在两个关节面之间的动作，关节面的形态见第二章。大部分关节面的形状从凸到凹各异，其中一个面是相对凸出的，另一个面是相对凹陷的。大部分关节的凸面 – 凹面关系可以增进其一致性（合适性），增加关节面来分散接触的力量，并协助指引骨骼之间的动作。

2. 关节面之间的基本动作　弯曲关节平面之间存在三个基本的动作，即滚动（roll）、滑动（slide）和转动（spin）。这些动作发生在凸面在凹面上移动或相反的情况下（图 1–3）。

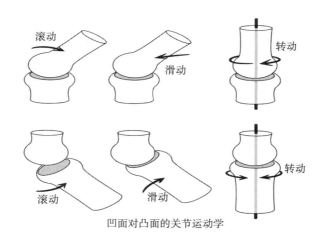

图 1–3　关节面之间的基本动作（滚动、滑动、转动）

（1）滚动与滑动的动作 骨骼旋转经过空间的一种主要方式是对着另一个骨骼的关节面滚动其关节面。在盂肱关节的凸面对凹面的动作中，紧接着的是冈上肌拉动凸面肱骨头，让它对着凹面的肩盂窝滚动。从本质上讲，这个滚动导引着肩关节外展的骨骼运动学路径。

滚动的凸面也包含一个同时的、方向相反的滑动。肱骨头向下的滑动可以抵消肱骨头滚动时向上的移动。这好比车子的轮胎在冰上自转，轮胎在结冰的道路上旋转向前的滑动可能与轮胎旋转向后的持续滑动相抵消。一项病理实验显示，凸面滑动未能抵消其滚动，肱骨头向上的移动会压迫到肩峰下间隙的脆弱组织，改变旋转轴的相对位置，从而改变盂肱关节的肌肉效能。同步的滚动与滑动将肩关节外展的角位移最大化，并将关节面间净移动最小化，这一机制在关节面凸面部分面积大于凹面的关节中显得特别重要（图1-4）。

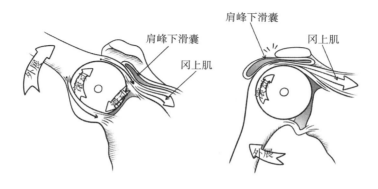

肩峰下滑囊
冈上肌
外展
肩峰下滑囊
冈上肌
外展

图1-4 滚动与滑动的凸凹法则

（2）旋转 骨骼旋转的另一个主要方式是相对另一个骨骼的关节面转动它的关节面。这通常发生在前臂旋前时，前臂的桡骨相对肱骨小头转动。其他如盂肱关节外展90°时的内旋与外旋。当长骨的长轴与它交叉的配对关节面呈直角时，转动是关节旋转的主要机制。

（3）合并滚动、滑动及旋转的关节运动学 人身体中有几个关节是合并滚动、滑动及旋转运动的。最典型的是膝关节屈曲与伸直时，如股骨对胫骨的膝关节伸直时所示（当股骨相对固定、静止）的胫骨做滚动与滑动时，股骨会微向内旋。当胫骨相对于固定的股骨做伸直时情况相同。在膝关节中，旋转的动作与屈曲、伸直同时自然发生，并主要与伸直动作机械性连接。这种必然的旋转动作是基于膝关节关节面的形状，这样结合的动作在膝关节完全伸直时可牢固地锁紧膝关节（图1-5）。

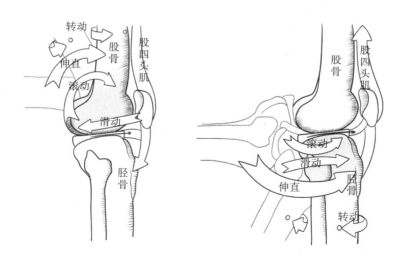

图 1-5　合并滚动、滑动及旋转的关节运动

3. 以关节形态学为基础，预测关节运动学模式　大多数骨骼的关节面不是凸面就是凹面，与正在移动的骨骼不同，凸面关节面可能在凹面关节面上旋转，反之亦然。每一种情景均会表现出不一样的滚动与滑动关节运动学模式。如肩关节，当进行凸面对凹面的动作时，凸面关节面的滚动与滑动会以相反的方向进行。这个反方向的滑动抵消了大部分滚动凸面关节面自然产生的转移趋势。而当进行凹面对凸面的动作时，凹面关节面的滚动与滑动则会以相似方向进行。这两个原则对于想象动作中的关节运动学非常有帮助。此外，这些原则也可作为某种徒手治疗技能的基础，外力可由临床执业人员协助或引导关节的自然关节运动学时应用。例如，在某些情况下，盂肱关节外展动作可通过在肱骨近端施用一个方向向下的力量并同时出力主动外展来诱发。这些关节运动学原则是基于对关节面形态学的认知而得来的。

动作的关节运动学原则：对于一个凸面对凹面的动作，凸面部分的滚动与滑动是以相反方向进行的；对于一个凹面对凸面的动作，凹面部分的滚动与滑动是以相同方向进行的。

4. 关节的闭合位置与松弛位置　大部分关节内成对的关节面只有在一个位置是吻合得最好的。其通常在动作最末端或很接近末端的位置。吻合最大的位置称为关节的闭合位置（closed-packed plsition）。在这个位置，多数韧带与关节囊的某些部分是拉紧的，这成为提供关节自然稳定度的一个环节。在关节的闭合位置，附属动作一般来说是最小的。

对许多下肢关节来说，闭合位置与习惯性功能相关。例如，在膝部闭合位置（膝关节完全伸直），一个站立时的典型位置，最大关节吻合与被伸展韧带的合并效果，可协助提供膝关节最大的稳定度。

关节闭合位置以外的所有位置称为关节的松弛位置（loose-packed positions）。处于这些位置时，韧带与关节囊相对松弛，使得附属动作增加。一般而言，关节在接近其中间位置时吻合度最差。以下肢为例，主要关节的松弛位置会较偏向屈曲。这些位置一般不在站立时使用，如果患者长时间卧床，往往会采用。

第二节 动力学

动力学（kinetics）是力学研究的一个分支，描述的是力量在人体上的效应。

从肌动学的角度看，力量可被视为能产生、停止或修改动作的推力或拉力。力量对身体的动作与稳定产生影响。正如牛顿第二定律所描述的，力（F）的多少可以由接受推动或拉动的物体质量（m）乘以物体的加速度（a）的乘积算出来。在质量固定的情况下，$F=ma$ 显示力量与物体加速度呈正比。测量力量即可得知物体的加速度。反之亦然。当物体加速度为零时，净力为零。

力的标准国际单位是牛顿（N）：$1N = 1kg \times 1m/s^2$，N 的英制当量是磅（lb）：1 磅＝1 斯勒格 ×1 英尺 / 秒 ²（4.448N ＝ 1 磅）。

一、肌肉骨骼力

作用在身体上的力量一般通常被称之为负荷（load）。移动、固定或者稳定身体的力量或负荷有可能损坏或伤害身体。典型的健康组织能够阻抗部分结构或形状的改变，如延展一个健康韧带的力量与此被延长（延展）组织内产生的内部张力应该是吻合的。任何因疾病、外伤或长期失用而导致无力的组织都可能无法充分阻抗所施加的负荷。就像因骨质疏松而变得脆弱的股骨近端，可能会因跌倒的冲击对股骨颈造成继发性压缩（compression）或扭曲（torsion）、扭转（twisting）、剪力（shearing）或弯曲（bending），而发生骨折。骨折也可能在一次非常强烈的肌肉收缩后发生于严重骨质疏松的髋关节上（图 1-6）。

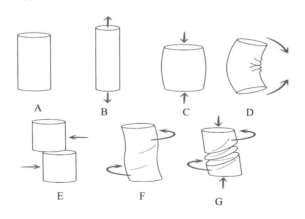

A.无载荷　B.拉伸　C.压缩　D.弯曲　E.剪切　F.扭转　G.复合载荷

图 1-6　作用于骨上的载荷

关节周围结缔组织接受并分散负荷的能力是康复、徒手治疗以及骨科等学科研究中的重要课题。临床执业人员对于因老化、外伤、活动、承重程度改变或长期不活动等，如何影响关节结缔组织承受负荷的功能相当感兴趣；而测量结缔组织耐受负荷能力的一个方法，便是绘制体外组织标本变成所需要的力量图。该研究是使用动物或人体大体标本来进行得到。例如，一个已被牵拉到机械损坏点的韧带（或肌腱），形成了张力类似的关系。在软骨或骨骼的切片也可能以加压而非牵拉的方式造成，用于绘制组织中产生应力的量。在相对轻微形变（牵拉）之下，韧带仅能产生少量的应力（张力）。此时组织内胶原纤维初始是波浪状或皱褶的，而要测量明显张力前必须先被拉紧才行。然而，进一步的延长会在应力与形变之间显现一种线性关系。一个弹性物质中应力（力量）与形变（延长）的比值称为刚度（stiffness）。在肌肉骨骼系统中，正常的结缔组织都会显示一定的刚度，"紧密度"通常意味不正常的高强度的病理状态（图1–7）。

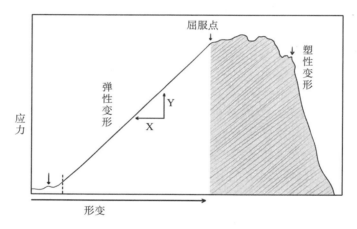

图 1–7　应力与应变曲线

　　初始非线性与后续线性曲线区域称弹性区域（elastic region）。例如，韧带通常会在弹性区域的较低限度内发生形变。以前交叉韧带为例，当膝关节屈曲到15°而股四头肌做等长收缩时，前交叉韧带形变约4%。需要特别注意的是，在健康、相对年轻的韧带上，一旦变形力量被移除后，在其弹性区域内产生的形变能恢复至原始长度（或形状）。曲线下的面积表示弹性变形能量（elastic deformation energy），多用于组织变形的能量在力量移除后将被释放。即使在静止状态，弹性能量对关节也会有所帮助，甚至把韧带及其他结缔组织牵拉到弹性区的中等量时，它们仍能使关节稳定。

　　被延长超过生理范围的组织最终会达到其屈服点（vield point）。达到此点时，增加的形变仅会造成临界增加应力（张力），过度牵拉（或者过度加压）组织的物理特性称为塑性（plasticity），过度形变的组织已遭到塑性变形（plastic deformation）。在这个点细微的破坏已经发生，而组织则会保持永久的变形。曲线在此区域下方的面积表示塑性变形能量（plastic deformation energy）；有别于弹性变形能量，即使变形力量移除，整体塑性能量仍无法恢复原状。如果延长不断持续，韧带最终会达到其极限损坏点（ultimate failure point）。这是当组织部分或完全地分离而达到此点时，韧带会失去其维持任何张力程度的能力。多数的健康肌腱在超过被牵拉前长度的 8% ～ 13% 时会产生损坏。

图 1-7 未指出负荷的时间变量。组织依时间作用导致其随应力 - 应变曲线改变的相关物理特性称黏弹性（viscoelastic）。肌肉骨骼系统中，多数组织会呈现一定的黏弹性，黏弹性材料中的一个现象是蠕变（creep）。蠕变描述的是一个材料随时间暴露在持续负荷下的渐进形变，不同于塑性变形，蠕变是可逆的。蠕变有助于解释为什么人早晨会比晚上高，体重经过一整天对脊柱造成持续加压后，确实将一小部分液体挤出椎间盘；夜晚人睡眠时处于没有承重的姿势下，这些液体会在椎间盘被再度吸收。

黏弹性材料的应力 - 应变曲线也容易受组织负荷的速率影响。一般来说，处在张力或加压的状态下，应力 - 应变曲线的斜率在整个弹性范围中会随着负荷速率增加而提升。黏弹性结缔组织易受速率影响，如跑步时膝部的关节软骨会变得比较坚硬。增加的硬度作用于关节力量变得更大时，可对下方骨骼提供更好的保护。

总的来说，与建筑材料（钢铁、混凝土和玻璃纤维等）相似，人类身体内关节周围的结缔组织在负荷或形变时拥有独特的物理特性。在工程学，这些物理特性称为材料特性（material properties），而关节周围结缔组织的特性（如应力、应变、刚度、塑性变形、极限损坏负荷及蠕变等）已有完整的文献基础。虽然很多数据是从动物或人体研究得来的，但确实给患者治疗提供了很多指导，包括了解伤害的机制、改进骨科手术的设计，以及评定某些物理治疗形式的可能效果（如延长时间的牵拉，或加热以引发更大组织延展性的应用等）等多个方面。

1. 内力（internal forces）与外力（external forces） 作用于骨骼肌肉系统的力量可分为内力和外力两种形式。内力是由身体内的结构产生的，其力量可能是主动或被动的。主动的力量由受刺激的肌肉产生，常见但不一定受自主控制。被动的力量通常由被牵拉的关节周围结缔组织（包括肌肉内结缔组织、韧带及关节囊）的张力引起。肌肉所产生的主动力量一般来说是所有内力中最大的。

外力由身体以外的力量引起。通常，这些力量不是由重力拉动身体各部位的质量或外加的负荷所产生（如行李或自身重量），即由身体接触（physical contact）所产生（如治疗师对患者肢体施加的力量）。内力与外力往往相互配对出现。如内力（肌肉）拉动前臂向上，外力（重力）则拉动前臂的质量中心向下。每一力力量由表示箭头描记矢量来描述。矢量（vector）是用强度和方向具体说明的一种量值（如质量与速度的量值是一种数量），具有方向性。数量（scalar）是由强度具体说明的一种量值，不具有方向性。

要想完整阐述生物力学分析中的矢量，必须清楚其强度、空间方位、方向及施力点：①力矢量的强度（magnitude）：以箭头的长度表示。②力矢量的空间方位（spatial orientation）：以箭头的位置表示，力量的定位都是垂直的，而且通常对照到 Y 轴，力的方位也可由箭头与参考坐标系统间所夹的角度进行描述。③力矢量的方向（direction）：以箭头头部表示，本教材中的肌肉力量、重力方向和空间方位依序以作用力线（line of force）和重力线（line of gravity）称。④矢量的施力点（point of application）：是矢量箭头底部接触身体部分的地方，肌肉力量的施力点是肌肉附着于骨骼的地方。附着角度（angle-of-insertion）描述的是肌肉、肌腱与骨骼至其附着处的长轴间的夹角。当附着角度为90°时，手肘旋转到屈曲或伸直时附着角度会改变。外力的施力点取决于力量由重力造成或由身体接触而产生的阻力造成；重力作用于身体各部的质量中心（center of mass），身体接触产生的阻力施力点则可发生于身体的任何地方。

当推动或拉动时，所有作用于身体的力量会引起该部位的位移。位移的方向取决于所有施力的净效应。因为肌肉力量是前臂重量的三倍以上，所以两股力量的净效应会加速前臂垂直向上。事实上，前臂会以关节面所产生的关节反作用力避免加速向上。肌肉力量抵抗肱骨的远端底部外力和前臂近端的反作用力，关节反作用力的强度与肌肉及外力间的差值相同。因此，所有作用于前臂的垂直力量的总和是平衡的，前臂在垂直方向的净加速度为零。该系统因此呈现静态线性平衡（static linear equilibrium）。

2. 肌肉骨骼力矩　力量作用于身体会产生两种结果。第一，力量使身体部位发生位移（translate）。第二，如果力量施于与旋转轴垂直的一段距离，有可能造成关节旋转（rotation）。关节旋转轴与力线的垂直距离称力臂（moment arm），力量与力臂的乘积产生扭矩（torque）或力矩。扭矩可视为力量的旋转当量，一股没有力臂的力量一般能以线性方式推动或拉动一个物体，扭矩则能使物体绕着旋转轴旋转。这种差别在肌动学的研究中十分重要。

扭矩发生在关节周围，垂直于给定旋转轴的平面上，内力扭矩（internal torque）为内力（肌肉）与内力臂的乘积，内力臂（internal momentarm）是旋转轴与内力之间的垂直距离。内力扭矩可围绕肘关节以逆时针（或屈曲）方向旋转前臂。

外力扭矩（external torque）是外力（如重力）与外力臂的乘积。外力臂（external moment arm）是旋转轴与外力之间的垂直距离，外力扭矩可围绕肘关节以顺时针（或伸直）方向旋转前臂。如果内力相对值与外力扭矩的强度相等，则不会发生环绕关节的旋转，这种情况称为静态旋转平衡（static rotary equilibrium）。

人体通常会反复产生或接受各种不同形式的扭矩。肌肉每天都会持续产生内力扭矩，如旋开瓶子的瓶盖、转动扳手或挥动球棒等。

除重力外，从环境接收到的力量会持续地转变为关节处的外力扭矩，较为主导的扭矩在任何时间在身体中可由动作的方向或关节的位置来表现。

扭矩大多与患者的治疗情况相关，特别是涉及身体运动或肌力测试的时候。一个人的肌力是肌肉力量与内力臂（肌肉的作用力线与旋转轴之间的垂直距离）的乘积。杠杆（leverage）描述了一个特别的力量所具有的相对的力臂长度。

临床执业人员常常对患者施以徒手阻力，作为评估、诱发及挑战特定肌肉活动的方法。对患者肢体施用的力量，通常理解为患者的肌肉、骨骼系统的外力扭矩。临床执业人员可以较少的徒手力量作用于关节较远距离，或以较大的徒手力量作用于靠近关节的位置来产生外力扭矩，以挑战特定的肌肉群。因为扭矩是阻力与其力臂的乘积，所以无论哪种方式都能对患者产生同样的外力扭矩。

3. 肌肉与关节的相互作用　肌肉与关节的相互作用是肌肉力量在关节上所拥有的线

体效应。通常，由拥有力臂的肌肉所产生的力量可引起扭矩，且具有旋转关节的潜力；由缺乏力臂的肌肉所产生的力量则无法引起扭矩或旋转。肌肉力量很重要，它是提供关节稳定的一个重要因素。

4. 肌肉活化的形式　收缩一词通常与活化在使用上同义，无论肌肉是否缩短、伸长还是维持不变。当肌肉被神经系统刺激后，会被当作活化的肌肉。一旦活化，一条健康的肌肉就会以三种方式中的任何一种产生力量，如等长、向心和离心。

（1）等长收缩（isometric activation）　发生于肌肉维持恒定长度以产生拉力时。处于等长活化时，关节平面上产生的内力扭矩与外力扭矩相等，故关节不会发生肌肉缩短或旋转的情况。

（2）向心收缩（concentric activation）　发生于肌肉收缩（缩短）而产生拉力时。向心（走向中心）是表示在向心活化的过程中，关节的内力扭矩会超过相对的外力扭矩，肌肉收缩会产生顺着活化肌肉所拉动的方向关节旋转。

（3）离心收缩（eccentric activation）　发生于肌肉被另一股更有优势的力量拉长而产生拉力时。离心是表示远离中心。离心收缩时，关节周围的外力扭矩会超过内力扭矩，故关节会朝着相对较大的外力扭矩所控制的方向旋转。许多活动利用的都是肌肉的离心收缩。例如，慢慢地将装水的杯子放到桌上是重力对前臂与水的拉力引起的，收缩的肱二头肌为了控制这个下降的动作会慢慢拉长。虽然肱三头肌被作为手肘的伸肌，但在这个过程中几乎是不活动的。

5. 关节上的肌肉动作　关节上的肌肉动作是指肌肉在特定旋转方向与平面上引起扭矩的可能性。肌肉的动作，表现为矢状面上的屈曲或伸直、冠状面上的外展与内收等。本教材中，肌肉动作与关节动作是交替使用的，取决于讨论的内容。如果动作与非等长肌肉活化有关，则骨骼运动学可能与远端对近端的运动学有关。反之亦然。其取决于组成该关节的哪一部位最不受限制。

第一步是测定关节允许的旋转动作的平面（自由度），如盂肱关节允许在三个平面上发生旋转。从理论上讲，任何跨越肩部的肌肉都可能在这三个平面上动作。如三角肌后束在冠状面上存在转动肱骨的可能性，旋转轴以前后方向穿过肱骨头。在解剖位置，三角肌后束的力作用线经过旋转轴的下方。如果肩胛骨是稳定的，则三角肌后束收缩会以等同于肌肉力量乘以内力臂乘积的肌力，将肱骨往内收的方向转动。这也可用于测定水平面与矢状面上肌肉的动作。这条肌肉也是盂肱关节的外展肌和后伸肌。跨过关节，至少有两个自由度的肌肉能表现出多种动作。然而，如果在相关的平面上缺少力臂或不能产生力量，则特定的动作无法产生。测定一条肌肉能产生一个或多个动作是肌动学的中心内容。

该逻辑能够测定任何关节中任一肌肉的动作。三角肌后束是一条盂肱关节的内收肌。如果手臂抬起（外展）刚好超过头部，则该条肌肉的作用力线会移到旋转轴上方，三角肌后束就会主动地外展肩部。分析一条肌肉的动作，对该关节建立参考位置很重要，常见的参考位置就是解剖位。除非有其他具体说明，本教材所描述的肌肉动作都是基于关节在解剖位上的假设。

6. 有关肌肉动作的专有名词　常用的名词有主动肌、拮抗肌和协同肌。

（1）主动肌　是一个特定动作的起始或执行最直接相关的肌肉或肌肉群，如胫骨前肌是脚踝背伸动作的主动肌。

（2）拮抗肌　是与主动肌有相反动作的肌肉或肌肉群，如腓肠肌和比目鱼肌是胫骨前肌的拮抗肌。

（3）协同肌　是执行特定动作时相互合作的肌肉或肌肉群。事实上，很多动作都会涉及多种肌肉作用或协同肌群。例如，手腕屈曲时的尺侧腕屈肌与桡侧腕屈肌，这些肌肉以协同方式作用，相互合作屈曲手腕。然而，各个肌肉都需要中和另一条将手腕移动往左右（桡侧与尺侧偏移）方向的趋势。这些肌肉中的任何一条肌肉麻痹或瘫痪的话，都会显著影响其他肌肉的整体动作。

肌肉协同的其他例子是描述肌肉的力偶。当两条或更多条肌肉在不同的线性方向产生力量，扭矩作用在同一个旋转方向时，就会产生肌肉的力偶（force-couple）。例如，转动汽车方向盘时，常见的力偶会发生在两手之间，如借助右手向下拉动与左手向上拉动方向盘的动作，会发生旋转方向盘往右的情形。虽然双手产生的是不同线性方向上的力，但在方向盘上引起的扭矩是朝同一个旋转方向的。另外，髋屈曲肌与下背伸直肌形成力偶，在环绕髋关节的矢状面上旋转盆骨（图 1-8）。

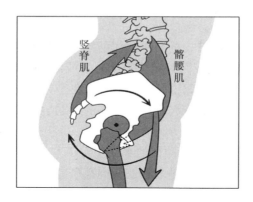

图 1-8　骨盆矢状面上的旋转力偶（髂腰肌和竖脊肌同时使骨盆前倾）

二、肌肉骨骼杠杆

1. 杠杆的三种类型　身体中，内力与外力在整个骨骼杠杆系统中产生扭矩。一般来说，杠杆是一个由横挂在支点上的硬杆所构成的简单机械，跷跷板就是一个典型的例子。杠杆的一个功能是将线性力量转换成旋转扭矩。一个 672N（约 150 磅）的男性坐在支点前 0.91m（约 3 英尺）所产生的扭矩，可以平衡一个坐在支点前两倍距离但体重是他的一半的小男孩。由于扭矩相等（$BW_m \times D = BW_b \times D_1$），杠杆因此而保持平衡，小男孩拥有最大的杠杆效率（$D_1 > D$）。这一原理指出，虽然力臂长度不相等，相对的扭矩只有在相对的力量是不同强度时才能发生平衡（图 1-9）。

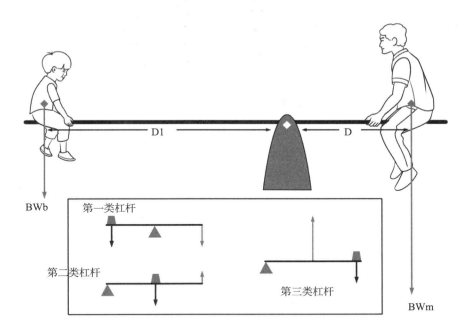

图 1-9 杠杆的力与力臂

身体中，内力与外力在整个骨骼杠杆系统中产生扭矩，环境中影响骨骼肌肉杠杆最重要的力量是由肌肉、重力及身体接触，支点落在关节上。如同跷跷板，骨骼肌肉系统中的内力与外力扭矩可能是相等的，如等长收缩时；或者更常见的是两个相对的扭矩其中一个占优势，因而在关节上形成动作。

人体中的杠杆有三种类型：

（1）第一种杠杆（平衡杠杆） 第一种杠杆的旋转轴位于相对的力量中间，典型的例子是头与颈部伸直肌群。它们在矢状面上控制头部的姿势（图 1-10）。如同跷跷板，当肌肉力量（MF）乘以其内力臂（IMA）的乘积等于头部重量（HW）乘以其外力臂（EMA）时，头部维持平衡状态。在第一种杠杆中，虽然产生的扭矩在相对的旋转方向上，但内力与外力则典型地作用在相似的线性方向上。

（2）第二种杠杆（省力杠杆） 第二种杠杆有两种特征：①其旋转轴落在骨骼肌中的一个末端。②肌肉（或内力）拥有比外力大的杠杆。第二种杠杆在肌肉骨骼系统中非常少见，典型的例子是脚尖站立时小腿肌肉群所产生的扭矩（图 1-10）。该动作的旋转轴被假定通过跖趾关节。基于这一假设，小腿肌肉的内力臂永远超过体重所使用的外力臂。

（3）第三种杠杆（速度杠杆） 与第二种杠杆一样，第三种杠杆的旋转轴也落在骨骼中一个末端，手肘屈曲肌群依靠第三种杠杆产生屈曲扭矩，以支持手中握住的重量。与第二种杠杆不同的是，第三种杠杆的外力拥有比肌肉力量大的杠杆，是肌肉骨骼系统最常用的杠杆（图 1-10）。

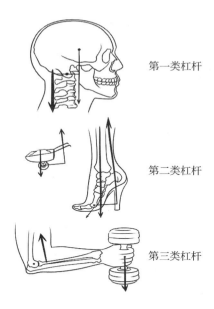

图 1-10　3 种不同的杠杆

2. 力学优势（mechanical advantage，MA）　肌肉骨骼杠杆的力学优势被定义为内力臂对外力臂的比值。随着旋转轴位置的不同，第一种杠杆有等于 1、＜ 1 或＞ 1 的力学优势。第二种杠杆的力学优势则永远＞ 1。拥有力学优势＞ 1 的杠杆系统能够以小于外力的内力（肌力）平衡扭矩的稳定方程式。第三种杠杆拥有的力学优势永远＜ 1，为了平衡扭矩的稳定方程式，肌肉必须产生更大的相对外力的力量。

在整个肌肉、骨骼系统中，大多数肌肉是在力学优势＜ 1 的情况下发生作用。例如，肘部的肱二头肌、膝部的股四头肌，以及肩部的冈上肌和三角肌。这些肌肉，每一条都连接到骨头相对靠近关节旋转轴的地方。相对于这些肌肉动作的外力典型而言，其在关节末端发挥着作用。如手部或足部，当 35.6N（8 磅）的外力重量握在手中时，落在冈上肌与三角肌群上的力会维持肩部外展 90° 的力量需求。假如肌肉有 25cm（约 1 英寸）的内力臂，则外力重量的质量中心就有 50cm（约 20 英寸）的外力臂（为了简化，肢体重量被忽略）。从理论上讲，这 1/20 的力学优势要求肌肉必须产生 711.7N（160 磅）的力量，或外力负荷重量的 20 倍（在数学上，肌肉的力量与外力负荷之间的关系以力学优势的反比为基础）。根据这一原则，大多数肌肉骨骼会产生超过其相对于外力负荷大几倍的力量。根据肌肉形状和关节结构，大部分肌肉力量会对关节面产生很大的压迫或剪力，这些肌肉所产生的力量是关节反作用力量与方向的主要来源。

3. 规定力量与距离之间的换算　多数肌肉会产生比外力负荷施行的阻力要大很多的力量。这一设计可能是有缺陷的，但是考虑到许多功能性动作需要肢体较末端的地方有很大的位移和速度时，这样的设计确实是必要的。

功是力量与距离的乘积。除了将力量转换成扭矩，肌肉、骨骼杠杆也将收缩肌肉的功转换成旋转骨骼与外力负荷的功。特定的肌肉、骨骼杠杆力学优势规定了功的表现。功无论是在短距离上施加较大的力量还是在长距离上施加较小的力量均可表现。冈上肌与三角肌群 1/20 的低力学优势意味着肌肉只需收缩被外展动作举起的负荷质量中心距离的 5%（1/20），一个非常短的肌肉收缩距离（短程）会对负荷产生一个非常大的垂直位移。考虑到时间因素，肌肉在相对很慢的收缩速度上产生相对很大的力量。从力学效益上讲，相对较轻的外力负荷会以非常快的速度被抬起。

总之，身体内大多数肌肉与关节系统是在力学优势 < 1 的情况下作用的，这样负荷物位移的距离与速度将永远超过肌肉收缩的距离与速度。为了对环境产生更大的接触力，需要机体末端获得较高的线性速度。这些较高的力量可以快速握住手中物品（如网球拍），或单纯加速肢体呈现艺术或体育活动（如跳舞）。无论动作的本意是什么，以力学优势 < 1 来运作的肌肉与关节系统，必须由产生相对较大的内力来负担力的损失，即使表面看是低负荷的活动也是如此。关节周围的组织，如关节软骨、脂肪垫及滑囊，必须部分吸收或驱散大肌肉所产生的力量。缺少这些保护，关节会部分退化、疼痛和慢性发炎，这通常是退化性关节炎的特征。

小 结

人体主要由肢体与躯干的旋转、移动描述骨骼运动学和关节运动学。骨骼运动学描述的是肢体或躯干在三种主要平面中的一种平面动作，每种动作都环绕相关的旋转轴发生。关节运动学描述的是发生在关节上关节面之间的动作，滚动、滑动和转动。关节运动学与关节形态学之间存在很强的关联性，相关研究正在兴起，如关节及其周围结缔组织的结构与功能等。

运动学与骨骼和关节的动作有关，动力学与引起或停止动作的力量有关。肌肉产生力量以驱使身体产生动作。内力扭矩是肌肉力量在角度上的表现，强度等于肌肉力量与力臂的乘积。当考虑肌肉动作的力量时，这两个变数同样重要。

外力扭矩是外力（如重力或身体接触）与相关力臂的乘积。动作与姿势存在于内力与外力扭矩间的相互作用，主要方向和范围取决于哪个拥有更具优势的扭矩。

人体中大多数肌肉通过骨骼杠杆系统发挥作用，力学优势通常 < 1。这样的设计有利于肢体末端执行相对高速且大位移的动作。生物力学优势是基于肌肉力量的耗费通常大于合并肢体重量及所支撑住的外力负荷。力量的方向通常指向关节面并落在骨骼上，并以加压或剪力等词语进行描述。为了终其一生能够在生理上承受这些力量，大多数骨骼的角度末端相对较大，这便增加了其表面积，以此作为降低最大解除压力的方法。额外的保证通过如海绵般的外观和相对有吸收力量的软骨下方的骨骼，它们位于关节软骨左右的深部。这些都是力量消耗的主要特征。此外，超过生理承受度会引起退化，进一步可导致退化性关节炎。

肌动学着重研究单独肌肉的动作，以及相对于关节旋转轴的特定力作用线。研究重点是探知多条肌肉如何共同作用控制复杂的动作。肌肉彼此具有协同作用，用以稳定近端连接的位置，抵消多余次级或三级的动作，或加强爆发力和肌力，或控制特定动作。

一旦这一功能因疾病或伤害而缺乏协同，则会导致病理力学动作。例如，功能性肌肉群中某些特定肌肉麻痹或衰弱，即使是健康的肌肉（指相对独立作用时），在不正常的动作模式中担任主导角色，对整个区域所造成的肌肉动作不平衡仍会导致代偿性动作或姿势，引起畸形或功能降低。认识肌肉的正常相互作用是了解该区域病理力学的首要条件，是有效治疗的根本，目的是恢复功能或使功能最佳化。

　　肌动学研究的是人体动作，探讨健康理想的状态，以及因外伤、疾病或失用而受到影响的情况。本教材论述的是肌肉、骨骼系统的结构与功能，重点是肌肉、重力，以及关节周围结缔组织产生的力量与张力之间的作用，所使用的词汇如下。

词汇表

加速度（acceleration）：物体随时间改变速度，以线性（米/秒²）、角度（度/秒²）进行叙述。

附属运动（accessory movements）：允许在大多数关节中发生的轻微、被动、非自主的动作（也称关节内动作）。

主动力量（active force）：通过受刺激肌肉所产生的推力或拉力。

主动动作（active movements）：通过受刺激肌肉所引起的动作。

主动肌（agonist muscles）：多数与特定动作的起始与执行有直接相关的肌肉或肌肉群。

解剖位（anatomic position）：大多数人用以描述身体部位的位置和动作的身体参考位置。在这个位置，人是直立的，且向前看，手臂在身体旁，前臂完全旋后，手指伸直。

附着角度（angle-of-insertion）：肌肉的肌腱与它所连接到骨骼的长轴之间所形成的角度。

拮抗肌（antagonist muscle）：与特定主动肌的动作相反的肌肉或肌肉群。

关节运动学（arthrokinematics）：发生在关节曲面上的滚动、滑动与转动动作。

旋转（轴向转动）（axial rotation）：一个物体以垂直于它的长轴方向进行角动作，通常用来描述水平面上的动作。

旋转轴（axis of rotation）：一条延伸通过关节的假想线，旋转环绕着它发生（也称支点或旋转中心）。

弯曲（bending）：力量将材料以相对于长轴的垂直角度变形的效果。一个被折弯的组织在它的凹面是受压迫的，而在其凸面则处于张力状态。折弯力矩是折弯的量化方式，类似于扭矩。折弯力矩是折弯力量，以及力量与折弯旋转轴之间垂直距离的乘积。

质量中心（center of mass）：一个物体质量的确切中心点（当考虑质量为重量时也可称为力量中心）。

闭合位置（close-packed position）：身体大部分关节的一个特定位置。在这个位置关节面是最吻合的，且韧带是最紧绷的。

顺应性（compliance）：僵硬度的倒数。

加压（comperession）：一股垂直于接触面的力量，会直接将一个物体推动或拉动到另一个物体。

向心活化（concentric aceivation）：受到活化的肌肉缩短所产生的拉动力量。

蠕变（creep）：随时间暴露于一个恒定的负荷时，材料所产生的渐进式形变。

自由度（degrees of freedom）：关节所允许独立方向的数目，一个关节至多有三个位移自由度和三个旋转自由度。

位移（displacement）：一个物体产生线性或角度性的位置改变。

远端对近端肢体运动学（distal-on-proximal segment kinematics）：以关节远端相对于固定的近端旋转的一种动作形式（也称开放式动力链）。

近端对远端肢体运动学（prixumal-on-distal segment kinematics）：动作的一种，关节的近端相对于固定的远端旋转（也称闭锁式动力链）。

关节分离（distraction）：一种垂直作用在接触面上直接将一个物体推开或拉离开另一个物体的力量。

离心活化（eccentric activation）：被活化的肌肉在产生拉力的同时被另一股更强势的力量所延长。

等长活化（isometric activation）：活化的肌肉在它产生拉动的力量时仍维持恒定的长度。

弹性（elasticity）：一种材料的特性，指移开变形力量后，材料回复到原来长度的能力。

外力（exteral force）：由落在身体以外的来源所产生的推力或拉力，一般来说，这些包含了重力，以及相对身体所施予的身体接触力。

外力臂（external moment arm）：旋转轴与外力之间的垂直距离。

外力扭矩（external torque）：外力与外力臂的乘积（也称外力矩 external moment）。

力（force）：一种可以产生、停止或改变动作的推力或拉力。

力偶（force-couple）：两个或两个以上的肌肉以不同的线性方向作用，但产生相同角方向的扭矩。

重力（force of gravity）：因地心引力造成物体往地球中心的加速趋势。

摩擦力（friction）：阻抗两个接触面之间产生动作的阻力。

内力（internal force）：落在身体之中的构造所产生的推力或拉力。总体而言，内力是指活动的肌肉所产生的力量。

内力臂（internal moment arm）：旋转轴与内（肌肉）力之间的垂直距离。

扭矩（torque）：力量乘以其力臂，有让身体或部位环绕旋转轴旋转的倾向。

内力扭矩（internal torque）：内力与内力臂的乘积。

关节反作用力（joint reaction force）：存在于关节的力量，反映内力与外力净作用而产生。关节反作用力包括关节面之间的接触力，以及来自关节周围组织的力。

动力学（kinematics）：力学的分支，用以描述身体的动作，并不考虑可能产生动作的力量或扭矩。

动力链（kinematic chain）：一系列关节的连接，如骨盆、大腿、小腿及足部连接而成的下肢。

运动学（kinetics）：力学的分支，用以描述力量与扭矩在身体上造成的效应。

杠杆（levarage）：由特定力量所主导的相关力臂长度。

力作用线（line of force）：肌肉力量的方向与方位。

重力作用线（line of gravity）：在物体上重力拉动的方向与方位。

负荷（load）：用以描述力量施于物体时的一般用语。

长轴（longitudinal axis）：延伸且平行于长骨或身体的轴。

松弛位置（loose-packed positions）：大多数滑液囊关节处于关节面最不吻合且韧带最松弛的位置。

质量（mass）：物体内物质的量。

力学优势（mechanical advantage）：内力臂与外力臂的比值。

力臂（moment arm）：旋转轴与力作用线之间的垂直距离。

肌肉动作（muscle action）：一块肌肉在特定动作平面与旋转方向上产生扭矩的潜力（特别指旋转关节的肌肉潜力时，称关节动作），用以描述肌肉动作的词语是屈曲、伸直、旋前、旋后等。

骨骼运动学（osteolinematics）：与三个主要（或基本）平面相关的骨骼动作。

被动力量（passive force）：源于受刺激肌肉之外所产生的推力或拉力，如被牵拉的关节周围结缔组织的张力、身体接触等。

被动动作（passive movement）：源于受刺激肌肉之外所引起的动作。

塑性（plasticity）：一种材料的特性，指移除力量后，物质仍维持永久性变形。

压力（pressure）：力量除以表面积（也称应力）。

对抗力量（productive antagonism）：与被牵拉的结缔组织相关的低程度张力表现，一种相当有用的功能。

滚动（roll）：关节运动学术语，用以描述一个旋转关节面上许多点与另一个关节面上的许多点接触。

旋转（rotation）：一个刚体以圆形路径环绕一个支点或旋转轴移动所形成的角动作。

滑动（slide）：关节运动学术语，用以描述一个旋转关节面上的一点与另一个关节面上的许多点接触。

转动（spin）：关节运动学术语，用以描述一个旋转关节面上的一点对另一个关节面上的一点旋转（像一个陀螺）。

数量（scalar）：量的指称（如速度或温度），完全由强度说明，与方向没有关系。

肢体（segment）：身体或肢体的任何部位。

剪力（shear）：由两个挤压的物体以相反的方向彼此滑过所产生的力量（像剪刀的两个刀面的动作）。

冲击吸收（shock adsorption）：消除力量的一个作用。

静能线性平衡（static linear equilidrium）：身体处于静止状态，所有力量的总和等于零。

静能旋转平衡（static rotary equilidrium）：身体处于静止状态，所有扭矩的总和等于零。

刚度（stiffness）：一个弹性物质中应力（力量）与形变（延长）的比值（也称杨氏系数或弹性系数）。

应变（strain）：一个组织变形后的长度与原来长度的比值，用距离单位（米）表示。

应力（stress）：一个组织抵抗变形所产生的力量除以其横截面积（也称压力）。

协同肌群（synergists）：两个或两个以上的肌肉群合作执行一个特定动作。

张力（tension）：一个或一个以上将物质拉开或分离的力量应用（也称分离力量），用以表示一个组织抵抗被牵拉时其中的内在应力。

矢量（vector）：量的指称（如速度或力量），完整解释包含它的强度与方向。

速度（velocity）：物体随时间改变其位置，以线性（米/秒）和角度（度/秒）加以说明。

黏弹性（viscoelasticity）：一种物质特性，以随着时间改变的应力–形变关系解释。

重量（weight）：作用在质量上的重力。

第二章　关　节　▷▷▷

　　关节是指两块或多块骨头的支点或连接处，身体的活动主要产生于骨头与个别关节间的相对旋转，关节同时可以传递和缓冲外来的重力及肌肉活动的力量。

　　关节学（arlhrology）主要探讨关节的分类、结构和相关功能，是肌动学重要的内容之一。老化、长时间不动、创伤和疾病均会影响关节的结构与功能，也会影响活动度和动作品质。

第一节　关节分类

一、根据运动能力分类

　　根据运动能力不同，人体的关节可分为不动关节（synarthroses）和可动关节（diarthrosis）两类。

　　1. 不动关节　不动关节是指骨与骨仅允许微量动作或不能活动，根据周围结缔组织的形态不同，又可分为纤维关节和软骨关节。

　　（1）纤维关节（fidrous joints）　由富含胶原蛋白的致密结缔组织构成，头盖骨、远端胫腓关节（通常称韧带联合），以及其他由骨间膜来强化稳定的关节。

　　（2）软骨关节（cartilaginous joints）　由有延展性的纤维软骨或透明软骨的多变形态来稳固，常与胶原结合。软骨关节一般位于身体中线，如耻骨联合、脊椎椎骨间关节、胸骨柄关节。

　　不动关节的功能是有力地接合传递骨骼间的力。这些关节通常由关节周围结缔组织支撑，一般来说可允许的动作极少。

　　2. 可动关节　可动关节是允许中度到大范围动作的关节面。这些关节有充满滑囊液的腔室，故又称滑液囊关节（synovial joints）。滑液囊关节构成肌肉骨骼系统中关节的主体。

　　可动关节（滑液囊关节）专门负责动作。关节软骨（articular cartilage）覆盖末端和另一个骨头的关节面。关节被结缔组织的周边覆盖物包围，这些结缔组织形成关节囊（joint capsule）。关节囊由两种不同的组织层组成。外层或纤维层由致密结缔组织构成，提供骨头间的支撑和关节内容物的控制。关节囊内层由 3 ～ 10 个细胞层厚的滑液膜（synovial memdrane）构成。在这个特殊的结缔组织中，这些细胞会分泌滑液。滑液通常为清澈的或白黄色，有些黏稠。滑液中有许多可在血浆中找到的蛋白质，包括玻尿酸和其他润滑的糖蛋白。滑液覆盖在关节表面，能够减少关节面之间的摩擦，并为关节软骨提供养分。

韧带是附着于骨骼间的结缔组织，能避免关节的过度运动。随着关节所在位置的功能需求，韧带的厚度有相当大的差异。大部分关节韧带为滑液囊本体或囊外体。滑液囊韧带通常为关节囊的增厚体，如肱盂韧带及膝关节的内侧韧带深部。滑液囊韧带由纤维的宽束组成，当用力拉扯时，可限制两个或三个平面的动作。囊外韧带有点像果核，会部分或完全由关节囊分离出来。如膝关节的外侧韧带或头颈部的寰枢韧带等。这些较易分离的韧带通常会有特定的走向，以限制一个或两个平面的动作。

毛细血管和小血管穿透关节囊，通常像关节囊及临近滑液膜的纤维层接合处一样，感觉神经也提供滑液囊及韧带外层痛觉与本体觉接收器。为顺应多层次的关节形状和功能需求，其他一些基本要素有时会出现于滑液囊关节。关节内盘和半月板是加强关节面之间的纤维软骨垫。其能增加关节面的一致性，促进力的分散。关节内盘和半月板在人体的许多关节常见，如胫腓关节、远端桡尺骨关节、胸锁关节、肩峰锁骨关节、颞下颌关节和骨突（变异的）等（图 2-1）。

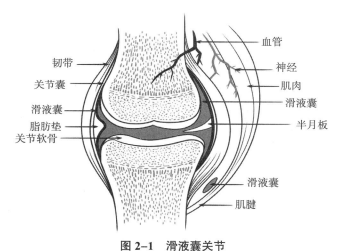

图 2-1 滑液囊关节

关节唇（peripheral ladrum）延伸自肩盂的关节窝和髋关节的髋臼。这些特殊结构加深了这些关节的凹面，且支撑和增厚了关节囊的附着。脂肪垫有大有小，且置于关节囊物质之间，通常介于纤维层与滑液膜之间。脂肪垫在肘关节和膝关节显得更为重要。它们使关节囊增厚，使滑液囊内面填平了由不平整的骨轮廓所形成的非关节面空间（如隐窝）。在这种情况下，脂肪垫能够减少适当关节功能下所需的滑液量。如果脂肪垫变大或发炎，便会改变关节的机制。

滑液囊（bursae）通常在脂肪垫的附近形成。滑液囊是可动关节的滑液膜的延伸物。滑液囊充满了滑液，通常存在有潜在压力的区域，如脂肪垫。滑液囊帮助吸收外力，保护关节周边的结缔组织，包括骨骼。例如，肩关节中肩峰下滑液囊位于肩胛骨肩峰的下表面与肱骨头之间。滑液囊会因肱骨与肩峰间重复性压迫而发炎，通常称肩峰下滑液囊炎。

滑液囊皱襞（synovial plicae），即滑液囊皱襞、滑液囊缘，是组成关节囊最深层组织的松弛的重叠皱襞。正常情况下，其存在于有大滑液囊面的关节区域，如膝关节、肘关节。皱襞增加了滑液囊的表面积，能在滑液囊膜无过度张力的情形下允许关节的动作。如果这些皱襞过度伸展、变厚或因发炎而粘连，便会导致疼痛，或引起关节改变。

二、根据机械类比分类

根据动作潜质，关节可分为两类。深入了解滑液囊关节，有助于理解动作机理，根据相似的机械物体或形状可对关节进一步分类。

1. 单面活动关节（hinge joint） 类似于门的铰链，由被大型的中空圆锥体环绕的中心针状物形成。单面活动关节的角度动作主要发生在垂直于活动的面或旋转轴上。肱尺关节是单面活动关节的一个典型例子。在所有的滑液囊关节中，除转动外，微小的平移（如滑动）是允许的。虽然这些关节的机械相似度并不完全相同，但仍归于单面活动关节。

2. 枢轴关节（pivot joint）

枢轴关节由大型柱状体环绕的中心轴形成。与单面活动关节不同的是，枢轴关节的活动方向是平行于旋转轴的，如同门把绕着中心轴旋转一般。人体中的近端桡尺关节、头颈部的寰枢关节皆属于枢轴关节。

3. 椭圆关节（ellipsoid joint） 椭圆关节由一个加长的凸面和同样长的凹面相伴而成。椭圆关节受骨平面不对称的影响，只提供两个平面活动度，并限制其在两平面间旋转的能力，通常用来做屈曲伸展和外展内收动作。椭圆关节除了凹面部分较浅外，其他与球窝关节非常相似。椭圆关节通常有二度空间自由，韧带与骨头之间的不协调往往限制了第三度空间。椭圆关节通常成对存在，如膝关节与寰枕关节（枕骨髁与第一颈椎骨之间的关节面）。椭圆是指关节的隆起部分。椭圆关节的运动学特征以关节结构为根据。例如，膝关节中，股骨髁可装进由胫骨平台与半月软骨所构成的小凹窝。这种关节面允许屈曲、伸直和轴心式转动及旋转，但外展、内收则主要受限于韧带。

腕关节也属于椭圆关节。腕骨的平凸面与桡骨远端的凹窝形成限制单方向旋转的关节。

4. 球窝关节（ball-and-socket joint） 由一个球状面和杯状座的骨头组成。球窝关节能够提供三个平面的自由度。与椭圆关节不同的是，球窝关节具有骨对称性，可旋转，不会错位。人体中的球窝关节有肩关节和髋关节。由于肩关节作用方式复杂，我们不仅要了解球状关节窝的机制，还要进一步了解其周围肌肉、关节唇、关节囊及滑囊韧带的相互作用。

5. 平面关节（plane joint） 平面关节由一对表面扁平或相对扁平的关节组成。相对应的平面之间会有滑动带些微转动的动作，相当于书本滑过桌面。例如人的手掌，在第二指到第四指的腕掌关节之间为平面或调整的平面关节。大部分掌间和跗间关节也是平面关节。肌肉或韧带的张力能够引起或限制骨头间动作的力。

6. 鞍状关节（saddle joint） 鞍状关节的每个组成部分都有两个面：一个是凹面，一个是凸面。两个面之间几乎垂直，且有相对应的曲面。鞍状关节的形状犹如马鞍和骑士。从前面到后面，马鞍呈从前面的鞍头延伸至后面的凹面；从侧面到侧面，马鞍是一个凸面，从一边的马镫跨越过马背延伸到另一个边的马镫。骑士相对应的凹凸曲面可与马鞍的形状互补，大拇指的腕掌关节就是鞍状关节中最清楚的例子。这种关节相应和相扣的特质让两平面间能有足够的动作，但也限制了大多角骨及第一根长骨间的旋转动作。

三、根据形态滑液囊关节简化分类

采用机械类比划分滑液囊关节是很难的。例如，掌指关节（髁）与盂肱关节（球窝）形状相似，但在整体功能和动作上则存在很大差别。关节所显示的细微差异几乎不适应简单的机械类型。机械分类与实际功能间的差异可很明显地从掌间与跗间关节的轻微起伏中体现。许多这样的关节可以产生复杂的多面向动作，为了便于分类，我们将关节分为卵形关节和鞍形关节两大类。

1. 卵形关节（ovoid joint） 卵形关节的关节面由一对周边部分有显著变化表面的不完整的球体或蛋形曲度构成。每一个卵形关节，一边的骨头关节面为凸面，另一边为凹面。人体内的大部分关节为卵形关节。

2. 鞍状关节 每个鞍状关节均呈约90°的凸面和凹面。这种简单的分类在功能上与滚动、滑动和转动的关节动力学有关。

旋转轴心：门轴的结构中，旋转轴（如穿越铰链的针）是固定的，因为铰链关节可以保持稳定。因为有固定的旋转轴，所以门上的每个点可进行等弧旋转。然而在关节中，骨头转动时旋转轴几乎不可能被固定，故要确认关节旋转轴心的位置并非易事。根据一连串的小的角运动弧动作估算的轴心可绘制成一系列线条，瞬间轴心的位置被标在角运动弧内的每个部分。这一系列瞬间旋转轴位置的路线称渐屈线（evolute）。当配对关节面不平整或曲线半径差异较大时，渐屈线的路径就越长且越复杂，如膝关节。

在临床上，做简单的关节旋转轴位置估算十分必要。测量角度、测量关节扭力，或制作义肢、骨科矫正器时，这些数据都是必需的。精确地定义瞬间旋转轴需要一系列的放射线影像，这对临床来说并不实用。平均转轴会发生在整个动作弧度中。其轴心被穿过关节的凸面体的解剖骨突来定位。

第二节　关节周围的结缔组织

人体的组织主要有四类，即结缔组织、肌肉、神经和上皮组织。结缔组织由中胚层衍生而来，形成关节的基本构造。

一、构成结缔组织的基本要素

一般而言，构成结缔组织的基本要素为纤维蛋白、基质和细胞。虽然其结构外形与关节囊、脂肪垫、骨骼和关节软骨不同，但都是由相同的基本要素构成，只是每个结构的纤维蛋白、基质和细胞的组成、比例与排列方式不同。这种特定要素反映出构造的独特性或生理功能。

1. 纤维蛋白　胶原蛋白和弹性纤维蛋白以不同的比例出现在所有关节周边的结缔组织中。胶原蛋白是人体内最普遍的蛋白，占所有蛋白的30%。由氨基酸组成的胶原蛋白呈三股螺旋形态。螺旋状的分子线成串地聚在一起，许多这种成串的分子与线状的胶原纤维交叉结合在一起。胶原纤维的直径为 20 ～ 200nm。许多胶原纤维会互相连接成一束或形成纤维束。目前已有 28 种胶原蛋白被进行了氨基酸序列描述，其中有两种为关节结缔组织的胶原蛋白，即第一型胶原蛋白和第二型胶原蛋白。

第一型胶原蛋白包括在张力下会稍微变长（如伸展）的粗纤维。相对强硬的第一型胶原蛋白适合结合与支撑骨头间的关节面。第一型胶原蛋白为韧带和纤维关节囊的主要蛋白，构成肌腱的纤维束，在肌肉与骨骼间传递力量。

第二型胶原蛋白的纤维较第一型要细小得多，且张力更小。这些纤维提供框架，以维持大致的形状和较复杂结构的一致性，如透明软骨。第二型胶原蛋白还提供它所在组织内部的力量。

除胶原蛋白外，周边关节结缔组织还有许多不同弹性的蛋白纤维。这些蛋白纤维由小的原纤维，如网状交错编织而成。原纤维会限制拉长的力量，但变长时会有较大的弹性。有着高比例弹性蛋白的组织可在形变后快速恢复到原先状态。这种特性在结构上是有帮助的，如透明软骨或弹性软骨及某些脊椎韧带（如黄韧带）向前弯曲后可帮助脊椎骨调整到原先的位置。

2. 基质　关节周围结缔组织里的胶原蛋白和弹性纤维镶嵌在被称为基质（ground substance）的水饱和基体或胶体中。周围关节结缔组织的基质主要包括黏多糖、水及溶质。黏多糖为重复性多糖类的大聚合体成员之一，它赋予了基底物质物理还原的特性。个别黏多糖链附着于核心蛋白质上，形成大型的蛋白多糖复合体（proteoglycan side unit）。就结构而言，每一个糖蛋白多聚体看起来像个瓶刷，刷子的根部为核心蛋白，刷毛为黏多糖链。许多糖蛋白多聚体转而与中央玻尿酸键结合，形成大型蛋白多糖复合体。

由于黏多糖体为高度负电极，单一个链（或刷子上的刷毛）会排斥另一个，因此大大增加了蛋白糖复合物的三维体积。负电极的黏多糖体使得蛋白糖极具亲水性，大约可容纳大于本身重量 50 倍的水。附着的水基体内的养分扩散提供流体介质。不仅如此，水与其他正离子授予该组织独特的机械特性。蛋白糖的吸收与锁住水分的趋向使得组织变得肿胀。肿胀会受到基体内所镶嵌的胶原蛋白（与弹性蛋白）纤维网限制。限制的纤维与肿胀的蛋白糖之间的相互作用提供了一个可抵抗压迫的膨胀半流体结构，就好像气球或装满水的床垫。这个重要组织提供覆盖关节的理想表面，且能抵消各种对关节造成影响的反复出现的力。

3. 细胞　在韧带、肌腱及其他支撑性周围关节结缔组织内的主要细胞为纤维母细胞（fibroblasts）。相对而言，软骨细胞为透明软骨及纤维软骨内的主要细胞。两种类型的细胞皆负责合成组织的特定基质及独特的纤维蛋白，并具有维持与修复功能。周围关节结缔组织受损老化的成分层持续被移除，而新的内容物则被产生与重塑。一般而言，周围关节结缔组织的细胞是稀疏的，且散在于纤维系之间或深深嵌入含高蛋白糖的区域。这样的细胞联结着有限的血液供应，常造成受损或受伤的关节组织不完整的修复。相对于肌肉细胞，胶原细胞与软骨细胞并不提供该组织显著的机械特性。

二、周围结缔组织的类型

关节周围的结缔组织以三种形式存在，即致密结缔组织（dense connective tissue）、关节软骨（articular cartilage）和纤维软骨。

1. 致密结缔组织　致密结缔组织包括很多关节附近的非肌性组织（软组织），如关节囊、韧带、肌腱的纤维层（外表的）。这些组织有少数的细胞（纤维母细胞），相对低至中等的蛋白多糖和弹性蛋白的成分，以及丰富的第一型胶原纤维。如同多数的结缔组织，韧带、肌腱和关节囊拥有少量的血液供给，因此新陈代谢的程度相对较低。然而，当身体承载或受到压力时，这些组织的新陈代谢速度会增加，通常为机能调整到物理刺激的方式。这种变化在组织学里研究肌腱的部分有完整的记录。在纤维组织母细胞上利用基质施压力，被认为可以刺激增加胶原蛋白和糖胺聚糖的合成，这可转变组织的架构并且因此修补组织的特性。

许多解剖学和组织学的文献，依据胶原纤维的空间定位将致密结缔组织描述为两种亚群：规则和不规则，关节囊的纤维层即视为不规则的致密结缔组织。原因在于它的基质中含有不规则和混乱的胶原纤维。这类组织通常用来抵抗来自各方的拉力，例如来自肩关节或髋关节关节囊的螺旋拉力。胶原纤维较有秩序或接近平行，韧带和肌腱为规则的致密结缔组织。当韧带中的胶原纤维被伸展至几乎与韧带长轴平行时，其中的胶原纤维发挥着有效作用。当松弛的部分被拉紧后，组织会提供立即性的紧绷，以抑制骨头间的不良运动。

当重大创伤或疾病造成关节囊或韧带松弛时，肌肉会在限制关节活动方面处于主导地位。即使肌肉支撑力的架构包围在关节周围是强而有力的，但仍有可能失去关节的稳定性。由于反应时间及构成肌肉主动力量时必要的肌电传导延迟，与韧带比较，肌肉无法及时提供力量。同时，肌肉的力量在限制不良的关节活动时，无法拥有理想的摆位，因此无法提供最理想化的稳定力量。

肌腱是为了转换活动肌肉和骨骼间强大的拉力而插入两者之间的。一旦肌腱被拉长，肌腱里的第一型胶原纤维就会提供高抗张强度。这些平行排列的胶原纤维许多与关节周围的胶原纤维融合在一起，有些胶原纤维会延伸至更深层的骨组织，该纤维为夏贝氏纤维（sharpey's fiber，SF），又称贯通纤维。

虽然肌腱结构很强壮，但受到高度拉力时，所产生的伸长量仍有所不同。例如，人类的跟腱在小腿肌肉达到最大收缩力后，可拉长至静止长度的8%。这种弹性特性提供走路或跳跃时储存和释放能量的机制，使跟腱分散部分、大量或持续产生的拉力，从而降低伤害程度。

2. 关节软骨　关节软骨是一种特化的透明软骨，在关节上形成可负重的表面。关节软骨包覆在骨头接合的末端，其厚度在低压力处为 1 ～ 4cm，高压力处为 5 ～ 7cm。该组织没有血管和神经。与遍布全身的透明软骨所不同的是，关节软骨缺少软骨膜，这使得软骨的另一面形成了理想的负重表层。与骨头上的骨膜相似，软骨膜在结缔组织上包覆大部分的软骨组织。骨膜包含了血管并可供给原始细胞，从而维护和修复下层组织，这一特点是关节软骨所不具备的。

各种形状的软骨细胞分布在关节软骨的不同表层和区域的基质，这些细胞由关节润滑液中的营养物包覆和供给养分。透过关节间歇性的载荷，关节面的挤压动作会促进养分释放。多数情况下，软骨细胞会被第二型胶原纤维包围。这些纤维会形成一个封闭的网络或框架，以增加组织的稳定性。在钙化软骨层中最深层的胶原纤维紧密地深入软骨下骨，这些纤维与垂直的纤维在临近深层区联结在一起，并依序与倾斜方向的纤维在中间区联结，最后与横向的纤维在表面切向区。这就形成了一个网状纤维结构，使大量的蛋白多糖复合物沉淀于关节表面下方。大量的蛋白多糖转而吸收水分，增强了关节软骨的柔韧，进而强化了软骨承受负荷的能力。

软骨分散压力至软骨下骨，也减少了关节表面的摩擦力。两个关节软骨覆盖的关节表面与润滑液体之间的摩擦系数是非常低的，如膝关节，仅在 0.005 ～ 0.02 之间，这比两块冰之间 0.1 的摩擦系数低了 5 ～ 20 倍。因此，一般负重活动所引起的力量可被减低至一个压力水平，通常在不伤害骨骼系统的情形下被吸收。

关节软骨缺乏软骨膜会降低用于修复的原始成纤维细胞的数量。即使关节软骨对其所在的母体进行正常的修复和补充，但成熟的关节软骨受到重大伤害时大多难以修复或根本无法修复。

3. 纤维软骨　纤维软骨由致密结缔组织和关节软骨合成。它为关节软骨提供弹力和减震，以及韧带和肌腱的抗拉强度。密集的第一型胶原和适量的蛋白多糖共存。

纤维软骨中有许多的软骨细胞和纤维原细胞，分散于密集且多面向的胶原网络当中，如腰椎间盘、关节唇、耻骨联合、颞下颌关节结合处，以及一些关节末端的软骨层（如膝关节的半月板）。其支撑和稳定关节，引导复杂的关节运动，并帮助分散力。一些韧带和肌腱，特别是嵌入骨头的地方也有纤维软骨。纤维软骨中密集交织的胶原纤维可使组织抵抗来自多方的拉力、剪力和压力，因此，纤维软骨是分散负荷的理想组织。

与关节软骨一样，纤维软骨也缺少软骨膜。纤维软骨没有神经，即使在纤维软骨紧靠韧带或关节囊的边缘能找到少数神经受体，仍不会有疼痛感或参与本体的感觉。多数的纤维软骨仅有少量的血液供给，大部分是汲取润滑液或临近血管扩散出的养分。多数纤维软骨的椎间盘由间歇性负重挤压的动作扩散养分和排除新陈代谢的废弃物，这在成人的椎间盘中十分显见。脊椎如果长时间保持一个固定姿势，则营养物质无法送达，从而导致椎间盘部分退化，且失去部分保护功能。

血液可透过纤维软骨的外缘到达关节囊或韧带，例如膝盖的半月板或椎间盘。成人的关节中，许多纤维软骨的修复可发生在接近边缘血管的附近，如半月板外缘的三分之一处及椎间盘的最外层。在纤维软骨结构的最内侧区域，由于缺乏未分化的成纤维原细胞，因此其不具有修复治愈的能力。

三、骨骼

骨骼是一种特别的结缔组织。与其他关节周围结缔组织相同，骨骼具有多种组织基本的特性：骨组织含有高度连接的Ⅰ型胶原纤维、细胞（如造骨细胞）和丰富矿物质的坚硬基质。基质中的蛋白多糖含有糖蛋白（如骨钙素）。这些糖蛋白含有丰富的钙磷矿物盐——羟磷灰石。

骨骼为身体提供强力的支撑，且为肌肉提供杠杆系统。成人骨骼的长骨骨干由厚的骨密质组成。长骨末端由较薄的松质骨网构成，成熟的中轴骨，例如脊椎骨骼，拥有相当厚的致密骨形成的外壳，里面充满由松质骨组成的支撑核心。关节软骨覆盖于人体所有骨骼系统的活动关节表面。

骨密质的亚单位是骨单位（哈弗系统 haccrsian systems）。骨单位由胶原纤维和富含矿物质的基质构成，形成独特的同心螺旋状。这种由磷酸钙晶体所形成的坚硬架构，使皮质骨得以承受巨大的压力。成骨细胞最后会被自身特种的基质围绕，且局限于位于骨单位中骨板间的狭窄空隙。

受限制的成骨细胞称骨细胞。由于骨质很少变形，故血管能从外层骨膜进入里面及内膜表面。血管可沿着长轴骨在哈弗式系统中间里的通道行进，使丰富的血液抵达皮层内部细胞。此外，由骨膜和骨内膜组成的结缔组织上面的血管分布很丰富，并富含能感知压力和疼痛的神经受体。

骨骼是十分活跃的组织，成骨细胞不断合成基质和胶原蛋白，并同时管控矿物盐的沉积。透过身体活动受力以及受到急速调控系统钙离子平衡，骨骼会感到变化，并进行重塑（bone remodeling）。源于骨髓中的破骨细胞会进行大规模的破骨作用，而源于骨膜、骨内膜及骨细胞周遭血管组织的纤维母细胞会修复受损的骨骼。所有与关节相关的组织中，骨骼拥有最好的重塑、修复及再生能力。

当骨骼受纵向压缩时，哈弗系统会承受轴向负载，相当于沿着轴向压缩吸管一般，此时可显示出骨骼良好的抗压强度。长骨末端透过关节软骨的负重表面而受到多方向的压缩力，尽力分布在软骨下骨处，并传输至松质骨网，反过来形成一个连续力量支撑骨骼，使骨干里致密骨长轴所受的力重新定向。骨骼的特殊构造设计形成可以将力重新定向的结构，使其达成力量吸收和传输的功能。

骨骼与关节旁边结缔组织不同的地方在于其血液供给充足且代谢非常旺盛，这使得骨骼可以不断重组，以抵御物理性压力，丰富的血供亦同时提供创伤后愈合的潜力。

四、制动对周围结缔组织与骨强度的影响

组成关节周围结缔组织的纤维蛋白、基质与水，其数量及排列都与身体活动相关。在一般的身体活动中，组织结构有足够的强度可以抵抗由肌肉、骨骼系统所产生的正常范围内的力量。固定关节持续一段时间后，可显示出相关结缔组织的结构与作用方式发生明显变化。关节在被固定的情况下，负载力量减少将使组织的机械强度降低，为此身

体处于异常状态中的正常反应。虽然有很多情况都可能使肌肉、骨骼系统产生的力量减少，如肌肉受损或瘫痪，但若将一个人身体的某个部位用石膏固定并限制其躺在床上，就可发现，其肌肉骨骼系统确实会因关节固定而明显减少力量输出。尽管原因不同，但肌肉瘫痪或无力也会降低肌肉骨骼系统的力量。

关节周围结缔组织的强度下降速率会被组织的新陈代谢所影响。例如，膝韧带受到几星期的长期固定束缚后，其拉伸强度会降低，且仅需固定数天即可测到其组织重建的生化标记。即使停止固定及完成其后的康复疗程，韧带拉伸强度仍低于没有受过固定束缚的韧带。同时，固定束缚也会减少骨和关节软骨的质量、体积及强度。有研究指出，较少负荷将使组织强度急速下降，然而恢复负荷后其强度复原的速度缓慢且通常并不完全。

骨折治疗中，为了促进疗效，往往须固定关节一段时间，此时促进疗效与潜在副作用之间的平衡点需由临床判断来获得。为了维持关节周围最大的组织强度，需合理使用固定束缚治疗，尽快恢复负荷，早期介入康复治疗。

第三节　关节病理学概述

关节周围的结缔组织创伤可经由单一压倒性事件（急性创伤），以及累积一段时间的轻微损伤（慢性创伤）所产生。急性创伤经常产生易于检测的病理，例如韧带及关节滑囊的撕裂与过分拉伸都可能导致急性发炎反应。当损伤的关节周围结缔组织不能抑制动作范围在正常极限内，也会使关节变得不稳定。

一、急性创伤的病理变化

因急性创伤造成关节不稳定的情形常见于外部力臂较长的关节，这是因为其经常承受较大的外部扭矩。基于此，力臂较长的胫股关节、踝关节、盂肱关节会经常因急性韧带损伤而造成关节不稳定。

急性创伤也可造成内部的关节软骨或软骨下骨碎裂。此时若能谨慎处理断裂的碎片将有助于重建关节的一致性，进而恢复平滑且低摩擦的关节表面。虽然关节的临近骨骼具有良好的重建能力，但碎裂的关节软骨仍无法完整重建，使得关节表面拥有较为劣势的机械性质，容易形成关节退化。若关节对应的关节软骨有较差的表面结合，将增加其局部应力，最后引发创伤后骨关节炎。

纤维软骨关节的损伤修复取决于临近和适当的血供。膝盖半月板的最外层区域若有撕裂性损伤，则可能因临近血管给予适当血供而完全治愈。此外，成人椎间盘内层若有明显损伤也属于无法治疗中的一个例子。

二、慢性创伤的病理变化

慢性创伤属于过度使用证候群中的一种，为未修复且相对轻微的损伤积累而成。关节的不稳定会使肌肉产生替代性补偿，慢性关节滑囊和韧带仍会使它们逐渐失去约束功能。在这种情况下，可能会因周围肌肉过度保护而增加关节所受的力。此时，只有在关节突然受到极限运动产生的外力时才会有明显的不稳定情形。

经常性不稳定可导致关节组织异常负荷，最后产生功能障碍。此时，关节软骨与纤维软骨关节面会变得不完整，在失去蛋白多糖的同时，伴随其抗压力与抗剪力能力的下降。关节软骨的退化前期常常会形成粗糙或纤维化的表面，而纤维化区域会产生裂缝或裂口。随着时间的推移，裂缝会从表面逐渐扩大深入至中层甚至深层组织，这种改变将会降低组织的吸震能力。

引发关节功能障碍常见的疾病有两种：骨关节炎（OA）和类风湿性关节炎（RA）。骨关节炎的特点是由低发炎成分逐渐侵蚀关节软骨。关节软骨被侵蚀的过程中，软骨下骨随之硬化。如果侵蚀较为严重，则关节软骨会完全磨损，软骨下骨将取而代之成为关节承重面。纤维关节的滑囊和滑膜将肿胀、增厚，在十分严重的情况下，关节若完全不稳定则可能造成脱臼或融合，使得关节受到限制而无法动作。

OA 的发生频率随着年龄增长而上升，且分为几种表现形式。原发性关节炎的发生原因不明，它只影响一个或少数关节，尤其是承载高负荷的关节，如髋关节、膝关节和腰椎。家族性类风湿关节炎或全身性类风湿关节炎好发于手部关节，并且多见于女性。外伤性关节炎可发生于任何受过严重创伤的滑膜关节。

类风湿性关节炎与骨关节炎明显不同，它是一种与免疫功能高度相关的系统性、自体免疫性结缔组织疾病。RA 的特异表现在于多关节破坏。关节障碍表现于滑囊、滑膜及滑液的明显发炎。关节软骨的关节面可能在酶解过程中迅速受到侵蚀，且关节滑囊的经常性肿胀与发炎会形成显著的关节不稳定及疼痛。

小 结

关节是肌肉骨骼动作中的基本组成要件，既维持动作的稳定性，也分散身体各部位的受力。目前有数种关节分类方式，用于探讨其机械与运动学性质，以及因形状非对称及表面不平滑的特性，这使得在解剖学上描述关节活动变得十分复杂。临床上为了测量与评估，经常需找出关节的旋转轴。

关节的功能和弹性由其结构与组织形态决定。虽然关节周围结缔组织（和骨）有着相似的生理结构，其成分包含细胞、基质和纤维蛋白，但组成比例与分布范围则依组织的主要功能需求而有所不同。关节滑囊、韧带和肌腱用于抵抗单方向或多方向的拉力，关节软骨用于抵抗关节间的压力和剪力，滑膜与滑液的存在可使关节软骨能够提供关节活动时骨与骨接合面的润滑。纤维软骨拥有部分致密结缔组织，以及关节软骨的结构与功能。例如，膝盖的纤维软骨半月板，必须同时抵抗周围肌肉群所施的压力，耐受于关节间相对滑动时所产生的剪力。骨骼是高度特性化的结缔组织，用于支撑身体躯干和四肢，并提供肌肉一系列的杠杆使其可以移动身体。

修复受损关节组织的能力与直接血液供给和原始细胞的可用性高度相关。此外，年龄、负荷、固定、创伤和某些疾病均可影响关节功能的健康与寿命。

第三章　肌　肉 ▷▷▷▷

要维持一个稳定的姿势，必须依靠各方力量的平衡来达成。相反，当力量不平衡时就会产生动作。姿势与动作之间复杂的平衡关系，主要依靠肌肉产生的力量进行控制。本章将介绍肌肉与肌腱在产生、协调及传递力量上的功能。这些功能是稳定或活动骨骼结构所必需的，包括以下几方面。

1. 肌肉如何在固定的长度下产生适当的力量来稳定骨骼　肌肉可以被动地产生力量（例如，当肌肉抵抗牵张动作时），但更多的是主动地产生力量（如主动收缩）。

2. 肌肉如何调整或控制力量让骨骼协调及有力地活动　虽然在某特定情况下会有许多环境限制，但正常的活动是需要完整且优化的肌肉控制的。

3. 肌电图在肌动学研究中的应用　当运动单元被启动时，电冲动会沿着轴突传导，直到它抵达运动终板，接着它会从运动终板开始在肌肉纤维往返传播。传播到每一条肌纤维上的电信号称运动单元动作电位。敏感的电极能够测量这些肌纤维上的电位改变总和，这个电位常被称为原始或干扰肌电信号。原始肌电信号能被插入的电极（插入肌肉中的细微金属丝）或表面电极（放在目标肌肉上方的皮肤上）侦测到。在众多的运动学分析中，最有价值的是肌电信号的启动时间和强度。虽然不可能根据肌电信号预测所有肌肉的相对力量，但却为预测收缩强度或时间提供了非常有价值的信息，从而更深入地了解某个特定动作下这块肌肉在运动学上的角色。

4. 肌肉疲乏的机制　肌肉疲乏的强度或速率与执行的任务有关。进行高强度、短时间运动所引起的肌肉疲乏，可在休息短短几分钟后恢复。相反的，进行低强度、长时间运动所引起的肌肉疲乏，则需要更长的时间进行恢复。此外，收缩的形态也会影响肌肉疲乏，反复进行离心收缩的肌肉，较同等速率或处于同等外力下进行向心收缩的肌肉不易疲乏。在重复的离心收缩运动后所产生的延迟性肌肉酸痛（DOMS），比向心收缩或等长收缩运动后更严重。运动后的 24 ～ 72 小时间会达到最大，是因肌纤维内或周围的肌小节断裂和细胞骨架受损而引起。

5. 肌肉在肌力训练、制动及随年龄增长而发生适应性改变　健康的神经肌肉系统拥有强大的能力以适应不同的外在需求或环境刺激，称为塑性。肌力训练后，肌肉神经系统的构造及功能几乎立即会发生改变。

第一节　骨骼的稳定肌

骨骼在与环境互动时必须支撑人体。虽然许多议题都着重在骨骼对人体的支撑上，但只有肌肉可以同时调整那些可能会破坏稳定的外力，包含立即性的（急性）外力及长期反复性的（慢性）外力。肌肉是对于这个功能最为理想的结构组织，因为它涵盖了外在环境和经由神经系统提供的内在控制机制。在神经系统的精细控制下，肌肉可在多种情况下，产生稳定骨骼系统所需的力量。例如，在眼睛手术过程中，肌肉必须精细地稳定手指来操作很小的解剖刀，相反的肌肉也能在举重任务中，在挺举的最后几秒时产生极大的力量。

想要了解肌肉在产生稳定力量的特殊角色，就要先了解肌纤维。肌纤维是肌肉的基本单位。之后会讨论肌肉形态学和肌肉肌腱的结构如何影响传递到骨上的力量；肌肉如何在拉长（或牵张）时产生被动张力，或被神经系统刺激或启动时如何产生主动力量；肌肉力量与长度的关系，这一关系如何影响关节所产生的力矩。

一、骨骼肌的结构与组成

全身上下的所有肌肉，如肱二头肌或股四头肌都拥有许多肌纤维。肌纤维的厚度为 $10 \sim 100\mu m$，长度 $1 \sim 50cm$。每条肌纤维都是多个细胞核的单一细胞，单个肌纤维的收缩或缩短都对整块肌肉的收缩起着至关重要的作用。

每条肌纤维的基本单位称肌小节（sarcomere）。肌小节串联排列在每一条肌纤维上，每一段肌小节的缩短都会引起肌纤维缩短。因此，肌小节被认为是肌肉力量产生的根本。

肌肉内含有蛋白质。蛋白质可分为可收缩性和不可收缩性两种。肌小节中的可收缩性蛋白质包括肌动蛋白和肌球蛋白。两者互动会缩短肌纤维并产生主动力量（收缩性蛋白质也称主动蛋白质）。不可收缩性蛋白质在肌纤维内及肌纤维与肌纤维之间架构了许多细胞骨架（cytoskeleton）。这些蛋白质因为具有支撑肌纤维结构的功能，通常被称为结构性蛋白质。虽然结构性蛋白质并不能直接引起肌纤维收缩，但在产生与传递力量时则扮演了第二重要的角色。结构性蛋白质，如肌联蛋白（titin）能在肌纤维内提供一些被动的张力，肌丝蛋白（desmin）能稳定相邻肌小节间的排列。一般而言，结构性蛋白的作用表现在：①被牵张时产生被动张力。②提供肌纤维内在及外在支持和排序。③经由母体肌肉协助传递主动力量，这些内容将在下一节探讨。

除了主动收缩蛋白质和结构性蛋白质外，一块完整的肌肉还包括许多细胞外结缔组织，由大部分胶原蛋白和一些弹性蛋白组成。与结构性蛋白一样，这些细胞外结缔组织被归为不可收缩性组织，主要功能是提供肌肉的结构性支持和弹性。

一块肌肉内的细胞外结缔组织可分为三大类：肌外膜、肌束膜和肌内膜。细胞外结缔组织在不同肌肉结构中的位置——从一块肌肉到非常小的主动性蛋白。图 3-1 展示了这些细胞外结缔组织在不同肌肉结构中的位置——从一整块肌肉到非常小的主动收缩蛋白质。肌外膜的结构很坚韧，包围在整块肌肉的最外围表面，将这块肌肉与其他块肌肉分开来。因此，肌外膜的主要作用在于维持整块肌肉的形状。此外，肌外膜含有紧密交织而成的胶原纤维可以抵抗牵张。肌束膜位于肌外膜内，其将肌肉分成更小的肌束，就像将纤维分组一样，肌束则提供血管和神经的通道。这些结缔组织也像肌外膜一样坚韧，且相当厚实，能抵抗牵张。肌内膜包覆着每一条肌纤维，紧邻肌纤维膜（sarcolemma，细胞膜）之外。肌内膜是肌纤维和血管进行新陈代谢的场所。这种组织由致密的胶原纤维组成，小部分与肌束膜连接。在外侧与肌纤维相连接，肌内膜可将部分肌肉的收缩力量传递至肌腱（图 3-1）。

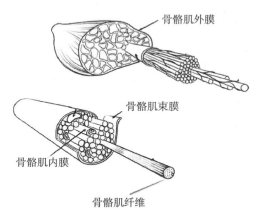

图 3-1　骨骼肌的结构

肌肉中的肌纤维长度变化很大，有些肌纤维可从这端肌腱延伸到另一端肌腱，有些肌纤维非常短。细胞外的结缔组织可协助肌纤维间的相互联系，因此可通过整条肌肉的长度帮忙传递收缩力量。虽然这三类结缔组织是分开介绍的，它们却是一个连续的、环环相扣的组织。这种排列可提供整块肌肉肌力、支持和弹性。其功能归纳如下：①提供肌肉整体结构。②为血管和神经提供通道。③在肌肉被牵伸到接近极限时产生被动张力。④协助肌肉牵拉后恢复到原状。⑤传导收缩力量到肌腱，并跨过关节。

二、肌肉形态学

肌肉形态学描述的是一整块肌肉的基础形状。肌肉有许多不同的形状，而形状会影响其最终功能。最常见的两种形状是纺锤状和羽翼状。纺锤状肌肉，如肱二头肌，它的每一条纤维都与中心肌腱平行，每一条纤维间也相互平行。相对而言，羽翼状肌肉的纤维会与中心肌腱形成夹角。羽翼状肌肉可拥有较多的肌纤维，也可产生相对较大的力量。人体的大部分肌肉是羽翼状的，并且根据肌纤维与中心肌腱夹角的角度进行分类，还可分为单羽状、双羽状和多羽状。

三、肌肉的横截面积与羽状角

肌肉有两个重要的结构特征：生理性横截面积和肌纤维与肌腱所形成的羽状角度。这些特征会显著影响传递到每块肌肉、肌腱，最终传递到骨骼上的力量大小。

肌肉的生理性横截面积反映的是产生收缩力量的被激活的主动蛋白质数量。纺锤状肌肉的生理性横截面积可由它的肌肉横切面判定。这个数值以 m^2 表示，代表的是一块肌肉中所有肌纤维的横截面积的总和。假设所有的肌纤维都被募集，那么一块肌肉的最大潜能会与它所有的肌纤维的横截面积总和呈正比。因此，在正常情况下，一块厚的肌肉比与它有形态相似却较薄的肌肉所能产生的力量要大。测量纺锤状肌肉的生理性横截面积相对比较简单，因为所有的肌纤维都是平行排列的。然而，在测量羽翼状肌肉的生理性横截面积时要小心，因为每一条肌纤维的排列角度都是不同的。为了精确测量生理性横截面积，横切面必须与每一条肌纤维垂直。

　　肌纤维与肌腱所形成的羽状角度是指肌纤维与肌腱之间的夹角。当肌纤维平行地连接在肌腱上时，则肌肉纤维走向的羽状角度为 0°。在这种情况下，所有肌纤维所产生的力量，本质上都会传递到肌腱并跨越该关节。如果肌肉纤维走向的羽状角度大于 0°（即肌纤维的排列与肌腱不平行），则纵轴方向所传递到肌腱上的力量会比肌纤维所产生的力量要小。从理论上说，肌肉纤维走向的羽状角度为 0° 的肌肉，可以传递 100% 的收缩力量到肌腱。如果肌肉纤维走向的羽状角度为 30° 的话，则只有 86% 的收缩力量可传递到肌腱（余弦 30° 为 0.86）。人体大部分肌肉的羽状角度介于 0°～ 30° 之间。

四、力量的产生

　　骨骼肌的肌力被定义为每个生理性横截面积单位可产生的最大主动收缩力量，通常以牛顿 / 平方米（N/m^2）或磅 / 平方英寸（Ib/in^2）为单位。人体肌肉的力量实际上是很难估计的。有研究显示，人体肌肉的力量在 15～60N/m² 之间，平均值为 30N/m²（约 45 Ib/in²）。这么大的变异性似乎能够反映肌纤维形态在不同个体间与不同肌肉间的差异。一般而言，拥有较多快速肌纤维的肌肉比拥有较多慢速肌纤维的肌肉可以产生较大的肌力。

　　一块健康的肌肉可产生的最大肌力与其横截面积有高度的相关性。就一般体型的健康男性而言，其股四头肌的生理性横截面积约为 180 m²。若要使出 30 N/m² 的肌力，股四头肌就会得出 5400N（180 m²×30N/m²）的力，相当于 1214 磅。相反，就体积相对小很多的大拇指内收肌而言，假设这条肌肉有与股四头肌相同的肌力（30N/m²），一般体型健康人的大拇指内收肌生理性横截面积仅约为 2.5 m²，只能产生约 75N（相当于 17 磅）的力。

　　这两条肌肉在最大肌力表现上的截然不同并不令人惊讶，因为它们扮演的角色不同。正常情况下，对股四头肌的肌力需求是很大的，该肌肉常被用来支撑大部分的体重和抵抗重力。股四头肌的结构极大程度地影响了通过肌腱的传递，最终通过关节到骨骼上的肌力大小。假设股四头肌的平均肌纤维与肌腱所形成的羽状角度为 30°，那么经由肌腱并跨越膝关节所传递的最大预期的力约为 4676N（余弦 30°，5400N），或 1051 磅。虽然听起来难以置信，但它确是合乎逻辑的。对每天需处理肌力测试仪的临床工作者而言，用力矩（torque）表达这种力量可能更有意义。假设股四头肌的膝关节伸直力臂为 4cm，那么最大膝伸直力矩的最佳预测应为 187N·m（0.04m×4676N），这个数据正好处于文献所提到的健康成年男性的数值范围内。

　　整块肌肉连到两块骨骼上时，收缩元素（例如，肌动蛋白和肌凝蛋白）和不可收缩元素（例如，细胞外结缔组织和巨型蛋白）被区分开来表示为串联或并联的弹性组织。串联弹性组织代表的是肌腱，以及肌小节中的结构性巨型蛋白；并联的弹性组织以细胞外结缔组织（如肌外膜）以及其他肌肉内的结构性蛋白为代表。

　　一般而言，在类似的体积下，羽状肌能产生比纺锤状肌更大的力量。因为其肌纤维与中心肌腱呈斜向排列，故羽状肌可在固定的肌肉长度下容纳更多的肌纤维。这使羽状肌拥有相对较大的生理性横截面积，因此有更多的潜能产生更大的肌力。例如，多羽状的腓肠肌能够在跳跃时产生非常大的肌力。较大的肌肉纤维走向纹路角度而损失的力量传递，小于因拥有较大的生理性横截面积而获得的更多肌力。如一个具有 30° 肌肉纤维走向羽状角度的肌肉，可以传递 86% 的力量到肌腱的长轴上。

　　1. 被动长度 – 张力曲线　当肌肉接受来自神经系统的刺激时，肌小节中的可收缩性（主动）蛋白质会引起整条肌肉的收缩或缩短。这些可收缩性蛋白质通常指肌动蛋白（actin）和肌凝蛋白（myosin）。它们由结构性蛋白质及其他不可收缩的细胞外结缔组织所支撑。不可收缩的组织又被描述为并联及串联弹性组织，其分类是根据功能而定的，而不是根据解剖目的而定的。串联弹性组织是指与主动蛋白平行串联在一起的组织，如肌腱和巨型蛋白。相反，并联弹性组织则平行地包覆在主动蛋白之外。这些不可收缩性组织还包含细胞外结缔组织（如肌外膜），以及其他包覆在肌纤维外的结构性蛋白家族。

　　利用关节的伸展牵张一整条肌肉时，并联及串联的弹性组织都会在肌肉内产生一个类似弹簧的阻力，或者说是硬度。这个阻力被称为被动张力，因为它不是通过主动或有意识的收缩而产生的。这个并联及串联弹性组织的概念在解剖上已被简化，但被用来解释一条被牵张的肌肉所产生的阻力时却很好用。

　　根据肌肉内并联及串联弹性组织被牵张时的情况，可画出一条被动长度 – 张力曲线。这条曲线很像一条拉长的橡皮筋，形状接近数学指数的方程式。肌肉组织在完全放松时（如松弛）是没有张力的，此段称关键性长度。一旦超过了关键性长度，就会开始产生张力，且张力会持续地增加，直到肌肉达到一个非常高的硬度为止。在极高的张力下，组织最后会断裂或被破坏。

　　牵张健康肌肉所产生的被动张力来自不可收缩性组织的弹性功能，例如细胞外结缔组织、肌腱及结构性蛋白质。这些组织也有不同的硬度。当一条肌肉只被轻微或中度牵张时，结构性蛋白质（尤其是巨型蛋白）会贡献大部分的被动张力。然而，当肌肉被更多牵张时，则由细胞外结缔组织（尤其是组成肌腱的组织）贡献更多的被动张力。

　　这个简单的被动长度 – 张力曲线在肌肉肌腱复合体的整体力量潜能上扮演了重要角色。当肌纤维长度过长时，主动蛋白的重叠会变得很少，会因此丧失其主动收缩能力，此时被动潜能就显得更重要了。被动长度 – 张力曲线的斜率会因肌肉的不同结构和肌纤维长度而有所不同。

　　牵张肌肉产生的被动张力有许多作用，如抵抗地心引力、肢体接触或其他肌肉收缩产生的力来移动或稳定一个关节。例如，快走时，腓肠肌和跟腱在脚趾离地前会被动拉长，产生一个被动张力。这个被动张力协助肌肉力量传递到足部然后到地面，以协助身体前进。虽然牵张肌肉产生的被动张力很有用，但它的功能效益有时候却很局限，原因包括：①组织的缓慢适应性可能跟不上外力的迅速变化。②产生足够的被动张力前所需克服的长度较大。

被牵张的肌肉组织具有弹性特质，因为它能暂时性储存部分能量。当储存的能量被释放出来时，可以附加在肌肉的整体肌力上。一条被牵张的肌肉也显示了它的黏弹特质（第一章），因为其被动阻力（硬度）会随着牵张速度的增加而增加。弹性特质和黏弹特质都是增强式运动的重要元素。

虽然储存的能量在一条被中度牵张的肌肉上，与肌肉的整体肌力潜能相比可能相当微弱，但它有助于预防肌肉因过度拉长而引起的伤害。因此，弹性被认为是保护肌肉及肌腱结构的机制之一。

2. 主动长度－张力曲线 肌肉组织会借由神经系统的刺激以主动产生力量。本章将描述一块肌肉如何产生主动张力。

主动张力是由被活化的肌纤维产生的。所谓的被活化是指被神经系统刺激而产生收缩，就如主动张力和被动张力最终都会被传递至构成关节的骨骼上。

肌纤维由许多被称为肌原纤维的细丝所构成。肌原纤维含有可收缩的蛋白（主动蛋白），且有独特的构造。每一条肌原纤维的直径为 1 ~ 2μm，且含有许多的肌丝。肌原纤维中有两种最重要的肌丝，为肌动蛋白和肌凝蛋白。肌肉的收缩由这两种蛋白复杂的生理和机械学的相互作用而成。

这些肌丝的规律排列使肌原纤维在显微镜下能看到横纹特征。肌原纤维内的重复次级功能单位称肌小节，肌小节中的暗带称 A 带，代表肌凝蛋白，也就是粗肌丝的所在位置。肌凝蛋白含有的凸起物称肌凝蛋白头，其成对出现。肌小节中的明带称为 I 带，含有肌动蛋白，即细肌丝。休息状态的肌纤维，肌凝蛋白与肌动蛋白有部分重叠。电子显微镜下，可看到这些横纹有更复杂的形态，包含一个 H 带、M 线和 Z 板。肌动蛋白和肌凝蛋白在肌小节中借由结构性蛋白的协助整齐地排列。这些结构性蛋白可提供肌纤维在收缩及被牵张时的机械性稳定。通过结构性蛋白及肌内膜，肌原纤维最终会联结至肌腱上。这个由蛋白质及结缔组织所组成的简明联结网，使力量能在一块肌肉中以纵向或横向的方式进行传递。

肌小节是肌纤维产生主动力量的最基础单位，了解发生在肌小节中的收缩元素，就能了解整块肌肉的收缩过程。简单地说，收缩的过程是每一段肌小节收缩的重复过程。描述肌小节中主动力量产生的模型，被称为滑动假说，是由 Hugh Huxley 和 Andrew Huxley（两个人没有相关）独立发展出来的。在这个模型中，主动力量由肌动蛋白滑过肌凝蛋白，使 Z 板和 H 带变窄。该动作可导致肌动蛋白和肌凝蛋白渐进式重叠，进而使得每一段肌小节缩短，但这些主动蛋白本身并没有真正缩短。每一个肌凝蛋白头都会联结一个附近的肌动蛋白，形成键结。每一段肌小节中产生的力量大小取决于同时间产生的键结数量。键结的数量愈多，肌小节中产生的力量就愈多。

由于肌动蛋白和肌凝蛋白与肌小节的排列关系，一部分的主动力量大小取决于肌纤维的长度。肌纤维长度的改变，无论来自主动收缩或被动拉长，都会影响肌动蛋白与肌凝蛋白间可重叠的区域大小。一条肌纤维或一段肌小节的理想休息长度，是指可允许发生最多键结数量的长度，在这一状态下可产生最多的力量。当肌小节的长度比其休息长度长或短时，可产生的键结数量都会减少。即使所有的肌纤维都会被启动，可产生的主动力量依然较少。因此，主动长度－张力曲线图呈现的是一个倒 U 形，其最大值正落在理想休息的长度上。

长度－力量关系也许更能说明这一现象（第一章，力量与张力的定义），但因为在生理文献中广泛使用长度－张力一词，因此本文也使用长度－张力一词。

3. 整体长度－张力曲线 主动长度－张力曲线与被动长度－张力曲线合并后，就形成了肌肉的整体长度－张力曲线。主动力量与被动张力的总和使肌肉在大范围的肌肉长度下具有大范围的力量。在肌肉整体长度－张力曲线图上，当长度比休息长度较短时，则没有被动张力的产生。只有主动张力贡献了整体力量，肌肉渐渐往休息长度被拉长（牵拉）时，则主动力量会持续增加。当肌纤维被牵拉到超过它的休息长度时，被动张力就会出现。此时主动力量逐渐减少，由渐渐增加的被动张力予以弥补，有效地使这部分的整体长度－张力曲线逐渐变平。

被动长度－张力曲线的这一特征可使肌肉即使处于主动张力受限的状况下也能维持高强度的张力。当肌纤维被牵拉得更长时，被动张力成为曲线中最重要的一环，使结缔组织几乎处于最大压力。大强度的被动张力常见于跨关节肌肉的牵拉。例如，当腕关节主动进行完全伸直时，指间关节会有被动地稍微屈曲，这是因为指间关节屈曲肌横跨过了腕关节的前方。被动张力的大小，有一部分视肌肉本身的硬度而定，因此对具有不同结构与功能的肌肉，整体肌肉长度－张力曲线图也大不相同。

4. 等长肌力 内力矩的产生：关节角度曲线。当肌肉进行等长收缩时，肌肉的长度并不会有显著变化。当另一端拮抗肌的力量或外力使关节动作被限制时，跨越这个关节的肌肉进行的便是等长收缩。等长收缩产生的力量可维持关节和全身的稳定性，其力量大小反映了与长度相关的主动张力与被动张力的总和。

一块肌肉的最大等长收缩力量常用来作为此块肌肉的最大肌力指标，并用来代表受伤过后的神经肌肉复原程度。临床上，我们无法直接测量到最大肌肉收缩的长度或力量，但是一块肌肉产生的内在力矩则可在几个关节角度下被测量。

力矩－角度曲线是一块肌肉的整体长度－张力曲线的旋转对应词。内在力矩由肌肉进行等长收缩所产生，通常会要求受测者尽最大所能去抵抗一个已知的外力（在第四章会提到）。要测量一个外在力矩，可将一个外力感应器（测力计）放在已知与关节旋转轴距离的位置下来测得。由于肌肉进行的是等长收缩，因此，内在力矩被假定为等于外在力矩。当对健康受试者进行最大肌力的测试时，几乎所有的人都能测量到肌肉的最大活化。然而，神经系统有病变或受到伤害的人，接近最大的活化并不是一定可达成的。

每一块肌肉在最大力量下的力矩－角度曲线都有其独特形状，每一条曲线的形状都呈现了决定这块肌肉力矩的生理因子和机械因子。

首先，肌肉长度会随着关节角度的改变而改变，无论是主动张力还是被动张力，都会受到肌肉长度的影响。

第二，关节角度的改变会影响肌肉的动力臂长度，或者说是杠杆作用。假设肌肉的力量是固定的，那么当动力臂渐渐加大时，力矩也会跟着变大。实际上，肌肉长度和力臂都会同时因关节的旋转而改变，所以我们不可能知道哪个因子对最终力矩－角度曲线形状的影响较大。但无论哪个因子，生理因子或机械因子的改变都会改变肌肉内在力矩的临床表现。

髋伸展肌群的力矩－角度曲线：该曲线主要受肌肉长度的影响，所以我们可以见到最大力矩随着髋关节外展角度的增加而呈线性下降。然而，无论哪个肌群，较大的肌肉力量（根据肌肉长度）合并较大的杠杆作用（根据动力臂长度）会产生较大的内在力矩。

总之，等长收缩力矩的大小会因肌肉收缩的关节角度而改变，因此，临床上测量等长力矩时，一定要记录关节角度，以利于未来进行比较时的效度。若能在各个不同角度下测量肌力，我们便能了解一块肌肉在不同的功能性角度下的肌力，其结果能让我们决定一个个体是否适合进行某个特定任务，尤其是当这个任务需要一定的内在力矩来达成某个特定关节角度时。

第二节　骨骼力量的调节

一块等长收缩的肌肉可以稳定骨骼系统，那么肌肉如何在改变长度时主动将力量分级，对骨骼系统的精细控制模式十分重要。

一、力量－速度曲线

1. 肌肉力量－速度关系　神经系统刺激一块肌肉产生力量或抵抗外力时，分为向心、离心和等长活动三种模式。

在向心活动过程中，肌肉是缩短的（收缩）。当内在（肌肉）力矩大于外在（负荷）力矩时就会产生这种收缩。相反，在离心活动过程中，外在力矩是大于内在力矩的。肌肉受神经系统驱动而收缩，但与此同时却有另一股更强大的力量将此块肌肉拉长，这个力量通常来自外力或对侧拮抗肌。在等长活动中，肌肉的长度几乎保持不变，此时内在力矩与外在力矩几乎是相等的。

在向心或离心活动过程中，肌肉的最大力量输出与它的收缩（或被拉长）速度之间存在着非常特殊的关系。向心活动时，当负荷小到几乎可以忽略时，肌肉可用非常快的速度收缩，且随着负荷的渐渐增加，最大收缩速度会逐渐减小。到了某一个点时，极大的负荷会导致收缩速度几近于零（也就是等长收缩状态）。

离心活动与向心活动不同，一个恰好超过等长收缩力量的负荷，可导致肌肉慢慢地被拉长。当给予的负荷越来越大时，肌肉被拉长的速度也跟着增加，最后会有一个最大负荷量是肌肉无法抵抗的。若超过这个负荷量，肌肉便无法在被控制的情况下被拉长。

2. 力量－速度曲线　肌肉改变长度的速度与它最大输出量之间的关系，常以力量－速度曲线图表示。这个曲线图包含了向心、等长和离心活动3种情况。垂直轴代表的是力量，水平轴代表的是肌肉缩短或被拉长的速度。

　　力量－速度曲线呈现了肌肉生理上的几个重要特性。进行最大向心收缩时，肌肉产生力量的值与它缩短的速度呈现负相关。生理学家 A.V.Hill 于 1938 年最早提出在青蛙的骨骼肌上有此现象，并认为与人类类似。高速收缩情况下会降低肌肉产生力量的潜能，是因为键结依附和再依附的速度先天存在着限制。在固定的时间内，若肌纤维以较高的速度进行收缩，则形成键桥作用的数量会比以较低速度收缩时要少。无论何时，一段肌小节内可形成键桥作用的数量在收缩速度为零时（等长收缩状态）是最多的。因此，一块肌肉在等长收缩时产生的力量，会比以任何速度缩短中的肌肉力量要大。

　　肌肉在进行离心活动时，力量－速度关系的潜在生理机制与向心收缩有很大不同。当肌肉进行最大离心活动时，力量与肌肉被拉长的速度呈正比。然而对某些肌肉来说，这段曲线斜率与力量－速度曲线相比，当拉伸速度较低时，曲线斜率可能为零。虽然还不了解其原因，但大多数人（尤其是没有受过训练的）是无法进行最大离心活动的，尤其在高速之下。这也可能是一种保护机制，保护我们的肌肉不被过大的力量牵拉而受到伤害。

　　肌肉的力量－速度关系临床常用力矩－关节角速度表示。其可通过等速肌力测量仪而测得。例如，测量一位健康男性的膝伸直肌群和膝屈曲肌群在肌肉缩短及拉长的各种速度下的最大力矩。虽然这两组肌肉群产生的最大力矩数值不同，但却有着类似的特征。它们的最大力矩都随肌肉收缩（缩短）速度的增加而降低，而且随着肌肉被拉长速度的增加而增加（直至某一点）。

　　肌肉在离心活动时产生的力量比等长活动或任何速度下的向心活动都要大。虽然原因尚未完全了解，但离心活动可以产生相对较高的力量，部分是因为：①每个键桥作用都是被拉开且独立的，故每个键桥作用都可产生较大的平均力量。②键桥的再键结速度较快。③被牵拉的肌肉因黏弹特性所产生的被动张力，而与弹性组织并联及串联。关于第三条，有一个间接的因素是延迟性肌肉酸痛现象，常发生在大量的离心活动运动后，尤其是未受过训练的人。这种酸痛部分与拉伤相关（快速且强力的牵拉肌肉），会使肌小节内的肌原纤维、细胞骨架和细胞外结缔组织都受到伤害。

　　离心活动的功能性角色，对动作的代谢及神经性效率很重要。离心活动的肌肉被牵拉时进行的是能量储存，只有当被牵拉的肌肉开始缩短时，能量才会被释放出来。此外，肌电信号的大小与每一单位力所消耗的氧之间的比例，离心活动时要比向心活动时低。这个效率的背后机制与上面的三个因素有密切关系，而代谢成本及肌电信号比较少的原因，部分是因离心活动仅需较少的肌纤维就可达成相同的任务。

　　3. 肌肉力量—速度曲线　肌肉的最大潜在力量与它缩短的速度间的反转关系和功率的概念有关。功率是力量与收缩速度的乘积，因此，在力量－速度曲线图中，一块肌肉的收缩功率，即等于右半部曲线下的面积。一块肌肉的功率输出可以通过负荷量（阻力）的改变维持为一定的值，如收缩速度降低时，等比例地增加负荷；或收缩速度增加时，等比例地减少负荷，这与骑变速脚踏车一样。

　　当一块肌肉对抗一个负荷进行向心收缩时，它所做的是正功。相反，当一块肌肉抵抗一个更大的负荷而进行离心活动时，它所做的是负功，且这块肌肉会储存来自负荷所提供的能量。因此，肌肉可以在缩短（向心活动）时看作是载荷的活动加速器以对抗外力，或被拉长（离心活动）时起着刹车或减速作用。例如，人上楼梯时，股四头肌会向心收缩将身体往上抬高，它所做的就是正功。当这些肌肉以离心活动控制身体下楼时，所做的功就是负功。

二、长度 – 张力与力量 – 速度关系

虽然一条肌肉的长度 – 张力关系和力量 – 速度关系在前面是分开讨论的，但事实上两者常常是一起作用的。在一个特定的时间点，一块被启动的肌肉会有一个特定的长度和特定的收缩速度，包括等长收缩，因此将肌肉的力量、长度及收缩速度画成一个三维立体关系图是很有用的。需要注意的是，这个图并不包含肌肉的被动长度 – 张力部分，显示的是肌肉处于较短长度下进行高速收缩时，即使尽最大的力，力量仍是相对较低的。相反，当肌肉处于较长长度下（接近其理想肌肉长度）进行低速（接近等长收缩）收缩时，理论上是可以产生非常大的主动力量的。

三、肌肉的力量启动

肌纤维的启动发生顺序为：①动作电位被启动并向下传递到神经元轴突。②轴突末端与神经肌肉接头释放乙酰胆碱。③乙酰胆碱与运动终板上的受体结合。④ Na^+ 与 K^+ 进入肌肉细胞膜并将其去极化。⑤肌肉动作电位被传递至细胞膜表面。⑥ T 小管被去极化，导致肌原纤维附近的钙离子被释放。⑦钙离子与肌钙蛋白结合，导致肌动蛋白与肌凝蛋白结合的抑制解除，肌动蛋白与肌凝蛋白产生键桥。⑧肌动蛋白与肌凝蛋白之 ATP 相结合形成一个能量模块。⑨能量释放产生肌凝蛋白头的动作。⑩肌凝蛋白与肌动蛋白产生滑动。⑪肌动蛋白与肌凝蛋白解键，若 Ca^{2+} 足够，则可继续形成键桥，重复以上过程。

1. 由神经系统启动肌肉　这节要介绍几个肌肉产生力量的重要机制。在这些机制中，最重要的是，肌肉是被神经系统发出的冲动所兴奋的，主要是细胞体位于脊髓的前角中的 α 运动神经元。每一条 α 运动神经元都有一条从脊髓发出的轴突，轴突会与一块肌肉上的许多肌纤维联结。每一条单独的 α 运动神经元与它所支配的所有肌纤维，统称为一个运动单元（motor unit）。α 运动神经元的兴奋可来自皮质下行性神经元、脊髓中间神经元或其他的输入（感觉）神经元。无论哪一种来源于活化 α 运动神经元，都可先调动某个特定的运动神经元，甚至更高效率地启动并驱动它，这个过程称频率转录。频率转录过程的高度可控特性，使肌肉可以平缓地增加。调动和频率转录是神经系统启动运动神经元的两个主要策略。整块肌肉中的运动单位的空间排列和启动运动神经元的策略，可以用极少的运动单元产生极小的力，也可以募集大量的运动单元产生极大的力。因为运动单元分布在整块肌肉中，因此被活化的纤维可将肌力加起来传递到肌腱并跨越关节。

2. 募集　募集是指特定运动神经元一开始的活化，导致它支配的肌纤维的兴奋和活

动。神经系统募集一条运动神经元的方式，是经由改变 α 运动神经元细胞体上细胞膜的电位差。这个过程包含抑制与兴奋冲动的净总和。达到临界电位值时，离子会流经细胞膜并产生一个电信号，这个电信号称为动作电位（action potential）。这个动作电位会沿着 α 运动神经元的轴突往下传递至神经肌肉交界处的动作终板（motor endplate）。一旦肌纤维被活化，肌肉收缩（即一个抽动）便开始发生，且产生较小的力量。经由运动神经元的募集，有更多的肌纤维被启动，因此整块肌肉产生的力量也更大。

每一个运动单元内的肌纤维通常有类似的收缩特性，且随机分散在一块肌肉的相关领域中。每一块完整的肌肉可能含有上百个运动单元，每一条轴突支配的肌纤维数量在 5 ～ 2000 不等。需要执行精细动作控制的肌肉，以及需要产生相对较低力量的肌肉，通常会有较小的运动单元，例如，控制眼球或手指的肌肉。这种运动单元通常是一条轴突支配较少数量的肌纤维（低支配率）。相反，不需要调控精细动作但需要产生较大力量肌肉则拥有较大的运动单元。这些运动单元的每条轴突会支配相对较多数量的肌纤维（高支配率）。但无论是哪种类型的肌肉，不管它的功能性角色为何，所含的动作单元都有一个大范围的支配率。

运动神经元的大小会影响它被募集的顺序。小的神经元比大的神经元会先被募集，这就是亨内曼规模原则。这一原则最早于 20 世纪 50 年代晚期由 Elwood Henneman 的实验证明并提出，用以解释大部分运动单元的募集顺序是依照神经元的大小而定，以产生平缓的力量，并且可对力量大小进行细微的控制。

由小运动神经元支配的肌纤维的抽动反应可以维持的时间较长，然而力量则较小。与这一类肌纤维相关的运动单元，由于肌纤维的慢速收缩特性，被分为 S 型（慢肌，slow）。这类肌纤维称 SO 纤维，表示它们较慢且在化学组织形态上的氧化特性。与 S 型运动单元相关的肌纤维较能抗疲乏。也就是说，在维持一段时间的活动后仅有少量的力量流失。例如，比目鱼肌就有高含量 SO 纤维的肌肉，它可在身体产生姿势性晃动时，不断地进行微调，慢肌纤维使这类姿势性肌肉能长时间维持些微程度的力。

相反，由大运动神经元支配的肌纤维所产生的抽动在时间上较短（快速抽动，fast twitch），但力量较大。与这类肌纤维相关的运动单元被分为 FF 型（快肌，fast and fatigable），这类肌纤维称 FG 型，表示它们快速抽动及组织化学上的糖酵解特性。这些纤维很容易疲乏。一般需要很大的中间运动神经元，它们处于"快速"与"慢速"疲劳之间的生理及化学组织特性的结构当中。中间的运动单元为 FR 型（快速抗疲乏），这类纤维称 FOG 纤维，代表它们同时具有有氧化和糖酵解的能量来源。

骨骼肌有连续的广泛生理反应。通常小的（较慢）运动单元会在动作早期被征召，产生相对较低的肌肉力量，用以维持一段相对较长的时间。与肌纤维有关的这个收缩特性让我们可以控制精细动作，或平顺地产生低强度的收缩，而大（较快速）的运动单元会在小的运动单元之后被募集，产生较大但短暂的力。透过这个层次，神经系统就能启动肌纤维在较长时间里维持一个稳定的姿势，然后在必要的时候产生一个短暂且强大的力量来完成瞬间的突发活动。

近几年，研究学者试着由切片检查和组织化学或生物化学分析区别 3 种不同运动单元的肌纤维，这个过程称为肌纤维分类。在过去的 50 年间，已发展了好几种肌纤维分类技术，如比较原始的 FG、FOG 分类，通过根据肌纤维的相对有氧氧化或糖酵解代谢能力分析肌纤维的化学组织特性。该方法由 Edgerton 和他的同事们于 20 世纪 60 年代经由动物运动单元的实验开始发展，在 70 年代早期被修改。

1970 年，Brooke and Kaiser 设计了一种将人类肌纤维分类的技术。该技术根据肌凝蛋白上的三磷酸腺苷的酶素活性探讨肌纤维的组织化学特性。这种酶素的相对活性将肌纤维分为快速纤维（第Ⅱ型）和慢速纤维（第Ⅰ型）。在人类肌肉上，快速的第二型纤维又进一步分为第ⅡA型和第ⅡX型（请注意，第ⅡX型是近几年才定义的，以前称ⅡB，因为现在肌凝蛋白的分子组成已被识别）。

直到 1990 年，在肌纤维的横截面上进行组织化学分析是肌纤维分类的最佳方法，直到后来发明了蛋白分子的生物化学分析后，才使我们可以对肌肉的一小部分或单独一条肌纤维进行分析。其是根据肌凝蛋白重链的亚型在结构上的比例来分析的。例如，重链正式肌小节中的主要主动（收缩）蛋白质。肌凝蛋白重链至少有 3 种亚型在人类身上被辨别出来，包括 MHC Ⅰ、MHC ⅡA 和 MHC ⅡX。在一条肌纤维中被发现的主要亚型，与它的几个机械特性相关，包括缩短的最大速度、力量的产生和力量－速度曲线特性。这种技术目前被视为肌纤维分类的黄金标准，与肌凝蛋白三磷酸腺苷酶的组织化学特性相关。

3. 频率转录 当某一运动神经元被募集后，相关肌纤维所产生的力量会被相继的动作电位所产生的频率（Hz）调节，这个过程称频率转录。虽然在一条骨骼肌纤维上的单一动作电位仅可以维持几个 ms，但所产生的肌纤维抽动（单独的收缩）在慢肌纤维却可以维持 130～300ms。当一个运动单元首先被募集时，每秒会释放出大约 10 个动作电位，也就是 10Hz（一个动作电位的平均释放率，要以频率，或与它相反换算的突触间间隔来表示，10Hz 亦表示突触间间隔为 100ms）。当兴奋性增加时，在大力收缩下，这个频率可能会增加至 50Hz（即突触间间隔等于 20ms），虽然这个收缩通常只能维持一短暂时间。因为抽动的时间常比动作电位的释放间隔要长，因此一连串的动作电位在一开始的抽动中就开始是有可能的。如果肌纤维可被允许在下一个动作电位来临前完全放松，那么第二个肌纤维抽动的力量会与第一个抽动的大小相等。如果下一个动作电位在上一个抽动还没放松前到达，那么肌肉的抽动就会加乘上去，产生一个更大的力量值。此外，如果下一个动作电位到达的时机很接近上一个抽动的最高值，则产生的力量会更大。

一连串的重复动作电位可在上一个冲动放松前启动肌纤维，因此可产生一个重叠的机械效应，被称为未融合强直。当抽动与抽动之间的启动间隔越来越短时，为融合强直所产生的力量会越来越大，直到这些机械效应全部融合在一起，并且达到一个稳定的最大收缩，此时称为融合强直（fused tetanus）。融合强直代表单一肌纤维可能达到的最大力量值。运动单元以高频被活化，因此能够产生的整体力量比相同数量的运动单元在低频下被活化得更大。

力量与一条运动单元被活化的频率之间的关系是一个曲线关系，由低频到中频时，力量会急剧上升，接着在高频状态下渐渐达到一个稳定高峰期（对人类全身的肌肉而言，大约是 50Hz 左右）。不过，这个曲线的精准形状还需视每一个抽动之间的间隔而定。例如，一个慢的运动单元产生的肌肉抽动时间会较长，因此要达到融合强直所需的频率，也较一个快的运动单元来得低。

当肌肉力量渐渐增加时，募集的生理机制及运动单元的频率转录会同时作用，但哪个策略比较占优势，则与当下执行的任务本质及其需求有很大的关系。例如，运动单元的募集在离心活动时就与向心活动时不同。在离心活动过程中，每一个键桥作用都会产生一个相对较大的力量，因此所需要募集的运动单元数量会比要产生一个相等的力量的向心活动较少。也就是说，一个向心活动需征召更多的运动单元数量才能产生与离心活动同等的力量。此外，频率转录对于产生一个快速的力量特别重要，尤其是在等长收缩的初始期。频率转录可以驱动一些运动单元以快速退出的方式（双重释放）释放动作电位，以产生更大的力量。双重释放的发生，是指一个运动单元在与前一个运动单元相距 20ms 内释放动作电位，也就是超过 50Hz，恰好是人类动作电位释放率的上限。但无论用哪一种策略增加力量，亨内曼规模原则（由小的运动单元开始征召）仍然会被遵守。

第三节　肌电图

肌电图（EMG）是一门记录并解释源自骨骼肌的电活动的科学。肌电图是运动学领域中的重要研究工具。经过谨慎且有技术的分析，临床工作人员和研究者可以在相当复杂的功能性活动下，判断几块肌肉的收缩时间和大小，包括浅层肌肉和深层肌肉。近半个世纪，肌电图研究使我们更加了解了肌肉的特定活动。

肌电图是用于诊断和治疗某些神经肌肉病变或机能不足的重要工具，这节将着重介绍肌电图在肌肉骨骼系统运动学上的应用。肌电图研究能协助判断许多其他运动学或病理运动学现象，包括肌肉疲乏、动作学习、受伤或不稳定的关节保护、步态、人类工程学，以及运动和休闲。因此，必须了解运动学肌电图的基本技术、应用及限制。

一、肌电图的记录

当运动单元被启动时，电冲动会沿着轴突传导，直至它抵达运动终板，接着从运动终板开始在肌肉纤维进行往返传播。传播到每一条肌纤维上的电信号被称为运动单元动作电位。敏感的电极能够测量这些肌纤维上的电位改变总和。该电位被称为原始肌电信号或干扰肌电信号。原始肌电信号可以被插入的电极（插入肌肉中的细微金属丝）或表面电极（放置在目标肌肉上方的皮肤上）监测到。

肌电图的记录电极通常连接到一个管线，该管线再直接联结到信号处理器上。最新的技术是肌电图信号可以利用遥测系统记录。这些系统通常被设计监测及记录远端受测者或患者的肌肉活动，给予其进行自由动作的空间。表面肌电信号是经由无线频谱波被传导至一个记录器上，较使用管线的电极有可能产生人工干扰。

电极的选择取决于肌电图分析的特定状况及目的。表面电极最常被使用，因为它很容易应用且没有侵入性，并能从肌肉的大面积中取得信号。常见的配置是将两个表面电极（每一个电极的半径为 2～4cm）相邻地放在目标肌肉的皮肤上。另一个参考（接地）电极则放在没有肌肉的骨区域。为了确定可以监测到肌电信号的最大值，两个电极必须平行放在肌纤维的长轴上，这种典型配置可以监测到电极 2cm 内的动作电位。

细金属丝电极直接插在目标肌肉上，故能测量到目标肌肉的特定区域，尤其是不容易经由表面电极监测到的深层肌肉，如肱肌、胫后肌、腹横肌。虽然记录的区域比表面电极要小很多，但金属丝电极可以区别由一个或一些运动单元所产生的单一动作电位。将细金属丝电极插入人的肌肉，需要较高的技术和适当的训练，这样才能够安全地完成。

原始肌电图信号的电位通常只有几个毫伏特，因此这个信号能够轻易被其他电极来源干扰。例如，电极或管线的移动、邻近或远端的活动肌肉，以及周遭环境的电磁辐射。有好几种方法能够降低人工干扰信号的收集，例如前面提到的利用双极和接地电极方式。这种配置可将一般的电子干扰信号降到最低，这种方式称为共模抑制。

其他降低电子干扰信号的策略包括皮肤清理和记录环境的适当电屏障。电信号也可在电极端被前置放大，而这种在电极端提高的信号，可以降低肢体动作和电极管线产生的干扰信号，这种方式常用在动态活动的肌电图测量上，如走路或跑步时。

肌电信号的过滤也可利用频宽的限制来降低一些干扰的电信号。通频带滤波器包括高通滤波器（在某个数目值以下的频率会被滤掉，只有比这个数目值高的频率才能通过）和低通滤波器（在某个数目值以上的频率会被滤掉，只有比这个数目值低的频率才能通过）。典型的表面肌电图通频带滤波器保留 10～500Hz 间的信号，滤掉超出这个范围以外的信号。较广的通频带滤波器为 200～2000Hz 或更高，常用于肌肉内肌电图。如果需要的话，可以设计一个滤掉 60Hz 的滤波器，因为 60Hz 是施测环境中最常见的干扰信号频率。

为了避免丧失部分肌电信号，采样率是很重要的参数。它必须是肌电信号最高频率的两倍以上。例如，使用设定为 10～500Hz 的通频带滤波器时，最好搭配每秒至少1000 以上的采样率。

二、肌电图的分析与标准化

若同时记录肌电信号，以及时间、关节运动学或外力等数据，就能对肌肉动作有更进一步的了解。在众多的运动学分析中，最有价值的是肌电信号的启动时间和强度，如脊椎周遭稳定肌群的正常启动时间或顺序。举例来说，像腹横肌或腰部多裂肌的延迟启动或抑制就被认为是下脊椎不稳定的可能原因。因此，治疗目标可针对这些肌群的募集和强化。要测量肌肉启动的相对时间或顺序，可以直接在示波器或电脑荧幕上进行肉眼观察，或利用进一步的量化描述或数学统计方式进行测量。

（一）肌电图的分析

评估一块肌肉的需求，通常采用相对肌电信号强度进行判定。较大强度的肌电信号多代表较大的肌肉收缩强度，某些时候也代表较大的相对肌肉力量。原始肌电信号是一个在零的两端上下起伏的电位，常需用数学方式换算成一个有用的量化数值。其中一种方法就是全波整流。该方法会把原始信号转化成正值的电位，产生肌电图的绝对值。整流后的肌电信号强度，可用在特定收缩时间所收集的样本数据的平均值表示。整流过后的信号也可被过滤或平顺化。平顺化是指将这些信号的波峰和波谷变平。平顺化后的信号称为线性包封，它可被量化为移动中的平均值。平顺化后的信号也可被集合，即利用数学方法将曲线（电位－时间）下的面积计算出来。这个过程使一个固定时间内的累计电信号可被量化。

另一种分析原始肌电信号的方式是计算一段时间内的均方根数值（RMS），这个数值与相对于零的电位标准差有关。这个数学分析需先将信号平方，使所有信号都变成正值，然后取它的平均值，最后再开根号。肌电电位的数学分析可用于生物反馈仪，包括视觉或音频信号，或启动其他的仪器，如电刺激器用于某阈值下的肌肉活化。

（二）肌电图的标准化

当一个处理过的肌电信号被拿来与其他肌肉比较，或在不同时间、不同状况下比较时，这个肌电信号必须先用一个参考信号进行标准化。在许多运动学实验中，用绝对电位值表达肌电信号强度常会产生无意识的数据，尤其是在不同受试者和肌肉之间取平均值时。如果肌电信号数值是在不同的段落下收集的话（电极片需重新贴上），这个问题会更突出。即使肌肉做的是相同动作，绝对电位值仍会因电极片的选取（包括电极片的大小）、皮肤状态、电极片的确切位置而发生改变。常见的标准化是利用同一条肌肉在进行最大自主等长收缩时所产生的肌电信号作为参考值，这样不同个体间或不同时间段的肌肉收缩强度的比较才会有意义。不过，有些肌电信号学家会利用电刺激肌肉产生的点反应作为参考信号。另外，肌肉收缩的程度也可作为有意义的参考值。

三、肌肉收缩时的肌电信号强度

以肌电图信号解释肌肉活动和整体功能时，若要避免错误解读，就先要了解影响肌电信号的生理因子和技术因子。

肌电信号的强度通常与活动中的运动单元数量和放电速率有关。这些也是产生肌肉力量的因子，我们常会使用一块肌肉的相对肌电信号强度作为其相对力量。虽然在等长收缩过程中这两个变量基本上呈正比例关系，但却不能将这个原则推广到其他形态的非等长收缩上。原因很多，例如生理性和技术上的原因。

就生理层面而言，肌电图信号的大小在非等长收缩的过程中会受到肌肉长度－张力和力量－速度的影响。假设两个极端的例子，如果 A 肌肉在肌肉长度处于较大主动和被动张力下进行高速的离心收缩，产生了 30% 的最大力量，但 B 肌肉却在肌肉长度处于较小的主动和被动张力下进行高速的向心收缩，也产生了相同的力量。若同时考虑肌肉长度－张力和力量－速度的综合影响，肌肉 A 则正处于有产生较大力量的生理优势，因此肌肉 A 若要产生与肌肉 B 一样大的力量，所需募集的肌纤维运动单元较少，肌电信号会较低，但两块肌肉事实上却出了相等的力。在这个极端的假设例子中，肌电信号大小就无法被拿来作为两条肌肉之间的相对力量比较。

另外我们需要思考的是，一块肌肉被拉长或缩短时，肌纤维（肌电信号的来源）都会改变其空间位置，因此肌电信号代表的可能是来自不同区域的肌纤维或从不同肌肉而来的动作电位。这会改变电极片记录到的电位信号，但这个改变与肌肉力量不呈比例关系。

在动作过程中，还有其他影响肌电信号的技术因素，更详细的讨论可从其他文献中寻得。

影响肌电图信号大小的技术因素很多：①电极形状及大小。②信号内容频波的过滤范围及形态。③附近肌肉的干扰信号强度。④电极与运动单元终板的相对位置。⑤电极与肌纤维的排列方向。

肌电图研究是基于不同实验个体的不同肌肉的肌电图的平均肌电信号。若能同时考虑实验的设计和技术（包含适当的标准化过程）、动作的特定性、肌肉收缩的形态和速度，还可假定较大的肌电信号代表的是较大的收缩力量。一般说来，在两块肌肉都进行等长收缩时，这个假定大致上是没有问题的，但当肌肉进行的是离心收缩或向心收缩或处于疲乏时，这个假设可能被怀疑。

虽然我们不能依据肌电信号预测所有肌肉的相对力量，但能为预测收缩强度或时间提供非常有价值的信息，使我们能够深入了解某个特定动作下该块肌肉在运动学上的角色。若配合其他动力学或运动学变项的分析，例如量角器、加速规、影像或其他光学探测器，这些肌电信号则能提供更多有效的信息。

第四节　肌肉的疲劳

肌肉疲劳是指一个由运动引起的最大自主肌力下降。即使是健康人，在持续的生理做功时或结束后也会发生肌肉疲乏。正常情况下，肌肉疲乏是可逆的，只要经过休息即可恢复，它与慢性疲乏或即使充分休息肌肉仍无力的状况是不一样的。虽然肌肉疲乏属于正常反应，但过多的或慢性肌肉疲乏却不是正常的，反而是潜在神经肌肉疾病的前期症状。

一、运动量与疲劳

1. 次级量运动　就健康人而言，肌肉疲乏有可能不易被察觉，尤其是进行长时间次级量运动时。一个健康受试者被要求做一连串的屈肘动作，并以50%的次极量收缩进行，每隔六组则进行最大收缩（100%）。显而易见，肌肉可产生的最大力量在渐渐下降，虽然受试者依然能够成功完成50%的次极量收缩任务。但若继续重复此运动，最后则会导致肌肉力量无法达到50%的收缩目标。有趣的是，肌电信号的强度在整个反复的次极量收缩过程中越来越大。这个渐渐变大的肌电信号强度反映出，当已经疲乏的运动单元渐渐消失或降低其放电速率时，有更多其他运动单元的募集出现。这个募集是试图维持某个稳定的力量输出。

2. 最大收缩　与次极量收缩相反的是,一块持续在最大收缩状态下的肌肉会导致更快速的最大力量下降。在这种情况下,肌电信号强度会随着肌肉力量的下降而下降。它反映的是这些疲乏中的运动单元的消失或放电速率的减缓。假如所有的运动单元在最大收缩一开始就已全部被募集,就不会像长时间次量级收缩任务时会有其他运动单元被保留来代偿下降的肌力。

二、运动的强度或速率与疲劳

肌肉疲乏的强度或速率与执行的任务有关,进行高强度、短时间运动所引起的肌肉疲乏,经过短短几分钟的休息便可恢复;而进行低强度、长时间运动所引起的肌肉疲乏则需要更长的时间进行恢复。

此外,收缩的形态也会影响肌肉疲乏。反复进行离心收缩的肌肉,比以同等速率或处于同等外力下进行向心收缩的肌肉不易疲乏。离心收缩所呈现的相对抗疲乏特性,反映出每个键桥能提供的力量较大。因此,在一定的次极量做功下,所募集的运动单元数量较少。然而,当一块肌肉并不习惯进行离心收缩,而此块肌肉的离心收缩是主要康复项目时,则要小心谨慎。重复的离心收缩运动所产生的延迟性肌肉酸痛(DOMS),往往比向心收缩或等长收缩运动后更为严重。延迟性肌肉酸痛通常在运动后 24 ~ 72 小时达到最大,是因为肌纤维内或周围的肌小节断裂和细胞骨架受损所导致。

三、肌肉产生疲劳的机制

用以解释肌肉产生疲乏的机制许多,均与动作皮质和肌小节的启动有关。疲乏机制可发生在肌肉内或神经肌肉接头处(常被称为肌肉或周围机制),也可发生在神经系统(常被称为神经或中枢机制)。但肌肉与神经机制之间的分类尚不清楚。例如,某些在肌肉内的感觉神经元会对局部的代谢有反应,而产生与疲乏有关的物质。这些神经元的启动可能会抑制相关运动神经元的放电速率,从而进一步降低力量的输出。肌力丧失的原因可用肌肉机制和神经机制各解释一部分。

健康人身上的许多疲乏机制与肌肉本身有关,该机制可通过测量一块肌肉在接受电刺激时所产生的力量的降低进行研究,因为其可排除中枢神经系统和自主收缩因素的影响。

一些与神经系统有关的疲乏机制被提出,其是指在神经肌肉接头处的近端所发生的机制。这些神经机制通常包括脊髓以上中枢兴奋输入的降低,或传至 α 运动单元的兴奋输入的减少。因此,在健康人身上,运动单元的启动减少了,力量也降低了。患有神经系统疾病的人,如多发性硬化症,因为中枢冲动在传导时的延迟或中断,其肌肉疲乏比正常成人更大。

如前所述,肌肉在长期或反复的次极量收缩下,当暂时休眠的运动单位被募集来协助或代偿疲乏的运动单元时,肌电信号强度通常会变大。然而,在长期或反复的最大收缩下,当活动的运动单元无法提供足够动力时,则肌电信号强度会下降。

另一种间接评估肌肉在最大收缩状态下疲乏的方法，是根据原始肌电信号的频率变项进行分析。当一块肌肉渐渐疲乏，如在长期做功下，肌电信号通常会呈现出较低的频率中位数（或平均值）。这类分析可由传立叶转换数学模式进行，以得到肌电信号的频谱密度。频率的中位数下降通常表示产生肌电信号的动作电位在时间层面上的增加（表示传导速度率正在变慢），以及强度层面的下降。最后表现出的是肌电信号的频率中位数向较低的频率移动。

第五节　肌力训练、废用及随年龄增长的肌肉改变

一、肌力训练引起的肌肉改变

健康的神经肌肉系统拥有强大的能力，以适应不同的外在需求或环境刺激称为塑性。肌力训练后，肌肉神经系统的构造及功能几乎立即改变。肌力在这节是指一块肌肉或一群肌肉在最大自主收缩过程中所产生的最大力量或功。

1. 渐进式的阻力　以渐进式的阻力重复启动一块肌肉，可让肌肉的力量增加，使肌肉肥厚。肌力的增值通常以重复 1 次的最大重量表示，记录为 1RM。最大 1 次重复是指肌肉与关节进行最大或几近最大关节活动度时进行收缩可重复 1 次的最大抵抗力量（为了临床上的安全和应用，通过公式的发展，一个人的 1RM 力量可经由反复抵抗越来越轻的外力而求得）。在肌力训练过程中，阻力的大小常用几个 RM 表示。如 3RM 是指肌肉与关节进行最大或几近最大关节活动度时进行收缩可重复 3 次的最大抵抗力量，以此类推。

2. 向心收缩和离心收缩　通过训练来增强肌力，与运动的类型和强度有关。例如，含有向心收缩和离心收缩的高阻力训练，1 周进行 3 次，连续 12 周后，可增加 30% ～ 40% 的 1RM 肌力，代表每天的训练平均可增加 1% 的 1RM 肌力。然而，同样的动态训练（含向心收缩与离心收缩）却只增加 10% 的等长收缩力量。大部分肌力训练都包括离心收缩，因为离心收缩时，每单位肌肉所产生的力量较大，用这种模式的训练来促进肌肉肥厚比等长、向心收缩的效果要好。可以预期的是，经过低阻力肌力训练所得到的 1RM 肌力进步会比高阻力训练要少，但肌肉耐力的进步却较大。

3. 肌肉肥厚　肌力训练带来的最大变化就是肌肉肥厚。肌肉肥厚是因为肌纤维内的蛋白质合成增加，故整块肌肉的生理性横截面积也增加，肥厚肌肉的羽状角也在不断扩大。这也许是累积较多收缩蛋白质的一种方式。

人类肌肉的横截面积增加主要来自肌纤维肥厚，少数数据显示为肌纤维实际数量的增加（增生，hyperplasia）。Staron 及其同仁发现，年轻成人经过 20 周的高阻力肌力训练后，肌肉横截面积可增加 30%，肌纤维的大小在 6 周后即有变大的现象。虽然训练可导致所有运动肌纤维肥厚，但改变最多的是快肌。增加的肌肉力量也可能来自肌蛋白的增加，因为肌蛋白可在肌纤维内与肌纤维之间协助力量的传递。

4. 神经系统内的改变　通过阻力训练所获得的肌力也可能来自神经系统内的改变。

神经性的影响在前几次训练中特别明显。其改变包括大脑皮质在动作任务中的活动区域增加（功能性核磁共振影像显示）、脊髓上动作驱动增加、运动神经元兴奋性增加、运动单元放电频率增加，以及脊髓和脊髓上等级的神经性抑制降低。也许最令人信服的证据是记录经过意向训练后肌力的增加，或是记录该肌肉对侧未训练肌肉的力量增幅。肌力的进步常常比肌肉肥厚所带来的进步量还大。虽然大部分神经性改变会导致主要作用肌的更大收缩，但证据显示，训练会导致拮抗肌的较少收缩，对侧肌肉所降低的力量会导致主要作用肌所产生的净力增加。

当传统的肌力训练不成功时，这些观念可以拿来应用。尤其是针对可能无法忍受严格的肌力训练的神经性或神经肌肉病变的人。例如，一位中风病人的初期患侧训练，便可利用意向训练。最有效的肌力训练方式包括渐进性增加的针对性负荷训练，其可导致神经系统和肌肉结构的同时改变。

二、废用引起的肌肉改变

若需制动肢体或关节，或因疾病而需卧床休息的人，相关肌肉的使用会大大降低。肌肉活动量下降的这段时间，缺乏活动的前几周就可见到肌肉萎缩及明显的肌力下降现象。在前几周，肌力每天下降 3% ～ 6%；固定不动 10 天后，健康人可降低 40% 的 1RM 肌力。固定不动后所引起的肌力丧失通常是肌肉萎缩的两倍，即肌纤维横截面积每减少 20%，肌力便减少 40%。这些早期的相对改变量，表示肌力的下降除来自肌肉收缩性蛋白质减少外，也有神经性的改变。

若肢体长期处于固定不动状态，那么所有形态的肌纤维内的蛋白质合成都会降低，其中慢肌纤维最为明显。因为慢肌纤维在一般的日常生活中最常使用，所以当肢体固定不动时，其废用程度要比快肌纤维高。因此，制动肢体的整个肌肉会相对趋向快肌纤维的特性。这种改变大约在肢体固定不动的 3 周后出现。

肢体固定不动后的神经肌肉特性改变与许多因子有关。当肌肉被固定在肌肉短缩位时，肌力的丧失最大，因为肌纤维被固定在较短的位置时会比较松散，更能促进收缩性蛋白分解。此外，抗地心引力和单关节的肌肉群萎缩速度也比其他肌肉要快，例如，比目鱼肌、股内侧肌、股中间肌及多裂肌。就下肢而言，膝关节伸直肌群的萎缩和肌力的下降要比膝关节屈曲肌群多。股四头肌的废用肌萎缩会影响膝盖屈曲时的稳定度，如一个人要在椅子、床铺、座椅式马桶间转位时。

阻力运动可以逆转或减轻肢体在固定不同期间的许多改变。离心收缩的肌力训练被证明是增加肌力和肌纤维大小的最好方式。因为较小的运动单元的肌纤维是最容易萎缩的，因此早期康复计划应加入低强度、长时间的离心运动，以训练这些肌纤维。

三、随年龄增长引起的肌肉改变

即使是健康人，年龄增长后也会有肌力、爆发力及肌肉收缩速度下降的情形发生。虽然这些改变不易察觉，但年纪很大之后便可测量出来。因为肌肉收缩速度的改变相对较快，因此老年人的爆发力（力量 × 速度）下降会比单独力量的最大值下降要明显。

虽然其改变的变异性很大，但一般而言，60 岁以上健康老人的最大力量平均每年下降约 10%，75 岁之后下降速度会更快。下肢的肌力丧失会比上肢明显，如股四头肌。如果肌力丧失很多，下肢的无力可能会影响到独立生活所需的功能，如安全行走或从椅子上站起来。对于久坐或患有疾病的老人，这种与年纪相关的肌力丧失速度会更快。

健康老人的肌力下降主要是因为老年骨骼肌减少，因为肌肉组织随着年龄的增长而减少。骨骼肌减少有可能是很大量的，伴随着肌肉组织的丧失以及结缔组织和肌肉间脂肪的浸润。老年骨骼肌减少的原因尚未完全清楚，可能与正常老化的生物过程（如自然的细胞死亡、细胞凋零）、身体活动量改变或营养和激素分泌有关。

骨骼肌减少时，肌纤维数量也会减少，且所有留下来的肌纤维大小也会缩小（萎缩）。肌纤维数量的减少是因为相关的运动单元渐渐死亡。最早的研究利用肌肉活组织检查显示，老年人身上的肌纤维丧失是有选择性的，主要是第二型（快肌）。但最近的研究指出，至少在健康老人身上，第一型和第二型肌纤维的比例是维持不变的。不过，因为有较多的第二型（快速）肌纤维的萎缩，老年人的第一型（慢肌）肌纤维含量比年轻人要高。这种现象在比较年轻人与老人的染色肌纤维横截面时更加清楚。无论是年轻人抑或是老人，其肌纤维都使用类似的纤维分类技术染色：第一型（慢肌）被染成淡色，第二型（快肌）被染成暗色。中老年人的肌肉标本也显示了第一型纤维（慢肌）所占的面积比例比年轻人要多。最常见的是第一型和第二型肌纤维以某种特定的比例丧失，但留下来的第二型肌纤维的萎缩（大小缩小）是比较明显的，因此才会感觉老年人的第一型肌纤维的面积比年轻人要大。这也解释了为什么老年人的整块肌肉需要较长时间进行收缩和放松，但力量和爆发力却较小。虽然比较静态的生活模式会加速肌肉形态学的改变，但即使是经常活动的老年人也会发生这些改变，只是程度不同而已。

老年人的骨骼肌减少解释了大部分的肌力和爆发力下降，但仍有其他原因。力量的丧失还可能与神经系统启动肌肉的能力下降有关。如果给予足够的练习，有些老年人是可以学会如何启动更多肌肉的，甚至达到年轻人的水平。临床上，一开始的肌力评估就应考虑这一点。

与年龄相关的肌肉形态学变化，对于某些老年人是否能有效执行日常生活中的任务有很大影响。幸运的是，年龄本身并不会大幅改变神经肌肉的塑性。从理论上讲，肌力训练可以代偿一些老年人所丧失的肌力和爆发力。在安全的情况下进行阻力训练，能够有效维持日常活动所需的肌肉力量和爆发力。

小 结

骨骼肌提供主要力量以稳定和移动身体上的骨及关节。神经系统通过动作电位启动肌肉后，肌肉便可收缩或抵抗牵拉以产生力量。可收缩性蛋白质包括肌凝蛋白和肌动蛋白，是驱动这个动作过程的主角，不可收缩性蛋白质也很重要，即支持性和结构性蛋白质的重要性。例如，巨型蛋白与结构蛋白可以产生被动张力，提供弹性、结构上的排列，以及肌小节和肌纤维的稳定度。细胞外结缔组织负责在肌肉与肌腱相连之前包覆整块肌肉。

一块肌肉的动作与其最终的功能，决定于它与关节的旋转轴相对的力量。第三章侧重介绍产生力量的机制，这些机制由神经系统掌管，也取决个别肌肉的独特结构（形状）。每条肌肉都有独特的形态和独特的功能。纺锤形的肌肉，如手掌的蚓状肌，因为横截面积小，所以可产生的力量也小。因为这条肌肉天生具有许多感受器，所以可提供神经系统本体感觉。相反，较大的肌肉，如腓肠肌，因为横截面积大，所有可产生很大的力量。腓肠肌所产生的大的力量用于支撑全身的活动当中，如跳跃或攀登时。

无论哪种肌肉结构，经过肌腱被传递至骨的力量都是主动机制和被动机制的总和。主动机制由自主控制，主要发生在肌凝蛋白与肌动蛋白之间。被动机制来自肌肉与生俱来的硬度特性，是结构性蛋白质与所有结缔组织，包括肌腱上的结缔组织累积而成的。虽然被动张力在肌肉动作过程中段相当小，但在末端却非常大，尤其是那些跨多关节的肌肉。因为肌肉牵拉而产生的被动张力是正常的，且具有有用的生理功能，例如稳定关节以防止被牵拉至受伤。但是过多的被动张力是不正常的，会限制身体的正常姿势或降低动作的容易度和流畅性。肌肉骨骼系统受伤或疾病过后，肌肉可能会增加硬度。肌肉内过多的被动张力或硬度会来自神经系统异常的不自主放电，这种现象被称为痉挛或僵直，通常与中枢神经系统受伤或疾病有关。

两个与肌肉生理学有关的重要临床应用分别是长度 – 力量关系和力量 – 速度关系。这些基本原则虽然一开始是利用动物实验的单独肌纤维所得到的，但仍用于患者的整块肌肉上。一条肌纤维的长度 – 张力关系，在临床上为一块肌肉或一群肌肉的力矩 – 关节角度关系；力矩和关节角度分别与力量和长度相对应。例如，肘关节屈曲肌群接近 90°时可产生最大的肘屈曲力矩。这个角度所对应的恰好是肱二头肌作为屈肌时拥有最长力臂的位置。肌动蛋白与肌凝蛋白的重叠性也是这块肌肉可以产生最大力量的情况。即使最大力收缩，肘关节屈曲力矩的最大值在肘关节完全屈曲与肘关节完全伸直的状态下仍然明显下降，原因是力矩和生理因素。

临床上，一块肌肉的力量 – 速度关系需与力矩 – 关节角度关系一起进行考量。本章前面所描述的因素，在较高的关节角速度下，离心收缩产生的力量会大于以任何速度收缩的向心收缩和等长收缩。这一原则有很重要的临床价值，常常与肌肉的长度 – 张力关系存在生理性相关。例如，近端肌肉萎缩常可导致远端健康肌肉出现功能性无力。因为近端肌肉无法有效稳定骨骼系统，故较远端的肌肉在进行比一般速度要快的动作时将被迫处在一个过短的位置。例如，腕伸肌群瘫痪后会发生抓握无力现象。

运动单元是指一个单独的细胞体（位于脊髓中）、它的轴突和所支配的所有肌纤维。一个运动单元的所有肌纤维在细胞体受刺激时收缩，每一个运动单元产生的力量是有限的。整块肌肉的力量会经由额外的运动单元的征召而累积。运动单元也可利用加快放电速度增加其产生的力量。这个募集和放电的速率机制，使运动单元能够精细控制整块肌肉输出的力量。

这章介绍了如何收集、处理和标准化肌电图数据。当我们正确解释肌电信号时，它可提供非常有用的信息，包括肌肉收缩的时间、活动量及相对的功能。从肌电信号所获得的信息常配合解剖、生物力学、动力学和运动学数据进行分析，这种分析是许多运动学的基础。

这章最后总结了一些对临床应用很重要的概念，如肌肉疲乏的原因、肌力训练后肌肉发生的变化、使用性的降低、老龄化问题等。肌肉疲乏是由运动导致的肌力下降，但在健康人及患病人群的训练和康复过程中却是有效的神经肌肉适应变化所必需的。了解肌肉的适应性变化和在肌力训练、降低使用和年长后的变化，有助于治疗师为康复患者提供治疗处方。

第四章 生物力学原理 ▷▷▷▷

许多物理治疗的方法取决于人体运动的精确分析与描述。从这些叙述与分析的评估中可以辨别损伤与功能性限制，得出运动失调的诊断与预后，规划介入方法，也可用于评估进程。人体运动相当复杂，常常受环境、心理、物理及机械因子间混乱相互作用的影响。最常用来分析复杂运动的方式就是从简化并评估基本身体内外的作用力开始，并且研究这些力在刚性体节上的作用。牛顿的运动定律有助于解释这些力之间的关系，以及它们在个别关节及全身的作用。即使是基本分析，这个信息仍可引导治疗决策，了解受伤机制。举例来说，一个简单的平面力与力矩分析提供了髋关节在直腿抬高运动时对力量的估计，对关节炎或受伤状况下可以提供治疗计划拟定的参考。了解计算的概念性架构、评估存在于体内力量的大小，以及应用这章中概念，对于了解康复技巧来说是必要的。其充满趣味，而且能为治疗师提供有弹性、变化丰富及充沛治疗想法的来源。

第一节 牛顿定律

生物力学是研究施加在身体内外的力以及身体对于这些力量反应的学问。在 17 世纪，牛顿观察到力量与质量还有运动是可以预测的。他的 *Philosophiae Naturalis Principia Mathematica* 一书（1687 年）提供了力学基本定律，该定律也是了解人体运动的基础。其定律被称为惯性定律、加速度定律，以及作用力与反作用力定律，统称为运动定律，由此衍生出进阶运动分析架构。

本章通过牛顿运动定律介绍施加在身体上的力，以及这些力对人体动作与姿势两者间的关系用以说明运动定律与量化分析法的概念。要了解这个词可以代换为人体全身；身体某个部位，如前臂；物体，如被举起来的重物；被考虑的系统，如足-底板之间的界面。多数情形下，以物体这个词来叙述主要概念。牛顿定律可以用来解释线性或旋转（角度）动作。

一、牛顿第一运动定律——惯性定律

牛顿第一运动定律描述了物体会保持在静止状态或匀速运动状态，除非是外力强迫改变其状态。这表明需要一个力量去起始、停止、减速、加速或是修改直线运动的方向。无论直线运动抑或旋转运动，牛顿第一运动定律描述的是物体处在平衡状态。物体处在静态平衡时，速度与角速度为零，物体不移动。反之，物体处在动态平衡时，速度与角速度不为零，但为常数。在所有的平衡中，直线加速度与角加速度为零。

牛顿第一运动定律也称惯性定律。惯性是关于改变物体速度所需要的能量大小。一个物体的惯性与质量呈正比（如关于建构物体的物质量）。例如，使 15 磅的哑铃增速或减速所需要的能量要比 10 磅哑铃大得多。

每个物体都有被称作质量中心的点，在这个点上，所有的质量均匀地往所有方向分布。对于重力，质量中心与重力中心几乎一致。重力中心是重力影响完全平衡的点。人体在解剖位置上的质量中心位于第二骶椎的前方，人体位置发生改变时，质量中心也会发生改变。

除将人体视为整体外，每个体节，如手臂或躯干也有质量中心。每个体节的质量中心的位置是相对固定的，大约在中点位置。但比较起来，整体下肢的质量中心则取决于下肢各体节在空间的位置，就像左下肢（屈曲），这些体节的位置让该下肢的质量中心转移到体外。其他有关体节质量中心的内容将在后面人体测量学部分讨论。

物体的质量惯性矩是指角速度变化时阻力的大小，又称转动惯量。与惯性的线性关系不同，质量惯性矩不仅与物体质量有关，也与相对于旋转中心的质量分布有关（质量惯性矩经常以 I 表示，$I=mr^2$，单位是 kg/m^2）。因为人体动作中，旋转动作较直线动作要多。质量惯性矩的概念就更有意义而且重要。

中短跑选手下肢的位置在每个体节中，两个下肢的大腿、小腿与脚部的质量中心都在固定的地方。然而因为膝关节屈曲的角度不同，小腿与脚部的质量中心与髋关节的距离也不同，于是整个肢体的质量惯性矩就会发生改变。右边伸直（长的）的下肢比左边的质量惯性矩要大（另一个方法是膝盖伸直时是增加的，以红点表示整个下肢的质量中心，离髋关节远，因此质量惯性矩上升）。主动改变肢体质量惯性矩的能力能够影响运动所必需的肌力与关节力矩。如在跑步摆动期，整个下肢通过合并膝屈曲和踝背伸达到功能性缩短。下肢减少了质量惯性矩，也就降低了髋关节肌群在摆动期加速或减速肢体时所需的力矩。这在摆动期膝盖伸直（提高质量惯性矩）或屈曲（减少质量惯性矩）时能够得以了解。

质量惯性矩的概念可用于康复与娱乐活动的规划上，如下肢截肢后义肢的设计。假肢使用较轻的材质不仅是为了减轻整体质量（重量），更是为了能将整体质量分布放在更近端。因此，在步态周期的摆动期就会让剩余肢体能有更小的阻力。较轻零件的优点就是为了让截肢人减少能量的消耗。鞋子的改变也能有所差异。改变质量惯性矩可能造成穿滑冰鞋时，步态比穿轻盈网球鞋时更需要力矩。

运动员经常试着利用其个别体节相对于旋转轴心的位置来控制整体质量惯性矩。跳水选手在空中时减少其惯性矩以成功完成许多空翻动作。选手可以采用极度折叠的姿势把膝盖靠近头部，把手与脚紧紧地抱着，让各体节的重量中心靠近旋转轴。根据角动量守恒原则，减少物体质量惯性矩会导致角速度的增加。反之，运动员可以借由屈体姿势来增加身体的惯性矩，或摆出让身体质量惯性矩最大的直体姿势，以大幅降低身体的角速度。

二、牛顿第二运动定律——加速度定律

1. 力（力矩）- 加速度关系　牛顿第二运动定律描述了物体的直线加速度与形成直线加速度的力呈正比，加速度方向与力量方向相同，与物体质量呈反比。牛顿第二运动定律利用方程式描述力（F）、质量（m）与加速度（a）之间的关系，$\sum F=ma$。考虑因果关系时，方程式左边的力（F）被认为是因，因为它代表施加在物体上的拉或推力；右边的 ma，代表了拉力或推力的结果。方程式中，$\sum F$ 代表作用在物体上的力的总和或净值。如果作用在物体上的力总和为零，加速度也是零，则物体处于直线运动平衡。这样的例子以牛顿第一定律叙述之。如果净力产生了加速度，则物体产生的加速度与合力的方向相同。这种情况就不是处在平衡状态。

2. 质量惯性矩的数学观点　质量惯性矩（I）的概念已在功能性观点叙述了。然而从数学观点考虑物理特性或许有所启发性。I 是用以下方程式定义的。方程式中的 n 代表物体中的微粒数目，m 代表每个物体中微粒的质量，r 代表每个微粒距离旋转轴的距离。

质量惯性矩公式为 $I = \sum_{i=1}^{n} m_i r_i^2$

以方程式探讨长棒物体的握姿对质量惯性矩的影响，如挥棒难度。例如棒球棒，考虑以 6 个质量点构成，范围从 0.1 ～ 0.225kg，距离 0.135m。挥棒时，挥击动作会旋转球棒。如果球棒的尺寸不适合打击，选手手持处的移动会造成离球棒底部太远而造成挥击失败。相对于一个给定的旋转轴，质量微粒的分布随着轴心的不同而有所变化，戏剧性地影响了旋转球棒的质量惯性矩。球棒的质量惯性矩用质量惯性矩方程式决定并换算出已知的值。如新的手持部为轴时的质量惯性矩为以原来的点为轴时的 58%。这就意味着达到成功的挥击所需的角加速度的力矩为 58%。或是在同样的力矩下，球棒会以原速 1.7 两倍的加速度加速。这是握住球棒中段的显著功能性优点，虽然重量和质量没有改变，但球棒较容易挥击。

虽然都基于相同的数学原则，但人体体节的质量惯性矩比球棒更难以决定。绝大多数困难来自于人体体节是由不同的组织组成，如骨头、肌肉、脂肪与皮肤，而且密度各不相同。每个体节的质量惯性矩来自于数学模型及不同的影像技术等。

旋转或角速度对于牛顿第二运动定律的补充是力矩会产生物体围绕旋转轴的角加速度。此外，物体的角加速度与引起角加速度的力矩呈正比，旋转方向顺着力矩作用的方向，并与物体的质量惯性矩呈反比。在旋转情况下，牛顿第二运动定律产生了把力矩（T）、质量惯性矩（I）与角加速度（a）联结的方程式，$\sum T = I \times a$（方程式，本章使用 torgue 这个词。这个词可与 moment 和 moment of force 相互交换）。此方程式中，$\sum$ 代表产生物体旋转的总和或净力矩，并定义了力矩 - 角加速度关系。在肌肉骨骼系统中，主要力矩产生者为肌肉。例如，收缩的肱二头肌会在肘关节处产生净内在屈曲力矩。忽略如重力等外在影响，前臂旋转的角加速度与内在力矩呈正比（如肌肉力量与其内在力臂的乘积），与前臂 - 手体节的质量惯性矩呈反比。给定一固定内在力矩，有较低质量惯性矩的前臂 - 手体节会比具有较高质量惯性矩者产生较大的角速度（例如，可以用沙

包从手腕移动到前臂中段来降低质量惯性矩）。惯性阻力可用于肢体角加速度，甚至可用在无重力时。举例来说，弓步前推，人处在重力消除姿势的下肢位置，此时改变了质量惯性矩，膝盖屈曲时比伸直时需要较少的肌肉力量来屈曲髋关节。

3. 冲量－力矩关系 从牛顿第二运动定律两个方程式的扩展与重新排列可以得到另外的关系。其中为冲量－力矩关系。加速度是改变速度的速率应用直线冲量（力量与时间的乘积）会导致直线动量（力量与速度变化量的乘积）的改变。

方程式 $F \times t = m \times \triangle v$，右边的质量与速度乘积为移动物体的动量。动量描述了物体所拥有的运动量。动量通常以字母 p 表示，单位为千克米 / 每秒。一个冲量是施加了一段时间的力量（该方程式中左边力量与时间的乘积）。物体的直线动量（像移动中的汽车）可以通过给予一段时间的力量来改变。当需要迅速改变动量时（如紧急刹车），短时间内需要极大的刹车力量。同样时间下，较低的刹车力量或一样的刹车力量持续较短时间，都会产生较少的动量改变量。冲量与动量是有方向性的。因此，这一方程式界定了直线冲量－动量关系。

冲量－动量关系提供了另外一种研究人体表现的看法，也取得了对于受伤机制的洞悉。在特定位置，身体会产生机制与架构，以削弱最大外在力量。例如，当跳跃着地时，如果着地的冲击力因为肌肉低水平但长时间的离心收缩而延长，则最大力量可经由下肢关节吸收而降低。另外，当正常步态中脚着地时，脚底足跟的脂肪垫缓冲了脚与地面的相互作用，可减少最大反作用力。跑鞋进一步缓冲了脚与地面的冲击，从而达到进一步减震的作用。脚踏车安全帽、橡胶或弹簧板，与保护性软垫则是借由延长冲击时间来减少最大冲击力，进而减少伤害。

以数字表示时，冲量可以用平均力量（N）与作用时间的乘积表示。冲量也可用力－时间曲线图表示。人跑步时，地面对脚的水平方向产生前后剪力－时间关系（地面反作用力）。足部在一开始接触地面时的后面方向冲量为负，在推进期的前面方向冲量为正。如果这两个冲量相等，则净冲量为零，且整个系统动量没有改变。然而在这个例子中，后向的冲量较前向的冲量要大，显示跑步者的向前动量会减少。

4. 角动量－力矩关系 牛顿第二定律涉及的力矩也可用于冲量－动量关系的旋转，类似于直线运动的替换与重新排列。与冲量－动量关系的角运动关系式类似，力矩与角动量也具有方向性。

5. 做功－能量关系 牛顿第二定律以力量－加速度关系与冲量－动量关系描述过。牛顿第二定律也可描述做功－能量关系。第三个方法是借由分析做功的程度造成物体能量的改变，用以研究人体运动。做功发生在力量或力矩影响直线或旋转运动时。功（W）是直线观念，等于作用在物体上的力量（F）大小与物体顺着力方向产生的位移的两者乘积。如果作用力的方向没有发生移位，则不做功。与直线运动相似，角功可定义为作用在物体上的力矩（T）大小与物体顺着力方向产生的角度移位的两者乘积。功以焦耳（J）表示。

与功－能量关系相关，能量以势能（PE）和动能（KE）两种方式存在。势能是物体质量中心高度在重力场域下的功能。动能受物体质量与速度的影响，不受重力的影响。物体的角动能与质量惯性矩（I）与角速度相关，角度则与势能不相干。

直线功 W 可以在作用力与沿着作用力方向产生的物体位移的两者乘积得出。例如，可思考肘屈肌收缩以屈曲手肘，以及将手带到嘴边时所产生的直线力量。在直线中，功是肌肉收缩力与肌肉缩短的距离的两者乘积。在角度上，角功以肘屈曲肌力矩与屈曲程度（以弧度表示）来计算。这里功是正的，因为旋转方向与力矩方向相同。此外，肘屈曲肌在向心收缩时会缩短，且功是肌肉产生。反之，当肌肉收缩、手肘伸直时（如慢慢放下重物），肘屈曲肌会透过离心收缩而伸长，且功施加在肌肉上。此例中，由于旋转方向与施加的力矩方向相反，故功是负的。最后是肌肉收缩但没有移动，像肌肉的等长收缩一样。这样的例子即使耗费了许多代谢能量，但并没有产生机械功。

如同冲量－动量关系，冲量改变来自于给予一段时间的力量，动量的改变则是由于给予一段位移的力量。如同移动中的汽车，物体的动能改变来自于一段位移中所给予的力量。当需要快速的动能改变时（如紧急刹车），则短位移内必须有极大的力量。同样位移但较小力量或是相同力量但较少位移均会造成动能较少的改变。功与位移是有方向性的数值。

功－能关系并没有把力量或力矩给予的时间考虑进去。然而日常生活中做功的速度是很重要的问题，做功的速度被定义为功率。肌肉产生合适功率的能力是运动成功或了解治疗介入冲击力的关键。例如，在篮球场上，球员离地的垂直速度经常是成功抢到篮球板的关键。另外一个做功速率重要性的例子可从帕金森患者需在规定时间内穿越繁忙路口时看到。

平均功率（P）是功（W）除以时间。功是力（F）与位移（d）的乘积，瞬间功率可以重新整理成方程序 $=F \times V$ 的力量乘以速度。角功率跟直线运动一样，经常用来作为肌肉表现的临床测量。例如，股四头肌产生的机械功率等同于肌肉乘以膝伸直角速度的内在力矩。功率经常用来表示收缩肌肉与外在负担总的净能量转移。正功率反映的是向心收缩肌群对抗外在负担时做功的速率。反之，负功率反映的是外在负担对抗离心收缩肌群的做功速率。

三、牛顿第三运动定律——作用力与反作用力

牛顿第三运动定律认为，所有的作用力必有其大小相等但方向相反的反作用力。这个定律暗示了一个物体施力于另外一个物体上时，会有第二个物体施力在第一个物体上的效应。两个物体同时互相影响，且结果如牛顿的加速度定律所述（$\sum F = m \times a$，合力 = 质量 × 加速度）。因此，每个物体会有不同效应，且效应取决于它的质量。举例来说，一个人从二楼屋顶上掉落时对地面产生作用力，同时地面也对此人产生大小相等但方向相反的反作用力。因为人与地球质量差异悬殊，所以人所经历的加速度远大于地面。因此，此人会受到明显伤害。

另外一个关于牛顿作用力与反作用力的例子是当人走路或站立时，脚对地面产生作用力。根据牛顿第三运动定律，地面产生了大小相等但方向相反的地面反作用力。地面反作用力的大小、方向会改变，也会依步态周期中脚的施力点而有所不同。牛顿第三运

动定律同样也有旋转运动的对应数值，例如在等长运动时，内外在力矩上为大小相同但方向相反。

第二节　动作分析

人体测量学这个词可分为希腊词根 anthropos（人）与 metron（测量）。根据人体动作分析的脉络，人体测量学可广泛定义测量人体某一物理设计体征，如长度、质量、重量、体积、密度、重力中心以及质量惯性矩。有关这些参数的知识，对于引领我们了解正常及病理动作的运动学与动力学十分必要。例如，参数象是单独体节的质量与质量惯性矩，在决定肌肉必须克服以产生动作的惯性特质中是必需的。人体测量学参数在设计工作环境、家具、工具以及运动用具中也很有价值。

许多关于人体体节的重量中心与质量惯性矩知识来自于人体研究。其他取得人体测量资料的方法包括数学模型与影像技术、计算机断层显像或磁振造影。

一、力图分析

动作分析需将把作用在物体上的所有力量一起考虑。分析前必须先画出力图，以帮助解决生物力学问题。力图是呈现出物体与环境间相互作用的速写或简单素描。考虑的物体可能是单一刚性节段，如脚或数个体节或头、手臂及躯干。当物体由数个体节组成时，会被假设为彼此稳固联结而成的一个刚性系统。

一个力图能将系统中所有的力小心画出。这些力可能由肌肉、重力（如体节的重量）、体液、阻力、摩擦力及地面反作用力产生。箭头指出力的方向。

1. 力图的建构　力图的建构取决于分析的目的，将需要的关节图像剪下，以便单独或更方便地呈现。在步态周期的小腿着地初期的例子中，膝关节裁去以便独立出小腿、脚各关节。肌肉收缩力的效果通常因其他软组织的效果而消失，比如被牵拉关节囊与韧带所产生的被动张力。虽然个别肌肉跨过关节的力量的贡献是确定的，肌肉合力（M）矢量经常用来代表肌肉力量的总和。其他系统外力量也被加入力图中，其中包括地面反作用力（G）及小腿、脚关节的重量（S 跟 F）。如同牛顿第三运动定律指出的，地面反作用力是由于脚对地球施予力量而产生的反应力。

一个力图还可辨识出其他力量——关节反作用力（J）。这个力量不但包括关节接触力，也包括所有从一个体节传递到另一个体节的所有力量的累计或净值。关节反作用力是因其他力量的反作用产生的，如同肌肉收缩、特定结缔组织受牵拉的被动张力以及重力（体重）。如同将要讨论的，力图要完成必须要定义出 X-Y 轴及动作模式。

临床上，减少关节反作用力经常是降低疼痛以避免关节炎进一步退化的治疗计划的主要焦点。多数情况，减少关节反作用力的直接方式是通过改变肌肉收缩程度及收缩方式，或是减少传递到关节的重量。以髋关节退化性关节炎的患者为例，髋关节反作用力的强度可通过减少走路速度，进而减少肌肉收缩强度来减轻。高缓冲性的鞋或许会为了减少冲击力而被推荐使用。此外，手杖可能会为了减少通过髋关节的力量而被建议使用。如果体重过重是因素之一，那么减重计划也可能被推荐。

2. 建构力图的步骤　解决人体运动问题的关键在于确定分析的目的，找出感兴趣的物体，以及辨识出所有作用在物体上面的力。接下来的范例呈现出协助建构力图的步骤。

考虑手持重物从侧边举起的情形。假设物体呈现静态平衡，且所有作用在物体上的力与力矩综合为零。分析的目的之一是了解 90°时，盂肱关节外展肌的出力程度（M）；目的之二是了解同一动作下，盂肱关节反作用力（J）的强度。

建构力图的第一步就是辨认且分离出要考虑的物体。此例中，盂肱关节被"剪下"，且物体为整双手臂与阻力（球的重量）的结合。

第二步定义出坐标系统，让物体的位置和运动可以跟已知点、位置或轴相对应，更多建立坐标系统的细节前面已经讨论过。

第三步包括辨识并囊括所有作用于物体上的力。内在力指由肌肉产生的力（M）。外在力包括重力对球质量（B）及臂部体节（S）的作用，还包括治疗师给予的力、缆线、弹力带、地面或其他表面、空气阻力以及矫形器所施加的力。

肌肉力量（M）的方向是对应肌肉力线且与净外力矩相反的方向。外力产生的力矩，S 跟 B，倾向让手臂做顺时针方向、内收，或是 –Z 方向的旋转。因此，M 的力线与力臂产生了逆时针方向、外展或是 +Z 方的力矩（使用 + 或 –Z 标定旋转方向的惯例如同前述）。

第四步是呈现关节反作用力（J）。以盂肱关节为例，关节反作用力方向可能不知道，但如同之后会解释的，主要是画出主要肌作用方向的相反方向。精确的 J 方向在统计分析且未知变项精算后是可以决定的。

第五步写下三个主要方程式，以解决二维静态平衡问题。方程式：总力矩 Z 为零；总力 X 为零；总力 Y 为零。这些方程式会在本章稍后解释。

二、空间坐标系统

为了精确描述动作或计算未知力量，必须建立空间坐标系统。这让身体、体节或物体的位置与动作的方向可能与参考点、位置或体节旋转轴的定义有关。如果坐标系统无法识别，临床与研究上的解读与比较量测值会变得非常困难。

空间坐标系统可以任意建立，且可能放在物体内或外。用以描述位置或动作的坐标系统可为相对或整体性的。一个相对坐标轴系统描述了一个体节对邻近体节的位置，像是脚相对于腿、前臂相对于上臂或躯干相对于大腿。测量是通过比较解剖地标动作或感兴趣体节间的协调而完成的。角度量测提供了临床实践上相对参考坐标轴的例子。例如，肘关节角度量测描述的是使用前臂与上臂体节的长轴及肘关节旋转轴来定义参考坐标轴系统。

然而，相对于坐标系统，尚缺乏需要定义动作的对应固定点或空间位置的资讯。要分析动作相对于地面、重力或其他外在定义坐标系统，就要定义全面的坐标系统量测的例子。这些例子中，躯干的位置是以相对应在直角坐标来做量测的。

无论动作是通过相对还是全面坐标系统量测，体节在空间的位置可以精确地由坐标系统定位。在以实验室为基础的人体运动分析中，直角坐标系统最常被应用。直角坐标系统通过点到两坐标交汇线的距离或者点到平面交汇点的距离来定位 2D 或 3D 空间中的点。一个 2D 坐标轴系统被定义为两个影像轴彼此垂直，并以箭头标出正方向。这两个轴（如 X 与 Y）可能对应到让我们更容易完成定量解法的方向。当所描述的动作明显属于平面式（即在单一平面上），就像步行时膝屈曲与伸直，通常会使用 2D 坐标系统。

多数情况下，人体的动作会在超过一个平面上发生。为了能够完整描述这种类型的动作，需要一个 3D 坐标系统。3D 坐标系统由三个轴（X、Y 和 Z）彼此垂直。如同 2D 系统，箭头指向正方向，这样三平面坐标系统的方向依照惯例是根据右手定则。该定则在多数的生物力学量化研究中被使用。

本书的大多数地方用以描述平面内线性动作（如肌肉力量方向或关节旋转轴）的名词并没有像右手定则规定得那么正式。如第一章所述，空间中的线性动作名词如前后、内外和垂直，相对于人体站在解剖位置是不严谨的描述。对于多数定性或以解剖为基础的描述是有用的，本章后面会提及。这样的管理并不适合定量分析。这些例子中应用的是直角坐标系统，且是通过右手定则定义 3D 轴的方向。

旋转或角运动或力矩经常以发生的平面叙述，垂直于旋转轴。在多数运动学文章中，一个体节的旋转方向通常使用屈曲和伸直描述，少部分使用顺时针旋转或逆时针旋转。这一系统适合多数临床分析，并贯穿此书。然而，更正式、量化的分析可能需要标记出角运动与力矩的方向。这样的系统以 3D 直角坐标系统为基础，并使用不同形式的右手定则。

进一步说，3D 的动作分析要比 2D 复杂得多，但它能提供人体运动更富理解性的剖绘。使用 3D 分析技术来源于许多优秀材料，这些参考文献列在本章最后。本章所述的量化分析着眼于发生在 2D 上的运动。

如同矢量，力也可根据分析内容的不同而有不同的分析方法。许多力可以合并成一个合力，以单一矢量呈现。力累加的过程称为矢量合成。反过来说，单一力量也可分成两个或更多的力，这些力量合成后可以得到原本的力。这个将单一力量分解成小部分的过程称为力的分解。矢量分析使用的合成或分解过程，提供了了解力量如何转动或转化体节且在关节表面产生旋转、压迫、剪开或是分离的方法。

三、图解与力量分析

合成与分解力量可以利用图解分析法或数学方法，包括单纯加减法或某些案例用直角三角分解来达成。图解分析法是将力量与力量组成部分矢量用箭头并以头 – 尾方式排列。该法的缺点是需要精确的绘画。箭头的长度必须精确代表力量的大小，且方向和走向必须完全与力量相同。

三角分解不需要精准的绘图技巧，且能提供更为准确的力量分析。该方法使用矩形分解，以及"直角三角分解"来决定力量的角度与大小。三角分解利用的是直角方向与角度的相互关系。精通这些技巧，对呈现和计算肌肉与关节力量是必要的。

1. 右手定则　直角坐标轴建立起来后，方向或正向是不能任意决定的，必须采用惯例，以使科学界分享不同实验室所研究的资料。X 与 Y 轴定位在纸平面，或是相对于物体，平行于冠状面（虽然并不是强制规定，常常是最方便地订出让 X 轴平行于所有体节的 X–Y 方向）。第三轴，Z 轴的方向与 X–Y 平面垂直。通常，箭头的方向代表 X–Y 坐标轴的正方向。X 轴向右、Y 轴向上为正。右手定则是用来决定 Z 轴的正负方向。右手定则的使用是将右手的尺侧顺着 X 轴方向，手指伸直指向正向 X 轴（指向球的方向）。伸直的手指向外指出纸张，定义出 Z 轴的正向。根据需要，–Z 轴是垂直进入纸面。使用右手定代表只需定义并呈现出两个轴。右手定则的使用可以完整描述第三个轴。

右手定则的另外使用方式是定义出角运动及力矩的旋转方向。在肩关节外展运动中，坐标轴指出肱骨运动（外展）的路线位于 X–Y（冠状面）平面，垂直于前 – 后方向（Z 轴）。右手定则如同以下方式再次使用。将右手的尺侧顺着手部体节摆放，以便顺着肩外展的路径屈曲手指。伸直的大拇指指出正 Z 方向，显示出外展是正 Z 旋转，肩内收是负 Z 旋转。

右手定则也被用来描述力矩的旋转方向。同样使用右手，屈曲的手指顺着产生运动路径的力矩，肩外展肌产生的 M 力，产生出正 Z 力矩，肩屈曲肌（没有画出来）则产生出负 Z 力矩。如同画的参考坐标轴方向，肩外展肌群总是产生正 Z 力矩，无论是向心动作（伴随正 Z 动作）还是离心收缩（伴随负 Z 动作）。

2. 力的合成　两个以上的力量如果使用同样的力线，代表它们在同一直线上。矢量合成允许许多同一直线上的力量被简单的合并成合力。脚与小腿的重量（S）与运动重量（W）可以用尺和矢量刻度在图形上相加。这个例子中，S 和 W 都是动作向下，为此合力（R）也是向下并有拉开（分离）膝关节的趋势，R 在图形上是将 W 的末端与 S 的前端相连接的趋势。如使用重量滑车的颈椎牵引装置，作用向上，与头部重量中心产生的重力相反。头与颈的净力向上拉。直力线也可注意其力量方向并加成合并。坐标系统提示 S 与 W 为相同的负 Y 方向。颈椎内生的拉力使颈椎不容易被拉开，力量同直线与头重力方向相同（为负 Y 方向），如大小为 22N。注意其力量与头重力（假如是 31N）两股力量相加，牵引力量至少需要 53N 来平衡头部重量。使用较少力量的结果是没有实际牵引（分离）颈椎。然而，这个技术有可能提供部分治疗效果。

作用在物体上的力可能是平面的（同一平面上），但它们并非总是直线的。在其他的例子中，单独的力可能用多边形法则合成。如在冠状面上使用多边形法，以估计使用单脚站时人工髋关节的关节反作用力。体重（W）与髋关节外展肌力（M）的矢量可以以头 – 尾方式加总。W 跟 M 的矢量加总效果是将 M 矢量的尾端放在 W 矢量的箭头来决定的。完成多边形后，产生出 W 尾端到 M 箭头的合力（R）。注意 R 与人工髋关节的反作用力（J）大小相等但方向相反。过度的关节反作用力会随着时间造成人工髋关节提早松动。

平行四边形也可用来建立并决定同面但非同直线上的合力。如果不将力矢量以头尾方式放置，仍可按照两份力大小及方向画出平行四边形而得知和矢量。与所有的图形分析技巧一样，精确画出相关力大小与方向是需要练习的。分力矢量是由屈指浅肌腱与深肌腱通过掌侧（前侧）的掌指关节产生的拉力 F1 与 F2，做出合力（R）。由于 F1 和 F2 间的角度，合力倾向将肌腱由掌侧拉离关节。临床上，这个现象常以弓弦力叙述，因为肌腱像两端被绑住的弓弦一样被拉开。正常来说，弓弦力会受到屈曲肌滑车与副韧带产生的力的抵抗。例如，严重的风湿性关节炎案例，弓弦力可最终造成韧带断裂，掌指关节脱臼。

总之，当施加在体节上的两个或两个以上的力合并成单一合力时，合力大小视为等同于分力矢量的总和。合力以图形决定的方式主要是：①同一直线上的力可以用单纯的加减来合并。②非平行，同平面的力矢量可以多边形法则（头、尾）或平行四边形法则合并。

3. 力的分解　力量合并法是通过单一合力取代许多共同平面作用在物体上的力量。在临床上，有许多单一分力产生合力案例，对了解力对动作及关节负荷的冲击，以及制定特殊治疗策略十分重要。力量解析是将单一力量用两个或两个以上力量进行分解，且这些力量能够合并成原来单一力量的过程。

力量解析最有用的应用之一是肌肉力量的直角分力描述与计算。肌力的直角分力互为直角，且定为 X 分力与 Y 分力（M_X 和 M_Y）。X 轴定成平行于体节长轴，远端为正。在肘关节模型中，X 分力反映出肌力分力直接平行于体节长轴。这个分力的效果为挤压并稳定关节，或在某些例子中，牵引或分开构成关节的体节。肌力的 X 分力是通过旋转轴，并没有力臂，故无力矩产生。Y 为肌力垂直作用于体节长轴的分力。因为内在力臂与此分力相关，M_Y 的一个效果是造成旋转（产生力矩）。在这个例子中，M_Y 分力也可能因对于骨体节产生位移而在关节产生剪力。

解剖关节被认为是极小摩擦力的枢纽或有固定旋转轴的关节，让旋转只发生在单一平面。虽然即便是最单纯的关节也比这要来得复杂，许多是不争的事实，但定义成固定旋转轴的关节让本章的概念更容易了解。如果肌肉力量的 X 分力（M_X）直接指向肘关节，可以假定肌肉力量造成桡骨头压迫在肱骨小头上。肌肉力量的 Y 分力造成剪力，倾向移动前臂往正 Y 方向（此例中向上且微向后）。如同稍后所述，这些力量由反方向的关节反作用力抵抗。

之前的例子将力量解析成 X 分力与 Y 分力，焦点放在肌肉力量产生的力与力矩。肌肉是产生内在力与力矩的。将力量解析成 X 分力与 Y 分力的方法也可用在人体的外在力上，像从重力、无力接触、外在负荷及重量，以及治疗师所给予的徒手阻力。在外在力臂出现后，外在力产生了外在力矩。一般来说，在平衡状况下，外在力矩对于关节旋转轴的动作与内在力矩的旋转方向相反。

对于人处在等长膝伸直运动下的外在力与内在力的力量解析，有内在膝伸直肌群力量（M）、外在小腿 - 脚关节重量（S）、施加在踝的外在运动重量（W），以及力量 S 跟 W 作业于它们所代表的质量中心。运动以力图表示，并把 M、S、W 解析成 X 与 Y 的分力。假设处于旋转与直线运动的平衡状态下，在图左侧的力（F）和力矩（T）的等式可用以解出未知变数。

4. 关节角度的改变   施加在骨头上的内在和外在力的 X 分力与 Y 分力的大小取决于肢体体节的角度。首先思考关节角度位置的改变会如何影响肌肉的终止角度。固定大小的肌肉力量（M）在四个肘关节不同的角度下，图中每个前臂的终止角度都不同（把 α 定义为四个图中角度）。注意到每个终止角度最终都造成 M_X 与 M_Y 分力的不同组合。M_X 分力如果直接对着肘关节，会造成压迫力。如果方向远离肘关节，会产生牵引力。如通过内在力臂分力在肘关节产生 Z 力矩（屈曲力矩）。

如内在力矩总是正 Z 方向，其值为 M_Y 与内在力臂（IMA）的积。即便 M 的大小被关节全程活动度中定制，M_Y 的改变（终止角度改变的结果）仍可产生大小不同的内在力矩。这有助于解释为什么人在特定关节角度有较大的力量。肌肉的力矩产生能力不止取决于终止角度，也受 M_Y 大小及其他物理因素的影响（这在第三章讨论过），包括肌肉的缩短或拉长的速率。

关节角度的改变也可改变在运动中使用的外在或"阻力"力矩。回到膝关节等长伸直的运动范例，看看膝关节的改变如何影响外在力 S 与 W 的 Y 分力。重力对于体节（S）与重量（W）产生的外在力矩，等同于外在力臂与外在力的 Y 分力（S_Y 与 W_Y）之积。假如膝屈曲 45°，较大的外在力矩如何在膝盖完全伸直产生。虽然外在力 S 与 W 在这三个例子中是一样的，负 Z 方向（屈曲）外在力矩在膝完全伸直时最大。如同一个普遍原则，当外在合力与骨或体节呈直角时，关节的外在力矩是最大的。举例来说，当使用重量时，外在力矩由重力垂直作用而产生。从重量而来的阻力矩在体节呈水平状态时最大。反过来，当用绳索连接一块重量时，阻力矩在绳索与体节呈直角时最大。注意重力作用于体节产生的力矩经常在不同位置上有最大值。阻抗性弹力带呈现得更加复杂，因为从这些装置而来的阻抗力矩随着阻力矢量与装置牵拉的量而有所不同，这两个因素都因为关节角度而有所不同。

四、决定关节力矩的方法

在人体运动学的范畴中，力矩是力倾向围绕关节旋转轴旋转物体的结果。力矩为力的旋转当量。从数学上来说，力矩是力与其力臂之积且常以牛·米表示。力矩是矢量数值，有大小也有方向。

两种决定关节力矩的方法得出了相同的数学答案。内在力矩与外在力矩使用的方法，皆假定此系统处在旋转平衡之中（即关节的旋转加速度为零）。

1. 内在力矩   决定内在力矩的两个方法是：方法 1 的计算方式是内在力矩为 M_Y 与它的内在力臂（IMA_{MY}）乘积。方法 2 使用全肌肉力量（M）且因此不需要将此解析为三角函数的分力。在这个方法中，内在力矩由肌肉力量（为全部力而非分力）与 IMA_M（如内在力臂垂直延伸至旋转轴与 M 的动作线之间）的积来计算。方法 1 和方法 2 有相同的内在力矩，因为它们均满足了力矩的定义（即力量与其有关力臂之积）。力矩的相关力量与力臂必须呈 90°角。

2. 外在力矩   如弹力产生的阻力施加在手肘上的外在力矩（忽略体节重量），求外在力矩的方法：方法 1 是 R_Y 与其外在力臂（EMA_{RY}）之积；方法 2 是弹力带的全阻力

（R）与其外在力臂（EMA_R）之积。如同内在力矩，这两种方法有相同的外在力矩，因为均满足力矩的定义［即阻抗（外在）力与其相关的外在力臂的积］。力矩的相关力量与力臂必须呈 90° 角。

3. 徒手施加外在力矩 在运动计划中经常使用徒手施加外在或阻力矩。例如，如果一位病人开始膝关节康复计划训练股四头肌，治疗师一开始会在胫骨中段施加徒手阻力。当病人力量增加时，治疗师会在胫骨中段施加更大的力量，或是相同的力量到靠近脚踝处。

因为外在力矩是力量（阻力）与其外在力臂之积，相同外在力矩的数值可以是相对短的外在力臂与大的外在力，或是长的外在力臂与小的外在力。膝伸直的阻力运动可以由两种不同的外在力与力臂组合产生。施加至踝部的阻力，小腿中段的力大。较大的接触力有可能造成病人不适，这在施加阻力时需加以考虑。即使使用长的外在力臂，治疗师也可能无法提供足够对抗大且强壮肌群的力矩。

手持测力器是用来徒手测量特定肌群等长收缩肌力的仪器。该仪器能直接测量肢体与仪器之间在最大肌肉收缩时产生的力量。测力器测量的外在力（R）是对肘伸直肌群产生的内在力（E）的回应。由于测量的是等长收缩，故外在力矩（$R \times EMA$）与主动产生的内在力矩（$E \times IMA$）的大小相等，方向相反。如果治疗师记录了外在力（如测力器所显示的），施测者需注意测力器对肢体的摆放位置。改变肢体的外在力臂也会改变外在力的数值。相同的肘伸直内在力（E）会得到两种不同的外在力（R）。长力臂的力量要比短力臂小。举例来说，在肌力训练前后反复测量时，测力器必须放在力臂相同的位置，以便于训练前后的力量比较。外在力矩与外力进行比较，无需每次测量外在力臂均在相同的位置。然而，外在力臂每次都需要测量，以便将外力（如同测力器的读数）转换成外在力矩（外力与外在力臂的积）。

需要注意的是，有时肘伸直时内在力与力矩是相同的，关节反作用力（J）与外在力（R）较高。这表明，测力器与皮肤间的压力较高，且可能造成不适。某些案例显示，其不适会造成病人内在力矩减少，进而影响最大力量的评估。此外，较高的关节反作用力有可能对关节软骨造成一些危害。

第三节 基本生物力学的解决方法

许多生物力学的方法可以用来评估：①即时的瞬时力效应（力 – 加速度关系）。②施力一段时间的效果（冲量关系）。③力量引起物体移动一段距离的应用（做功 – 能量关系）。特定方法的选择取决于分析目的。本章后面部分是对力和力矩的分析，以及力（力矩）– 加速度分析的方法。

瞬时力、力矩或由此产生的加速度可出现两种情形：第一种情形是，力的效果抵消，以至没有加速度，此时物体处于静止或匀速移动状态，即平衡状态。这时可使用静态学的力学研究方法对其进行分析。静态分析在生物力学里是比较简单地解决生理机能问题的方法，是本章重点。虽然临床医师不经常采用本章所列的分析方法，但完整正常与异常动作的生物力学分析，包含了大部分治疗技术，是通过学习数学分析而实现的。例如，对关节软骨疾病的治疗建议，最好把影响关节反作用力的变数纳入进去。韧带重建移植手术通常需要一段保护性承重期，只有充分考虑肌肉强度和方向，以及合力时，训练肌力才能有效达到目的。第二种情形是，因为作用于系统上的力或力矩不平衡，而产生了线性或角度加速度。这种状态为不平衡状态，需使用动态学的力学研究方法进行分析。

一、静态分析

生物力学研究通常引导静态平衡，是简化人类动作分析的方法。在静态分析中，系统处在平衡状态，所以不必考虑加速度。作用于系统上的合力与力矩总和为零。在任何方向，通过力与力矩作用于相对的方向，力与力矩完全平衡。因为静态平衡没有直线或角加速度，质量惯性作用于物体惯性力矩可忽略。

力量平衡方程式，$E \times IMA$（内部力臂）=$R \times EMA$（外在力臂），$\sum FX=0$，$\sum FY=0$。至于静态旋转平衡，围绕任意旋转轴的力矩总合为零。

力矩平衡方程式，$\sum TZ=0$。即使用为静态（单一平面）转移平衡，即可认为关节里的相对力矩，亦可假设为大小相等，方向相反。

解决肌肉力量、力矩和关节反作用力的流程是：

1. 画出自由体图或力图，隔离供研究的身体部分。画出所有作用在自由体的力，包括重力、反作用力、肌力和关节反作用力，确认关节中心的旋转轴。

2. 建立 X–Y 参考坐标系，可具体定义出力量 X 和 Y 所希望的方向，指定 X 轴平行于隔离的身体部分（典型的是一条长骨），指向正方向的远端。Y 轴垂直于同一身体部位。

3. 将所有已知的力分解成 X 分力和 Y 分力。

4. 确认力矩力臂与每个 Y 力量组成的关系。与 Y 分量有关的力臂是指旋转轴与力线之间的垂直距离。需注意的是，关节的反作用力与所有 X 分量不具有力臂，因为这些力的力线通常会通过旋转轴（关节的中心）。

5. 指定力臂方向。通常测量力的 Y 分量的旋转轴力臂，如果测量经过正的 X 方向，则为正值。如果测量经过负的 X 方向，则为负值。

6. 使用 $\sum TZ=0$，寻找未知肌肉力量和力矩。

7. 通过 $\sum FX=0$、$\sum FY=0$，寻找未知关节反作用力的 X 分量、Y 分量。

8. 组成关节反作用力的 X 分量和 Y 分量，找到总体关节反作用力的强度。

值得注意的是，还有其他类似或更精准的方法可以计算出力矩与力的分量。但这些方法需要矢量的内积、正交、数量积、单位矢量的操作知识，这些超出了本章的知识点。

二、动态分析

静态分析是人类运动动作分析的基本方式。当很少或没有明显的直线或角加速度时，这种分析用来评估身体上的力量和力矩。休息时，外力抵抗身体可以借助不同的仪器直接测量，如力量转换器、缆绳张力计和压力板。向内作用至身体的力量，通常通过对外力矩的知识和内力矩力臂间接测量。当直线或角加速度发生时，则必须进行动态分析。走路是动态运动，由不平衡的力量作用于身体所造成。身体部分不断加速或减慢，且身体随着每步处在一连续失去和获得平衡的状态。因此，动态分析需要计算由身体所产生或走路期间施加于身体的力量的力矩。

在动态情况下，解决力量和力矩需要获知质量、质量惯性力矩，以及线性或角加速度。人体测量数据提供身体部分的惯性特征（质量、质量惯性力矩），以及身体部分的长度和关节旋转轴的位置。运动力学数据，如位移、速度和加速度等，可透过不同的实验技术测量（下段将描述）。这种实验技术测量通常用来直接测量外力，其可用于静态或动态分析。

1. 运动学测量系统 运动的分析需将身体部分和关节运动视为一个整体而进行认真、具体的评估。这种评估包括位置判定、位移、速度和加速度。运动学分析可用于评估身体动作及身体部分运动的数量与质量，其描述内外力与力矩的效应。运动学分析可以用于各种情况，包括运动学、人体工程学和康复学。此外，还有一些客观测量人类动作的方法，如电子量角器、加速度器、影像技术和电磁追踪装置。

（1）电子量角器 在动作期间，电子量角器可测量关节旋转角度。电子量角器通常由一个电子电位计安在两个固定臂的支点构成，旋转校准后的电位计可测量关节的角位置。输出电压通常由电脑资讯获取系统测量。电子量角器的手臂束住身体的一部分，量角器的旋转轴几乎与关节的旋转轴形成直线。合并电子量角器获取的姿势与时间数据，将其转换成角速度和角加速度。电子量角器的优点是价格低廉，能够直接获取关节角位移，缺点是阻碍了受测者动作，很难适用脂肪和肌肉组织，所得数据不够可靠。此外，单轴电子量角器限制了测量单一水平的关节角度。其可测量膝关节屈曲和伸直范围，却无法测量其他发生在水平面、细微但重要的旋转。其他的电子量角器，用双面胶将感测器固定于受测者的皮肤上，以测量两平面上动作。

（2）加速度计 加速度计是一种测量连接部分或整个身体加速度的设备，有直线加速度计和角加速度计，测量速度只能沿着特定的直线或围绕特定的轴进行。与电子量角器相比，多元加速计需要 3D 或多段分析。加速度计所测得的数据，会与质量、质量惯性力矩等身体部分惯性信息一起使用，以估算净内力值（$F=ma$）及力矩（$T=F \times \alpha$）。全身加速度计可用来评估日常生活中个体相关的身体活动。

（3）影像技术 影像技术是最广泛用来收集人类动作数据的方法，有很多影像系统可供使用。这项讨论仅限于影像技术、摄像术、电影术和光电子学，不像电子量角器和加速度计，可直接从身体测量动作。影像方法通常在有意义结果输出前需进行额外的调整、处理及解读信号。

摄影技术是获取运动数据最古老的技术之一。随着相机出现，来自闪光灯的光线可以用来追踪移动目标穿戴于皮肤上之反射标志的位置。如果知道闪光灯的频率，位移的数据可以转换成速度和加速度的数据。除使用闪光灯作为中断光源外，相机可使用固定光源拍下运动行为的多幅相片或数字胶卷。

电影术是电影摄影技术，曾是记录动作的最流行方式。高速摄影使用 16mm 的胶卷，可以进行快速动作的测量。在已知的快门速度下，对目标动作进行一种劳力密集、一幅幅数字分析。数字分析借助身体标记之运动或由受测者穿戴标记以执行。二维动作分析在一台相机的辅助下执行。然而，3D 分析需要两台或更多台相机。

目前，对人体动作的研究已很少使用照相和摄影分析。该方式不很实际，大多需要手动分析数据。数字录影取代了这些，是临床和研究搜集运动资讯最流行的方式之一。通常包括一组以上的数位录影相机、一台信号处理装置、一台校正装置、一台电脑，以及以录影为基础的系统程序。通常会要求受测者在身上贴上标记。如果未连接至其他电子装置或电源上，即认定为被动标记。通过将光线反射回相机，被动标记可作为一种光源。2D 和 3D 标记之整合可通过电脑处理重建影像（或 stick figure），以进行后续的运动分析。

以录影为基础的系统有相当多的功能，可用来分析人类的功能性活动，范围从全身动作（如游泳、跑步）至较小的运动任务（如打字、伸屈）。这些系统能在户外拍摄动作并进行处理，有的甚至能够同时处理信号。大部分以录影为基础的系统有令人满意的特色，受测者不受电线或其他电子仪器的阻碍。

光电学是另一种普遍使用的动态收集数据系统，使用连续冲动的主动标记。光线由聚焦于半导体霜极真空管表面之特殊相机下测量。其可在高采样速度下搜集数据，并获得即时 3D 信息。但其受限于能力，无法在非控制环境下获得数据，且受测者可能因连接至活动标志的电线而感到干扰。遥测系统（telemetry systems）不用受测者受电源的限制而能收集数据，但容易受到周围环境的电子干扰。

（4）电磁追踪器　电磁追踪器能够测量六项自由度（三项旋转和三项平移），可在静态和动态情况下提供位置与方向数据。较小的感应器可固定于解剖标记的皮肤表面，将从感应器与发射器所获得的位置和方向数据发送至数据收集系统。

该系统的不足是发射器和接收器对金属较为敏感，影响了发射器的电磁场。虽然遥测技术比较适用这些系统，但感应器与数据收集系统大多仍以电线连接，而电线则限制了可记录的动作空间。

任何采用皮肤感应器记录骨骼运动的分析系统，都有可能因皮肤或软组织的多余动作而产生错误。

2. 力学测量系统

（1）力学仪器　力学仪器测量通过单纯力学方式，使材料的拉力造成调节控制器运动，将与控制调节器有关的数值校准成已知的力量。常用的力学测量仪器包括浴室秤、握力器及手握式测力器。

（2）传感器　目前已发展出多种传感器，并广泛用于测量力量。其中包括应变计和压电电阻、压电式及电容转换器等。这些传感器的操作原理都是在传感器上施加力使其变形，在已知方式下改变电压。传感器输出的信号通过校正转换成有意义的测量数据。

在受测者走路、踏步或跑步的情况下，收集动作资料最常用的传感器是测力板。测力板使用压电石英或应变计式转换器，对于三个直角方向的承重很敏感。测力板能够测量垂直、内外和前后方向组成的地面反作用力。地面反作用力资料可用于进行后续的静态分析。

3. 其他电子机械仪器　最常用的动态力量评估电子机械仪器为等速测力计（isokinetic dynamometer）。等速测量期间，外力矩施力，以抵抗受测者产生的内力矩，仪器则维持测试肢体于固定的角速度。等速系统通常能测量身体主要肌群产生的力矩。大部分等速动力计能够测量由向心、等长及离心肌肉活化所产生的动作资料。

角速度由使用者决定。在向心肌肉活化期间，于 0°/秒（等长）和 500°/秒之间变化。等速测力计能够提供肌肉的等速运动数据，该数据是多重测试速度时由不同类型的肌肉活化产生。该系统也提供动作资料的即时反馈，可作为训练或康复时的生物反馈来源。

小　结

许多康复评估与治疗的技巧都运用了力和力矩，进一步的推理或思考是根据牛顿的运动定律、静态平衡和动态分析。虽然临床上很少进行正式分析，但从分析中学习到的原则对临床十分重要。例如：①通过训练强化手肘或改变手肘角度，改变上臂的惯性力矩，会因此改变移动肩膀所需的转动力矩。②在大部分运动期间，肌肉所施的力都大于外力矩。此时两力互为阻力，此点应特别在受伤的肌肉或肌腱运动时纳入考量。③外力矩在力线经过或靠近动作轴心时最小。④外力矩在力线方向与肢体呈直角时最大。就重力而言，若以重力为阻力，则最大阻力发生在肢体呈水平抬举时。⑤内力矩由肌肉作用产生，最大值发生在肌肉远端连接处与远端骨头呈直角时。⑥内力矩与外力矩在全部关节动作中能够互相协调，才可形成最佳动作。⑦内力矩与外力矩的相互作用，会使关节产生压力，且大部分关节压力会受肌肉力量的影响。

1. 反向动力学解决内在力与力矩　测量动态时关节的反应力和肌肉的合力矩，通常由"反向动力学方法"间接实行。正向动力学方法是通过对内在力与内在力矩的知识，而得知加速度与外在力矩。相反，反向动力学方法是从加速度和外力矩得知内在力与力矩。

反向动力学是根据人体测量学、运动学、外在力如重力与接触力等数据计算。加速度分别使用 1 次微分"位置 – 时间资料"乘"速度 – 时间资料"，再次分成"加速度 – 时间资料"而得知。使用此方法时，正确得知位置资料十分必要，因为错误的位置资料会放大速度与加速度的误差。

反向动力学中所有需考虑的系统都以串联概念定义：如胸腔前屈运动时，三个躯干与上肢在不同位置，右下肢则分别对所产生的力与力矩做调查。为了简化计算，受试者的右下肢视为一固体实心的连接，包括脚板、小腿与大腿三部分，中间的转轴包括脚踝、膝盖和髋关节，视为铰链轴，且无摩擦力。重心（CM）分别坐落在三个部位，右下肢的每个部位均以关节为分开点，切割开来分析，且个别的力与力矩为终点位置时的瞬时力。通过动作分析技术（通常以照相技术为基础）收集数据，作为动态分析方程式的来源数据，$\sum F_X=ma_X$、$\sum F_Y=ma_Y$ 及 $\sum T_Z=I\alpha_Z$ 方程式。这些数据包括空间中轴肢段的位置与方向、加速度与质量中心等。该范例中的地面反作用力 [包括 X 轴（G_X）和 Y 轴（G_Y）] 是由镶在地板的力板来测量作用在远端肢体的力。通过这些数据可以求得足踝作用力 [包括 Y 轴（JA_Y）与 X 轴（JA_X）] 与足踝部肌肉的净力矩（瞬时力矩）。此结果可代入上一节的肢段——小腿，继续分析数据。以此类推，继续分析更接近中轴的肢段。使用反向动力学所做的假设为：①整个肢段的质量皆集中计算于重心。②在动作的过程中，每个肢段的中心位置假设不变。③关节间视为无摩擦力的铰链关节。④每个肢段的质量惯性矩在动作中维持不变。⑤每个肢段的长度维持不变。

2. 估算杠杆潜在力矩的实用方法　前面提到了两个估算内在力矩与外在力矩的方法，第二个方法是一条捷径，因为其分量的合成力并非必要数据。分析第一内力矩，大部分肌肉所产生的内力臂（即杠杆）以 IMA_M 表示，可采用简单的目测方式，测量施力肌肉的总长到旋转关节轴的距离，可借由骨头模型加上一节绳子代表肌肉施力线的实验得知。一般来说，任何肌肉的内力臂最大时，是肌肉远端连接点与连接的骨头之间呈 90°时。

接下来考虑决定外力矩最简便、快速的方式，临床上必须快速比较重力及其他施加于该点上之外力的相对外力矩。如考量在两个蹲姿中的外力矩，以目测方式，可以很容易地观察膝关节旋转轴与身体重力线的距离，得知深蹲时的外力矩（A）要比半蹲时的外力矩（B）大。因为肌肉负责测量并控制所需的支持程度，所以外力矩对于保护受伤或不正常的关节动作非常有帮助。例如，患有关节疼痛的人，若疼痛处位于髌骨及股骨远端的位置，则向下深蹲或由深蹲站起时会受到限制。这个动作中，股四头肌扮演着重要角色，这条肌肉会增加膝关节的压力（证明肌肉作用力与外力矩之间的关系）。

3. 改变内力矩是保护关节的一种方法　身体在活动时，康复医学的一些治疗会针对关节表面以减少力量的大小。治疗目的是为了保护衰弱或疼痛的关节免于较大且潜在的损伤力量。这一结果可通过减少动作（力量）速率、提供减震（例如气垫鞋），或限制肌肉所要求的机械力来达成。

对于穿戴假肢（人工关节置换）的人来说，尽量减少大肌肉为主的关节力量很重要。例如，接受髋关节置换者常会告知尽可能减少由髋部外展肌所产生的任何不必要的较大力量。为了在冠状面内维持平衡，站姿下髋部四周之内（逆时针，+Z）、外力矩（顺时针，–Z）必须达到平衡。如体重（W）乘以其力矩力臂 D_1 的乘积必须和髋外展肌肌肉力量（M）乘以其力矩的力臂（D）大小相等但方向相反：$W \times D_1 = M \times D$。需注意的是，髋关节周围的外力臂几乎是内力臂的两倍，以维持平衡。从理论上讲，减少过量的体重、携带较轻的负重或以特定方式提重可以减少外力和 / 或外力矩力臂，减少髋关节的外力矩。减少较大外力矩可明显降低来自髋部外展肌、对较大力量的需求，因而减低了人工髋关节之关节反作用力。

有些骨科手术阐明了如何在康复中做到关节保护。以严重髋关节骨性炎为例，其可导致股骨头破坏，随之造成股骨颈和股骨头大小的减少。骨质的损失缩短了可用于髋外展肌（M）的内力臂长度，因此需要较大的肌力，以维持冠状平面的平衡，故导致较大的关节反作用力。一项尝试减低髋关节力量的手术，可使大转子重新定位于较外侧的位置。此方法增加了髋外展肌的内力臂长度，因此在单脚站姿时，内力臂的提高可降低髋外展肌产生特定力矩所需的力量。

4. 拮抗肌对临床力矩测量的共同活化之影响 测量肌力时，必须谨慎促进主动肌的活化和相关拮抗肌的放松。拮抗肌的共同活化会改变净内力矩，减少控制或克服外力和外力矩的能力（参见手持握力器的使用）。拮抗肘屈肌放松时，仅能通过作用（肘伸直）肌测得活化状态的肘伸直力矩。反之，作用肌（E）与拮抗肘屈肌（F）皆活化时，肘伸直肌的最大力量则容易测量（这种情形可能发生在单纯不能放松拮抗肌的健康者，或者帕金森患者、脑性麻痹神经病变患者）。拮抗肌所产生的内力矩，实际上会由作用肌所产生的内力矩扣除。因而净内力矩减少，如同施加于动力肌上降低的外力（R）。由于是等长测量，故测得的外力矩与减少的净内力矩大小相等，方向相反。即使肘伸直肌力与力矩相等，所测得的外力矩仍然较小。这可能会造成作用肌相对较弱的错误印象，但实际则不然。关节反作用力（J）是透过关节对所有力的总和所产生的反应力，因此，在拮抗肌活化的情况（测试 B）下是会增加的。

第五章 躯干骨 ▷▷▷▷

躯干骨包括颅骨、脊椎、肋骨及胸骨。本章介绍躯干骨的骨骼学和关节学的运动功能与相互作用，重点介绍颅颈区、脊柱和骶髂关节，以及当沿着这些中轴骨传递负荷时，关节间如何维持其稳定性及活动。

疾病、创伤和正常的年龄增长均可引起一系列包括躯干骨在内的神经肌肉和肌肉骨骼疾病。脊柱疾患常与疼痛和损伤有关，这主要取决于临近的神经组织（脊髓和神经根）与结缔组织（椎体和相关韧带、椎间盘和滑膜关节）间的解剖关系。例如，脱出的椎间盘可增加邻近脊神经和神经根的压力而诱发疼痛、肌肉无力及反射减弱。更为复杂的是，脊柱的某些动作和习惯性姿势将增加临近组织压迫神经组织的可能性，掌握躯干骨骨骼学和关节学知识，对理解相关病理机制及临床干预的合理性至关重要。

第一节　骨骼学

一、躯干骨的组成

（一）颅骨

颅骨是大脑的骨性外壳，具有保护大脑和感觉器官（眼、耳、鼻和前庭系统）的功能。

1. 枕骨　枕骨构成颅骨的后基底部。枕外隆突是一个可触及的中线点，是项韧带和斜方肌中部的附着点。上项线由枕外隆突向外延伸至颞骨乳突基底部。这个细而直的结构是许多头颈部伸肌的附着点，如斜方肌和头夹肌等。下项线以头半棘肌的附着部前缘为标志。

枕骨大孔是位于枕骨基底部大的圆形孔，是脊髓的通道。一对显著的枕骨髁由枕骨大孔的两侧发出。枕骨底部一直延伸至枕骨大孔前缘。

2. 颞骨　两块颞骨构成颅骨的外侧面，并包绕着外耳道。乳突是一个可触及的结构，位于耳后。乳突是许多肌肉的附着点，如胸锁乳突肌。

（二）椎体

除了提供躯干和颈部稳定性外，脊柱还具有保护脊髓和穿出脊神经的作用。脊神经穿出脊柱后分为脊神经腹侧支和背侧支。中胸段椎体代表了许多其他椎体的共有解剖和功能特征。

总的来说，椎骨大概分为三部分，即前方的锥体，中间的椎弓根和后方的椎弓。锥体是椎骨的主要承重部位，椎板上伸出 7 个凸起，包括向后伸展的棘突，向两侧伸出的横突，以及上下各一对的关节突。椎弓根是锥体和椎弓之间的连接桥梁。

（三）肋骨

12 对肋骨包绕着胸腔，对心肺器官形成保护。典型肋骨的后端包括头、颈和关节结节。肋骨头和关节结节与胸椎关节，形成两个滑膜关节，分别是肋椎关节（也称肋头关节）和肋横突关节。这些关节将肋骨的后端与相应的椎体相互铆合。肋椎关节连接肋骨头和一对肋凹。肋凹跨过临近椎体的椎间盘。肋横突关节连接肋骨关节和椎体横突的肋凹。

肋骨前端有扁平的透明软骨。第 1 ～ 10 根肋软骨与胸骨连接，形成胸肋腔。第 1 ～ 7 根肋软骨直接与胸骨的侧缘连接，形成 7 个胸肋关节。第 8 ～ 10 根肋软骨先与上一根肋软骨融合后再与胸骨连接。第 11、12 根肋软骨不与胸骨相连，它们是多块腹部肌肉的附着部。

（四）胸骨

胸骨前面轻度弯曲且粗糙，后面轻度凹陷且光滑。胸骨由胸骨柄、胸骨体和剑突三部分组成。随着年龄的增长，胸骨柄可在胸骨柄关节处与胸骨体融合。该纤维软骨关节常在生命后期发生骨化。胸骨的颈静脉切迹是胸锁关节的胸骨锁骨切迹。胸锁关节的下方是肋凹，在第一胸肋关节处与第一肋的肋骨头连接。胸骨体的侧缘以肋凹关节为特征，并与第 2 ～ 7 肋的肋软骨连接（肋凹关节的关节学特征将在第十一章讨论）。剑突以剑胸关节与胸骨体的下方连接。与胸骨柄关节一样，剑胸关节主要由纤维软骨连接。剑胸关节通常在 40 岁左右发生骨化。

二、脊柱

躯干是对人躯体的描述，包括胸骨、肋骨和骨盆，不包括头、颈和四肢。脊柱是指所有的椎骨，不包括肋骨、胸骨和骨盆。上和下分别用头端和尾端代替。

脊柱通常由 33 个椎骨组成，分为 5 部分，通常包括 7 个颈椎、12 个胸椎、5 个腰椎、5 个骶椎和 4 个尾椎。骶椎和尾椎通常成年后发生融合，形成骶骨和尾骨。每个椎体以字母和数字缩写表示。例如，C_2 表示第二颈椎，T_6 表示第六胸椎，L_1 表示第一腰椎。脊柱的每个节段都有其独特的形态学结构，并反映其特殊功能。位于颈胸、胸腰和腰骶连接处的椎体常具有相似的特征，反映脊柱主要区域间的过渡。例如，C_7 的横突具有类似于胸椎用于连接肋骨小关节的作用，L_5 可发生骶化（如 L_5 可与骶椎的顶部相融合）。

1. 脊柱的生理曲度　人体的脊柱在矢状面有多个弯曲的曲度。站着时，脊柱的自然曲度称脊柱的中立位。颈部和腰部正常时向前凸起，向后弯曲。颈部前凸的弧度小于腰椎。与之相反，胸椎和骶椎存在生理后凸。脊柱后凸描述的是前凹后凸的曲度。前凹的幅度为胸腔和盆腔器官提供了空间。

脊柱的生理曲度并不固定，其外形随活动和不同姿势而发生动态变化。脊柱伸展时可加大颈部和腰部的前凸幅度，但可使胸部的角度减少。与之相反，脊柱屈曲可减小颈椎和腰椎前凸，但可加重胸椎后凸。骶尾部的弯曲是固定的，呈前凹后凸状。此曲度对通过骶髂关节固定骨盆的位置是必要的。

胚胎的脊柱呈全长后凸。颈部和腰部的前凸在出生后出现，与运动成熟和直立动作有关。在颈部，婴儿开始观察周围情况时，颈伸肌牵拉头颈部。在腰部，屈髋肌的发育将牵拉腰椎前凸，从而为行走做准备。小孩开始站立时，腰椎的生理前凸有助于使身体的重力线穿过由足部提供的支撑部。

脊柱的矢状面曲度为躯干骨提供力量和回弹力。反向弯曲的脊柱呈弓形，椎体之间的压缩力部分由拉伸的连接组织和位于凸面肌肉所产生的张力承担。

脊柱生理曲度的潜在负面影响是曲度移行区存在剪切力。剪切力可引起脊柱融合术后，尤其是颈胸和胸腰部融合术后融合部位的过早松动。

2. 通过身体的重力线   尽管人体的重力线是不断变化的，但处于标准站立姿势时，重力线穿过颞骨乳突、第二骶骨前部、髋后部，以及膝、踝前部。在脊柱，重力线位于每个节段曲面顶点的凹侧。因此，标准姿势站立时，重力线所产生的力矩有助于保护脊柱每个节段的曲度。由重力所产生的外部力矩，在每个区域的顶端（$C_4 \sim C_5$、T_6、L_3）最大。

图 5-1 描绘的标准姿势比实际情况要理想些，因为每个人的姿势是独一无二且不断变化的。改变重力线与脊柱曲度的空间关系因素包括肥胖、上肢所承受负荷的位置和大小、个体局部脊柱曲度的外形、肌肉发达程度、连接组织的可延展性、怀孕等。有报道认为，重力线恰恰位于或通过腰椎的后方。不管怎样，重点在于理解每一种可能的关系所导致的生物力学结果。重力线通过腰椎后方可产生一个位于后背部的持续伸展力矩，这有利于生理前凸的形成。当重力线通过腰椎前方时，可产生一个持续的屈曲力矩。有人认为，由于重力或负重所产生的外部力矩必须由肌肉所产生的主动力或连接组织所产生的被动力所平衡，因此重力线应位于腰骶连接及骶髂关节的前方（图 5-1）。

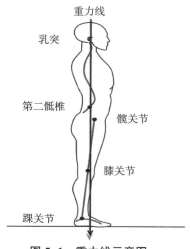

图 5-1   重力线示意图

结构因素也有利于生理弯曲的形成。例如，楔形的椎间盘或椎体、关节突关节的方向，以及韧带、肌肉的张力。例如，颈椎和下腰椎的椎间盘前部较厚，这有利于这些区域前屈幅度的形成。

脊柱正常矢状面的排列关系会因疾病而发生改变，例如，强直性脊柱炎、脊椎前移、肌营养不良，以及老年性骨质疏松或肌无力。通常，一些较小的反常或不良姿势可见于健康人群。过度的颈椎或腰椎前凸可代偿性形成过度的胸椎后凸，反之亦然。例如，"摇摆背"所描述的就是腰椎前凸和胸椎后凸同时增大的姿势，即骨盆向前摆动，迫使大腿向后。无论位置和原因如何，反常的曲度改变了重力线和每个脊柱节段的正常关系，严重、反常的脊柱曲度可增大肌肉、韧带、骨骼、椎间盘、关节突关节及神经根的负荷，异常的曲度还可改变体腔的容积。例如，胸椎后凸的扩大可减少深呼吸时肺扩大所需的胸腔容积。

3. 脊柱的韧带支撑　脊柱由大量的韧带结构支撑。脊柱韧带可限制异常活动，保持脊柱的生理弯曲，并间接保护脊髓。

（1）黄韧带　构成椎板的前面，并进入椎板下部的后面。黄韧带在腰椎区最厚。黄韧带一词说明该韧带富含黄色的弹力连接组织。黄韧带的被动拉伸可使脊柱过度屈曲，从而保护椎间盘，避免过度压缩力对其造成损伤。需注意的是，生理伸展与完全屈曲相比，黄韧带比原始长度拉伸了约35%。超过生理限度的屈曲可导致韧带断裂，并造成椎间盘损伤。黄韧带位于椎管后方，脊柱的过度伸展可导致黄韧带向内弯曲并压迫脊髓。

（2）棘上韧带和棘间韧带　棘上韧带和棘间韧带跨越临近棘突，由于位置的关系，其作用为限制屈曲。在腰椎区，棘上韧带和棘间韧带是过屈损伤中最先发生断裂的结构。横突间韧带跨越临近横突，并向对侧侧屈时拉紧。

（3）项韧带　在颈椎区，棘上韧带增厚并跨过颅骨而形成项韧带。这条粗大的韧带由两条片状的纤维弹性组织构成，并附着于颈椎棘突和枕骨的枕外粗隆处。由于头部的中心位于颈椎前方，故重力可使颅颈区自然屈曲。拉伸项韧带所产生的被动张力虽然较小，但对于支撑头颈部是一个重要的因素。项韧带也可提供颈部肌肉在中线处的附着点，例如斜方肌、头夹肌和颈夹肌。由于项韧带的存在，使得中至上颈椎棘突的触诊困难。

（4）前纵韧带　前纵韧带是一条长的带状结构，附着于枕骨基底部，包括骶骨在内的脊柱全长的前面部分。这条坚强的韧带在颅骨部较窄，在尾端较宽。前纵韧带的纤维连接并加强椎间盘的临近部分。前纵韧带可增强脊柱的稳定性，限制颈椎和腰椎的过伸或过度前凸。

（5）后纵韧带　后纵韧带是一个连续性的带状组织，位于C_2至骶椎之间，延伸至脊柱全长椎体的后面。后纵韧带位于椎管内，脊髓前方。前纵韧带和后纵韧带的命名源于与椎体的关系，而不是与脊髓的关系。后纵韧带的全长范围，连接并加强椎间盘的临近部分。在颅骨部，后纵韧带较宽；下降至腰椎区时，逐渐变窄。细长的腰椎部可限制椎间盘的向后膨出。后纵韧带与前纵韧带共同维持脊柱的稳定。

关节囊包绕并加强每个关节突关节。关节囊较松弛，特别在颈椎区，因该区域需要大范围的活动。尽管在中立位时关节囊较松弛，但受到牵拉时其可产生张力。在腰椎区，关节囊承受约 1000N 的张力才发生断裂。此张力可限制除伸展运动之外所有椎体的过度活动。关节突关节通过临近肌肉和结缔组织（黄韧带）加强关节囊，尤其是腰椎区（图 5-2）。

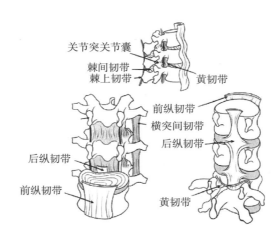

图 5-2　脊柱韧带示意图

4. 局部骨骼学特征　"功能决定结构"这句话非常适合脊柱研究。尽管所有的椎体均具有相似的形态学特征，但又各自有不同的外形，反映其独特的功能。接下来，我们将重点关注脊柱每个区域特有的骨骼学特征。

（1）颈椎　所有的椎体中，颈椎是最小且活动度最大的椎体。高度的活动度对于头部大范围的活动是必要的。或许颈椎最具有特征的解剖学结构是位于横突的横突孔。椎动脉穿过横突孔，进入枕骨大孔，为大脑和脊髓提供血供。在颈部，椎动脉位于脊神经根的前方。

第 3～6 颈椎呈现出的特征具有高度的相似性，被认为是典型的颈椎结构。由于上两个颈椎即寰椎（C_1）和枢椎（C_2）及第七颈椎具有反常的特征，故以下分别介绍。

典型颈椎（C_3～C_6）。C_3～C_6 颈椎是小且呈三角形的椎体，横径宽于前后径。椎体的上表面和下表面不如其他椎体肥大，但较弯曲。其上表面呈凸面，后外侧呈钩状，称钩突。与之相反，其下表面呈前后凹面状，且前后缘较长。当这些结构相关节时，在 C_3 与 C_7 之间，来自钩突和上位椎体的邻近部分共同形成钩椎关节。

钩椎关节根据首次描述它的人的名字而命名，称 Luschka 关节。小的裂痕可延伸至钩椎关节，并进入椎间盘的纤维环。钩椎关节的确切功能尚不清楚，可能与增加颈椎椎体内部关节的稳定性有关。C_3～C_6 的椎弓根较短，并向后外侧屈曲。较薄的椎板由每侧椎弓根向后内侧发出。三角形的椎管在颈椎区较宽，这有利于容纳较粗大的脊髓。在 C_3～C_6 区，连续的上下关节突所形成的连续性关节"柱"被关节突关节中断。每个关节突关节的关节面是平滑的，关节面位于垂直面与水平面之间。上关节面指向上后方，下关节面指向下前方。$C_3 \sim C_6$ 的棘突较短，且部分棘突是分叉的。短的棘突向侧方延伸至椎弓根。颈椎侧块是颈椎独有的结构，为肌肉的附着点，如前斜角肌、肩胛提肌、颈夹肌。

（2）非典型颈椎椎体（$C_1 \sim C_2$ 及 C_7）　寰椎（C_1）的主要功能是支撑头部。寰椎无椎体、椎弓根、椎板和棘突，由前弓和后弓共同组成。短的前弓具有前结节，是前纵韧带的附着点。较大的后弓几乎占据了寰椎的一半。较小的后结节是后弓中线的标志。颈椎侧块支撑着凸起的关节突。大而凹陷的上关节面常向后与大而凸起的枕骨髁形成寰枕关节。上关节面较平坦，有轻微凹陷。这些关节面通常面向下方，其侧缘缓缓下降，与水平面呈30°角。寰椎具有大且可触及的横突，通常是颈椎中最大的横突。

枢椎（C_2）有一个大而高的椎体，作为齿状突的基底部。枢椎的部分椎体由寰椎体部残余部分和椎间盘组成。齿状突为寰椎和头部的旋转提供了坚固的垂直旋转轴。枢椎体部向侧方发出一对上关节突。这些大而平且轻度凸出的凸起具有面向头端且存在20°斜面的上关节面，与寰椎下关节突的斜面相吻合。由枢椎上关节突发出一对粗大的椎弓根和一对短小的横突。一对下关节突由椎弓根向下发出，关节面向前下方。枢椎的棘突分叉且很宽。这一可触及的棘突是很多肌肉的附着点，例如颈半棘肌。

C_7 是所有颈椎中最大的，具有很多胸椎的特征。C_7 有一个大的横突，横突上有一肥大的前结节，可发出多余的颈肋，颈肋可能压迫臂丛。该椎体也有与胸椎类似的大而不分叉的棘突。

（3）胸椎区　典型胸椎（$T_2 \sim T_9$）具有相似的特征。椎弓根由椎体直接发出，这就使胸椎椎管的容积较颈椎有所减小。较大的横突向侧后方发出，每个横突包括一个肋凹而与之对应肋骨头相关节。短而厚的椎板形成向下倾斜棘突的基底部。关节突的关节面由近乎垂直的方向发出，上关节面指向后方，下关节面指向前方。关节突关节沿额状面排列。

$T_2 \sim T_9$ 肋的肋骨头：$T_2 \sim T_9$ 肋的肋骨头分别与 $T_1 \sim T_2$ 和 $T_9 \sim T_{10}$ 椎体的关节连接，形成胸肋关节。肋骨头与一对肋凹相关节，肋凹跨过一个椎间连接。胸椎脊神经根穿过相应的胸椎椎间孔。椎间孔位于关节突关节的前方。

非典型胸椎：第一和最末两个胸椎被认为是非典型胸椎，这主要是因为其特殊的肋骨连接方式。T_1 有一个完全向上的肋凹，可与第一肋的整个肋骨头连接，并且部分关节面向下与部分第二肋骨头连接。T_1 的棘突特别长，常长于 C_7 棘突。T_{11} 和 T_{12} 椎体均有单独的肋凹，分别与第十一和第十二肋骨头相关节。$T_{10} \sim T_{12}$ 通常缺乏肋横突关节。

（4）腰椎区　腰椎具有宽大的椎体，能够稳定地支撑头、躯干和双上肢的重量。5个腰椎椎体的总重量大约为7个颈椎质量之和的两倍。

总体来说，腰椎椎体均具有相似的特征，较短而厚的椎板、椎弓根形成近三角形的后壁和侧壁。薄的横突向外侧方发出，棘突较宽呈长方形，并由每个椎板的连接处水平发出。这种外形与胸椎区不分叉且倾斜的棘突显著不同。短的乳突由每个上关节突的后表面发出。这些结构均是多裂肌的附着点。

腰椎的关节突从近乎垂直的方向发出。上关节突关节面轻度凹陷并面向后中部。上腰椎的上关节面由近矢状面发出，中下段腰椎的上关节面由矢状面和额状面的中间发出。下关节面与上关节面的外形和方向相反。一般来说，下关节面轻度凹陷，由侧方指向前侧方。

L_5 的下关节面与骶骨的上关节面相关节。$L_5 \sim S_1$ 关节突关节沿着比其他椎体更接近额状面的方向发出。$L_5 \sim S_1$ 关节突关节为腰骶连接的前后方稳定性提供重要来源。

（5）骶骨 骶骨是一个三角形骨，基底部向上，尖端向下。骶骨的重要功能之一是将重量由脊柱转移到骨盆。儿童期，五块分离的骶椎由一块软骨膜连接。到了成人阶段，骶骨融合成整块，并将保持每个椎体原有的解剖学特征。骶骨的前表面光滑且凹陷，形成骨盆的部分后壁。四对腹侧骶神经孔分别由四对脊神经腹侧支穿过并形成马尾神经。骶骨背侧呈凸面且粗糙，是多块肌肉和韧带的附着点。多个脊柱侧方的结节标志着融合棘突和横突的残余部分。四对背侧骶孔有骶神经背侧支穿过。骶骨的上表面显示了第一骶椎椎体的外形。S_1 体部锋利的前缘称骶岬。三角骶管可保护马尾神经。椎弓根粗大并向侧方延伸至骶骨侧翼。粗大的上关节面面向后中部的关节突，这些关节突可与 L_5 的下关节面相关节而形成 $L_5 \sim S_1$ 关节突关节。大的关节面可与髂骨形成骶髂关节。骶骨向尾端逐渐变窄而形成其尖部并与尾骨相连。

（6）尾骨 尾骨是一块小的三角形骨，由四块椎体融合而成。尾骨的基底部与骶骨尖形成骶尾关节。此关节有一纤维软骨盘，由多条小的韧带结构维持其稳定性。骶尾关节通常在生命后期融合。在年轻人中尚存在小的尾骨内关节，但均会在成年后融合。

第二节 关节学

一、典型椎间关节

典型椎间关节由与运动和稳定性有关的横突、棘突、关节突关节和椎体间关节四部分组成。这四部分既有共同的功能，又有各自独特的功能。棘突和横突的功能包括在运动和稳定脊柱过程中提供机械性支架或杠杆，以增加肌肉和韧带的机械杠杆作用。关节突关节主要对椎体间的运动起导向性作用，如同铁轨对火车的导向作用。关节面的几何形状、大小和方向在很大程度上影响了椎体的运动方向。

椎间关节的主要功能是减震和负荷分配。此外，椎间关节还可增加椎体的稳定性，具有旋转和改变椎间隙的作用。作为椎间隙的构成部分，椎间盘占据了脊柱全长的25%。椎体与椎间盘的高度比值越大，相邻椎体间的活动度越大，颈椎和腰椎区的椎间隙最大。

椎体三个部分间的相互作用对椎体间的正常运动是必要的。任意部分的功能失调都可引起关节功能紊乱和 / 或神经组织的损伤。对脊柱神经学、骨骼学和运动学的空间结构和物理学方面的认识是理解脊柱疼痛和功能失调的原因、治疗方式以及病因学的要素。

二、关节突关节和椎间关节

（一）关节突关节

脊柱包括 24 对关节突关节。每个关节突关节由一对相对的关节面组成。从构成机制看，关节突关节属于平面关节。尽管自然变异比较常见，但大多数关节突关节的关节面基本是平坦的。轻度弯曲的关节面主要见于上颈段和整个腰椎区。

关节突的意思是骨性"侧枝"，说明了关节突处于椎体的本质。作为一个机械性的障碍，关节突允许某些运动而又阻止一些运动。每个关节面的不同方向影响着脊柱不同节段的运动。一般来说，水平关节面主要产生轴向旋转，垂直关节面抑制垂直旋转。然而大多数关节面位于水平与垂直之间。从部分意义上说，关节面所处的平面就解释了为什么颈椎区域的轴向旋转运动要远大于腰椎区。影响每个脊柱节段优势运动的其他因素还包括椎间盘大小、椎体形状、局部肌肉的活动和肋骨或韧带的附着位置等。

（二）椎间关节

椎间关节由椎间盘、椎体终板和邻近椎体间的连接共同组成。从解剖学意义上讲，椎间关节复合体属于微动关节。

1. 腰椎间盘的结构重要性　对椎间盘的认识大多基于对腰部的研究结果。腰椎间盘突出所造成的诸多不良后果决定了人们对该区域的特别关注。这与其他脊柱区的椎间盘具有轻微不同的结构学特征。

（1）髓核和纤维环　椎间盘包括中央的髓核，其被纤维环所包绕。髓核是一个髓样凝胶状组织，位于椎间盘的中后部。椎间盘含有 70% ～ 90% 的水分，髓核的功能如同一个液压减震器，可分散和转移相邻椎体间的负荷。相对较大的分支蛋白聚糖增加了髓核的黏稠度。每个蛋白聚糖由许多水合氨基葡萄糖和核心蛋白质聚合而成。髓核包括 Ⅱ型胶原纤维、弹力纤维及其他蛋白。年幼之人，髓核还包括一些软骨细胞，其是原始脊索的残余部分。

腰椎间盘的纤维环由 15 ～ 25 层同心环胶原纤维组成。如甜甜圈那样，面团围绕果酱，胶原环包绕液体样的中央髓核。压缩力可增加髓核的流体应力。纤维环中包含与髓核相似的成分，而仅是比例上有所不同。在纤维环，胶原纤维占到干重的 50% ～ 60%，髓核仅占 15% ～ 20%。

椎间盘能够增加椎体的稳定性，起到减震作用。椎间盘的稳定功能主要由髓核内胶原纤维的结构所决定。这些胶原纤维按照几何图形进行排列。在腰椎区，胶原环与垂直面约呈 65°，邻近胶原环纤维则以相反方向进行排列。这样的结构可以对抗垂直牵伸力、剪力和扭力。如果这些胶原纤维呈垂直排列，纤维环虽可抵抗牵引力但不能抵抗扭转力。相反，如果胶原纤维与椎体顶部呈平行排列，则纤维环只能抵抗剪力和扭力，而不能抵抗牵引力。65°角代表了一种可通过拉长抵抗腰椎的正常运动。牵引力是屈、伸及侧屈运动的组成部分，作用在于使椎体轻度离开邻近椎体。剪力和扭力发生与脊柱各个方向的运动中。由于纤维环各层的排列方式不同，故仅有某个方向的胶原纤维被拉紧，而其他方向的纤维则是放松的（图 5-3）。

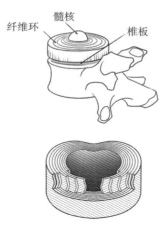

图 5-3　椎间盘结构示意图

（2）椎体终板　椎体终板是位于每个椎体上、下表面较薄的软骨帽状结缔组织。纤维环的胶原纤维连接相邻椎体的终板。终板是半渗透性的，允许来自椎体血管的营养物质进入到椎间盘的深部。

椎间盘作为静水压的分压器，脊柱是躯干和颈部的主要支撑结构。例如，一个人站立时，80% 的重量可通过椎间关节传递到腰椎，剩余的 20% 重量则由后部结构承担（如关节突关节和椎板）。

椎间盘是具有独一无二的减震装置，可保护椎体，避免因体重和肌肉收缩所产生的压缩力对椎骨造成损坏。压缩力可造成终板向内而纤维环向外。由于椎间盘含有大量的水，因此不可被完全压缩。髓核通过向外的变形，以抵抗纤维环的变形。由拉长的胶原和弹力纤维环所产生的张力，可抵抗纤维环的变形。内部抵抗力可加强纤维环壁。其结果是产生抵抗髓核和终板的后部压力，从而加强整个椎间盘并将负荷传递到下一椎体。当压力从椎体终板移除后，被拉长的弹力和胶原纤维会恢复原有的长度，为下一减震循环做准备。根据 White 和 Panjabi 有关脊柱生物力学的相关研究，椎间盘对于小的压力负荷的作用不大，对于大的压力负荷才能发挥作用。因此，椎间盘可在低负荷时变得柔韧，在较大负荷的情况下变得相对刚性。

这种减震机制可通过两种方式保护椎间盘。首先，压力负荷可传递至髓核，其指向纤维环而背向髓核和终板。这种传导需要花费时间，因此降低了负重的效率。尽管这样并不会降低负重的强度。第二，这种机制允许压力被多个结构分担，从而限制了在任何角度上对组织的压力。

体内腰椎区域髓核压力测量已经证实，仰卧位休息时椎间盘的压力较低。较大的椎间盘压力见于前屈运动伴有强有力的躯干肌收缩时。这些测量有助于对减少椎间盘损伤方式的理解。两项研究均强调了以下三点：①当一个人身体前部负重时，特别是弯腰向前时，椎间盘的压力较大。②屈膝负重时，腰椎间盘所承受的压力小于直膝负重，此时需要更多背部肌肉的活动。③以向前而懒散的姿势坐着会比正确坐姿产生更大的关节盘压力。上述三点可作为许多针对腰椎间盘突出症防治教育的理论依据。

三、局部关节

（一）头颈区

1. 寰枕关节　寰枕关节可提供枕骨相对于寰椎的独立运动。寰枕关节由枕骨髁与寰椎的上关节面共同组成这种吻合的凸凹结构，从而提供关节的内在稳定性。

关节内脂肪垫常见于寰枕关节和关节软骨周围。在前方，寰枕关节的关节囊与前方的寰枕筋膜及前纵韧带连接。在后方关节囊，关节囊被一层薄而宽的寰枕后膜覆盖。椎动脉穿过寰枕后膜后进入枕骨大孔。该动脉提供脑部供血。寰枕关节的凸凹结构允许在两个方向上的旋转活动，主要的运动是屈曲和伸展。

2. 寰枢关节复合体　寰枢关节复合体包括两个关节结构：中间的寰枢关节和两侧的关节突关节。中间的寰枢关节由 C_2 的齿状突和寰椎的前弓通过横韧带形成。此关节包括两个滑膜关节。较小的前部滑膜关节由一层薄滑膜环绕齿状突前面和寰椎前弓后缘所构成的关节。齿状突前面较小的关节是该关节的标志，较大的后关节同样有一层滑膜覆盖，这层滑膜将寰椎横韧带的软骨部与齿状突后部划分开。因为齿状突具有垂直轴的作用，故寰枢关节又可称为车轴关节。

寰枢关节的两个关节突关节由寰椎的下关节面和枢椎的上关节面组成。这些关节面均接近水平，作用是加大轴向旋转的灵活度。

寰枢关节复合体存在两个方向的活动度。头颈区约一半的水平面旋转发生在寰枢关节复合体。寰枢关节的第二个活动度指屈伸运动。由于侧屈有限，因此不被认为是寰枢关节的一个活动度。

寰枢关节复合体的功能解剖学包括覆膜和翼状韧带，这些结缔组织有助于枢椎与颅骨的连接。寰椎的横韧带可使寰椎与枢椎齿状突的后面形成紧密连接。位于横韧带后方宽而坚固的片状结缔组织称为覆膜。作为后纵韧带的延续，覆膜附着于枕骨基底部，附着部为枕骨大孔的前缘。覆膜通过限制过屈和过伸而加强枕骨与颈椎间的连接。

翼状韧带是一条坚韧的纤维索状结构，起于齿状突的尖部并倾斜向上，止于枕骨髁内侧。翼状韧带临床上称为"检查韧带"，其可限制头部及寰椎的轴向旋转。根据其位置，翼状韧带也可限制寰枕关节内所有其他潜在的过度活动。

3. 颈椎间关节突关节（$C_2 \sim C_7$）　$C_2 \sim C_7$ 关节突关节的关节面方向犹如倾斜 45° 的瓦状结构，其倾斜面居于额状面与水平面间，可提供关节在各个方向的自由活动，这正是颈椎的运动学特点。

（二）胸椎区

胸腔包括肋骨、胸椎和胸骨。该区域的稳定性提供三方面的功能：①控制颅颈区肌肉的稳定。②保护胸腔内脏器官。③作为呼吸的机械风箱。

　　胸段脊柱包括 24 个关节突关节，每侧 12 个。每个关节包括一对位于额状面的关节面，其倾斜方向与垂直方向呈 15°～ 25°。尽管关节突关节是胸椎活动的主要结构，但其活动受到肋椎关节和肋横突关节的限制。这些关节通过胸椎区大部分结构与前部的胸骨连接。肋椎关节和肋横突关节的功能与肺通气有关。

　　多数肋椎关节连接具有一对肋骨关节面的肋骨头和椎间盘的邻近边缘。肋椎关节的关节面呈轻度卵圆形，并通过关节囊与周围韧带连接在一起。

　　肋横突关节连接肋骨关节头和相应的胸椎横突肋关节面组成，这一滑膜关节周围有关节囊包绕。宽阔的肋横突韧带（约 2cm 长）将肋骨颈和横突牢固地连接在一起。此外，每个肋横突关节都可通过上肋横突韧带稳定。肋骨颈上缘和上位椎体的横突下缘间通过此韧带牢固连接。第 11、12 肋通常无肋横突关节。

　　胸椎可通过肋骨与肋椎关节和肋横突关节形成良好的稳定结构。这种稳定性可保护脊髓免受外伤。例如，发生高处坠落伤时，对胸椎的影响可被肋骨及相应的肌肉和结缔组织部分吸收及分散。

（三）腰椎区

　　1. $L_1 ～ L_4$ 区　腰椎关节突关节的关节面近乎垂直，并伴中度到重度的矢状面倾斜。例如，L_2 的上关节面与矢状面的夹角呈 25°。这有利于在矢状面产生运动，但不宜在水平面做旋转运动。这种趋向即使在中下腰椎同样能够找到相应的证据。

　　关节面方向在胸腰椎结合部或近胸腰椎结合部发生了改变。关节面由额状面向矢状面变化，这有助于解释该结合区发生较高创伤性截瘫的原因。由于有肋骨的坚固保护，胸椎可作为一个整体在上腰椎区自由屈曲。较大的屈曲力矩作用于胸椎区就可在上腰椎段末端产生过度的高度屈曲应力。如果力量足够大，此屈曲应力可导致骨折或脱位，并进一步损伤脊髓尾端或马尾神经。与脊柱的其他区域相比，为固定不稳定的胸腰结合部在此处植入手术内固定装置更易于发生应力性断裂。

　　2. $L_5 ～ S_1$ 连接部　作为典型的椎间关节，$L_5 ～ S_1$ 连接前部的椎间关节和一对后部的关节突关节。$L_5 ～ S_1$ 关节突关节的关节面的方向通常位于比其他腰椎区更接近于额状面的方向。

　　人在站立时，骶椎顶部向前并向下倾斜，形成一个大约 40° 的骶骨水平角。由于该角的存在，体重产生的合力可产生向前的剪切力和作用于骶椎表面的挤压力。前部剪切力的强度等于体重的骶骨水平角的正弦倍数。40° 的骶骨水平角在 $L_5 ～ S_1$ 结合部所产生的向前剪切力等于体重的 64%。增大的腰椎前凸角度可使骶骨水平角变大，继而增大向前的剪切力。例如，当骶骨水平角增大至 55° 时，则前部剪力可增加至体重的 82%。在站立或坐位时，腰椎前凸可随骨盆前倾角度的增大而增大。

　　$L_5 ～ S_1$ 连接存在若干的韧带稳定结构，尤其是前纵韧带和髂腰韧带。前纵韧带穿过 $L_5 ～ S_1$ 连接部的前方。髂腰韧带由 $L_4 ～ L_5$ 椎体横突下表面和腰方肌的邻近纤维共同发出。该韧带向下附着于髂骨，附着点位于髂骶关节前方，并附着于骶骨的上外侧面。左右各一的髂腰韧带可在下腰椎、髂骨及骶骨之间形成牢固的连接。

除了这些结缔组织外，$L_5 \sim S_1$ 宽而粗壮的关节面可提供所连接的骨性稳定结构。近额状面的关节面可抵抗该区域部分的前部剪切力，这种阻挡作用可在关节突关节间产生作用力。如果没有充分的稳定力，腰椎区下部就会倾向骶骨前部，称为腰椎滑脱。

第三节　运动学

本节介绍脊柱各部分的运动范围和主要运动方向。参照点用于描述站立时某部分休息位时的姿势。所介绍的运动范围可能与其他来源的数据稍有差别。其反映了测量方式和个人屈曲活动能力的差异。身体的活动度与年龄、所患疾病及性别有关。

脊柱周围的结缔组织可限制脊柱的活动范围，包括肌肉组织在内的结缔组织通过限制脊柱的活动，从而保护脊髓并维持最佳姿势。在创伤和劳损患者中，组织可能产生过度的张力以保护受损的脊柱节段。由于颈椎加速伸展性损伤所导致的局部肌肉痉挛是这种保护机制的常见表现。在严重风湿性关节炎患者中，活动受限的脊柱将失去其保护功能，但这并不是该疾病过程的本质部分。知晓结缔组织在限制活动中的功能，有助于为脊柱疼痛和功能失调患者制定个体化治疗方案。

一、头颈区

（一）头颈区的矢状面运动

1. 屈伸运动　尽管存在较大差别，但头颈区的屈伸范围可达 120°～135°。头颈区的伸展中立位为 30°～35°（休息位前凸），进一步伸展可达 75°～80°，屈曲 45°～50°。一般来说，头颈区的伸展范围超过屈曲范围，大约为 1.5∶1。

在头颈区，20%～25% 的运动发生在寰枕关节和寰枢关节的复合体，其余部分发生在 $C_2 \sim C_7$ 的骨关节。头颈区屈伸运动的旋转轴由内向外，分别穿过三个关节：寰枕关节的枕骨髁、寰枢关节的齿状突和 $C_2 \sim C_7$ 的椎体或附近的椎间关节。屈伸的范围主要受位于从后方或前方至各旋转轴之间组织张力的限制。屈伸范围也受纤维环前缘的压缩力限制。

颈椎椎管的容积在完全屈曲时最大，在完全伸展时最小。因此，椎管狭窄患者进行过伸运动时更易导致脊椎损伤。反复发生过伸性损伤可导致脊髓型颈椎病，并导致相应的神经功能障碍。

如同摇椅在摇座上一样，凸起的枕骨隆突在伸展位时沿凹陷的寰椎上关节突向后滑动，屈曲位时则向前滚动。基于传统的凹凸关节运动学理论，枕骨髁可同时向滚动相反的方向滑动。覆膜、关节囊、翼状韧带及寰枕膜的张力可限制枕骨髁的滑动范围。

尽管寰枢关节复合体的主要运动是轴向旋转，但该关节也允许约 15° 的屈伸运动。在颅骨与枢椎间的间隙，环形的寰椎在屈曲运动时滑向前方，在伸展运动时滑向后方。滑动的范围受连接寰枢关节中部的齿状突、寰椎横韧带和寰椎前弓的限制。

$C_2 \sim C_7$ 的屈伸运动发生于由关节突关节与斜行关节面所形成的运动弧。在伸展过程中，上位椎体的下关节面将相对于下位椎体的上关节面向下并向后滑动。这些运动叠加在一起将产生 50°～ 60° 的伸展。完全伸展状态是指当颈椎关节突关节和脊柱其他区域均处于紧紧叠加的状态。这种体位将产生最大的关节接触和负重。上位椎体的关节面向下滑动将使关节囊放松。多数滑膜关节的紧密叠加状态均可增加周围关节囊及其韧带结构的张力。关节突关节则是其中少见的特例之一（图 5-4）。

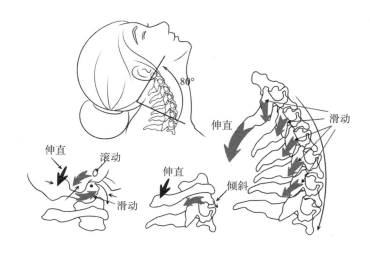

图 5-4　颈后伸运动示意图

颈椎屈曲运动与伸展运动相反，上位椎体的下关节面对下位椎体的上关节面发生向上并向前的滑动。关节面间的滑动可产生约 35° 的屈曲，屈曲运动可使关节突关节的关节囊拉伸，并减小关节间的接触面积（图 5-5）。

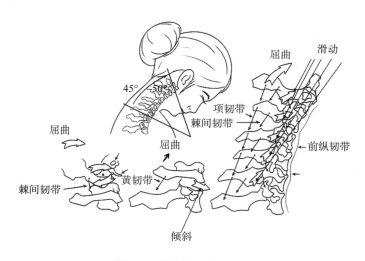

图 5-5　颈屈曲运动示意图

　　总的来说，约105°的颈椎屈伸运动是关节突关节面间滑动的结果。这种较大的运动范围部分是由斜行关节面所产生的相对较长且无阻碍的运动弧所导致的。平均约20°的矢状面运动可发生于$C_2 \sim C_3$和$C_6 \sim C_7$的椎间关节。此活动度要大于邻近的上胸椎区。最大的成角位移发生在C_5和C_6之间，这可能是颈椎病和屈曲过度导致的相关骨折多累及此阶段的原因。

　　2. 伸和缩　颈椎除屈伸运动外，头部也可在矢状面上前伸和后缩。头部前伸是屈曲下部至中部的颈椎而伸展上部的头颈区。与之相反，头部后缩是伸展下部至中部的颈椎而屈曲上部的头颈区。在这两个运动中，下部至中部的颈椎与头部的移动有关。尽管头部的屈伸运动是头部正常的生理运动，但也可能与一些病理性姿势有关，并可加快枕颈部伸肌的劳损。

（二）头颈区的水平运动学

　　头部和颈部的水平旋转具有重要功能，包括视觉和听觉功能。头部和颈部的水平旋转可向每侧各旋转约90°，总旋转度约为180°。加之眼睛的水平活动度为150°～160°，故而在无颈部活动或仅有轻微活动时总视野可接近360°。当然，这样的视野角度还决定于其他因素，如活动范围和视力范围等。

　　头颈区约一半的轴向旋转发生在寰枢关节复合体，其余部分发生在$C_2 \sim C_7$。由于枕骨髁深陷于寰椎上关节突中，因此寰枕关节的旋转受限。

　　寰枢关节的结构是为了满足水平面上的最大旋转范围。该构造中最重要的部分是枢椎，其垂直的齿状突有着近乎水平的上关节面。环状的寰椎"环抱"着齿状突，并可产生在各个方向上40°～45°的轴向旋转角。寰椎平而轻度凹陷的下关节面在枢椎上关节面上沿环形的轨道滑动。由于寰枕关节轴向旋转范围有限，因此颅骨只能随着寰椎的旋转而旋转。头部和寰椎的旋转轴穿过垂直的齿状突，寰椎的水平面旋转伴随着向相反方向的轻度侧屈。

　　翼状韧带的张力伴随着寰枢关节复合体的旋转而增加。尤其是当韧带位于与旋转方向相反的位置时，翼状韧带和侧面关节突关节的关节囊所产生的张力，以及颈部肌肉的张力限制了轴向旋转。

　　$C_2 \sim C_7$的旋转主要由关节突关节面的方向所决定。关节面与水平面和额状面呈45°角。旋转时，在相同侧，下关节面向后、向下滑动；在旋转的相反侧，下关节面向前、向上滑动。约45°轴向旋转发生于$C_2 \sim C_7$区的每一侧，这与寰枢关节复合体的旋转范围基本持平。越靠近头侧的椎体，旋转范围越大（图5-6）。

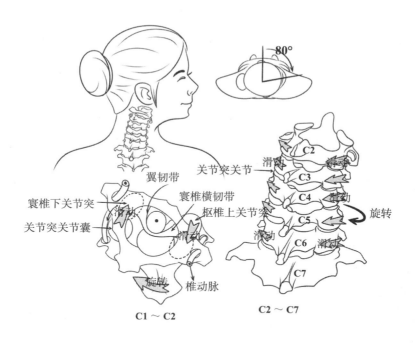

图 5-6 颈部轴向旋转示意图

（三）头颈区的额状面运动学

1. 侧屈 在颅颈区，每侧约有 40° 的侧屈角，侧屈运动的范围可通过侧屈时耳朵可触及肩峰部加以说明。侧屈多数发生在 $C_2 \sim C_7$，也有约 5° 的侧屈发生在寰枕关节。寰枢关节的侧屈可忽略不计。

（1）寰枕关节 枕骨髁滑动的很小部分发生于寰椎的上关节面。这可能是因为在侧屈范围内，侧屈侧仅有单侧关节的轻度接触，对侧仅有关节间的轻度分离。

（2）颈椎间关节（$C_2 \sim C_7$） 侧屈的下关节面向下并轻度向后滑动，对侧的下关节面向上并轻度向前滑动。侧屈侧的下关节突向下并轻度向后滑动，对侧的下关节突向上并轻度向前滑动。

$C_2 \sim C_7$ 的关节面呈 45° 倾斜，提示这些关节可在额状面和水平面上活动。因为上位椎体是根据下位椎体的关节面运动的，因此侧屈和轴向旋转的各要素必须同时发生。由此，中下颈椎的侧屈和轴向旋转是一种同侧模式而耦联在一起的。例如，向右侧侧屈时可同时发生向右侧的轻度旋转，反之亦然。然而，这种联合运动可因寰枕关节间的肌肉运动而发生改变（图 5-7）。

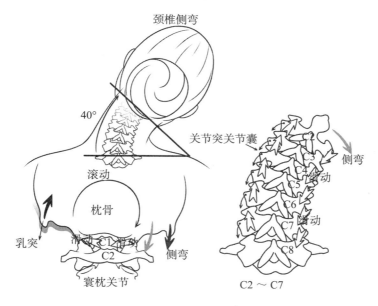

图 5-7 颈侧屈示意图

二、胸椎区

(一)屈伸

尽管每个胸椎连接区的活动范围相对较小，但每个胸椎区的运动累积在一起后则是比较大的。整个胸椎区可有 30°～ 40°的屈曲范围和 20°～ 25°的伸展范围。胸椎区的伸展范围受邻近向下倾斜棘突间撞击的限制，尤其是在中胸段。一般来说，头尾方向的屈伸范围较大些（图 5-8）。

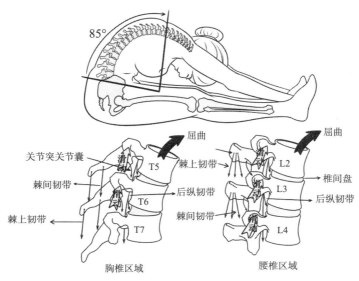

图 5-8 胸腰椎屈曲示意图

胸椎区域的关节突关节的骨骼运动学与 $C_2 \sim C_7$ 的骨骼运动学相似。其差别在于与不同的椎体形态和关节面特异的方向有关。例如，$T_5 \sim T_6$ 的屈曲运动是通过 T_5 的下关节面相对于 T_6 的上关节面向上、轻度、向前滑动，在伸展运动时则发生相反的运动（图 5-9）。

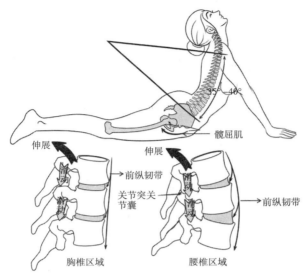

图 5-9　胸腰椎伸展示意图

（二）轴向旋转

胸椎区每侧均有 30° 的轴向旋转角。例如，T_6 和 T_7 间的旋转运动是通过近水平的 T_6 下关节面朝着 T_7 上关节面上滑动实现的。一般来说，胸椎区的轴向旋转自由度较小。在胸椎区中段，位于接近垂直方向上的关节突关节可阻止水平方向的滑动（图 5-10）。

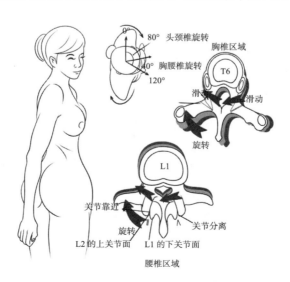

图 5-10　胸腰椎轴向旋转示意图

（三）侧屈

胸椎关节面的方向提示其具有一定侧屈运动的范围。然而，由于肋骨的附着，增加了胸椎的稳定性，使得这种潜在的运动从未得以发挥。胸椎区的每个节段有约 25° 的侧屈运动范围。其运动范围的大小决定了整个胸椎区的相对稳定性。当发生 T_6 相对于 T_7 的侧屈运动时，侧屈对侧的 T_6 的下关节面将向上滑动，而侧屈侧的 T_6 的上关节面将向下滑动。需注意的是，侧屈侧肋骨将轻度下降，侧屈对侧的肋骨将轻度上升。

与颈椎一样，侧屈和轴向旋转均是发生同向侧屈运动中的协同运动。由于上胸椎关节面的方向与下颈椎相似，因此其运动方向也较一致。协同中的作用是减少对中下胸段的影响，而这也是与中下胸椎不一致的地方（图 5-11）。

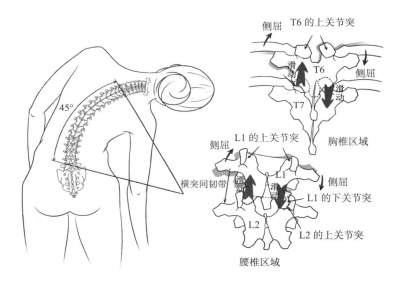

图 5-11 胸腰椎侧屈示意图

（四）胸椎区的畸形

保持脊柱的正常排列需要内在力（肌肉和骨韧带结构的控制）以及重力所产生外力之间复杂的平衡。当这种平衡被打破时，就将发生畸形。

在胸椎区，椎间盘突出和神经根受压相对少见，发生的部分原因是因为胸椎间相对较小的活动度及由肋骨所提供的稳定性。然而，胸椎区的姿势性异常则相对比较常见。胸椎大约占脊柱全长的一半左右，因此较易受到重力和扭力的影响。胸椎姿势性异常最常见的是脊柱后凸和脊柱侧弯。

1. 脊柱后凸 人体直立时，胸椎大约有 42° 的生理后凸。然而某些人可发生脊柱后凸，并可引起功能受限。脊柱后凸可发生于创伤及创伤所造成的脊柱不稳定，以及疾病或与年龄相关的结缔组织改变。一般来说，与年龄相关的脊柱后凸比较轻微。

导致脊柱后凸的两个最常见原因是脊柱骨骺骨软骨病（舒尔曼病，scheuermann

disease）和骨质疏松症。

（1）脊柱骨骺骨软骨病　脊柱骨骺骨软骨病又称幼年期脊柱后凸，是一种发生于青春期的遗传性疾病。其病因尚不明确，但病变以椎体前缘的楔形变化为特征，并可引起过度的脊柱后凸形，高达 1% ～ 8% 的人可发生此病。

（2）骨质疏松症　骨质疏松常可引起严重的胸椎后凸畸形，以老年患者多见。胸椎骨质疏松所导致的椎体压缩性骨折可使椎体失去正常高度，使胸椎过度后凸畸形加剧。在理想的姿势下，身体重量的力线恰好落在颈曲和胸曲凹侧的顶点。重力作为外部力臂，有助于维持正常的胸椎和颈椎曲度。通常，胸椎的后凸趋势有一部分被椎体间关节前缘的压缩力拮抗。由于骨质疏松所导致的椎体变形和椎体间盘脱水均不能限制这种前部压缩力发挥作用，故而随着时间的推移，这种压缩力会使椎间关节前部的高度降低，进一步加重则形成后凸畸形。随着屈曲程度的增加，身体的重力线会向前越移越远，从而增加外部力臂的长度，结果导致颈椎区和胸椎区的曲度增加。为了维持躯干、颈部和头部的直立位姿势，肌肉和韧带的负荷会逐渐增加。这些增加的力量，通过椎间关节时就易造成椎体轻度的压缩性骨折。至此恶性循环形成。

一些严重的病例显示，站立时重力线可导致颈曲变小，胸曲增大。请注意，尽管胸椎后凸增大，但患者仍可通过伸展颈胸段而保持水平视角。然而，较大的曲度会对患者造成过度胸椎后凸过程中的生物力学和生理学影响。骨质疏松所造成的压缩性骨折会进一步加速后凸畸形的发展。

2. 脊柱侧弯　脊柱侧弯是一种以三个平面出现反常曲度为特征的脊柱畸形，多发生于额状面和水平面，以胸椎发生为多，脊柱的其他区域常受到波及。

脊柱侧弯包括功能性脊柱侧弯和结构性脊柱侧弯。功能性脊柱侧弯可通过主动改变姿势而得到纠正，结构性脊柱侧弯是一种固定畸形，不能通过主动改变姿势完全纠正。

结构性脊柱侧弯中，80% ～ 90% 为原发性的，无明确的生物学或力学诱因。原发性脊柱侧弯多发于青春期女性。另外 10% ～ 20% 的脊柱侧弯是因神经肌肉或肌肉血管性原因及先天性畸形导致的。导致脊柱侧弯的失衡力量主要包括脊髓灰质炎、肌营养不良、脊髓损伤、创伤和大脑性瘫痪。

脊柱侧弯一般是通过脊柱固定的额状面屈曲的位置、方向和数目来描述的。最常见的脊柱侧弯是单节段侧弯，多位于 T_7 ～ T_9 胸椎为顶点的单弯。其他侧弯包括代偿性侧弯，常发生于腰椎区。原发性侧弯的方向是侧弯畸形凸面所在的方向。由于脊柱侧弯常波及胸椎，故可伴有胸腔的不对称畸形。位于胸腔凹陷面的肋骨被推挤到一块儿，位于胸腔凸面的肋骨间则发生分离。发生扭曲的程度或水平面畸形的程度可通过 X 片的椎弓根旋转程度进行描述。

典型的结构性脊柱侧弯存在固定的脊柱对侧耦合模式，包括侧屈和轴向旋转。受累椎体的棘突在水平面可发生向固定胸曲凹面的旋转。这就解释了为什么"肋凸"常见于额状面屈曲的凸面。这些肋骨被迫随胸椎旋转。目前，这种耦合模式的机制尚不完全清楚。

三、腰椎区

站立时，健康成年人的腰椎可呈 40°～45°的前凸。女性的腰椎前曲幅度大于男性，50 岁后这种差异更明显。与站立位相比，坐位时的腰椎前凸幅度会减少 20°～35°。

（一）矢状面：屈伸

尽管各研究数据存在一定差异，但正常的腰椎可前屈 50°，后伸 15°。这是一个重要的活动范围，仅发生于五个椎间联合。矢状面活动的范围主要由腰椎关节突关节面的矢状面偏斜所决定。作为基本原则，腰椎椎间的屈伸活动范围由头端向尾端增加。下面的讨论包括腰椎运动学以及与腰椎区、整个躯干及下肢的运动关系。

1. 屈曲　屈髋可增加被拉伸肌肉的被动张力。因为脊柱下端被骶髂关节固定，故上、中腰段的连续屈曲将逆转下背部的生理前凸。

例如，当 L_2～L_3 屈曲时，L_2 的下关节面可相对于 L_3 上关节面向上、向前滑动。其结果是，体重产生的挤压力会从关节突关节传递到椎间盘、椎体和脊柱的后部韧带，错误站姿时，关节突关节将承担更多的负荷。过屈位时，关节突关节囊被拉伸，从而限制上位椎体向前的过度滑动。极度屈曲位会显著减小关节突关节面间的连接区域。自相矛盾的是，尽管完全屈曲腰椎可减少对关节突关节的作用力，但压力却会随触区域的减小而增加。过大的压力将破坏那些具有异常增生关节面的关节结构。

相比较而言，腰椎区极度屈曲时，临近结缔组织会产生相应的抵抗作用。临床的兴趣点在于由关节突关节周围被拉伸关节囊所提供的相对较大的抵抗力。然而当关节囊发生病变或过度拉伸时，就不会产生足够的张力，以保护椎间盘避免损伤。关节突关节的关节囊可因长期慢性、懒散的坐姿而逐渐变得松弛。

与中立位相比，腰椎完全屈曲时，椎间孔的直径将增加 19%，椎管容积将增加 11%。从理论上讲，腰椎屈曲常可用于暂时性减小因椎间孔堵塞而对脊神经根产生的压迫。在某些情况下，这种治疗也会带来一些不利因素。例如，腰椎的屈曲将对椎间盘前部产生压缩力，这种力有使椎间盘向后移位的趋势。对于健康的脊柱而言，这种椎间盘移动的程度是很小的。但是对于后部纤维环薄弱的患者来说，椎间盘的向后移动将增加对脊髓或神经根的压迫。因此，对下腰痛的患者进行治疗和训练时，需充分考虑腰椎屈曲时所产生的这种相反效果。

2. 伸展　腰椎的伸展与屈曲相反，其将增加腰椎的生理前凸。当腰椎后伸合并完全伸髋时，屈髋肌被动拉伸所产生的张力将通过保持骨盆前倾而维持腰椎前凸。例如，L_2 和 L_3 间的后伸是通过 L_2 的下关节面相对于 L_3 的上关节面向下并伴轻度向后的滑动实现的。完全后伸将增加负重，改变关节突关节接触范围，并可挤压棘间韧带。

处于中立位站立时，正常的椎间盘是腰椎区主要的负重结构。健康的椎间盘可减小关节突关节的负荷，保护其避免过度磨损。对于病变的椎间盘或严重脱水的椎间盘而言，较大比例的负荷将被转移至关节突关节。因此，患有严重椎间盘疾病的患者并发腰椎关节突关节骨性关节炎的情况并不少见。

与中立位相比，腰椎完全后伸时，椎间孔的直径将减少11%，椎管容积将减少15%。为此，临床医师常建议有椎间孔狭窄导致神经根受压的患者限制过度后伸动作，因为后伸将导致髓核前移。患有椎间盘突出或脱出的患者可发现，后伸将增加与脊髓或神经根受压有关的疼痛。正常的腰椎前凸姿势可限制临近神经组织的病变，如椎间盘内髓核的移动。目前，尚不确定是否正常椎间盘和退变椎间盘内的髓核有相似的移动模式。

3. 躯干屈伸运动时腰骨盆运动节律 与髋关节的结合部，腰椎区提供了躯干屈伸运动的主要固定点，特别是进行屈曲、攀爬和提升运动时。腰椎和髋关节在矢状面上的运动学关系被称为腰骨盆节律。对于躯干屈伸运动，正常腰骨盆节律的理解有助于辨别病理学对脊柱和骨盆的影响。

对保持膝部伸直状态下的前屈和向地面的屈曲进行分析，这种运动包括40°的腰椎屈曲和70°的髋部屈曲。尽管可能存在多个运动模式，但运动通常是由腰椎首先开始的。如果需要更大程度的躯干屈曲，髋关节或腰椎区将相互补偿其中一方受限的活动度，这会增加相应补偿区的应力。例如，由于腘绳肌腱延展受限所导致的髋关节屈曲受限，如躯干要向地板方向屈曲，则需要腰椎和下胸椎更大的屈曲度。过度的屈曲会过度拉伸后部的结缔组织，例如棘间韧带、关节突关节囊、胸腰筋膜，或增加椎间盘和关节突关节的应力。

与此相对照的是，腰椎活动受限可能需要更大的髋关节屈曲度。这就需要髋部屈肌更大的力量，其结果是加大了髋部的压缩力。对于髋部结构正常的人来说，轻度增加的压缩力是可以忍受的，不会导致软骨退变或不舒适。而对存在髋部病变的患者而言，压缩力的增加有可能导致退变加速（图5-12）。

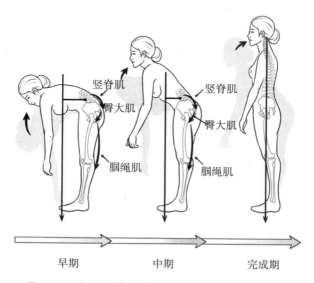

图 5-12　躯干屈伸运动时腰骨盆运动节律示意图

典型的腰骨盆节律是由屈曲位开始伸展躯干的一系列连续过程。在膝部伸直状态下，躯干的伸展通常是由伸髋首先开始的。接下来的是腰椎的伸展。正常的腰骨盆节律可减少对于腰部伸肌、关节突关节和椎间盘的需求，保护这些结构免遭过大的应力。腰部伸展的延迟是伸展力矩的移动，要求更有力的伸髋运动（腘绳肌和臀肌），此时位于腰椎区的外屈曲力臂最大。在此过程中，对腰部伸展肌需求的增加仅出现在躯干充分伸直而躯体重量的外部力臂变小时。患有严重下腰痛的患者可能会有意识地延迟腰部伸展肌的主动收缩，直到躯干接近垂直。完全站直后，随着由体重所产生的力量会落在髋关节后部，髋部和背部的肌肉不再主动收缩。

4. 骨盆倾斜对于腰椎的作用　腰椎的屈和伸可发生于两个完全不同的运动模式上。

第一个模式的作用是最大范围的移动上部躯干和与大腿有关的上部肢体，如完成引体向上和伸手够物。该阶段同时伴有腰椎最大范围的屈伸运动和髋部及躯干的活动。

第二个运动模式包括骨盆相对较短的弧状倾斜，躯干则保持相对固定。骨盆向前或向后的倾斜可增大或减小腰椎前凸。在直立位进行测量时，骨盆倾斜度改变和相应的腰椎前凸幅度变化之间存在着近乎一对一的关系。腰椎前凸幅度的变化可改变椎间盘髓核的位置，并改变椎间孔的直径。

骨盆倾斜的旋转轴通过髋关节，将髋关节的运动与腰椎运动联系在一块儿。主动的骨盆前倾是由屈髋肌和背伸肌引起的，从理论上说，强化和增加这些肌肉的控制力，将有利于维持腰椎前凸。然而尚不能确定一个人是否能够在潜意识中适应并保持这种姿势。患髓核后突出症的患者需保持腰椎的前凸中立位是 McKenzie 提出的一项基本原则。增加腰椎的后伸可减少椎间盘内的压力，某些患者还可减少移位髓核组织对神经组织的压迫。后者的证据表现为临床上所描述的下腰痛"向心化"，表明椎间盘性的疼痛（因神经根受压导致的下肢痛）向下腰段转移。因此，"向心化"表示减小椎间盘对神经根的压迫（图 5-13）。

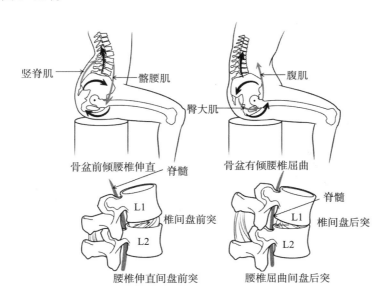

图 5-13　骨盆倾斜对腰椎的作用示意图

从医学的观点看，腰椎前凸过度增大是不利的。严重前凸的病理学机制包括因屈髋肌被动张力增加所导致的屈髋挛缩。腰椎前凸增大的负面影响包括关节突关节压力的增加和腰骶连接处剪切力的增加，并可能进一步导致腰椎滑脱的发生。

骨盆主动后倾是由髋伸肌和腹肌共同完成的。强化和增加患者对这些肌肉有意识的控制可减少腰椎前凸。这一概念是"Williams 屈曲练习"的标志。这是一种牵拉屈髋肌和背伸肌、强化腹肌和伸髋肌的治疗方法。从理论上说，这些练习方法最适于因腰椎过度前凸及骶骨水平角明显增加而导致背痛的患者。根据 Williams 练习法，这种姿势与椎间盘退变性疾病、腰椎间孔狭窄、骨质增生所导致的神经根激惹，以及下腰椎区的向前滑脱有关。

5. 坐姿及其对腰椎和颅颈区的影响　很多人无论工作、学习、生活或乘坐交通工具大多长时间处于坐位。骨盆和腰椎的这种姿势对脊柱可产生明显影响。因此，正确的坐姿有助于脊柱疾病的治疗和预防。骨盆的姿势可偏离髋关节的三个面，以下讨论的重点是骨盆的矢状面对腰椎和颅颈区的影响。

仔细观察错误坐姿与理想坐姿之间的区别会发现，在错误或慵懒的姿势下，骨盆向后倾斜，并伴随腰椎的轻度屈曲。错误坐姿可导致组织短缩，长此以往将维持这种姿势。习惯性的懒散坐姿可过度拉伸并削弱纤维环后部，从而减弱其防止髓核脱出的能力。

懒散的坐姿可增加上部体重和腰椎的力线间的外部力臂，由此产生的结果包括较大的屈曲力臂将增加腰椎间盘前缘的压力。体内压力测试表明：松散坐姿对腰椎间盘产生的压力比正确坐姿要大得多。

骨盆和腰椎的坐姿会严重影响整个躯干的姿势。下腰部较平的姿势与更加前伸的头部有关。腰椎可将胸椎上部和下颈椎屈曲呈前屈状态。为了保持水平的视线，例如为了看电脑显示屏，上颅颈区需通过轻度伸展以代偿这种姿势。随着时间的推移，这种姿势可导致后部枕下肌群短缩。具有生理腰椎前凸和骨盆前倾的理想坐姿可伸展腰椎。脊柱基底部姿势的改变可对整个躯干骨的姿势产生最优化的影响。直立和伸展的胸椎有利于颈椎基底部的伸展，上颅颈区的轻度屈曲更接近中立位。

理想坐姿对某些人来说很难保持，特别是每次需持续很长时间保持同一姿势。疲劳常发生于腰部伸肌群。长时间懒散的坐姿可导致职业性损伤，除长期屈曲腰椎区所带来的负面影响之外，懒散的坐姿还可增加颈椎基底部肌肉的应力。头部前伸的姿势可增加颈椎所具有的外部屈曲力臂，需要伸肌和局部结缔组织产生更大的力量。坐姿可通过有意识的改进，如强化相应的肌肉、佩戴眼镜、符合人类环境改造学设计的座椅等。

（二）水平面：轴向旋转

整个腰椎区的每个节段仅可发生 5° 的水平面旋转。例如，L_1 和 L_2 向右侧轴向旋转是通过 L_1 的左侧下关节面压迫 L_2 左侧的上关节面实现的。与此同时，L_1 的右侧下关节面则与 L_2 的右侧上关节面分离。腰椎轴向旋转时，每个椎体间的活动程度是非常有限的。$L_3 \sim L_4$ 椎体间连接单侧的轴向旋转范围仅为 1.1°。

近矢状面方向的关节突关节可阻止轴向旋转。关节突关节位于旋转压缩侧的对侧，可阻止进一步的移动。轴向旋转会同时受到关节突关节拉伸关节囊张力和纤维环拉伸纤维张力的限制。每个椎间连接处仅3°的轴向旋转就可损坏关节面和纤维环。

轴向旋转的生理抵抗力为所有下段脊柱提供了垂直稳定性。良好发育的腰多裂肌和相对固定的骶髂关节可加强这种稳定性。

（三）额状面：侧屈

在腰椎区，每侧有15°～20°的侧屈。除存在关节突关节结构和关节面方向的差别外，腰椎的侧屈运动学与胸椎相同。侧屈对侧的软组织可限制侧屈运动。髓核可向屈曲的凸侧移动。

与颈椎和胸椎一样，腰椎的侧屈也合并有轻度的轴向旋转，反之亦然。例如，主动向右侧侧屈可同时伴有向左侧的轻度轴向旋转。目前，关于腰椎联合运动模式的具体机制尚不清楚。

腰椎屈伸的生物力学作用屈曲和伸展。

1. 屈曲 ①倾向于使椎间盘向后移动，靠近神经组织。②增加椎间孔开口处的直径。③将负荷由小关节转移到椎间盘。④增加后部结缔组织的张力（韧带、小关节囊、棘间和棘上韧带）和纤维环后缘的厚度。⑤压缩纤维环的前缘。

2. 伸展 ①倾向于使椎间盘向前移动，远离神经组织。②减小椎间孔开口处的直径。③将负荷由椎间盘转移到小关节。④减少后部结缔组织的张力（韧带、小关节囊、棘间和棘上韧带）和纤维环后缘的厚度。⑤拉伸纤维环的前缘。

四、脊柱运动学小结

1. 颈椎在三个平面上有较大的运动范围。其中，最显著的是寰枢关节复合体具有大范围的旋转，这是头颈部特殊功能所必需的。

2. 胸椎有相对恒定的侧屈范围。这一特征反映了与稳定肋骨功能相一致的关节突关节额状面方向。

3. 胸椎可稳定并保护胸腔及内部脏器。胸腔的主要功能是提供肺通气的动力。

4. 胸腰椎的屈伸活动度由头侧向尾侧逐渐增加，并伴随轴向旋转。这一特征反映了关节突关节的方向由颈胸连接处的水平/额状面方向向腰椎区近矢状面方向的转变。腰椎区这种近矢状面和垂直方向的关节面允许屈伸运动，限制轴向旋转。

5. 腰椎与髋部的屈伸运动共同形成整个上部躯干矢状面运动的中心点。

第四节　肌肉动力学

一、头颈动力学

（一）运动解剖

1. 颈筋膜　颈筋膜分为浅层（封套筋膜）、中层（内脏筋膜）和深层（椎前筋膜）三个层次。这些层次不包括浅筋膜中的颈阔肌。颈筋膜的主要功能是保护肌肉，提供结构支持，保护内脏和重要的神经血管结构，协助传递肌肉之间的作用力。

2. 头颈区前外侧群肌肉　除了由副神经支配的胸锁乳突肌外，这些肌群中的其他肌肉均由颈丛神经的未命名分支支配。

（1）胸锁乳突肌　胸锁乳突肌是颈部前方位于表浅部位的突出肌肉，其下方有两个头，即内侧头（胸骨头）和外侧头（锁骨头）。通过以上附着点，肌肉向上升高，穿过颈部，附着颞骨的乳突和上项线外侧。

单侧活动时，胸锁乳突肌为单侧屈肌和颅颈交界区的对侧旋转肌肉。双侧运动时，胸锁乳突肌的矢状面运动主要依赖于头颈交界区的水平。正常人体解剖位置侧面观，胸锁乳突肌斜形穿过颈部。在 C_3 水平以下，胸锁乳突肌向前穿过内 – 外旋转轴；在 C_3 水平以上，胸锁乳突肌向后穿过内 – 外旋转轴。一起运动时，胸锁乳突肌可为颈椎中下部提供强大的前屈力矩，为颈椎上部提供较小的后伸力矩。肌肉运动的改变依赖于头颈姿势的不同位置。

斜颈是指至少存在一侧颈部肌肉的慢性挛缩情况，最常见的是胸锁乳突肌。这种情况可以是先天的，也可以是获得性的。肌肉的缩短可能是因为纤维堆积，也可能是神经肌肉疾病，斜颈的原因目前尚不清楚。

影响到右侧或左侧胸锁乳突肌的单侧斜颈的患者，常有颅颈位置非对称性的特点，这反映了肌肉运动的影响。斜颈患者的父母常被指导如何伸展紧绷的肌肉，如何帮助小孩调整受累的肌肉（或帮助小孩放松拉长的肌肉）。挛缩严重的患者可能需要对肌肉进行外科松解，最常见的是在胸骨头和锁骨头进行。手术后的治疗主要涉及物理治疗，以保持颈部被矫正的位置，减少瘢痕的形成。

在头和颈部，向右旋转是左侧胸锁乳突肌收缩导致的，肌肉表现为耳下左侧乳突到左侧胸锁关节之间的厚快条索，肌肉的胸骨头和锁骨头都是可见的。

（2）斜角肌　斜角肌作为一组，附着在颈椎中下部横突结节和第一、第二肋之间。臂丛在前斜角肌和中斜角肌之间走行。若前中斜角肌过度肥大、肌肉痉挛或二者联合发生可以压迫臂丛，进而导致上肢运动和感觉障碍。

斜角肌的功能决定于它附着于哪块骨骼，多数情况下它的附着是固定的。假设颈椎棘突很固定，在呼吸时，斜角肌会牵拉肋骨协助吸气。假设斜角肌通过固定的第一、第二肋骨作用引起收缩，所通过骨骼的运动和一系列的力线模仿会变得十分明显。单侧收缩，斜角肌会牵拉颈椎棘突，中斜角肌和后斜角肌的轴性运动便受到限制。然而双侧前斜角肌具有潜在的牵拉颈椎棘突向对侧运动的功能。

双侧比较，前斜角肌和中斜角肌可以限制颈椎棘突的力臂，且在低位尤为显著。三块肌肉在颈部的附着分为三个独立的纤维束。像一个牵线系统触角稳定颈椎，为中位和低位颈椎棘突提供显著的双面和垂直稳定，精确调节上部颅颈的区域则是更多短的和专有肌肉，如头前直肌、枕下肌。

（3）颈长肌和头长肌　颈长肌和头长肌位于颈部肌束深面，这些肌肉起着动态稳定前纵韧带的作用，对这些区域具有动态的垂直稳定性作用。

颈长肌包括多个纤维束，这些纤维束紧密贴附在上段胸椎及全部颈椎的前表面。紧贴在上三个胸肋表面，附着在椎体、椎前结节、横突和寰椎。颈长肌是唯一一块整个肌纤维束都附着在脊椎前表面的肌肉。与斜角肌和胸锁乳突肌相比，颈长肌很细。颈长肌前侧纤维束可使颈椎屈曲，外侧纤维可与斜角肌共同维持该部位的垂直稳定。

头长肌起于中下段颈椎的横突结节，止于枕骨的基底部。头长肌的直接作用是使颅颈区前屈，并固定颅颈区。侧屈是头长肌的辅助运动。

（4）头前直肌和头外直肌　头前直肌和头外直肌是起自寰椎横突、止于枕骨前表面的两块短肌。这两块肌肉的作用仅限于寰枕关节附近，头前直肌是屈肌，头外直肌是侧屈肌。

颈椎很容易受到伤害，特别是车祸。颈椎的结构很薄弱，头部转动积聚的瞬间力量导致的冲击，会使头部产生一个大角度、快速的扭力。如果发生在矢状面，屈或伸的头部可以损坏过于紧张或压缩的组织。如果发生在冠状面，有可能造成颈部侧面的急性扭伤，或使组织发生损伤。颈部的急性扭伤与颈部过伸肌肉和软组织的过劳有关，并可合并脊神经损伤。大范围的过度伸展也会引起屈肌和颈部器官的损伤，引起关节压缩，损伤颈椎后面，主要在颈椎中下段的前纵韧带。

研究显示，颈部过度后伸或用力挥鞭，屈肌尤其是颈长肌和头长肌特别容易损伤。研究显示，颈部发生急性扭伤时，颈长肌所受的压力占到总压力的 56 %，这足以造成组织损伤。

临床上过度伸展损伤的患者，颈长肌往往有明显压痛及保护痉挛。压痛可能与其他肌的肌肉过劳，如胸锁乳突肌、前斜角肌、颈部器官等有关。痉挛是因为颈长肌附着于颈椎棘突，缺乏正常的脊柱前凸。当颈长肌紧张和疼痛时，人往往耸肩困难。如果没有足够的稳定提供给颈长肌和其他屈肌，上斜方肌就会失去稳定的颈区附着点，导致肩部失去支撑。该病例很好地解释了肌肉间的相互作用，一块肌肉的功能依赖于其他肌肉的稳定。

3. 后颅颈区的肌肉　后颅颈区肌肉受颈神经的背根支配。

（1）颈夹肌和头夹肌　头夹肌和颈夹肌是一对长而细的肌肉，因类似于绷带作用而得名。作为一对，夹肌起于 $C_7 \sim T_6$ 的项韧带和棘突下方，走行于斜方肌深部。头夹肌位于胸锁乳突肌深层，附着于颞骨乳突和枕骨上项线的外 1/3。颈夹肌附于 $C_1 \sim C_3$ 的横突后结节，肩胛提肌也附着于此。夹肌单侧收缩，使得头部和颈椎侧向屈曲和同侧轴旋转。双侧收缩，使颅颈区上部后伸。

（2）枕下肌群　枕下肌群由位于颈部非常深的四对肌肉组成，包括头后小直肌、头后大直肌、头上斜肌和头下斜肌。这些肌肉比较短且厚，附于寰椎、枢椎和枕骨之间。枕下肌肉不易触及，因为其位于上斜方肌、夹肌及头半棘肌深层。

枕下肌群与头前、侧直肌的主要功能是控制寰枕和寰枢关节的精细运动。其控制的精确度对优化眼、耳朵、鼻子的定位非常重要。其有两项功能：①稳定颅区。②调控头部和颈部运动，优化视觉、听觉、嗅觉系统功能。虽然这些肌肉存在其他功能性互动，但这两项功能足以提供人体这些重要区域关键的主要运动学模式（图 5-14）。

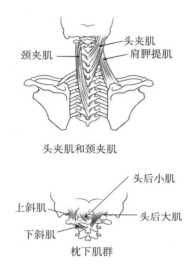

图 5-14　颈夹肌、头夹肌和枕下肌群示意图

（二）肌肉相互机理

1. 寰枢及寰枕关节　颈椎耦合模式在颅颈区的寰枢和寰枕关节的精细调控上有专门的肌肉参与。精细控制水平的益处之一是与颈椎耦合模式相关。在 $C_2 \sim C_7$ 之间的轴转动和侧向屈曲存在同侧耦合模式。轴转动主要归于关节突关节的定向，且与同侧轻微侧向屈曲有关，反之亦然。这种耦合模式的表达比较模糊，但控制寰枕及寰枢关节专门的肌肉是明确的。例如，考虑耦合转动和右侧弯曲，通过整个轴转动以维持水平横向视觉凝视，如左外直肌产生轻微左外侧弯曲力矩，头经枕寰枢关节至头部。这些肌肉行动偏移的趋势为向头部弯曲，以正确的与其余的颈椎区在右轴转动。同样，$C_2 \sim C_7$ 的右外侧弯曲也会造成颈神经背根区域的右轴转动，还可轻微抵消头部左侧头下斜肌左轴转动力矩。在这两个例子中，头部和眼睛的运动可保持在水平面，促进视觉随头部转动，跟踪移动物体。

2. 稳定颅颈区　跨越颅颈区的肌肉构成颈部的大部分，特别是各区域的侧向和后向肌肉。强烈活动时，大部分肌肉可以保护颈神经根、椎间盘、关节突关节和神经组织。运动员运动时，抵抗性运动的完成意味着这些肌肉的肥大。然而，单纯肥大未必能防止颈部受伤。鞭打损伤的生物力学数据显示：损伤做出反应并产生大量稳定力量所需的时间，可能会超出急性扭伤的时间。

因为这个原因，运动员在颈部肌肉受损伤前需预先知道可能损伤颈部肌肉的有害模式。肌肉的紧张时间对于保护颈部具有重要作用。

颈部肌肉除对颈部有保护作用外，也维持颅颈部在垂直方向的稳定性。颈部重要的载重作用（不是由肌肉支撑，能在弯曲时持重）在 10.5～40 牛顿之间（2.4～9.11 磅）。这时负荷小于头的实际重量，肌肉协调作用产生的力量常常直接通过椎体间连接的轴的旋转产生。通过这些多轴性运动，力量压缩椎体间节段，以使其保持稳定性弯曲。

3. 头颈运动的一致性（协调），"眼、耳、鼻的协调一致" 头颈区允许三个轴面的运动；各方向运动对于眼、耳、鼻的协调非常重要。虽然各平面的运动重要，但以水平面运动尤为重要。

各肌肉的相互作用：通常头颈轴向旋转时，使眼睛至少做 180° 的扫视。例如，向右旋转需要左侧胸锁乳突肌、右侧斜方肌、右侧竖脊肌上部如头长肌和左侧横突间肌如多裂肌。这些肌肉对头部在额状面、矢状面上的运动有重要作用。例如，头夹肌、颈夹肌、竖脊肌上部和前斜角肌是头颈部伸展的主要肌肉，胸锁乳突肌和头斜肌为屈曲的力量，两者的力量相互抵消。同时，左侧胸锁乳突肌的屈曲力量与右侧头夹肌和颈夹肌的力量相互抵消。

头颈区各轴向旋转需要躯干和下肢各肌肉的相互作用，比如需要右侧和左侧腹斜肌等的参与。这些肌肉为头颈部旋转提供了所需的扭转力量。整个躯干后部的竖脊肌，如横突间肌抵消了腹肌屈曲躯干的力量。当盂肱关节被其他肌肉牵拉时，背阔肌是躯干肌向同侧旋转的力量。左臀部肌肉可使骨盆旋转，并使腰骶部向右，这使得左侧的股骨相对固定。

4. 颈椎平衡机制——头颈部运动系统的最佳平衡 某块肌肉过厚，会使相应的肌张力增高，使头颈区纵向稳定失衡。这种失衡与头颈区过度前凸有关。

通常颈部前凸有两个原因，一个是后部的过度伸展可损伤前部的肌肉，如胸锁乳突肌、颈长肌和前斜角肌，结果使肌肉过劳性痉挛，使头部向前，过度屈曲。临床上可见胸锁乳突肌在矢状面使头部保持向前的姿势。颅底部肌肉通常附着于胸锁关节，使胸锁关节向后移位。引起颈部姿势前凸的第二个原因可能与颈前肌肉进行性缩短有关。其中一种情况包括头颈区故意的前凸。这种位置，如果使肌肉的静息长度变长，最后可使头颈部呈"自然"姿势。

颈部过度后伸可能与伸肌的过度紧张有关，如肩胛提肌和头半棘肌。枕下部肌肉如头后大直肌，可使头向后伸展，导致头眼水平不一致。时间过长，肌张力增加，可导致头颈区肌肉疼痛，扳机点产生，这些常常与颈肩痛相关。治疗慢性颈肩痛的关键是恢复理想的头颈姿势，可通过提高正确的头颈姿势意识和康复训练而实现。

二、腰椎动力学

(一) 抬举重物时背部伸肌增加的作用

抬举重物会对全身形成较大的压力、张力和剪切力。尤其是腰椎骨盆区域，躯干后部伸肌所产生的力，通过直接和间接两种方式传递至腰部关节及结缔组织。本章主要通过计算人体在矢状面举起中等重量物体（约为体重的 25%）时 L_2 椎体所受压力的近似值进行讲解，通过腰椎旋转轴为矢状平面运动的对象是由内侧至外侧方向，在第 2 腰椎施加压缩力，分为三个步骤。

第一步：内部和外部力矩在矢状面等于零。这个假设通过计算由外力引起的外部强加的扭矩来评估内部的扭矩。需注意的是两个外部力矩的描述：一个是由于外部负荷，另一个是受试者自身体重落在了第二腰椎上。伸肌肌肉力量通过旋转轴后面的肌反馈来确定。通过第一步显示，背部的伸肌产生了一个内部为 125.6nm 的扭矩，以对抗外力和体重所产生的负荷。

第二步：估计伸肌为维持内部扭矩所产生的肌张力。假设背部的伸肌在一般状态下有一个 5cm 的力矩，则伸肌必须产生至少 2512N 的力量来对抗这一力矩。

第三步：估计强加于第二腰椎总的压缩力（提示第二腰椎必须产生一个对抗总压缩力的力）。粗略估算，这股力量可以通过假设静力平衡产生。假设肌肉体重和外部负荷是相互对抗的，并都是垂直于 L_2 表面向上的（该假设在估算压缩力的时候存在一个小的错误，更有效的方法需要使用三角法，以确定成分的体重和垂直作用于 L_2 的外加负荷）。压缩反作用力所产生的力是与肌力、体重和外部负荷的总和值一致的，方向则是相反的。

以上例子表明，人举起 200N 物体时，L_2 椎体会受到约 3232N 的压力。将这种负荷引入临床观察，应考虑国家的职业安全及健康规定，保护工人免受因提取或搬运重物所产生的对腰椎的过度负荷。国家职业安全性与健康研究所规定了一个安全极限，将 $L_5 \sim S_1$ 的压缩力上限设定为 3400N；由此估算出腰椎的最大承载能力为 6400N，几乎两倍于职业安全卫生署的建议。40 岁时，人体 L_2 椎体所受的压力限值为 6400N，以后每十年降低 1000N。这只是一般性估计，不适用于所有与起重有关的人。

基于以下两个理由，这一静态模型很可能低估了实际施加于第二腰椎的外力。首先，这一模型仅解释了由背侧伸肌产生的肌肉力量。其他肌肉，尤其是那些近乎垂直走向的纤维如腹直肌和腰大肌，肯定会使肌肉对腰椎的压力增加。第二，这一模型含有一个静态平衡条件的假设，忽略了用来加速身体和向上负重的额外力量。一个快速的抬举动作需要在腰部的关节处及与之相连的组织产生更大的肌肉力量和施加更大的压力与剪力。因此，通常建议人在举重物时要慢要轻，但并不是所有的职业条件都允许。

举重时，腰部肌肉需要强大力量，原因在于内外的力臂长度不一致，就如同以上证实的，举起自身体重 25% 的重物需要在 L_2 产生 4 倍于体重的压力。

治疗和教育方面所做的努力就是要减少背部损伤的可能性，而这通常需要 4 种方法减轻肌肉的力量。首先，要减慢抬举速度，因为其能相应降低背部伸肌压力的总量。第二，减轻抬举物的质量，显然这并不总是可能的。第三，减少负荷物外部力矩的长度，这可能是减轻腰部压力最有效和最实际的方法。抬举负荷应从两腿之间，因此要使负荷物与腰椎之间的距离最小化。

据估计，应用理想的技巧抬举重物，在腰椎产生的压力仍接近 NIOSH 提出的安全上限。有个极端的例子：曲线预测举起一个重 200N 距离前胸 50cm 的负荷会产生大约 4500N 的压力，远远超过了 3400N 的安全上限。在日常生活中，从两腿之间举起一件物体不总是实际的。比如把一个肥胖的病人转移到医院的病床上，如果不能减少病人重心与搬运者之间的距离，就会使搬运者处于不安全的境地。第四，增加腰部伸肌可用内部力臂。后伸力臂如果较长，则较小的肌力就足以产生后伸力矩，这等于施加于脊椎上的压力减小。腰椎前凸的增加确实提高了竖脊肌的内部力臂，但强调腰椎前凸而举物毕竟不总是切合实际。例如，从地板上举起一个非常重的物体往往要弯腰，从而降低了前凸。甚至扩大的腰椎前凸举物时，伴随着压力的增加，关节突关节则往往难以忍受。

（二）举重时腹内压增加的作用

1957 年，Bartelink 引入了 Valsalva 动作这一概念（根据意大利解剖学家命名，1666—1723）。举重物时，使用该动作有助于减负，从而保护腰椎。Valsalva 动作描述了通过绷紧腹肌对抗声门关闭而主动增加腹内压的行为。Valsalva 动作可在腹部产生一种硬质的、垂直的高压柱，向上推以对抗膈肌，向下推以对抗骨盆底肌。如同一个膨胀的腹内气球般运作，Bartelink 提出，当举重物时激活这一机制，可部分减少对腰部伸肌的要求，故对腰椎的压力较小。

虽然增加腹内压可以减少对脊椎的压力，但有的研究则反驳这一生物机制的可靠性。腹肌收缩产生的力量增加了对腰椎的垂直压力，因为腹肌使腰椎弯曲，收缩腹肌需要增加伸肌的力矩来抗衡。

然而对大多数人来说，负重时有可能受益于 Valsalva 动作。一个健康的人，这样可增加对腰椎的压力，尤其在周围肌肉协同收缩时，可对该区域的稳定提供有效的垂直作用力。当负重时，有些肌肉如腹横肌和腹直肌都是非常紧张的，会对腰椎后柱区域产生额外的作用。这些肌肉的强烈收缩也能抵制因外部负荷所产生的有害扭力。

总之，当负重时，Valsalva 动作的作用尤为明显，很可能是一次有益的运动，对腰椎是一个重要的稳定因素。对下背部增加肌性腰椎压缩和直接夹板，会使腰椎稳定性增强。负重时，腹腔内压力增加更可能是强烈收缩腹部肌肉引起的结果，而不是缓解腰椎压力的一种方法。

（三）负重时额外力矩来源

一个正常年轻成人的下背部伸肌的最大伸展能力接近 4000N（900lb）。假设平均内部力臂为 5cm，那么这组肌肉预计能产生约 200N·m 的躯干后伸力矩。虽然这一假设不一定适合任何人，但它对以下讨论是一种有益的借鉴。

假设最大躯干伸肌力矩约 200N·m，那么如何解释负重通常需要后伸力矩远远超过 200N·m 的事件。例如，某人如果外部负荷增长到体重的 80% 左右，则将超过其 200 N·m 的理论域值。虽然这是一个相当重的重量，但对于经常干重体力活的工人和参加体育竞赛的举重运动员来说，拿起更重的负荷一点也不奇怪。试图解释这种明显的矛盾，就要用两个后伸力矩辅助来源加以说明。①牵拉后韧带产生的被动式张力。②通过胸腰筋膜传递的肌肉张力。

拉伸后韧带产生被动张力：当伸展健康的韧带和筋膜时有一定的弹性，这使结缔组织暂时储存一小部分的韧带伸展力。当人体向前弯曲以举起重物时，腰部的几种结缔组织会逐渐被拉长、收紧。据推测，这些结缔组织的被动张力，有助于后伸力矩。这些结缔组织统称为后纵韧带系统，包括后纵韧带、黄韧带、关节突关节囊、棘间韧带和胸腰筋膜后层。

从理论上讲，最大拉伸后韧带所产生的被动伸力矩大约为 72N·m。假设增加 200N·m 的主动力矩，共可提供 272N·m 的力矩负重。因此，完全拉伸后纵韧带，可产生约 25% 的总延长扭矩负重。不过请注意，这 25% 的被动扭矩储备是腰椎在最大限度的弯曲情况下才可利用，在现实中，负重时是罕见的。即使是一些竞争性的举重运动员，举重时也会尽量降低下背部，避免极端屈曲。人们普遍认为，举重物时应避免最大程度的屈曲腰椎。腰区应在近中性位置，这时腰椎更适合原位伸展肌肉，从而更有效地抵御负重时剪切于腰椎的力。由于处于中性位置，腰椎伤害下背部的可能性会大大降低。大部分后伸力矩主要由肌肉收缩产生，目的是满足肌肉组织负重时的大量需求。

肌肉产生的紧张局势通过胸腰筋膜转移：在腰椎区，胸腰筋膜最厚、最广泛且最发达，大部分附着于腰椎、骶椎和骨盆，而这些部位恰好位于腰椎旋转轴的前方，所以从理论上讲，伸长胸腰筋膜会在腰部产生一个后伸力矩，从而增加腰部肌肉的总后伸力矩，增加腰骶部肌肉的旋转力矩。

为了让胸腰筋膜产生有益的张力，它必须被伸展和绷紧。这可通过两种途径：第一，胸腰筋膜在腰椎前屈时被牵伸。第二，附着在胸腰筋膜上的肌肉（如腹内斜肌、腹横肌、背阔肌、臀大肌）主动收缩，牵拉胸腰筋膜。这些肌肉在负重时很活跃。

强力收缩腹肌发生在负重之人，与腹腔内的压力增加有关。从理论上讲，由腹斜肌和腹横肌产生的收缩力转向后方，以在腰部产生一种延伸扭矩。普遍存在的大多数胸腰筋膜的水平纤维限制了大量转矩能的产生。腹肌产生的力可在腰脊柱间接产生 6N·m 的伸肌扭矩力，其与大约 200N·m 的主动扭力所产生的转矩相比可能较小，但通过胸腰筋膜产生的转移张力，在腰部可提供重要的静态支撑，这很像一个腰围。

背阔肌和臀大肌也可通过附着到胸腰筋膜，间接辅助腰椎伸展扭矩。两个肌肉连接广泛，但原因不尽相同。臀大肌稳定并控制髋关节，背阔肌则有利于转移外载荷从手臂转移到躯干。此外还附加到后方的骨盆、骶骨和脊柱。基于这些附着点和相对力臂产生腰部的后伸，背阔肌延伸到下背部。斜纤维方向的肌肉可通过深入躯干稳定轴向骨架，尤其是当两侧都活动时。这种稳定可能很有用，特别是在处理大量重物不对称的情况下。

（四）提起技术

大量的研究以确定最安全的提起技术，尤其是腰部脊柱的姿势。但该技术并不认为对所有人都安全。

1. 两种根本对立解除技巧　弯腰对蹲下提起。弯腰和蹲下代表一个基础广泛的持续生物力学极端的举重方法，这两种方式的不同点主要在于髋部与腰部，以及膝关节的启动顺序与位置。弯腰举重主要由伸展髋部和腰部，并保持膝关节微屈构成。举重伊始，腰部的屈曲幅度较大，躯干与腰部的后伸力臂较长，后伸力矩增大，故而增大了对椎间盘的危害性压力和剪切力。

然而，蹲举一般是先最大限度地膝盖弯曲。举重过程中，股四头肌和髋部伸肌被牵引，膝关节伸展，髋部后伸。根据重物的重量和初始弯腰的幅度，腰椎可呈中立位，或部分前屈。弯腰举重的最大优势是它能更自然地将重物从两膝之间抬升。从理论上讲，弯腰举重可减小重物与躯干之间的外部力臂，进而减少背部肌肉所需的伸展力矩。

弯腰举重被认为是防止背部受伤的两种技术中更安全的方法。有些科学证据已证明了这一点，然而这种方法也有缺点。蹲举可减少腰肌对伸展肌肉及其他组织的需求，但通常会对膝关节产生更大的需求。初期膝关节屈曲角度很大，需要股四头肌产生很大的收缩力来伸展膝关节。该力对胫骨关节和髌骨关节可产生非常大的压力。健康的人能够容忍较高的压力，但存在疼痛或患膝关节炎的人则无法承受。正如格言所说，"省了腰部用坏了膝关节"，从某程度讲是有一定道理的。

另一个需要考虑的因素是举重所做的总功。举重所做的机械总功等于体重和物重总量乘以身体和重物所做的垂直位移。从单位耗氧所做的功进行分析，弯腰举重的代谢效率比蹲举的代谢效率高 23%～34%，因此蹲举所做的功较大，因为蹲下时身体总质量必须发生空间位移。

2. 综述　对于弯腰举重或蹲举，人们通常会选择一个独特自由式举重方法。自由式举重，将弯腰举重的优点与蹲举的代谢效率结合起来。也有报道称，工人们更愿意采用自由式举重。举重方法在安全性方面主要有两个特点：①腰椎呈中立位。②物体从膝关节之间抬起。其他的特点如了解受试者的身体极限，以及身体和心血管状态。

三、中轴骨骼肌肉动力学

中轴骨骼的肌肉的功能在于控制姿势，稳定躯干和骨盆，保护脊髓及内脏器官、躯干活动的时候产生扭矩，而且头和颈部好的活动度和稳定性，有助于使眼睛、耳朵、鼻子处于最佳位置。

中轴骨骼肌肉的解剖结构在长度、形状、纤维方向、横截面积和横过关节下的扭转力矩有相当大的不同。这样大的差异性反映了对肌肉组织的不同要求，从手工举起和运输重的物品到谈话时头产生的精细活动。

中轴骨骼肌肉除差异性外，它们横过身体的多个区域。例如，斜方肌附着在四肢骨骼里的锁骨和肩胛骨，以及中轴骨骼的脊柱和颅骨。若上斜方肌发炎，上斜方肌的保护防御影响上肢和颅颈区域的活动质量。

考虑到许多存在于颅颈区域的视力、听力和平衡能力的神经反射。这个区域的肌肉功能障碍因此常常伴随严重的头痛、眩晕、情绪紧张、对光和声音的过敏。

本部分内容最主要的目标是阐明中轴骨骼肌肉的结构和功能。这些信息在评估和治疗广泛的肌肉骨骼问题方面是必需的，例如，姿势不正、肌肉和软组织紧张、椎间盘脱出。

（一）神经分布

对颅颈和躯干肌肉的周围神经分布结构的理解可以从一个典型的脊神经鉴别开始。每一个脊神经由一个前后支神经根组成的单元形成，前神经根主要包括提供肌肉运动的驱动和自律系统相关的效应器的传出轴突，后神经根主要包括在能定位一个相邻的后根神经节的神经元细胞体的传出树突。感觉神经元把肌肉、关节、皮肤和其他伴有自律神经系统的器官信息传到脊髓。

前后神经根结合形成混合脊神经（脊神经包含感觉、运动纤维和自主神经纤维），脊髓在椎管里得到保护。由于运动、感觉神经元及后根神经节的合并，脊神经变粗。

脊柱包含31对脊神经，颈8对，胸12对，腰5对，骶5对，尾1对。用C、T、L和S表示，标在字母旁的数字表明每一个脊神经或神经根。例如，C_5和T_6。颈部有7个椎体，但却有8对脊神经。枕骨下神经从脊髓发出，经过枕骨和寰椎（C_1）后弓之间。C_6脊神经从脊髓发出，经过第七颈椎（C_7）和第一胸椎（T_1）之间。T_1及其以下脊神经从脊髓发出，经过的椎间孔在相应椎体之下。一旦脊神经从椎间孔发出，就会立即分成前后两支。前支分布于躯干和颈部前外侧及四肢的皮肤、肌肉、关节和骨。相反，后支分布在肌肉、关节、躯干和颈部后侧的皮肤。

1. 前支神经分布 每一个脊神经前支形成神经丛，继续发出支配大部分节段组织的神经分支。

作为周围神经的前支相互交织，形成神经丛。除小的尾丛外，四个主要的神经丛由前支形成：颈丛（$C_1 \sim C_4$）、臂丛（$C_5 \sim T_1$）、腰丛（$T_{12} \sim L_4$）和骶丛（$L_4 \sim S_4$）。除颈丛外，发自于臂丛、腰丛和骶丛的大部分神经分布在其所属的骨骼组织，只有一小部分分布于中轴骨骼组织。

单个神经的前支和伴随的分支形成肋间神经或脊膜返支神经。神经支配的组织遍及多重节段或相应的中轴骨骼水平，这种神经分布形式称为节段性神经支配。

（1）肋间神经（$T_1 \sim T_{12}$）脊神经胸段12个前支的每1支均有1支肋间神经，分布于肋间区皮肤和肋间肌。T_1前支形成第一肋间神经和臂丛下干的一部分。$T_7 \sim T_{12}$的前支支配躯干的前外侧肌肉（即腹肌）。T_{12}前支形成最后的一个肋间神经（肋下神经）和腰丛L_1前支的一部分。

（2）脊膜返支（窦椎）神经 每一个脊神经水平的前支接近末端部分发出的一些小神经分支。这些神经，如脊膜返支（窦椎）神经，提供混合感觉和交感神经分布于脊髓周围的脊膜、椎间关节周围的结缔组织，并支配这些组织。每一个脊膜返支返回椎间孔，脊膜返支神经支配硬脊膜、骨膜、椎管内的血管和后纵韧带及纤维环表层的临近区域。前纵韧带接受感觉支配来自于临近交感连接处和前支发出的一些小的分支。髓核和纤维环的深层部分没有感觉神经分布。髓核脱出产生的疼痛是由于纤维环后侧前层或后纵韧带的压迫产生的。间盘脱出引起放射到下肢的麻木和疼痛，是因椎间孔的脊神经被间盘压迫所致。

2. 后支神经分布　从每个脊神经发出的后支分支支配背上的相应节段。除外 C_1 和 C_2 后支单独讨论外，所有后支均比其前根（ventral rami counterpart）细小。总的来说，后支经过后面相对较短的距离，为后背深层肌肉提供节段性神经支配，为后背提供皮节区感觉和为每一个椎体后面的韧带及关节突关节囊提供感觉。较低骶神经的背侧支与尾神经的背侧支融合（仅感觉）。

C_1（枕骨下神经）的后支主要是一个运动神经，支配枕骨下肌肉群。C_2 后支是颈部最大的后支，支配其相应位置的肌肉，有助于枕大神经（$C_2 \sim C_3$）的形成。这支大的神经支配后面的头皮到头顶的感觉。

（二）解剖学和肌肉分布

1. 背部肌肉

（1）背部浅表层和中间层的肌肉　背部浅表层的肌肉将在肩部中讲。它们包括斜方肌、背阔肌、菱形肌、肩胛提肌、前锯肌。斜方肌、背阔肌是最浅表的，其次是菱形肌、肩胛提肌。前锯肌位于胸廓，比较靠内侧。

一般来说，浅层双侧肌肉的活动延伸中轴骨骼的邻近区域。但是单侧肌肉的活动，内侧屈曲，最常见的是在该区域绕轴旋转。

背部中间层的肌肉包括前锯肌的后部和前锯肌的前部。它们位于菱形肌、背阔肌的深部。前锯肌的后部、前锯肌的前部是细长的肌肉，它们对中轴骨骼的运动可能不起作用。前锯肌的功能很可能与肺通气量相关（图 5-15）。

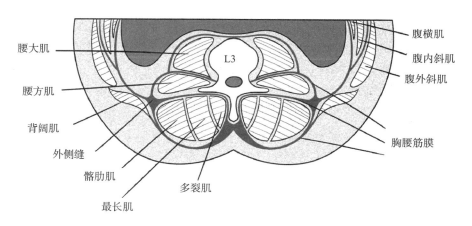

图 5-15　第三腰椎水平面横切面上面观

躯干部肌肉的浅表层和中间层经常被视为"非固有肌肉"，从胚胎学的角度看，背部浅层和中间层肌肉源自前"胚芽"，发育到后来才向背侧转移至最终位置。有趣的是，像肩胛提肌、菱形肌、前锯肌，虽然它们位于背部，事实上它们是上肢的肌群。因此，所有的背部非固有肌被脊髓神经的腹侧支支配（如臂丛或脊神经）。

（2）背部深层的肌肉 背部的深层肌肉由竖脊肌组、横突棘肌和短节段组组成。

一般来说，从浅表层到深层，深层肌肉的纤维长度逐渐变短。浅表层的竖脊肌组的肌肉有可能延伸至脊柱的整个长度。相反，在深层短节段组的每一块肌肉仅通过椎骨间联合。

除特殊的背部深层肌肉外，大部分背部肌肉受脊髓神经背侧支的支配。例如，在竖脊肌组的部分长肌，通过脊髓被不同水平的神经所支配。从胚胎学的角度看，不像四肢和躯干前外侧肌肉，背部深层的肌肉初始位置在中枢神经轴的背侧。由于这个原因，这些肌肉被称为背部的固有肌。

一般而言，大部分背部固有肌肉由相邻脊神经的背侧支支配。而背部的非固有肌肉，如背阔肌肉、前锯肌的后部，通过臂丛或肋间神经，由脊神经的腹侧支支配。

2. 腹肌 腹肌包括腹直肌、腹内斜肌、腹外斜肌和腹横肌。作为一个组，它们被称为腹肌。腹直肌是一块长呈带状的肌肉，位于身体中轴的两侧。腹外侧肌、腹内侧斜肌和腹横肌均是宽而平的，从浅表层到深层，通过腹侧的外侧。

腱鞘和白线的形成：身体左右两侧的腹外斜肌、腹内斜肌和腹横肌通过混合相连的组织在腹中线融合。①腱鞘：每一块肌肉均呈束状（较薄）双层结缔组织，最终形成腹直肌的前后腱鞘。腹内斜肌和腹外斜肌的结缔组织形成腱鞘前部。腹内斜肌和腹横肌肉的结缔组织形成腱鞘后部。双层腱鞘垂直地围绕腹直肌，从腹部的另一侧继续与中间的结缔组织融合。②白线：厚且交错的结缔组织跨越中线，形成白线，在解剖学上，白线被描述为"腱缝"，上方起自胸骨剑突，下方止于耻骨联合。

腹白线交错排列的纤维能增加腹壁强度，很像多层的夹板。腹白线机械地连接左右两侧的腹肌，从而有效地传递肌力，使肌力通过身体的正中线。

（1）腹直肌 腹直肌被白线分为左右两半。每半块肌肉在前和后的腹直肌鞘间形成的开放的套管内上升，由腱划（3个纤维束）分割和加强腹直肌。这些纤维束止于腹直肌鞘的前面。腹直肌从髂嵴的局部和周围向上附着于胸骨剑突和第 5 ～ 7 肋软骨。

（2）腹内斜肌、外斜肌和腹横肌 腹内斜肌、腹外斜肌和腹横肌不同于腹直肌。腹外斜肌起源于躯干外侧或后外侧，朝中线的不同方向沿行，止于白线和对侧的腹直肌鞘。

腹外斜肌是腹外侧肌中最大和最表浅的肌肉，方向与手掌斜插入裤子口袋时的手掌方向相同。腹内斜肌紧贴于腹外斜肌深处，形成腹外侧的第二层。其大部分纤维起源于髂嵴，并不同程度地与胸腰筋膜汇合。从这个外侧附着点（胸腰筋膜），纤维通过前内方向，止于白线和较低的肋骨。腹内斜肌的下方止于腹股沟韧带。腹内斜肌纤维的大致方向几乎与相互交错的腹外斜肌纤维的大致方向垂直。

腹横肌是腹肌中最深的肌肉，也称"束腹肌"，主要功能是通过胸腰筋膜增加腹内压力，稳定腰部。所有的腹肌中，腹横肌附着点最广泛且一致，附着于胸腰筋膜上，腹内斜肌次之。

3. 髂腰肌和腰方肌 虽然髂腰肌和腰方肌通常不被认为是躯干肌，但是它们与腰部的运动息息相关。

髂腰肌是一块大的肌肉，由髂肌和腰大肌两部分组成。股神经支配髂腰肌。股神经是腰丛的一个大的分支。髂肌主要附着在髂窝和骶骨外侧，骶髂关节的前方和上方。腰大肌主要附着在 T_{12} ～ L_5 的横突、椎体及椎间盘。这两块肌肉在腹股沟韧带的远端融合，作为一个单独的肌腱附着于股骨小转子。

髂腰肌是一块长肌肉，通过腰椎、腰骶关节和髋关节产生潜在的运动影响。髂腰肌交叉到髋部的前方，主要使髋部屈曲，使股骨朝向髋部或使髋部朝向股骨。运动时，髂腰肌使骨盆前倾，增加了脊柱前凸的程度。

（三）肌肉运动

1. 背部浅层肌肉 在肩关节复合体中讲到的背部浅层肌肉运动，能够使骨骼附件（如肱骨、肩胛骨、锁骨）朝着一个固定轴（如头、脊柱、肋骨）旋转，也可使这些肌肉具有同等能力进行"反向"运动（如使中轴骨某段朝向固定骨骼附件旋转）。比如，人体拉弓射箭的动作，一些肌肉产生的力要稳定肩胛骨和使肩外展。斜方肌的上部、中部，菱形肌产生的力同时旋转颈部，并使胸部上端的脊柱向左偏移，产生双向作用。例如，在 C_6 对侧旋转轴的作用下，肌肉牵拉 C_6 使头向右，椎骨的前侧方则转向左边。斜方肌和菱形肌可稳定肩胛骨，抵抗三角肌、肱三头肌和前锯肌的牵拉。背部浅层肌肉分担的活动表明了肌肉系统固有的效用，例如，一些肌肉完成了大量通过轴和骨骼附件的分担活动。

2. 背部深层肌肉

（1）竖脊肌 竖脊肌是一组非常广泛、界限不清的肌肉。它们走行于脊柱两侧，离棘突大概一掌宽的距离。更多的位于胸腰筋膜的后层、背部中间层和浅表层肌肉的深面。竖脊肌由棘肌、最长肌和髂肋肌组成。每一块肌肉依照部位被分为三个区域，产生9块已命名的肌肉。每块肌肉之间相互重叠，但在尺寸和长度上差异很大。

竖脊肌共同附着于一个较宽且厚的总肌腱上，这个肌腱又止于骶骨上，从而将所有的竖脊肌一起固定住。从这个共同肌腱向上，可发出三条不规则竖脊肌的浅表纵行肌肉——棘肌、最长肌和髂肋肌。

棘肌包括胸棘肌、颈棘肌和头棘肌。一般来说，它们大多附着在邻近胸椎的棘突上。若在颈部，则附着在项韧带，并向上逐渐攀升。头棘肌如果存在，则与头半棘肌汇合。棘肌一般较小，常常不易与周围肌肉区分，或与周围肌肉混在一起。

最长肌包括胸最长肌、颈最长肌和头最长肌。它们在竖脊肌肌群中是最大和最发达的。胸最长肌的纤维由共同的肌腱发出，呈扇形，附着于后面肋骨的末端、椎骨的横断面和关节网。颈最长肌略向内侧倾斜，附着于颈椎横突后结节。头最长肌略向外侧倾斜，附着于颞骨乳突后面的边缘。颈部和头部的最长肌在前面的部分倾斜呈角度解释了这些肌肉有助于头颈部区域的同侧旋转。

髂肋肌包括腰部的腰髂肋肌、胸部的胸髂肋肌和颈部的颈髂肋肌。它们占据了竖脊肌最外侧的大部分。腰髂肋肌从共同的肌腱发出，向上行，并微向外移行，附着在较低肋骨的肋骨角上。胸髂肋肌垂直延伸，附着在中段肋和上段肋的肋骨角外侧。从这点开始，颈髂肋肌沿着颅端延续，并微向内侧伸展，附着于颈椎中段横突的后结节上，与颈最长肌伴行。

竖脊肌跨越中轴骨相当大的区域。解剖学特征显示，与控制单个的椎骨间运动相比，它更适于控制大段中轴骨的总体运动。作为一个肌肉群，双侧竖脊肌的同时收缩可使躯干、颈部或头部后伸，加之其横截面较宽，所以可对脊柱产生较大的伸展力矩，如搬起重物。

竖脊肌附着在骶骨和骨盆上，能使骨盆前倾，并加大脊柱前凸（骨盆前倾被描述为骨盆绕着髋关节在矢状面内所做的旋转运动）。髋屈肌肌腱张力的增加会导致骨盆前倾。

单侧肌肉的收缩，位于外侧的髂肋肌对竖脊肌组的侧屈是最有效的。头部或颈部的最长肌和髂肋肌有助于同侧旋转，尤其是当头或颈完全向对侧旋转时。腰部的髂肋肌略有助于朝同侧旋转。

（2）横突棘肌　仅靠竖脊肌的深层是横突棘肌组，包括半棘肌、多裂肌和回旋肌。半棘肌位于浅表面，多裂肌位于中间，回旋肌位于深层。

横突棘肌的命名涉及与大部分肌肉的连接（例如，从一个脊椎的横突穿过到另一脊椎的棘突），仅有一些例外。在头和颈的方向，这些附着点将绝大多数肌肉纤维列在颅端内侧这一方向上。在形态学上，横突棘肌组中很多肌肉是相似的，所不同的是，长度和每块肌肉穿过椎间关节的数量不一。

半棘肌由胸部的胸半棘肌、颈部的颈半棘肌和头部的头半棘肌组成。一般来说，每块肌肉或者每块肌肉的主要纤维会穿过 6～8 个椎间关节。胸半棘肌由许多纤细的肌肉纤维束组成，肌纤维之间通过较长的肌腱互相交叉连接。肌肉的纤维束从 T_6～T_{10} 的横突到 C_6～C_4 的棘突。颈半棘肌比胸半棘肌更厚、更发达，其从胸椎上段的横突到 C_2～C_5 的棘突。附着于 C_2 棘突的肌肉纤维部分很发达，对稳定枕骨下肌肉起到了十分重要的作用。

头半棘肌位于夹肌和斜方肌深部，肌肉主要来源于上胸椎横突。头半棘肌向上走行并增厚，附着于枕骨的较大区域，填满了上项线和下项线区域。

颈半棘肌和头半棘肌是通过颈部后侧方的最大肌肉，面积较大，肌纤维趋向垂直，颅颈部后伸力矩的 35%～40% 来源于这些肌肉。两侧的头半棘肌在体表项部的中线两旁的上方明显增厚，并呈圆形的束，这在婴儿、瘦人和肌肉发达的成年人中尤为明显。

多裂肌位于半棘肌的深层。其名称提示它是一系列肌纤维，而不是一组独立的肌肉。所有的多裂肌在骶骨的后方与 C_2 之间，具有相似纤维的方向和长度。一般来说，多裂肌起源于椎骨横突，进入该椎骨上方 2～4 个节段的棘突中。

多裂肌在腰骶部最厚、最发达。在腰部，肌纤维填满了棘突与横突之间形成的凹面。多裂肌提供向后的拉伸力矩源头，也是稳定脊柱的基础。腰部多裂肌过大的力量

（活动性收缩或保护性痉挛）或许能解释脊柱过度前凸的原因。

回旋肌位于横突棘肌最深处，类似多裂肌。回旋肌由一组大的独立的肌纤维组成。虽然回旋肌通过整个脊柱，但胸部最发达。每个纤维附着于一个椎骨的横突和薄板，以及位于 1 ～ 2 节上面的椎骨棘突的基底部。从定义上看，回旋短肌跨越 1 个椎骨间关节，回旋长肌跨越两个椎骨间关节。

横突棘肌组各肌肉平均通过的椎间关节比竖脊肌要低。一般来说，与竖脊肌相比，该特征提示肌肉的这一走形能够产生相对好的力量，控制通过骨骼轴的运动。

双侧横突棘肌收缩延伸到中轴骨。伸展力矩的增加，使腰部和颈部的脊柱过度前凸，从而减轻胸部脊柱的后弯。此时横突棘肌的尺寸和厚度在中轴骨两端达到最大。头部和颈部的半棘肌是头颈部最发达的伸肌，尾骨和腰部的多裂肌在腰部区域是最发达的伸肌。

单侧横突棘肌的收缩使脊柱侧屈，但是它们的活动水平被横突棘肌的力矩所限制。偏于斜向走行的横突棘肌有助于对侧轴向旋转。例如，横突相对固定，右侧单个多裂肌或长回旋肌的收缩能使上面的棘突向右旋转，使得椎骨的前侧面向左旋转。与所有躯干肌相比，横突棘肌是次要的旋转轴。由于椎骨与肌肉接近，旋转轴的扭转力矩相对要弱。更确切地说，一个典型的横突棘肌纤维力线的方向，垂直方向要比水平方向多，因此，其所提供的拉伸力量要比旋转力量大。

（3）短节段的肌肉组　短节段的肌肉组包括棘突间肌和横突间肌，它们位于横突棘肌的深处。之所以称短节段，是因为这些肌肉很短，并由多个节段组成。每块棘突间肌和横突间肌仅通过一个椎间关节。这些肌肉在颈部最发达，可控制头部和颈部的精细动作，这很关键。

每一对棘突间肌位于棘间韧带两旁，与棘间韧带融合。棘突间肌的肌纤维走向有利于产生后伸力矩。由于肌纤维短小，所以其力矩的总量很小。

左侧和右侧成对的横突间肌位于相邻的横突之间。作为一个组，横突间肌的解剖比棘突间肌要复杂。例如，在颈部，每块横突间肌可分为小的横突前肌和横突后肌，有脊神经腹支在前后肌之间通过。作为一个组，单侧横突间肌的收缩可使脊柱侧屈。虽然侧屈力矩的强度相对于其他肌肉组要小，但是力矩在椎间的稳定性方面提供了重要力量。

棘突间肌和横突间肌由大量成对的短纤维组成，每个短纤维仅通过一个椎间关节。这些肌肉高度的自然节段有利于很好地控制中轴骨。这些肌肉也提供丰富的感觉反馈，尤其在头颈部。反馈有助于视觉和听觉系统，协调头和颈的位置。

3. 腹肌的运动　腹肌的双侧运动缩短了剑突与耻骨联合间的距离。依靠身体部分的稳定，收缩腹肌能使胸椎和腰椎屈曲、骨盆后倾，或做仰卧起坐动作。该动作要求腹斜肌收缩，一侧肌肉产生的轴向旋转趋势和侧屈趋势由对侧肌肉抵抗。

在躯干，脊柱所有通过椎体的运动旋转轴都位于椎间关节。椎间关节位于躯干后方，因此腹肌尤其是腹直肌，占有非常有利的使躯干屈曲的力矩。

腹肌单侧收缩，可使躯干侧屈。由于腹内斜肌和腹外斜肌有相对的扭转力矩（例如长的扭转力臂），故而它们在这个运动中的作用尤为突出，原因在于它们具有较长的力臂和较大的横截面。作为一对肌肉,它们有大部分的重叠。腹内斜肌和腹外侧斜肌在 $L_4 \sim L_5$ 的重叠几乎是腹直肌的两倍。

躯干侧屈常常包括躯干屈肌和伸肌的参与。例如,对抗向左侧屈的阻力需要来自右侧腹内斜肌、右侧腹外斜肌、右侧竖脊肌、右侧横突棘肌的收缩。这些肌肉的共同作用使额状面内力矩被放大,同时使躯干在矢状面内更加稳定。

4. 其他肌肉

(1)在腰骶部腰大肌的功能　腰大肌的解剖位置显示了对腰椎侧屈的有效杠杆,偶尔(若有)可充当旋转的杠杆。腰大肌通过腰骶区域,受在腰骶部各个部位的影响,屈和伸不同。腰大肌经过 $L_5 \sim S_1$ 连接处,约有 2cm 的屈曲力臂,因此,腰大肌是腰椎下段相对骶骨前屈的有效屈肌。

腰大肌向上走行,接近 L_1 的上面。这时产生的力线逐渐转移到后面,穿越复合内外旋转轴,或伸至复合内外旋转轴后侧,这个位置减少或去除了腰大肌的屈和伸的作用。所以腰大肌既不是腰部主要的屈肌也不是主要的伸肌,而是一个主要的垂直稳定肌。

垂直稳定肌是指肌肉确保中轴骨某段处于近垂直位,具有维持脊柱自然生理曲线的功能。如果腰部缺少有效的扭转力矩,腰大肌在直接影响脊柱前凸程度上几乎不起作用。当腰部屈曲到最大程度时,髂腰肌会使骨盆前倾,间接增加腰椎的前凸程度。

(2)腰方肌　从解剖学的角度看,腰方肌位于腹后壁,这块肌肉起自髂腰韧带和髂嵴,向上止于第 12 肋骨和第 1 ~ 4 腰椎的横突。腰方肌由脊神经 $T_{12} \sim L_3$ 的腹侧分支支配。

双侧腰方肌的收缩使腰部伸展。它的活动是以 L_3 由后向内外侧旋转轴约 3.5cm 的力线为基础的。单侧腰方肌的收缩,在腰部侧屈时是一个相对有利的扭转力矩。但是腰方肌的旋转轴是最小的。

临床上,当描述腰方肌在行走,尤其是在下肢麻痹或者 L_1 以下水平的神经损伤时,腰方肌通常被称为"徒步旅行者的髋部"。在行动时,腰方肌提起骨盆的一侧来升高下肢,使脚离开地面。

腰大肌和腰方肌为腰椎,包括 $L_5 \sim S_1$ 关节,提供坚实的垂直稳定性。这两块肌肉在椎骨的两侧近于垂直方向走行。理论上说,增强这两块肌肉的意识控制和肌力可减轻患者的腰椎不稳定及疼痛。

(四)肌肉相互作用机理

1. 内部力矩的产生　通常中轴骨骼肌肉活动产生的力是作为内力矩表现出来的。力矩产生于矢状面、冠状面和水平面。在每一个平面,可能的最大内力矩由两个结果产生:①平行于该平面的肌力。②肌肉的内力臂长度。

一个肌肉力线的空间定位决定了其产生一个特定动作的有效性。例如,腹外侧斜肌产生穿过胸外侧的力,其力线偏离垂线 30°。肌肉合力矢量按三角形被分为不等的垂直分力和水平分力。垂直分力约占肌肉最大力量的 86%,能够产生一个侧屈或者屈曲力矩。水平分力约占肌肉最大力量的 50%，能够产生一个轴向旋转的力矩（这一估算基于 cos30° =0.86，sin30° =0.5）。对于一个所产生的肌力均朝向侧屈或前后屈伸的肌肉来说，总体力线必定在垂直方向上。而对于一个所产生的肌力均引起中轴骨旋转的肌肉来说，总体力线必须限于水平面内。控制中轴骨骼活动的肌肉力线的空间定位有一个广泛的变化，从几乎垂直到几乎水平。

躯干的大多数肌肉，偏于垂直的比水平的要多，这能够解释一部分为什么前面矢状面活动比水平面活动的最大力矩要大一些。

2. 中轴骨肌肉活动的注意事项　为了理解中轴骨的肌肉活动，必须先考虑肌肉在单侧和双侧的活动情况。双侧的肌肉活动经常在中轴骨骼产生单纯的屈和伸。任何潜在的外侧屈曲或轴旋转均可被对侧肌肉的反作用力中和。相反，肌肉的单侧活动试图产生中轴骨骼的屈和伸，并带动外侧肌肉屈曲和对侧或同侧的肌肉绕轴旋转。中轴骨骼的外侧屈曲带动了同侧肌肉的外侧屈曲。

在中轴骨骼，肌肉的活动部分依靠邻近肌肉相关固定的稳定。例如，考虑竖脊肌组中竖脊肌之间的相互作用（连接胸廓与骨盆的肌肉）。随着骨盆的固定，肌肉能延伸到胸廓；随着胸廓的稳定，肌肉能旋转到骨盆。如果胸廓和骨盆都能自由运动，肌肉则能拉伸到胸廓和倾斜到骨盆的前面。除个别情况，假设一块肌肉的上方末端没有被限制，那么能够自由移动的是肌肉的上方末端，而不是肌肉的下方和背侧末端。

依靠身体的姿势，重力依然有助于或抑制中轴骨骼的移动。例如，颈部伸肌的离心运动控制着头颈部从解剖学位置缓慢的屈曲。在这点上，重力是使头屈曲的基本力量，伸肌控制着运动的速度和拉伸的程度。但是头颈部快速的屈曲要求来自颈部的屈曲肌大量的向心运动，因为运动所需的速度比仅靠重力产生的速度要大。除非有其他情况，否则，一块肌肉的活动是通过相互之间的共同作用，身体部分旋转抵抗重力或其他外在阻力的作用来完成的。

3. 躯干旋转——腹内斜肌和腹外斜肌交错　腹内斜肌和腹外斜肌是躯干部最有效的旋转肌。由于交错和有利的扭转力矩，旋转轴相对较大。在回旋肌绕轴旋转期间，腹外斜肌的功能是协同腹内斜肌收缩。作为一对，来自身体相反方向的腹内斜肌和腹外斜肌产生一个对角的力线。由于腹内斜肌和腹外斜肌附着于白线，所以力线位于身体的中线。当它们同时收缩时，这两块肌肉可减少一侧肩膀和对侧髂嵴间的距离。考虑每一块肌肉远端固定，腹内斜肌使躯干向同侧旋转，腹外斜肌使躯干向对侧旋转。虽然，解剖学上认为这是两块独立的肌肉，但是在躯干旋转运动时，功能相反的腹内斜肌和腹外侧斜肌作为一块肌肉，通过身体中线连接。

躯干旋转轴的力矩是所有活动的基础。高强度旋转时，其力矩是相当大的，如短跑、摔跤、掷铁饼或标枪。但低强度旋转时，则要求躯干向上缓慢地扭曲，如步行。因为旋转轴发生在水平面上，肌肉不得不克服因重力产生的外在力矩。它们主要的抵抗力是由身体向上的惯性和伸展的拮抗肌产生的被动张力。

4. 在固有力矩的顶点，躯干屈曲对抗躯干伸展　在健康成人中，躯干屈曲最大强度的作用小于躯干伸展力矩的最大作用。虽然因性别、年龄、健康状况和量角器导致的数据变化，但是屈伸的比例一般在 0.51 ～ 0.77 之间。虽然躯干的屈曲肌在力矩的矢状面上占有较大的扭转力矩，但躯干的伸肌占有大部分，且相当重要，并超过了垂直方向的纤维肌。背部伸肌潜在的相对力矩至少是等力的，在抵抗重力时占主要作用，即使在身体维持向上的姿势或者在胸部的前方负重。

5. 躯干伸肌对腹斜肌旋转协调作用　虽然腹内斜肌和腹外斜肌被认为是躯干主要的旋转肌，但旋转时它们很少单独活动。躯干次要的旋转肌包括同侧的背阔肌和有较多斜肌组成的最长肌、髂肋肌和对侧的横突棘肌。另外，当旋转力矩最小化时，次要的旋转肌能完成腹斜肌使躯干屈曲的重要功能。例如，躯干向左侧旋转，要求胸部左右两侧的横突间肌较强的活动，双侧活动抵制了腹斜肌双侧屈曲的趋势。

旋转时，多裂肌为腰部提供拉伸的稳定性，包括腰椎间盘突出症的病理或与体弱、疲劳或这些肌肉的反抑制作用相关。旋转时，如果多裂肌没有足够活动的话，理论上部分未中和的腹斜肌会使脊柱的基底部发生微小的偏移。其偏移或许能够解释脊柱关节强直的背部下方的屈曲。

6. 稳定躯干的核心　活动肌肉产生的力量为稳定脊柱提供了主要力量。虽然，韧带和其他的结缔组织为脊柱的稳定提供了重要力量，但肌肉能调整其力量强度和持续时间。因此，把躯体看作一个整体，躯干肌是稳定躯干的核心，稳定性允许躯干处于静止姿势，即使在有外在力矩的影响下。当在加速行驶的汽车或火车里试图站立或坐下时，通过躯干肌，可体验到活动肌肉的收缩。

躯干稳定性的核心是以肌肉为基础来移动肢体建立的。例如，肩屈曲时，在三角肌收缩前，腹横肌先活动。有趣的是，对于相同的运动，有腰痛病史的人，腹横肌在 EMG 开始时会有三倍的延迟，其延迟是否与背痛相关是一个有趣的问题。

躯干肌肉的稳定性在解剖被分为两个主要部分：固有肌肉的稳定和非固有肌肉的稳定。固有肌肉的稳定包括相对短的、节段肌肉，它们主要附着于脊柱。这些肌肉在脊柱的复杂段有精细的协调作用。相反，非固有肌的稳定性包括相对的长肌（部分在脊柱上附着），是稳定脊柱外的区域，例如，头颅、骨盆、肋骨、下肢远端。这些肌肉有利于躯干的稳定，在脊柱与下肢远端之间提供半硬式连接。

7. 躯干稳定固有肌　躯干稳定的固有肌包括横突间肌和短节段的肌肉组。这些肌肉大部分以分段形式交叉于椎间关节。稳定的固有肌力线变化赋予它们在所有的平面都能控制躯干的稳定。每块肌肉的空间方向在脊柱产生一个独一无二的稳定作用。在垂直方向上，在棘突间和横突间垂直走向的肌肉产生 100% 的力量（F_v）。相反，在水平方向上，接近水平方向上的短肌可产生接近 100% 的力，剩下的肌肉会产生直接对角的力。在脊柱，肌肉的力量直接通过前面的平面使稳定性最佳。在没有这种控制的情况下，由于脊柱的曲率增大和不稳定性，故脊柱容易损伤。

躯干稳定的非固有肌包括腹肌、竖脊肌、腰方肌、腰大肌等连接骨盆和下肢的臀部肌肉。在躯干，稳定的非固有肌靠规则的稳定性使躯干和下肢稳定。在腰部和腰骶部，稳定性是很重要的，提供对抗上半身的外力能在腰部和腰骶部产生不稳定的扭转力矩。脊柱基底部的不稳定性能通过整个脊柱导致体位错乱，易造成相关部位的损伤：①脊椎前移或脊椎关节强直。②非生理性脊柱前凸。③在坐骨粗隆、股骨大转子、骶髂关节产生损伤的力量。

在后面和侧面，腰大肌、腰方肌和竖脊肌的活动能提供大量稳定腰部和腰骶部的力量，腹肌的联合收缩，加上部分腹横肌，靠在胸腰筋膜增加张力来加强躯干下部的稳定性，由此通过腰背部的下面起到"束腹"作用。

腹肌的活动对于稳定骨盆对抗躯干伸肌的牵拉是必需的，尤其是竖脊肌、腰方肌和臀肌。当骨盆与脊柱尾端有很好的稳定性时，外力才可有效穿过髋部的骶髂关节到达下肢。因此，增加背部下面和躯干下方稳定性的理想设计，应涉及躯干肌和髋部肌肉三个平面的运动。

8. 控制仰卧起坐运动　在许多活动中，躯干肌与髋部肌共同作用。例如，打篮球、花样滑冰、铲雪时，躯干和髋部是共同运动的。在协同作用下，接下来要关注的是仰卧起坐时肌肉的运动。

仰卧起坐常被用来加强腹肌训练，其拮抗训练目标是加强控制这些肌肉的稳定性，在躯干经常被作为提高稳定性的方法。

屈膝仰卧起坐过程可分为两个阶段，当两侧肩胛骨离开垫子时，躯干屈曲的早期阶段结束。随后髋部的屈曲包括髋部前屈，以及腰椎联合骨盆相对股骨（髋部）前屈70°～90°。躯干屈曲的力量主要来自腹肌收缩，尤其是腹直肌的收缩。在这个运动中，腹直肌的上部和下部有相同的强度。背阔肌跨越胸椎上部，有助于屈曲该部位胸廓，胸大肌的胸骨部可帮助上肢和头朝向骨盆。

在整个坐到立的躯干屈曲阶段，胸大肌的胸骨端帮助推进上肢向骨盆靠近。骨盆是后倾的，腰椎趋扁平。躯干屈曲时，在前屈阶段，无论髋部和膝关节的位置如何，EMG都显示髋屈肌是很低的。锻炼前，先部分屈曲髋部，减少髋屈肌的被动张力，从而增加臀大肌的被动张力，这种联合效应有助于腹直肌保持骨盆的后倾位置。

在仰卧起坐髋部的屈曲阶段，骨盆和躯干向股骨旋转。髋部屈曲肌的相互作用带动了髋部的屈曲。虽然髋部的任何屈曲肌都有助于这一动作，但标准的仰卧起坐只有髂肌和股直肌是主要参与者。当双腿保持屈曲并支撑地面时，髂肌、缝匠肌、股直肌的活动水平显著增高。整个仰卧起坐过程中，在髋部肌肉屈曲阶段，旋转轴向髋关节移动，腹肌仍继续强烈收缩或保持等长收缩运动，并使屈曲的胸腰椎相对于旋转骨盆保持稳定。

完整的仰卧起坐与髋部屈曲的肌肉相比，在腹肌的工作负荷机制上是不同的。仰卧起坐在躯干屈曲阶段，腹肌靠躯干向骨盆旋转产生动力；在髋部肌肉屈曲阶段，髋部肌肉屈曲的动力是靠骨盆和躯干朝股骨收缩和旋转产生的。

体质较弱的人试图完成整个仰卧起坐时，其腹肌显示了一个特征性的姿势。髋部肌肉的屈曲在这个过程中起着主要作用。在这个过程中，胸腰部的屈曲和过伸及"早期"的骨盆向股骨的屈曲程度最小。髋部肌肉的主要收缩使腰椎过度前凸，尤其是在动作的开始阶段。

小　结

　　躯干骨的组成包括头骨、脊柱、胸骨与肋骨，其中脊柱是针对承受身体重量与核心肌群作用力而设计的。吸收与分散此作用力是椎间盘的主要功能，脊柱的力量和顺应性由韧带与肌肉掌控，与脊柱的曲度相互协调。

　　每个椎体都有其特殊形状，例如，枢椎与第四腰椎相比，由于分别位于脊椎两端，具有不同的功能，故形态上有所不同。枢椎垂直的齿状突是头颈部以垂直轴左右旋转的主要轴心；相反，腰椎第四节主要针对承受大量叠加的体重而设计。

　　典型的椎间结合有三个重要元素：横突与棘突提供肌肉和韧带附着、椎体间关节使椎间盘附着与吸收震动、关节突关节提供每个椎体间相对运动的微调。这对于了解中轴骨的运动学特别重要。尤其是大部分脊柱允许的动作由关节突关节的特别形状予以控制。就头部而言，颈椎呈天生排列，寰枢关节的关节面几乎呈水平状，而其他颈椎的关节面则是水平面与冠状面间的45°夹角。这使得头颈部能够拥有三面的最大的脊柱活动方向，使头部的各种感官得以发挥功能。

　　胸椎24个关节突关节的排列几乎呈冠状面，胸椎的侧弯角度因肋骨的夹挤而受限，相对较坚固的胸廓是针对呼吸机制所需，同时也是对心脏和肺脏的保护。

　　接近矢状面的上腰椎和中腰椎关节突关节，使腰椎能产生足够的腰弯曲及伸展，同时抵抗水平面方向的旋转。矢状面的动作由腰椎与骨盆（相对于髋关节）协同产生，在躯干弯曲和伸展中扮演关键角色。腰椎骨盆节律增加了上肢向前伸取的距离，对于弯腰捡拾物品或向前方高架取物也很重要。

　　相对冠状面倾斜的L5～S1间关节突关节，限制了可能对腰椎的马尾或骶椎基部产生伤害的前向剪应力。腰椎前凸增加时，此向前剪应力也增加，这种状况通常见于过度的骨盆（相较于股骨头）前倾。

　　中轴骨最尾部的关节为骶髂关节，该关节提供较坚固的连结，传达中轴骨与下肢之间较大的作用力，如体重。该关节较大，但固定性好。关节之间仍有部分活动性，可在生产时打开产道，或走路时通过骨盆环消散压力。

　　在最佳排列以及健康的软组织与肌肉支持的情况下，脊柱与头颈部位形成了貌似矛盾的活动度与垂直方向的稳定度的两方面需求。如果中轴骨排列异常，会增加重量与肌肉负荷，造成过度且具有伤害性的压力，使骨头、椎间盘、韧带甚至神经组织发生损伤。通过全身姿势的观察，可给中轴骨损伤以适当的治疗。

　　从广义看，躯干和头颈区域的肌肉至少有3种相互关联的功能：动作、稳定性和协助其他功能，包括呼吸、咀嚼、吞咽、排便和分娩。控制躯干和头颈部区域动作的肌肉不是收缩就是抵抗外力引起的拉长。此类控制的特殊性可因肌肉独特的解剖特征而变得更大，如肌肉的形状、大小、肌纤维走向和神经支配。位于上头颈椎非常短和垂直走向的头外直肌，用于调整寰枕关节的精细微小动作，协助视线追视移动中的物体。该动作是反射性的，与中枢神经有关，能够协调视线和头颈部的回正姿势。神经系统能在头外直肌与其他组织之间提供大量的神经连结，包括头颈部肌肉、关节突关节和前庭、视觉附件。头颈部的这些小条深层肌肉如果受伤的话，会干扰神经信号传递。当头颈部的本体感觉降低时，动作会变得不太协调，且在局部关节上会产生比正常情况要高的压力。该压力会在受伤后使疼痛延长，如挥鞭综合征。

与较小的头外直肌相反，比较大的腹内、外斜肌等横跨中下腹部，除提供产生动作所需的力量外，躯干和头颈部的肌肉对中轴脊椎的稳定性也有很大贡献。稳定性发生在三个面，且跨越许多关节，并适用于预期和非预期的各种情境。例如，进行跳跃或试着从摇晃的船上站起来时，身体需先被稳定。稳定性的好处是保护中轴脊椎的关节、椎间盘和韧带，甚至是易碎的脊髓和脊神经根。

肌肉的稳定性也可由大块肌肉提供。尤其是在头颈区域和腰椎骨盆区域，脊椎旁肌肉的横截面积是最大的。在腰椎骨盆区域，椎体被厚实的、横向－垂直走向的肌肉紧紧包围，如腰大肌、腰方肌、多裂肌和下竖脊肌。

肌肉为中轴脊椎提供比较复杂的稳定。有些躯干肌肉会在上肢进行主动动作前下意识地先微量收缩，尤其是上肢动作很快时。该预备动作能够协助稳定躯干，避免不必要的动作伤害脊椎。下肢动作中，躯干肌肉的收缩更重要，须稳定跨越髋关节和膝关节的许多肌肉的近端附着点。

中轴脊椎受伤的人通常会出现复杂的肌肉骨骼系统表征，影响其自由和舒适活动能力，限制椎体和神经组织承受的压力。这一复杂且不确定的病理机理，临床上会有许多不同的治疗和康复措施进行选择，尤其是患有慢性疼痛的人。这种不确定性仅能通过持续且专注的临床观察和实验室研究予以降低。

第六章　肩关节复合体　▷▷▷

....

学习上肢关节先要从肩复合关节（shoulder complex）开始，包括由胸骨、锁骨、肋骨、肩胛骨及肱骨组成的四个关节。这些关节能够为上肢提供很大的活动度，增进活动范围和操纵物体的能力。有些伤害或疾病会限制肩关节动作，导致整个上肢活动明显降低。肩复合关节动作很少由单一肌肉完成，肌肉大多通过整体合作，来完成跨多关节的高协调性动作。

第一节　骨骼学

骨骼学包括胸骨、锁骨、肩胛骨以及肱骨近端至中段。

一、胸骨

胸骨包括胸骨柄、胸骨体和剑突。胸骨柄的两侧有一对卵圆形的锁骨小平面，用来与锁骨连接。胸骨体上的两侧边缘有肋骨小平面，用来与第一及第二根肋骨连接。胸骨体的上边缘介于两个锁骨关节面之间，有头静脉切迹（图 6-1）。

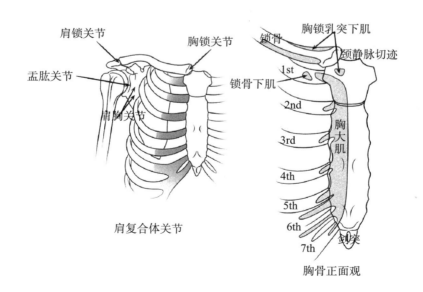

肩复合体关节

胸骨正面观

图 6-1　肩复合体关节及胸骨正面观

二、锁骨

由上往下看锁骨时，我们会发现，锁骨柄是弯曲的，锁骨的前表面在内侧端是向前凸出的，在外端是向后凹下的。当把手臂放在解剖位置时，锁骨的长轴在冠状面会比水平面高约 20°。锁骨的圆形凸出内侧端亦称胸骨端，是与胸骨连接之处。锁骨的肋骨小平面会与第一根肋骨相接。肋骨小平面的外侧和下面有个明显的肋骨粗隆，是肋锁韧带的附着点。

锁骨的外侧端亦称肩峰端，有个卵圆形的肩峰小平面，用来与肩胛骨相连。锁骨外侧端的下平面有明显的锥状结节及斜方线（图 6-2）。

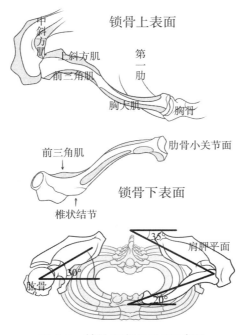

图 6-2 锁骨于肩胛平面示意图

三、肩胛骨

肩胛骨的形状像三角形，三个角分别为下角、上角和外侧角。手臂动作时，我们可借由触摸下角来确认肩胛骨同时发生的动作为何。肩胛骨也有三个边，当手臂放在身体两侧时，内侧缘（或称垂直缘）会与脊柱平行。外侧缘（或称腋下缘）是指肩胛下角到肩胛外角之间。上缘由肩胛上角向外至喙突（图 6-3）。

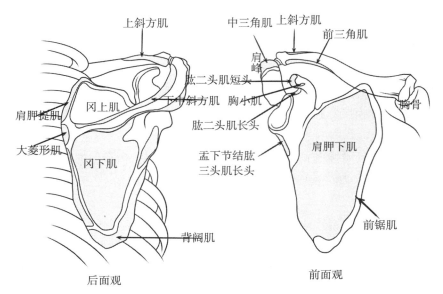

图 6-3　右肩胛骨后面观和前面观

肩胛骨的后平面被凸出的肩胛冈分为冈上窝和冈下窝。冈上窝的深度刚好装满冈上肌。肩胛冈的内侧端渐渐消失在棘突的高度。相反，肩胛冈的外侧端愈来愈高，最后平缓下来成为一块大而凸出的肩峰。肩峰向外、向前延伸，在肩盂的上头形成一个水平的屏障。肩峰上头的锁骨小平面与锁骨相连，形成肩峰锁骨关节。

肩胛骨与肱骨头相接的部位是稍微凹向内的肩盂。肩盂的斜率相对于肩胛骨的水平轴向上倾 4°左右。这个斜率每个人的差异很大，从 7°～ 16°不等。肩胛骨在休息位置时，会稳定地贴着胸廓的后外侧平面，肩盂所在平面则面向冠状面向前约 35°。这个方向被称为肩胛平面。肩胛骨和肱骨在手臂自然上举过头时，大致会沿这个平面去动作（图 6-2）。在肩盂的上方及下方是肩盂上结节和肩盂下结节。这两个结节分别是肱二头肌长头和肱三头肌长头的近端附着点。在肩盂上缘附近有个凸出的喙突，形状像乌鸦嘴。喙突是肩胛骨的尖锐凸出，是许多韧带和肌肉的附着点。肩胛下窝位于肩胛骨的前平面，这个凹窝里充满了厚实的肩胛下肌。

四、肱骨近端至中段

肱骨头的形状几乎等于一个半圆球，形成盂肱关节中凸的那一部分。肱骨头面对的方向为向内、向上，除与肱骨骨干长轴形成 135°的倾斜角外，相对于肘关节的内外轴，在水平面上也向后旋转了 30°。这个被称为后倾的旋转角度会恰好使肱骨头在肩胛平面上正向面对肩盂。有趣的是，有研究发现，棒球选手投球所惯用的手比非惯用手有更大的肱骨后倾角，但是非投手的对照受试者却没有这个现象。这个惯用手与非惯用手之间的差异，被认为是来自于投手投球时所产生的一个很大的旋转压力而引起的骨性适应性变化。

肱骨的解剖颈将近端肱骨干与肱骨头的平滑关节面分开。在肱骨最近端的前外侧周径上有两个凸出，为小结节和大结节。小结节比较尖锐，且比较靠近前方，是肩胛下肌的附着点；较大且较圆的大结节有上、中、下三个小平面，分别是冈上肌、冈下肌和小圆肌的远端附着点。

尖锐的嵴从大结节和小结节的前侧向远端延伸，这两个嵴是胸大肌和大圆肌的远端附着点。在两个结节之间有个结节间沟，因为有肱二头肌的长头经过，故称为结节间沟。背阔肌联结至小结节嵴，在二头肌肌腱内侧。结节间沟的终点外侧远端凸起，称为三角粗隆。

在肱骨的后平面有个斜向的桡状沟（螺旋沟），把三头肌的外侧头和内侧头的近端附着点分开。再往远端前进一点，可看到桡状沟里有桡神经由肱骨后侧经过，往肱骨的外侧远端螺旋前进（图 6-4）。

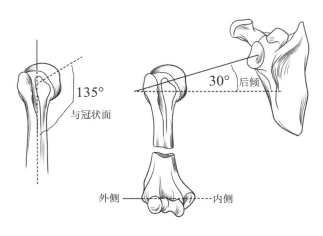

图 6-4　右侧肱骨示意图

第二节　关节学与运动学

关节学包括胸锁关节、肩锁关节、肩胛胸壁关节和盂肱关节，本节重点介绍肩关节外展的整体运动学，即肩复合关节肌肉的六个运动学原则。

一、盂肱关节

（一）关节周围结缔组织及其他支持结构

1. 肩旋转肌群与肱二头肌长头　盂肱关节囊在结构上因四条肩旋转肌群而加强。肩胛下肌是四条肌肉中最厚的一条，位于关节囊前方。冈上肌、冈下肌和小圆肌位于关节囊上方和后方。这四条肌肉形成一个肩袖，以保护盂肱关节，并借由主动机制稳定盂肱关节，尤其在活动时。肩旋转肌群除了肌肉非常靠近关节之外，其肌腱实际上也连接到关节囊内。这个独特的解剖位置，使我们了解了盂肱关节的物理性稳定是如此依赖肩旋转肌群的神经支配、肌力和控制。值得注意的是，肩旋转肌群并没有覆盖到关节囊的两个部位，即下方以及位于冈上肌与肩胛下肌之间的旋转肌间隙。不过，旋转肌间隙可经由肱二头肌长头肌腱和喙肱韧带来加强。旋转肌间隙是盂肱关节向前脱位的常见部位之一（图 6-5）。

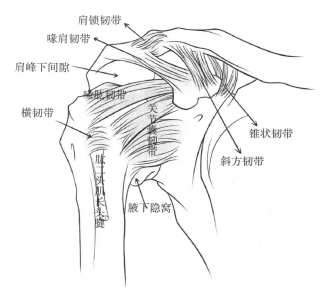

图 6-5　肩旋转肌群与肱二头肌长头示意图

肱二头肌长头由肩胛骨的肩盂上结节及附近的结缔组织边缘（称为盂唇）出发。在这个近端的附着点上，位于关节囊内的肌腱会跨越肱骨头，在肱骨前侧向结节间沟前进。尸体解剖显示，在活动的时候，二头肌的长头会限制肱骨头向前位移。此外，因为这条肌腱的位置跨过肱骨头上方，因此可限制肱骨头向上位移。这个力量对外展动作的关节运动控制很重要。

2. 盂唇　肩盂的边缘被一层纤维软骨包围着，这层组织称盂唇。肩盂深度的 50% 左右由盂唇提供。盂唇加深了凹窝的深度，能够增加肱骨头的接触面积，进而协助稳定该关节。稳固或加深盂肱关节的组织有：①关节囊及其周围关节囊韧带。②喙肱韧带。③肩旋转肌群（肩胛下肌、冈上肌、冈下肌、小圆肌）。④肱二头肌的长头。⑤盂唇。

（二）肩胛胸廓姿势及其对稳定性的影响

当一个人站立，两手臂垂在身侧完全休息时，肱骨头是稳定地靠在盂窝中的。这个稳定度被称为静态稳定，因为它指的是休息时的状态。这个控制盂肱关节静态稳定的被动机制就像把一颗球压进一个倾斜的平面上。休息时关节囊上组织（SCS）会提供肱骨头主要的韧带支持，这些组织包括囊上韧带、喙肱韧带及冈上肌的肌腱。这个关节囊所承受的力矢量、合并重力的力矢量会产生一个垂直朝着肩盂关节面的压迫力量。这个压力（CF）可由将肱骨头紧紧地压向肩关节盂窝内来稳定盂肱关节，从而抵抗肱骨头下滑。肩关节盂窝倾斜的平面也能承受部分手臂的重量（图 6-6）。

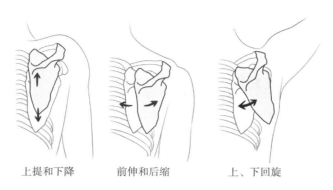

上提和下降　　　前伸和后缩　　　上、下回旋

图 6-6　右侧肩胛骨运动示意图

　　肌电图研究指出，冈上肌及少部分后三角肌，可产生方向几乎平行于关节囊上力的主动力量矢量，提供盂肱关节静态稳定的第二来源。当手提物体时就会需要这种支持。有趣的是，Basmajian 和 Bazant 早期的一个典型研究指出，一般纵行走向的肌肉，如肱二头肌、肱三头肌和中三角肌一般不会主动提供静态稳定，即使是手臂明显向下牵拉时。

　　静态锁住机制中有个重要的一环就是肩胛胸廓的姿势，将关节盂窝维持在稍微向上旋转的方向。长期向下旋转的姿势可能与“不良的姿势”有关，或可能来自某些肌肉的瘫痪或无力，如上斜方肌。无论什么原因，若失去向上旋转的姿势，上关节囊结构的力矢量与重力矢量之间的角度就会增加，从而使上关节囊结构的力矢量与重力的力矢量所产生的压力减少。重力会将肱骨沿着肩盂的面往下拉，如果没有一些外力支撑的话，经过一段时间，向下拉的力量就会导致上关节囊结构变形。因此，支撑不足的肱骨头最后会从肩盂向下半脱位或脱位。

　　盂唇为什么容易受伤呢？有许多结构上和功能上的原因可以解释。首先，盂唇的上部只松散地附着在附近的肩盂边缘上。大约有 50% 的肱二头肌长头腱纤维是上盂唇的延续，其他 50% 是从盂上结节发出的。肱二头肌肌腱上的力量过大或反复多次承受应力，会将不牢固的上盂唇向 12 点钟方向位置附近拉开一部分。比如棒球运动员，上盂唇断裂的发生率就非常高，可能与肱二头肌在运动过程中产生的力量有关。肱二头肌的长头（与前关节囊和下关节囊）不但在投球的“挥臂准备期”会有压力，在投掷后期，肌肉迅速为手臂和前臂进行减速时也会有，这个压力会直接传递到上唇。若肱二头肌长头的近端附着点不稳，就有可能影响肌肉限制肱骨头向前位移的能力。这会使投掷型运动员（或需高举过头的劳力工作者）容易有前向不稳定及更进一步的压力。多个有关上盂唇受伤的机制和受伤后的生物力学结果被提出。

　　关节盂窝前下缘盂唇的受伤或剥离也很常见。正常情况下，这个区域的盂唇是稳固附着在下关节囊韧带的前束上的。如同前面所提及的，这个部位的关节囊若有过多的松弛或撕裂会导致肱骨头反复性地向前脱位。快速的肱骨头向前脱位会在附近的前下关节囊和盂唇上产生一个破坏性力量，其导致的盂唇或关节囊的磨损或部分撕裂，会再引起盂肱关节更大的前向不稳定和此部位更多的压力事件，变为一个恶性循环，尤其是当肩关节存在物理性不稳定时。遇到这种情况，通常需要手术介入，并在术后进行康复治疗。

（三）喙突肩峰弓及其相关滑膜囊

1. 喙肩弓　喙肩弓是由喙肩韧带与肩胛骨的肩峰所形成的。喙肩韧带的附着点是肩峰的前缘与喙突的外侧缘。喙肩弓构成盂肱关节的功能性"屋顶"。在喙肩弓与肱骨头之间的空间被称为肩峰下间隙。在健康的成年人身上，肩峰下间隙大约有 1cm 高。肩峰下间隙在临床上非常重要，此间隙中有冈上肌及其肌腱、肩峰下滑囊、肱二头肌长头腱和部分的上关节囊（图 6-7）。

2. 肩关节周围的滑膜囊　肩关节周围有许多分开的滑膜囊。有些滑膜囊是盂肱关节之滑膜的直接延伸，如肩胛下滑膜囊，但也有些滑膜囊是分开的。所有滑膜囊的位置都在易有摩擦力出现的地方，如介于肌腱、关节囊与骨头、肌肉与韧带、两块相邻的肌肉之间。有两个重要的滑膜囊位于肱骨头上方，肩峰下滑膜囊位于肩峰下的空间内，介于冈上肌之上与肩峰之下。滑膜囊可保护较软、较易受伤的冈上肌及其肌腱不在肩峰坚硬的上表面磨损。三角肌下滑膜囊是肩峰下滑膜囊的侧面延伸，可降低三角肌与位于其下方的冈上肌和肱骨头之间的摩擦力（图 6-8）。

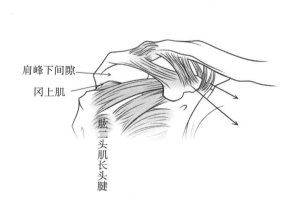

图 6-7　喙肩弓示意图

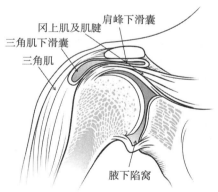

图 6-8　肩关节周围的滑膜囊示意图

（四）运动学

盂肱关节因为拥有三个方向的自由度而称为球窝关节，主要动作有屈曲和伸直、外展和内收、内旋和外旋。盂肱关节的第四种动作为水平屈曲和水平伸直，或水平内收和水平外展。这个动作是从外展 90°位置发出，水平屈曲时肱骨会向前移动，水平伸直时肱骨则向后移动。盂肱关节的活动度以解剖位置 0°或水平作为参考点。例如，在矢状面，屈曲是指肱骨从 0°位置向前转动，伸直是指肱骨从 0°位置向后转动。

在现实生活中，任何有目的的盂肱关节动作不仅包括肩胛胸壁关节的动作，也包括胸锁关节和肩峰锁骨关节的动作。接下来我们会把重点放在盂肱关节的运动学特征上。

1. 外展和内收　外展和内收的传统定义是指肱骨接近额状面，绕着一个接近矢状轴进行旋转。正常情况下，健康人的盂肱关节外展角度大约为 120°，有文献报道称也存在一定的差异。盂肱关节的外展，通常会合并外旋，这点很容易通过触摸进行验证。这个伴随的外旋动作，可使肱骨头上面的大结节由肩峰后面通过，避免碰到肩峰下间隙中的组织，尤其是冈上肌肌腱。完整的肩关节复合体外展需要肩胛骨配合，提供大约 60°的向上旋转。

外展的关节运动学包括肱骨头的凸面向上滚动并同时向下滑动。滚动、滑动关节会沿着（或很靠近）关节盂窝的纵径发生。内收关节的运动学特征与外展类似，只是方向相反罢了。部分冈上肌与盂肱关节的上关节囊相联。除带动外展动作外，主动的肌肉收缩也会将上关节囊拉紧，使其不会被肱骨头和肩峰下平面夹到。这个肌肉的力量会增加关节的动态稳定（动态稳定是指关节在动作过程中的稳定性）。进行外展动作时，凸出的肱骨头会将下关节囊韧带的腋下陷窝拉平，在下关节囊处产生一个类似吊床的张力，以支撑肱骨头。

2. 屈曲和伸直　盂肱关节的屈曲和伸直动作是指肱骨接近矢状面，绕着接近内外方向的旋转轴进行旋转，其关节运动学特征主要是指肱骨头在肩盂上的旋转动作。肱骨头旋转会拉紧周围大部分的关节囊组织。当屈曲至末端时，被牵拉的后关节囊所产生的张力会将肱骨头稍微向前推。盂肱关节至少有 120°的屈曲，但肩关节屈曲到接近 180°时还需肩胛胸壁关节向上旋转。

在额状面上的完整肩关节伸直角度，主动动作大约为 65°，被动动作大约为 80°。进行被动肩关节伸直到尽头时，可能会牵拉到关节囊韧带，导致肩胛骨些许的前倾，而这个前倾动作会促进手的向后伸。

3. 内旋和外旋　在解剖位置上，盂肱关节的内旋和外旋是指肱骨在水平面上进行的自旋。这个自旋是绕着垂直轴或经过肱骨骨干的纵轴进行的。外旋的关节运动学特征发生在肱骨头和肩盂的横径上。肱骨头会在肩盂上同时向后滚动和向前滑动。内旋的关节运动学特征也如此，只是滚动和滑动的方向与外旋相反。

进行内旋和外旋动作时，同时可发生滚动和滑动。纵径比较大的肱骨头可以在表面相对较小的肩盂上滚动。这些向前和向后的滑动，对于将肱骨头拉回原位非常重要，其能让肱骨头沿着肩盂的横径进行滚动。例如，如果肱骨头向后滚动进行 75°外旋，但却未同时发生向前滑动的话，那么肱骨头会向后位移 38mm 左右。这个位移量已完全超出了此关节的关节面，因为肩盂的整个横径只有 25mm（约 1 英寸）左右。正常情况下，完全外旋会使肱骨头的中心点有 1～2cm 的向后位移，表示向后滚动的同时有向前滑动的"抵消"。

肩关节处于内收位置时，通常内旋为 75°～85°，外旋为 60°～70°，但也存在个体差异。在外展 90°的情况下，外旋角度可增加近 90°。无论在哪个位置进行内旋或外旋，肩胛胸壁关节都会出现一定的伴随动作。在解剖位置下，肩胛胸壁关节的内旋和外旋动作会包括肩胛骨的前伸和后缩（图 6-9）。

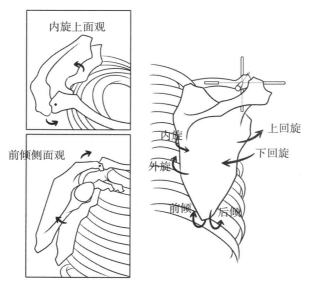

内旋上面观

前倾侧面观

内旋

外旋

上回旋

下回旋

前倾　后倾

图 6-9　肩胸关节运动示意图

4. 滚动和滑动　滚动和滑动的关节运动学对肩外展的完整关节活动度非常重要。肱骨头的关节面纵径大约是肩盂纵径的两倍，外展的关节运动学特征则显示出同时发生的滚动和滑动。如何让一个比较大的凸面在一个比较小的凹面上滚动，则不会滚出。

在外展过程中，若没有足够的向下滑动，肱骨头就会向上滚出去，从而影响肱骨头和喙突肩峰弓的相对位置。假设一个成人的肱骨头在肩盂向上滚动，同时没有向下滑动的话，那么肩盂关节只要进行 22° 的外展，肱骨头就会在肩峰下间隙位移 10mm。这种状况会造成冈上肌肌腱和肩峰下滑膜囊在肱骨头与喙突肩峰弓之间的挤压，这个挤压会阻碍肩关节的进一步外展。在活体测量中，健康肩关节在肩胛平面上进行外展的整个动作中，肱骨头的中心点几乎是不动的，或者只向上位移很少。肱骨头的接触点同时向下滑动，则抵消了它在外展过程中向上位移的趋势。

健康人进行肩外展时，滚动和滑动关节的运动学抵消效应和下关节囊的柔韧都是用来维持正常肩峰下空间的。若硬度过大或腋下陷窝的容量变小，肱骨头会在外展过程中明显地被向上拉，从而影响肩峰下间隙内脆弱的组织。这种不自然且重复性的压迫会伤害冈上肌肌腱、肩峰下滑膜囊、肱二头肌肌腱长头及上关节囊，或使它们发炎。经过一段时间，这种重复性的压迫会导致患者疼痛，此称肩峰下撞击综合征（subacromial impingement syndrome，SIS）。

5. 肩关节动态中心　与盂肱关节的所有动作一样，特定的关节运动学需根据骨运动学的运动平面而定。在解剖位置，内旋与外旋动作会有滚动和滑动，但当盂肱关节从 90° 外展位进行旋转时，主要需要的是肱骨头与肩盂间某个点的旋转。了解每个关节的骨运动学与关节运动学之间的关系，对于疾病的治疗和评估很有帮助。

在所有盂肱关节的自主动作中，肩旋转肌群的主动力量在其动态稳定上扮演了很重要的角色。主动的肌肉力量会与被牵拉关节囊韧带所产生的被动力量，一起将肱骨头维持在肩盂的适当位置。盂肱关节的动态稳定依靠这些主动和被动力量的互动，尤其是该关节的骨头结构是不稳定的。

肩关节在主动外旋过程中的动态稳定机制：冈下肌（四条肩旋转肌群的其中一条）的收缩会在盂肱关节产生一个主动的外旋力矩。由于冈下肌附着部分下关节囊，因此它的主动收缩会限制其松弛程度。后关节囊上的有些张力与主动肌肉的硬度，可在肩关节主动外旋时协助稳定关节的后缘。被牵拉的肩胛下肌、中盂肱关节囊韧带以及喙肱韧带的被动张力都会增加前关节囊的硬度。因此，在主动外旋过程中，关节两侧的力量都会参与稳定关节，并将肱骨头放于肩盂正中位置。

盂肱关节囊的过度紧绷会影响上述的动态中心。例如，在主动外旋过程中，过紧的前关节囊会产生一个大的被动力量，使肱骨头的位置太偏后面。这个机制使肱骨头远离肩盂中心，导致关节内有不正常的接触。另一个较常见的例子是，过紧的后关节囊在主动内旋过程中会将肱骨头推到前面，这是造成盂肱关节不稳定及肩峰下撞击综合征的可能因素。

6. 冠状面 VS 肩胛平面　评估肩关节功能时，我们常会在冠状面上观察肩关节的外展动作，该动作不是一个很自然的动作。在肩胛平面（冠状面前方约 35°）上进行肩关节外展才是比较自然的动作，它可将肱骨举高的程度大于在冠状面上的外展。此外，在肩胛平面上进行外展，随之发生的外旋动作会很少。我们可以尝试一下，在冠状面将肩关节外展到最大程度，用意识控制不要有任何外旋动作发生，这时你会感到无法做到外展极限或觉得不稳。这是因为肱骨上的大结节正对的是较低的喙突肩峰弓位置，压迫到了肩峰下空间内的组织。为了在冠状面上进行完整的外展动作，肱骨必须在外展过程中加入外旋动作，以确保凸出的大结节不会撞到肩峰下表面的后缘。

在肩胛平面外展手臂会发现，这个动作可以做得很轻松，而且不太需要外旋，至少在外展至中段时不需要。在这种情况下不会发生挤压，因为肩胛平面上的外展已将大结节的顶点放在了喙突肩峰弓中相对较高的位置上。在肩胛平面上的外展也使天生就后倾的肱骨头可以正对肩盂，而冈上肌的近端及远端附着点在这个时候刚好位于同一条直线上。这些冠状面和肩胛平面上的差异，在评估或治疗肩功能障碍时均应一并考虑。尤其怀疑有肩峰下撞击综合征时更要注意。

7. 肩复合关节的六个运动学原则　到目前为止，肩关节学的研究主要着重于肩复合关节，以及各关节单独的运动学特征或关节与关节之间的相关性。了解这些关节如何合作，可使临床工作者知晓这个复合关节存在功能不足，是如何影响另一个的。这也是有效肩关节评估和治疗的重要基石。

第一个运动学原则是肩胛肱骨节律，其由 Inman 及其同事于 1944 年提出。这个经典的实验主要着重于肩关节在冠状面的外展动作。他们利用两个面向的放射线影像，并将细针直接插在受试者的骨头上记录其动作。这项早期研究成为大部分肩关节运动学研究的基础。在健康的肩关节上，盂肱关节外展与肩胛胸廓向上旋转之间存在着自然运动学节律。Inman 使用肩胛肱骨节律来形容。研究结果显示，在外展大约 30° 后，该节律就维持在相当的数值上，这个数值是每 3° 的肩外展有 2：1 的节律。其中 2° 发生在盂肱关节外展，另外 1° 发生在肩胛胸壁关节的向上旋转。肩外展的第一运动学原则就是 2：1 的肩胛肱骨节律，代表完整的 180° 外展，是由 120° 的盂肱关节外展和 60° 的肩胛胸壁关节向前向上旋转，同时发生所加成的。自 Inman 的经典活体实验后，大量的肩胛肱骨节律研究结果陆续发表。多数研究使用的方法学都是非侵入性的，如放射影像学、几何测量学、影像学、电脑断层扫描、荧光镜、核磁共振，以及肌电号码或电磁追踪设备。每篇文献报道的肩胛肱骨节律都不同，范围从 1.25：1 ～ 2.9：1 都有，但都相当接近 Inman 报道的 2：1。这些不同数据可能是来自不同的测量技术、受试者族群、测量动作本身的速度和范围、测量的面向数量以及外力的大小。无论差异如何，Inman 的 2：1 比例在评估肩关节外展动作时仍然是有价值的。这个比例很容易记，且能够掌握肱骨和肩胛骨进行 180° 肩外展时的整体关系。

第二个运动学原则描述的是在完全外展时，肩胛骨的向上旋转是肩关节运动学中不可或缺的一部分，但是肩胛骨的整体运动是由胸锁关节和肩峰锁骨关节的合并运动学决定的。其描绘出一个受测者在冠状面执行 180° 的主动肩外展动作，展示了胸锁关节和肩峰锁骨关节在外展过程中的运动学表现。肩关节外展的第二运动学原则是指肩关节完全外展时，肩胛骨向上旋转 60°。其实这是由锁骨在胸锁关节的上提和肩胛骨在肩峰锁骨关节的向上旋转的角度。每关节在肩胛骨向上旋转的精确角度是很难测量的。因为技术上的原因，胸锁关节的运动学研究得较多。Inman 指出，胸锁关节在冠状面外展至 180° 时会上提 30°。但 Ledewing 和他的同事的报道为平均 6° ～ 10° 的锁骨上提。我们还需要更多的数据了解胸锁关节与肩峰锁骨关节在外展时，肩胛骨向上旋转的角度。我们很清楚，每个关节都对肩胛骨角度有显著贡献。

第三个肩外展的运动学原则是指在肩关节外展过程中，锁骨会在胸锁关节上进行后缩。锁骨的解剖位置大约位于水平线上，在冠状面向后约 20°。肩关节外展时，锁骨会后缩大约 15°。运动学原则在主动和被动外展过程中都存在，而后缩的锁骨可协助肩峰锁骨关节将肩胛骨摆放在水平面的最佳位置。

第四个肩外展的运动学原则描述的是肩关节完全外展时，肩胛骨是向后倾且向外旋转的。肩胛骨向后倾和向外旋转的角度差异性很大，要根据胸锁关节和肩峰锁骨关节的合并运动学而定。在解剖位置休息状态下，肩胛骨大约向前倾 10°，向内旋转接近 35°（即位于肩胛平面上）。当肩关节开始外展时，肩胛骨的后倾动作主要发生在肩峰锁骨关节；当完全外展时，向外旋转动作是来自胸锁关节及肩峰锁骨关节的净旋转，虽然这个动作的角度相当小，且差异性也很大。Ludewing 和他的同事发现，肩峰锁骨关节在肩外展时进行的是内旋转动作。但是任何肩胛骨的向内旋转动作最后都会被更大的胸锁关节后缩角度抵消。因此，肩胛骨通常展现的是少许的外转角，虽然骨头仍位于肩胛平面的前方。值得注意的是，这些肩胛动作的角度和模式不同研究结果是不一样的。不过，这些动作很重要，它会将喙突肩峰弓移离肱骨头。大部分人认为，肩胛骨的后倾和向外旋转有助于避免肩峰下空间组织发生撞击，降低肩关节囊和肩旋转肌群的机械性压力。

第五个肩外展运动学的原则是锁骨会绕着它自己的长轴向后旋转。这个动作在前面提过，它也是胸锁关节的主要动作之一。虽然此角度真正的测量很少见，但有文献报道称，锁骨旋转为 20°～ 35°，具体角度视肩外展时的平面和角度而定。但研究一致表示，大部分旋转动作发生在外展的后期。在解剖位置休息状态下，喙突锁骨韧带是相当松弛的，肩外展初期，肩胛骨开始在肩峰锁骨关节上进行向上旋转，牵拉相对紧绷的喙突锁骨韧带。这条韧带无法再被拉长，因此限制了此关节产生更多的向上旋转。这条被牵拉的韧带的内部张力会传到锁骨的锥状结节（位在锁骨长轴的后方），使曲柄状的锁骨向后旋转。该旋转会使喙突锁骨韧带在锁骨上的附着端点往喙突靠近，稍微放松韧带，使肩胛骨能继续向上旋转。Inman 将这个机制形容为肩关节动作的基础特征，认为如果没有这个动作，完整的肩关节就不可能达成。Ludewing 及其同事认为，锁骨向后旋转的动作在物理上会与肩峰锁骨关节的向后倾同时发生，这是完整肩关节外展的必备条件。

第六个肩关节外展的运动学原则是肱骨在肩关节外展过程中会自然外旋。如前所述，外旋使大结节可从肩峰的后方经过，从而避免挤到肩峰下的内容物。Stokdijk 及其同事根据手臂抬举的几个特定平面，报道了不同的肱骨外展比例。绝对的冠状面外展比起肩胛平面上的外展有较高的比例（如每一度外展下有较多的外旋角度）。伴随完整的主动肩关节外展的外旋角度大小目前还没有确切的数值，有可能在 25°～ 55°之间。

这六个与肩完全外展有关的运动学原则为我们提供了评估肩复合关节的运动学准则。每个原则的动作模式和精准角度会因不同的个体和研究而有所差异，这也反映出人体动作的变异性和研究所使用的不同方式。

二、肩复合关节肌肉的神经支配

1. 臂神经丛 整个上肢的神经支配都来自于臂神经丛。臂神经丛由 C_5～ T_1 神经根的腹支集合而来。臂神经丛的基本解剖为：C_5 和 C_6 神经根形成上干，C_7 形成中干，C_8 和 T_1 形成下干，上干、中干和下干往前前进一小段后，组成前侧分支和后侧分支。这些分支再重新组织成三束（外侧束、后侧束和内侧束），并根据它们与腋动脉的相对位置而命名。这些束分支组合成主要神经，如尺神经、正中神经、桡神经、腋神经等（图 6-10）。

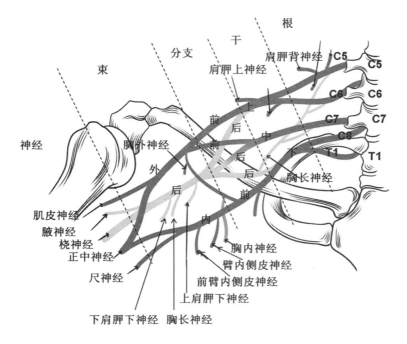

图 6-10　臂神经丛示意图

2. 关节的感觉神经支配　胸锁关节的感觉（传入）神经支配来自颈神经丛的 C_3、C_4 神经根。肩峰锁骨关节和盂肱关节的感觉神经支配则经由 C_5 和 C_6 的神经根，以及肩胛上神经和腋神经。

3. 肌肉支配　进行肩复合关节动作的主要肌肉所接受的神经支配来自臂神经丛的两大区域：①从后索分支而来的神经，如腋神经、肩胛下神经和胸背神经。②从臂神经丛较近端分出的神经，如肩胛背神经、胸长神经、胸神经和肩胛上神经。这些神经支配的唯一例外是斜方肌。斜方肌主要由第 11 对脑神经支配，少部分动作和感觉支配由上颈椎神经的神经根支配。

第三节　肌肉与肩关节之相互作用

一、肩关节肌肉的动作

根据功能不同，大部分肩复合关节肌肉可分为两大类：近端稳定肌和远端动作肌。近端稳定肌是指从脊椎、肋骨和颅骨出发，附着到肩胛骨和锁骨上的肌肉，如前锯肌和斜方肌。远端动作肌是指从肩胛骨和锁骨出发，连接到肱骨或前臂上的肌肉，如三角肌和肱二头肌。

肩复合关节的理想功能需要这些肌肉的协调。例如，若三角肌要在盂肱关节产生一个有效的外展力矩，肩胛骨必须由前锯肌和斜方肌将其稳定在胸廓上。如果前锯肌瘫痪，那么三角肌就无法进行肩关节的完全外展。

（一）肩胛胸壁关节的肌肉

根据动作分类，肩胛胸壁关节的肌肉可分为上提肌和下降肌、前伸肌和后缩肌、向上旋转肌和向下旋转肌。有些肌肉通过附着到锁骨或肱骨上，间接地作用在肩胛胸壁关节上。

1. 上提肌群　负责上提肩胛胸壁关节的肌肉，主要为上斜方肌、肩胛提肌及次要的菱形肌。在功能上，这些肌肉支持肩带（肩胛骨和锁骨）及上肢的姿势。虽然差异性很大，但理想的姿势是指肩胛骨些许的上提和相当程度的后缩，使肩盂稍微面向上。上斜方肌因为附着在锁骨的外侧端，所以相对于胸锁关节有理想的力臂，以维持这个理想姿势。

接下来介绍可能降低肩带肌肉支撑的病理学知识。例如，上斜方肌可能会在副神经（第 11 对脑神经）受伤后或小儿麻痹后（病毒侵犯动作神经的细胞）发生单独瘫痪。然而，更常见的情况是在中风或某些疾病后，如肌肉失养症，所有的肩胛胸廓上提肌群都无力或瘫痪。无论病理学情况如何，肩带失去肌肉支持后，重力会成为决定肩胛胸壁关节姿势的主要力量，典型的姿势是肩胛骨向下、后缩，并且过度地向下旋转。经过一段时间后，这个姿势会对肩关节区域内的其他组织产生伤害性压力。如一个女孩子，她的左侧上斜方肌因为小儿麻痹而瘫痪，经过一段时间后，处于下压位置的锁骨会使胸锁关节向上脱位。当锁骨外侧端降低时，内侧端因为在第一肋骨下的杠杆原理而被迫向上。这个处于下压位置的锁骨干也可能会压迫锁骨下血管和部分的臂神经丛。

上斜方肌长期瘫痪后的另一个后遗症是盂肱关节的向下脱位或半脱位。前面讲过，盂肱关节的静态稳定使部分肱骨头稳稳地压向肩盂的斜面上。斜方肌长期瘫痪后，肩盂无法维持向上旋转，使得肱骨头向下滑动。未被支撑的手臂被重力下拉，会拉到盂肱关节的关节囊韧带，最终导致无法回复的脱位。该后遗症常发生于半身不遂患者，往往需要吊带提供外力，以支撑上臂。

上面讲的是较极端的例子，因去神经导致肌肉瘫痪而引起肩胛骨姿势不正常。然而，有些不太极端的例子临床比较常见，这类患者通常没有神经性或肌肉性病变。例如，有个年轻妇女是典型的"圆肩"。两侧肩胛骨都稍有下降、向下旋转及后缩。这个姿势与真正的肌肉瘫痪比起来，会在胸锁关节和盂肱关节产生类似的生物力学压力（但伤害性较低）。观察肩胛骨内侧缘和肩胛下角可以发现，两侧的肩胛骨都稍微向内旋转或向前倾。该姿势易导致肩胛下空间的组织被夹挤。不正常的肩胛姿势在神经完好无缺的人身上可能由众多因素导致，包括结缔组织的整体松弛、肌肉疲乏或无力、盂肱关节囊紧绷、不正常的胸锁姿势或习惯、情绪引起，要找出导致不正常肩胛位置的特定物理原因往往比较困难。无论引起肩胛胸壁关节不正常姿势的原因是什么或严重程度如何，我们很清楚的是，其会影响整个肩复合关节的生物力学。临床上对肩关节的检查包括肩胛胸壁关节上提肌群的分析，治疗也必须针对原因进行，以改善不正常的肩胛胸廓姿势。对较轻微的个案，这种情况可由特定肌肉训练或牵拉运动，以及提升患者对自己不正常姿势的认知而得到改善。

2. 下降肌群 肩胛胸壁关节的下降动作是由下斜方肌、背阔肌、胸小肌及锁骨下肌进行的。小条的锁骨下肌是将锁骨往下拉，间接带动肩胛骨向下的。锁骨下肌的力量与锁骨干几乎是平行的，因此认为其有向内压迫功能，用以稳定胸锁关节。

下斜方肌和胸小肌直接作用于肩胛骨上。背阔肌的作用也是间接的，经由将肱骨往下拉而带动肩胛骨向下。这些下降肌群所产生的力量可以直接经过肩胛骨和上肢作用于某些物体，其动作可增加上肢的整体功能性长度。

如果手臂被固定在下降位置，则下降肌群的力量可将胸廓抬起。这个动作只发生在肩胛骨比胸廓更稳定的情况下。例如，人坐在轮椅上，利用肩胛、胸廓下降肌群的力量来减轻坐骨粗隆上的接触性压力。当手臂稳稳地扶在轮椅上时，下斜方肌和背阔肌的收缩会将胸廓和骨盆向上拉，向固定的肩胛骨靠近。对四肢瘫痪的人而言，这是一个非常有用的动作，因为他没有足够的肱三头肌肌力来进行肘关节伸直，以抬高其躯干。这种暂时将躯干及下半身重量释放的能力，在轮椅与床铺之间转移时也很好用。

3. 前伸肌群 前锯肌是肩胛胸壁关节主要的前伸肌。这个展开来的肌肉有很理想的力臂执行相对于胸锁关节垂直旋转轴的前伸动作。肩胛骨前伸的力量通常会通过盂肱关节传递进行向前推举或延伸的动作。前锯肌无力的人，向前推举的动作会有困难，因为没有其他肌肉可提供肩胛骨足够的前伸力矩。

前锯肌的另一个重要动作是加强标准俯卧撑的末端动作。俯卧撑的初期动作主要由肱三头肌和胸肌肌群执行。然而，当肘关节完全伸直后，胸廓必须由肩胛骨进行前伸以远离地面，这个最后的动作主要由前锯肌来执行。两侧的前锯肌一起用力时，会将胸廓向固定的肩胛骨端抬高，这就是所谓的"俯卧撑（push-up plus）"。该动作需要前锯肌的特定肌力才能达成，因此常被用作训练前锯肌的运动。

4. 后缩肌群 斜方肌中束在进行肩胛骨后缩动作时有很理想的动力线。菱形肌群和下斜方肌为次要的后缩肌群。所有的后缩肌在手臂进行拉动作时都会活动，如攀岩和划船。这些肌肉将肩胛骨锁在中轴骨的位置。

次要的后缩肌群是讲解肌肉如何分享类似动作，以及相互拮抗肌的好例子。在进行大动作后缩时，菱形肌向上提高肩胛骨的力量会被下斜方肌的下降力量所抵消，因此这两条肌肉的动力线总和后会进行单纯的后缩动作。

斜方肌的完全瘫痪和较低程度的菱形肌瘫痪都会明显降低肩胛骨的后缩潜力，肩胛骨也会因前锯肌的前伸力量而稍稍前伸。

5. 向上旋转肌群和向下旋转肌群 执行肩胛胸壁关节向上旋转及向下旋转动作的肌肉，将在肩关节整体动作处进行讲解。

（二）抬高手臂的肌肉

手臂的抬高动作是指将手臂高举过头，但不限制动作平面。手臂的抬高是由三组肌肉执行的：①在盂肱关节将肱骨抬高（外展或屈曲）的肌肉。②控制肩胛胸壁关节向上旋转的肩胛肌肉。③控制盂肱关节之动态稳定及关节运动学的肩旋转肌群。

1. 在盂肱关节抬高手臂的肌肉 外展盂肱关节的主要肌肉为前三角肌、中三角肌和冈上肌。手臂如果通过屈曲抬高，则主要由前三角肌、喙肱肌和肱二头肌的长头执行。

中三角肌和冈上肌的动力线在肩外展时十分类似。这两条肌肉都会在手臂开始抬高时启动，直到约90°左右外展。在外展过程中，两条肌肉都会通过下关节囊协助稳定肱骨头于功能性凹窝中。中三角肌和冈上肌的外展动力臂相当明显，大部分动作中1～3cm不等。

三角肌和冈上肌对于盂肱关节的整体外展力矩的贡献基本相当。若三角肌瘫痪，冈上肌仍能完全外展盂肱关节，但外展力矩会下降。若冈上肌瘫痪或冈上肌肌腱断裂，则完全外展就会困难，因为盂肱关节的关节运动学已经发生改变。若三角肌和冈上肌同时瘫痪，则不可能发生主动的完全外展。

研究显示，冈下肌和肩胛下肌的上部纤维有一些动力臂可外展盂肱关节。因为这些肌肉的上部纤维通过此关节的矢状轴上方，所以可以使肩关节外展。虽然这些肌肉被视为次要的外展肌，但主要角色仍是建立此关节的动态稳定，并引导关节运动。

2. 在肩胛胸壁关节的向上旋转肌 肩胛骨的向上旋转是手臂抬高的必要因素，主要的向上旋转肌群包括前锯肌、上斜方肌和下斜方肌。这些肌肉会带动肩胛骨向上旋转，并提供远端动作肌一个稳定的附着点，如三角肌和肩旋转肌群。此外，前锯肌会将肩胛骨向后倾和稍稍向外旋转（这些动作前面提过，是肩外展动作的第四个运动学原理）。前锯肌下部纤维的动力线会将（向上旋转）肩胛骨的肩胛下角向前拉。这个向前拉的力量与其他力量会使肩盂后倾。此外，前锯肌产生的力量通过肩峰锁骨关节的垂直轴内侧也会在肩胛骨产生一个向外旋转的力矩。该力矩可将肩胛骨的内侧缘稳定在胸廓上。虽然还没完全了解其机制，但前锯肌的次要动作很可能是肩胛骨向上旋转整体运动学中的重要元素。

3. 肩胛骨进行向上旋转时，斜方肌和前锯肌的互动 肩胛骨进行向上旋转的旋转轴，以前后方向穿过肩胛骨。该旋转轴有助于分析前锯肌和斜方肌向上旋转肩胛骨的能力。该旋转轴在肩外展初期比较接近肩胛冈根部，在外展后期会靠近肩峰。

斜方肌的上下部纤维，以及前锯肌的下部纤维形成了一个力偶作用，以将肩胛骨有效地向上旋转。这个力偶将肩胛骨带往与外展中的肱骨相同的旋转方向。这个力偶的机制是，这三条肌肉的力量是同时作用的。前锯肌下部纤维在肩胛下角的拉伸会将肩盂向上、向外转。这些纤维是该力偶作用中最获效益的向上旋转肌，因为它的作用力臂最长。

上斜方肌对肩胛骨的向上旋转是间接通过向上、向内拉动锁骨来带动肩胛骨的。下斜方肌的主要作用在肩外展的后期。相比之下，上斜方肌在肩外展刚开始动作时，肌电信号会明显增强，然后在整个肩外展过程中随着关节活动度的增加而持续增加强度。上斜方肌在外展初期会将锁骨上提，在外展后期会将下斜方肌的下拉力量抵消掉。前锯肌在整个肩外展的过程中，肌电信号会渐渐增强。

中斜方肌在肩外展过程中的活动性很高，它的作用力线会通过肩胛骨旋转的旋转轴。这个肌肉还是会贡献肩胛骨后缩的力量，协同菱形肌一起协助中和前锯肌的强大前凸力量。中斜方肌和前锯肌在手臂高举过程中所形成的这个净力，会决定向上旋转位置下的肩胛骨的收缩－牵引方位。肩外展过程中（尤其是在额状面上时），肩胛骨的后缩肌与锁骨的后缩是同等重要的（复习运动学原则三）。

总而言之，在手臂抬举的过程中，前锯肌和斜方肌控制肩胛骨的向上旋转。前锯肌在这个动作上有大的作用力臂。这些肌肉会协同做向上旋转动作，但也是彼此的作用肌和拮抗肌，以限制彼此的前伸、后缩动作。

二、肩胛胸壁关节向上旋转肌群的瘫痪

（一）斜方肌瘫痪

斜方肌完全瘫痪会使手臂高举过头存在中等甚至严重困难。只要前锯肌是完全受支配的，那么手臂高举过头这个动作仍可以达到完整的关节活动度。但是斜方肌瘫痪，在冠状面上进行手臂抬举会更困难，因为这个动作需要斜方肌产生一个很大的后缩肩胛骨力量。

（二）前锯肌瘫痪

前锯肌瘫痪会导致明显的肩关节运动学不正常。若仅部分瘫痪，功能障碍会比较轻微；若完全瘫痪，功能障碍会很严重。前锯肌瘫痪的原因，可能是胸长神经、脊髓或颈部神经根受伤。

前锯肌完全瘫痪的人通常无法主动将手臂高举过头，即使斜方肌和盂肱关节外展肌群在完全支配的情况下也是如此。若尝试进行肩外展，尤其是在抵抗阻力的情况下，手臂的抬举高度会受到限制，且伴随肩胛骨的过度而向下旋转。正常情况下，前锯肌收缩会产生一股强大的肩胛骨向上旋转力量，使收缩中的中三角肌和冈上肌带动肱骨朝相同的方向旋转。然而，当前锯肌瘫痪时，收缩中的中三角肌和冈上肌会成为肩胛骨动力学的主导力，导致肩胛骨向下旋转。肩胛骨的向下旋转和手臂的部分抬高同时发生时，会使三角肌和冈上肌的肌肉长度快速缩短。根据力量－速度和长度－张力关系，这些肌肉长度的快速缩短会使其可发挥的潜在力量下降。这个下降的潜在力量与肩胛骨的向下旋转，不仅会减少手臂抬高的活动度，也会减少抬高的力矩。

分析前锯肌瘫痪的机制，可为这条肌肉的肌动学特征提供很有价值的信息。正常情况下，手臂抬高时，前锯肌会在肩胛骨产生一个相当大的向上旋转的力矩。这个力矩必须大过中三角肌和冈上肌在动作过程中产生的向下旋转力矩。此外，前锯肌也必须在这个正向旋转的肩胛骨上，产生一个轻微但却很重要的后倾和外旋力矩。观察前锯肌瘫痪的情况时，这些次要动作会非常明显。肩胛骨除明显地向下旋转外也有些许的前倾（肩胛骨下角翘起来）和内旋（肩胛骨内侧缘翘起来）。这种扭曲姿势临床上称"天使翼"肩胛骨。这个姿势最后会导致胸小肌的适应性缩短（胸小肌是前锯肌的直接拮抗肌），而胸小肌被动张力的增加会进一步导致肩胛骨更倾向前倾和内旋的姿势。

令人惊讶的是，即使只有少部分前锯肌无力也会干扰正常的肩关节运动。Ludewing

and Cook 研究了一些肩撞击综合征的案例，都是需将手臂高举过头者。结果发现，在进行主动肩关节外展时，前锯肌的活性降低，与肩胛骨的向上旋转、后倾和外旋的减少有一定关系。这些不正常的肩胛骨运动学与肩峰下空间的缩小有关。为什么这条肌肉在健康徒手工作者身上会有无力的情况，原因不明。肩撞击综合征是肌肉无力的原因还是结果，我们并不清楚。

（三）内收及后伸肩关节的肌肉

　　肩关节主要的内收和伸直肌群包括后三角肌、背阔肌、大圆肌、肱三头肌长头及胸大肌的胸骨部。攀岩时或在水中攀着绳子向上或向前，手臂拉绳子的力量就来自这些有力肌群的收缩。进行内收和后伸动作时，背阔肌、大圆肌和胸大肌拥有最大的动力臂。冈下肌的下部纤维和小圆肌则可协助这些动作。后伸肌和内收肌是所有肩关节肌肉群中可以产生最大力矩的肌肉群。

　　当肱骨被固定不动时，背阔肌的收缩可将骨盆往上抬高。下半身瘫痪者常常借助拐杖行走或在辅助协助下，利用这个动作代偿无力或瘫痪的髋关节屈曲肌群。

　　7 条内收 – 后伸肌肉中，有 5 条的近端附着点位于先天不稳定的肩胛骨上。菱形肌群的主要功能是在盂肱关节进行主动内收和伸直时稳定肩胛骨（在肩关节进行内收和后伸时），并自然而然地伴随肩胛骨的向下旋转和后缩。根据骨头的附着点，胸小肌和背阔肌似乎可以协助菱形肌群进行肩胛骨的向下旋转。这个推断在观察已处于向上旋转位置下的肩胛骨及位于外展和屈曲姿势下的肩关节时最明显，因为这个位置可以产生最大的肩关节内收和后伸动作，如推进式游泳划水时。

　　触诊可发现，肩关节完全后伸超过解剖位置时，肩胛骨会前倾。这个动作主要由胸小肌负责，在功能上可增加肩胛骨向后延伸的范围。

　　所有的肩旋转肌群在肩关节内收和后伸时都是活动的，这些肌肉产生的力量会直接协助动作的进行，或将肱骨头稳定于肩盂上。

（四）内旋及外旋肩关节的肌肉

　　1. 内旋肌群　内旋盂肱关节的主要肌肉为肩胛下肌、前三角肌、胸大肌、背阔肌和大圆肌。这些内旋肌群常常是有利的后伸肌和内收肌，例如，推进式游泳时使用到的那些肌肉。肩关节内旋肌群的整体肌肉质量比外旋肌群大，体现在内旋肌群可产生的最大力矩比外旋肌群大，无论是离心收缩抑或向心收缩，都是如此。

　　高速投掷时，需要内旋肌群发挥强大的力矩。运动医学对专业棒球手的这些肌肉群，在达到最大外旋前（挥臂准备期的最后瞬间）可产生的最大力矩。投手在这个阶段的内旋肌群必须强力收缩，为强大的外旋力矩做减速动作。此时的外旋力矩最高可达 70 ～ 90N·m。这两个相反方向的旋转力矩会在肱骨骨干上产生一个扭力，扭力的强度大小常与棒球投手骨折的病理机制有关。棒球投手骨折是指肱骨中断和达 1/3 段自发性的螺旋状骨折。一些类似的生物力学研究，都着重在 12 岁专业棒球手投球的挥臂准备期。虽然这个扭力会随着投球速度的降低而减少，但这个力量很可能造成近端肱骨的骨骺分离，该现象被称为"小联盟肩"。这个力量也会使儿童的肱骨发展成过度后倾。内旋盂肱关节的肌肉常被形容为肱骨相对于肩胛骨的旋转肌。这个动作的关节运动学基础是凸的肱骨头在固定的肩盂凹窝上旋转。设想一下，若将肱骨头固定住，而肩胛骨是自由可动的，那么此时肌肉的功能和运动学会发生什么？若有足够的肌力，肩胛骨和躯干便可绕着固定的肱骨旋转。需要注意的是，肩胛骨相对于肱骨旋转的关节运动学，是凹的肩盂在凸的肱骨头上进行相同方向的滚动和滑动（图 6-11）。

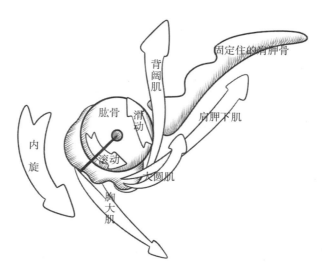

图 6-11　肩关节内旋过程中各肌群力线上面观

2. 外旋肌群　外旋盂肱关节的主要肌肉为冈下肌、小圆肌和后三角肌。当盂肱关节处于正中位置和完全外旋之间时，冈上肌可以协助进行外转。

外旋肌群的整体肌肉质量相对来讲比较小，因此外旋肌群可产生的最大力量，在肩关节的所有肌肉群中是最低的。虽然这些肌肉可产生的最大力矩相对较小，但它们仍常常被用来产生高速的向心收缩，如棒球的挥臂准备期。这些相同的肌肉必须在投掷的后期进行离心收缩，以为肩关节内旋减速。此时肩关节的内旋速度近每秒 7000 度。在这种快速拉长冈下肌和小圆肌的情况下，这些巨大的力量需求可能会导致这些肌腱远端附着点的撕裂和慢性发炎，也会引起肩袖证候群。

三、盂肱关节动态稳定

（一）盂肱关节的动态稳定调节者

肱骨头与肩盂之间不受束缚的结构，使盂肱关节可以有很大的活动度。因此周围的关节囊也不能有太厚的限制性韧带，不然就会限制动作的大小。如本章前面所述，盂肱关节在先天的解剖上有较多的活动度、较少的稳定度。虽然跨越肩关节的大部分肌肉群可以提供某些动态稳定，但这主要由肩旋转肌群负责。肩旋转肌群也用于代偿盂肱关节的先天松弛和不稳定倾向。肩旋转肌群的远端附着点会先与盂肱关节囊融合，然后再连接到近端肱骨上。这在关节周围会形成一个保护袖套，被神经系统活化时会变得很坚固。人体的其他部位没有一个地方有这么多的肌肉来形成关节旁构造的。

本章介绍过冈下肌在肩关节外旋时扮演的动态稳定角色。这种动态稳定是所有肩旋转肌群的必要功能。肩旋转肌群（及所附着到关节囊上的点）产生的主要力量不仅用来主动旋转肱骨头，也用来稳定肱骨头，将肱骨头维持在肩盂的中心。因此，盂肱关节的动态稳定需要健康的神经肌肉系统和肌肉骨骼系统来维持，这两个系统的功能可能是通过位于盂肱关节周围的结缔组织内的本体感受器整合的。因为是反射回路的一部分，这些有神经支配的结缔组织能够快速提供重要信息给附近的相关肌肉群。即使在潜意识状态下，这个信息回馈依然可以增进控制关节运动学，提供动态稳定的能力。对肩关节不稳定者而言，由功能性运动来挑战这个本体感觉机制是康复计划中的一个重要部分。

（二）盂肱关节运动的主动控制者

对健康的肩关节来说，肩旋转肌群控制了许多肩盂关节的主动关节运动。水平排列的冈上肌收缩时会产生一个直接向肩盂的压迫力。这个力让肱骨头在向上滚动至外展时牢牢地靠在肩盂上。这个作用在关节表面上的压力，从肩关节外展 0°～ 90°会呈现线性增加，最后达到体重的 80%～ 90%。关节压力随着关节角度的改变，关节面接触区域也会改变，从而减少对关节面的压力。当肩关节抬举至 60°～ 120°时增加到最大。这种关节表面积的增加可协助维持这个压力在生理上可承受的程度。

冈上肌的水平排列很适合引导外展的关节运动。外展时，此肌肉的收缩力会带动肱骨头向上滚动，并同时作为肌肉肌腱的一个垫片，限制肱骨头向上位移。此外，其他的肩旋转肌群，包括肩胛下肌、冈上肌与小圆肌的力量均可在肩外展时，将肱骨头往下拉。肱二头肌长头肌腱的作用与其相同。

有趣的是，在肩外展过程中，即使是被牵拉的肌肉所产生的被动张力，对肱骨头也具有有效的向下力量，如背阔肌和大圆肌。这些被动张力可协助中和一部分来自三角肌收缩时向上的力量。若没有主动和被动的向下力量，肱骨头可能会碰撞或挤到喙突肩峰弓，从而阻碍外展动作。这种情况常见于肩旋转肌群完全撕裂者，尤其是冈上肌和冈下肌撕裂者。

在肩外展过程中，冈下肌和小圆肌也可以内旋肱骨头到各个不同的角度，以确保大结节与肩峰不会发生碰撞。

（三）不稳定的肩关节

本章从头至尾都在强调，活动度很大的盂肱关节若要维持稳定，就需要主动与被动间相互协作。有时会因为某些原因无法运作，而导致肩关节不稳定。关于肩关节不稳定的分类、原因及治疗，文献上还没有一致的说法，这也反映了肩关节不稳定的原因是多元的，临床上的表现也是不同的。虽然常有重复的情况，但许多作者都将肩关节不稳定分为创伤后、非创伤和后天三大类。

例如，冈上肌在整个肩复合关节中是常被使用的肌肉，它可以协助三角肌进行肩外展，并提供动态（有时候提供静态）的盂肱关节稳定。在生物力学上，冈上肌有很大的内力，即使只是在一般的日常活动中。这条肌肉进行外展的内在动力臂大约为 2.5cm（约 1 英寸）。在盂肱关节远端 50cm 处（约 20 英寸）用手拿一个重物时产生的机械效益约为 1：20（即冈上肌的内在动力臂与外在动力臂之比）。因此，冈上肌需要产生比外力大 20 倍的力量来抗衡。因为冈上肌肌腱连接在关节囊和肱骨的大结节上，长年累积的巨大力量会使这条肌腱存在部分磨损。幸运的是，叠在冈上肌肌腱上面的三角肌会分摊掉许多力量。但是附加在冈上肌上头的压力仍然很大，尤其是这块肌肉的横截面积与三角肌比较要小。冈上肌肌腱发生部分裂伤或发炎时，我们会建议患者拿重物时尽量将重物靠近身体，以减少重物的外在动力臂，减轻该肌肉需要的力量。部分撕裂的肌腱最后也会达到完全撕裂的地步。

冈上肌肌腱的过度退化可能与肩旋转肌群其他肌腱的类似病理学有关。这种情况被称为肩旋转肌群证候。许多因素都会导致肩旋转肌群证候，如创伤、过度使用或反复与喙突肩峰韧带、肩峰或肩盂边缘挤压。这种情况会使肩旋转肌群肌腱部分撕裂或完全撕裂、肩旋转肌群发炎、关节囊发炎及粘连（粘连性关节囊炎）、滑液囊炎、肩峰锁骨关节退化性关节炎、疼痛、肩关节肌群无力等。如果考虑与年龄相关的血流供给的话，冈上肌肌腱又特别容易退化。根据不同的肩旋转肌群证候的严重程度，盂肱关节的关节运动学可能会完全被扰乱，肩关节也会发炎和疼痛，使主动和被动动作都受到限制。

1. 创伤后不稳定性　肩关节不稳定的原因大多来自特定事件，使盂肱关节产生创伤性脱位。很大一部分创伤性脱位发生在前侧，与跌倒和强力撞击有关。前侧脱位发生的病理机制在于，肩关节位于外展姿势时，有一个极大的外旋动作或位置。当肩关节处在于这个位置时，冲击的力量会使肱骨头从肩盂的前侧脱出，从而过度牵拉肩旋转肌群、肩盂关节中韧带、肩盂关节下韧带和盂唇的前下缘，使之受伤。这个部位的关节囊及盂唇的合并性撕裂伤称为 Bankart Lesions，是依据第一个描述这类伤害的医师而命名的。

遗憾的是，由于关节囊韧带和盂唇的受伤，使创伤性脱位一再复发，从而对关节造成更多的伤害。其发生在青少年身上的概率远远超过中年人或老年人。究其原因，部分是因活动量的改变，以及与年龄相关的关节周围结缔组织自然的硬化。

存在复发性脱位的年轻人采用保守治疗效果并不理想，如固定不动、限制活动和运动等。手术常常是治疗的手段之一，但需视年龄、活动量、不稳定程度及脱位病史而定。手术包括对受伤组织的修复，将关节囊的前侧和下侧部位拉紧；也包括关节囊的手术折叠，但关节前侧组织变紧后，常会导致外旋角度丧失。

2. 非创伤性不稳定　非创伤性不稳定通常会有全身性的韧带松弛现象，大多为先天性的。非创伤性不稳定相对较不常见，通常与创伤事件无关。这种不稳定性可能是单一方向的，也可能是双向的或多方向的。造成非创伤性不稳定的原因目前还不甚了解，可能与下列因素有关：①骨骼发育不良。②不正常的肩胛骨运动。③盂肱关节或肩胛骨肌肉的无力、控制性差或易疲乏。④旋转肌群的不正常大间隙。⑤关节囊的多余皱襞。⑥神经肌肉系统的扰乱。⑦结缔组织的松弛增加。

非创伤性不稳定采用保守治疗反应很好，包括肌力训练和协调性运动。保守治疗反应不佳者需行开放或关节镜手术进行关节囊转移。手术会选择性地将前关节囊和下关节囊切割、折叠及缝合多余的区域，目的是将盂肱关节拉紧。非创伤性不稳定者手术时常发现关节内病变，虽然发生的比例比创伤性不稳定要低，但也告诉我们，过多的松弛（即使没有真正的脱位或只有很微弱的脱位）也能导致明显的关节损害。

3. 后天性肩关节不稳定 后天性肩关节不稳定的病态机制与肩盂关节内关节囊韧带的过度牵拉和微创有关。这常与反复、高速的肩关节外旋和外展活动有关。这些动作在投掷类运动、游泳、网球和排球运动上很常见。当肩关节处于外旋和外展位时，盂肱关节下韧带的前束及盂肱关节中韧带的一部分，很容易发生塑性形变。一旦发生塑性形变，软组织就会渐渐丧失稳定肱骨头与肩盂的能力。组织的形变会导致关节松弛，并引起其他受压的情况出现，如肩旋转肌群肌腱炎、肩盂及肱二头肌长头肌腱损伤。后天性肩关节不稳定常与内部撞击综合征有关。这种形态的撞击综合征通常发生在90°外展及完全外旋时。此时位于后上方的肩旋转肌群的下表面会被大结节与附近的肩盂边缘所挤压。

需举手过头的运动员在接受开放性手术后常会丧失肩关节外旋，回到竞技场上的机会相当低，因此通常建议进行关节镜手术。虽然手术内容多少会存在差异，但这种手术修复通常会对肩旋转肌群进行清创、对肩盂及前关节囊的折叠束进行清创与修复。

小 结

肩复合关节的四个关节会协调地互动，使上肢有最大的活动范围和稳定度。每个关节都具有独特的角色。胸锁关节位于身体的最近端，牢固地将肩关节附着在中轴骨上。这个关节很稳定，因为它的关节构造是马鞍形的，而且还有强壮的关节囊和关节盘。胸锁关节是所有肩关节动作的基础旋转点。

肩胛骨的整体运动学主要由锁骨的动作引导，肩胛骨的特定动作由很重要的肩峰锁骨关节动作控制。相对较平且浅的肩峰锁骨关节的稳定度由区域内的关节囊韧带，以及外在的喙突锁骨韧带而定。肩峰锁骨关节不像胸锁关节这么稳定，常常在肩膀受到往内往下的强力撞击后而发生脱位。脱位和退化性关节炎在肩峰锁骨关节和胸锁关节都很常见。

肩胛胸廓关节是肱骨所有主动动作的重要机械平台，如肩关节完全外展时就包括大约60°的肩胛骨向上旋转。向上旋转的肩胛骨，为连结在一起的胸锁关节和肩峰锁骨关节的动作提供稳定的活动平台，让肱骨能外展，并尽力保留肩峰下空间的体积。

盂肱关节是肩复合关节中最远端的可动部分。由于本身关节囊松散，以及相对平且小的关节盂面，故盂肱关节的活动性很大。这也使得盂肱关节很不稳定，尤其是反复且大范围（接近关节活动度末端）活动度时。因此，盂肱关节常常会出现过度松弛、脱位或半脱位（通常称肩关节不稳定）的情况。

除此之外，盂肱关节很容易发生退化。常见的原因是关节周围结缔组织和邻近的肩旋转肌群承受了过多的压力。受压迫和受伤的组织常会发炎和疼痛，如肩峰下滑液囊炎、肩旋转肌群肌腱炎、粘连性关节炎等。

　　退化或发炎是为了降低该关节的主要压力和次要压力，使关节运动正常化。重建主动和被动关节活动度，增进肌力，降低疼痛和发炎，有助于提升肩关节的功能。

　　共有 16 条肌肉驱动和控制肩复合关节的大范围活动，通常它们会协同互动，增进对此部位多个关节的控制，而非单独工作。冠状面外展肩关节时，需包括三角肌、肩旋转肌群、前锯肌和斜方肌的共同作用，以稳定肩胛骨和锁骨。另外，这些肩胛胸廓肌肉仅在近端骨头附着点（头骨、肋骨和脊椎）稳定时才能稳定肩胛骨和锁骨。这些连结上任何一处的不足都会降低肩关节主动外展的肌力和控制力，直接或间接地干扰由肌肉负责驱动的肢体，如创伤、结缔组织僵硬、不正常的姿势、关节的不稳定、疼痛、周围神经损伤、脊髓损伤，以及影响肌肉系统或神经系统的疾病。

　　重视这些肩关节肌肉的自然互动机制，有助于临床工作者针对不正常肩关节姿势和动作的病态机制提出正确的诊断和治疗。

第七章 手肘与前臂 ▷▷▷▷

　　手肘和前臂的复合体包括三根骨头和四个关节。肱尺关节和肱桡关节形成肘关节。肘关节弯曲和伸直的动作提供一种方式用以调整上肢的功能性长度。这种机制用于许多重要的动作上，如进食、伸手、投掷、个人卫生。

　　桡骨和尺骨彼此互相连接在前臂近端和远端，与桡尺远端关节分别形成桡尺近端关节。这对关节允许手掌在不需要肩膀动作下，做朝上（旋后）或朝下（旋前）的动作。旋后和旋前可以在肘弯曲和伸直时配合执行，或者独立执行。肘关节和前臂关节之间的相互作用大大增加了有效的手活动范围。

第一节　骨骼学

一、中段至远端肱骨

　　中段至远端肱骨的前侧和后侧表面，提供肱肌和肱三头肌内侧头近端附着处。肱骨干远端末梢内侧为滑车和内上髁，外侧为肱骨小头和外上髁。滑车像一个圆的、空的线轴。滑车的内侧缘和外侧缘稍微向外展开形成内唇和外唇。内唇是凸出的且比临近的外唇延伸得更远。内唇和外唇中间是滑车沟，从后朝前面看，略旋转至内侧方向。冠状窝位于滑车前端近侧。

　　滑车外侧是圆形的肱骨小头。肱骨小头外形类似半个球形。小的桡骨窝位于肱骨小头的近端至前面。

　　肱骨内上髁从滑车向内凸出。这个凸出很容易触摸的结构为肘关节的内侧副韧带，以及大多数前臂旋前肌和腕屈肌的近端附着处（图 7-1）。

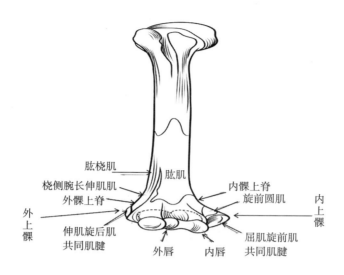

肱桡肌
肱肌
桡侧腕长伸肌肌
内髁上脊
外髁上脊
旋前圆肌
外上髁
内上髁
伸肌旋后肌共同肌腱
外唇
内唇
屈肌旋前肌共同肌腱

图 7-1　中段至远端肱骨示意图

肱骨外上髁较内上髁不够凸出，为肘关节外侧副韧带的复合体及大多数前臂旋后肌和腕伸肌的近端附着处。紧邻内外上髁的为内上髁和外上髁，相当浅且很容易摸到。

在肱骨后侧，恰好接近滑车，是非常深且宽阔的鹰嘴窝。只有一薄片状骨或膜将冠状窝分隔出鹰嘴窝。

二、尺骨

1. 尺骨鹰嘴　尺骨有一个非常厚且明显凸起的近端。鹰嘴突外形大又钝，与尺骨近端构成手肘"尖"。鹰嘴突粗糙的后表面接受肱三头肌的终止端。冠状突从近端尺骨的前侧体锐利地延伸。

2. 尺骨的滑车切迹　尺骨的滑车切迹是一个大而如下巴般的凸起，位于鹰嘴突与冠状突的前侧端点之间。凹窝切迹稳固地与肱骨滑车的形状相互结合在一起，形成肱尺关节。薄片状竖起的纵嵴则下行至中线分出滑车切迹。

3. 尺骨的桡骨切迹　该切迹刚好在滑车切迹下面外侧的一个关节凹陷。向远端延伸，且从桡骨切迹看稍背侧的是旋后肌，也是构成外侧副韧带复合体和旋后肌群附着的一部分。尺骨粗隆是位于冠状突远端的粗糙凹陷，由肱肌的附着点形成。

4. 尺骨头　尺骨头在尺骨远端。大多数圆形尺骨头部被关节软骨包覆。尖锐的茎突从尺骨最远端的后内侧区域向远端凸出（图 7-2）。

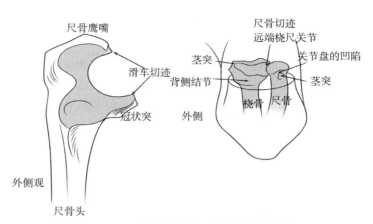

图 7-2　尺骨头及桡骨、尺骨远端示意图

三、桡骨

在完全旋后的情况下，桡骨位于尺骨外侧，且平行于尺骨。桡骨近端很小，因此构成一相对小的肘关节结构。它的远端扩大形成腕关节主要部分。

1. 桡骨头和桡骨颈　桡骨的头部像一个圆盘，位于桡骨最近端。关节软骨覆盖桡骨头部边缘大约 280°。桡骨头部接触于尺骨的桡骨切迹而形成近端桡尺关节，紧接在桡骨头部下面的是狭窄的桡骨颈。

2. 肱桡关节　桡骨头部的上表面由称为窝的浅杯形凹窝组成。这个镶有软骨的凹窝与肱骨的肱骨小头互相连接形成肱桡关节。肱二头肌附着于桡骨的桡骨（二头肌）粗隆上，此粗糙区域位于近端桡骨的前内侧缘上。

3. 桡腕关节　桡骨远端与腕骨互相连接，形成桡腕关节。远端桡骨的尺骨切迹接受位于远端桡尺关节上的尺骨头部。凸出的茎突从远端桡骨的外侧面伸出，延伸至比尺骨茎突远 1cm 的位置。

第二节　关节学

一、肘关节

（一）肱尺关节和肱桡关节的一般特性

1. 肱尺关节和肱桡关节的一般特性　肘部包括肱尺关节和肱桡关节。肱尺关节中的滑车和滑车切迹紧密配合，提供大部分肘关节结构的稳定度。

由于肘关节明显在单一平面上进行屈曲与伸直，早期解剖学者将其分为铰链关节和屈戌关节。因为肘关节在屈曲与伸直时，尺骨会经历些微的轴向旋转（如围绕其纵轴旋转）及左右方向运动，因此不完全式铰链式关节这个名称更合适。生物工程师必须在肘关节义肢的设计上考虑比较小"额外矢状面的"附属动作。如果没有注意这个细节，义肢移植就有可能过早松动。

2. 肘关节正常外翻角度 肘屈曲和伸直通过外上髁附近，围绕相对稳定的内外侧旋转轴而发生。由于部分滑车的内唇远端延长，轴的方向从内侧至外侧稍微偏上。这个不对称性在滑车内造成尺骨相对于肱骨向外偏移。肘伸直时在额状面形成的自然角度称正常肘外翻（为表明行走时外翻角度倾向，使所携带物品远离腿侧的情形，常使用"携带角"这个词）。Paraskevas 和他的同事们记录了健康者平均的肘外翻角度约为 13°，标准差接近 6°。女性的外翻角度平均比男性大 2°，同样受试者的两份报告显示，无论性别，使用惯用手的外翻角度都较大。

伸直肘关节有时为过度肘外翻，超过大约 20° 或 25°。相比之下，前臂角度较小，即前臂向中线偏移，表示肘内翻（或枪托）畸形。外翻和内翻这个词可追溯到拉丁文的外展和内收。外伤可导致明显的内翻或外翻畸形，当尺神经穿过内侧至手肘时，过度肘外翻可能过度牵拉并损伤尺神经。

（二）关节周围结缔组织

肘关节的关节囊包围着肱尺关节、肱桡关节和近端桡尺关节。包绕这些关节的关节囊很薄，且通过纤维组织的斜带巩固前侧面。关节滑液膜排列于关节囊的内侧面。

1. 内侧副韧带 肘关节的关节囊被副韧带强化。这些韧带是提供肘关节重要稳定度的来源。内侧副韧带包括前纤维、后纤维和横向纤维。前纤维是内侧副韧带最强和最坚硬的纤维，提供最重要的阻力，抵抗肘关节的外翻（外展）。前纤维起源于内上髁的前部，终止于尺骨冠状突内侧。因为前纤维跨越旋转轴两边，在整个矢状面动作上至少有部分纤维会被拉紧，因而为整个关节角度提供稳定性。

内侧副韧带的后纤维轮廓不如前纤维清晰，但后纤维是关节下囊、关节内囊厚度的主要来源。后纤维附着在内上髁的后部，终止于鹰嘴突内缘。后纤维抵抗外翻力，肘屈曲至极限时变得紧绷。三分之一的横向纤维从鹰嘴突跨过至尺骨的冠状突。因为这些纤维起始和终止在相同的骨骼上，所以它们不提供重要的关节稳定性。

除了内侧副韧带，腕屈肌和旋转肌群的近端纤维也可抵抗肘关节而产生过多的外翻扭力，最值得注意的是尺侧腕屈肌。这些肌肉被称为肘关节的动态内侧稳定者。

当肘关节因猛烈外力而完全伸直（通常是因跌倒而伸出手支撑）时，内侧副韧带很容易受伤。韧带损伤与肱桡关节桡骨上任何位置有关，前臂骨骼接受施加于手腕 80% 的压力。严重的外翻力会伤及尺神经或旋前肌、腕屈肌的近端附着处。如果关节极度过伸，前侧关节囊也会受到伤害。重复的外翻力产生于肘关节无承重的活动中，也容易损伤内侧副韧带，如投棒球和扣排球。

2. 外侧副韧带复合体 肘关节的外侧副韧带复合体比内侧副韧带在形式上更加多变。韧带复合体起始于外上髁，紧接着分裂成两个纤维束。第一纤维束传统上称桡侧副韧带，散开并与环状韧带混合。第二纤维束称外侧（尺侧）副韧带，附着于尺骨旋后肌远端。完全屈曲时，这些纤维会变得紧绷。通过附着于尺骨，外侧（尺侧）副韧带和内侧副韧带的前纤维可作为肘关节的内侧"拉线"，在矢状面动作时提供尺骨内外侧的稳定性。

外侧副韧带复合体和关节囊后外侧为抵抗内翻力的主要稳定者。通常单一创伤性运动事件后，此韧带系统断裂不仅可增加肘关节内翻（内收），亦可导致后外侧旋转不稳定。这种不稳定会以前臂过度外旋伴随肱尺关节和肱桡关节两者半脱位表现出来。

3.肘关节周围韧带的力学感受器 肘关节周围韧带富含力学感受器，包括 Golgi 腱器官、rugginni 终末器官、环层小体、游离神经末梢。这些感受器会将本体感觉、肘关节的牵张极限等重要信息传递至神经系统。

与所有关节一样，肘关节囊内也有一定的压力。此压力由空气容量与囊间空间容量的大小比例决定，肘屈曲 80°时压力最低，此角度通常视为关节炎或水肿时的"最舒适姿势"。保持水肿的肘关节在屈曲位置，或可减轻不适，但易使肘关节挛缩。

二、前臂关节

桡骨与尺骨由骨间膜以及近端和远端的桡尺关节连接在一起，无论是近端还是远端的桡尺关节，都可使前臂产生旋前与旋后动作。旋前为手心向下（或向后）旋转，旋后为手心向上（或向前）旋转。此旋转动作的轴心通过桡骨头与尺骨的斜向轴心，也同时贯穿联结桡骨与尺骨的轴心。旋前与旋后使手部可以单独旋转，而无需肱骨与尺骨同时转动。

前臂旋转的肌动学特征远比词面上的"掌心朝上"或"掌心朝下"要复杂得多。掌心的确是旋转了，但只因掌骨和腕骨稳定地连接至桡骨上，而没有连接到尺骨上。尺骨远端与腕关节内侧的空间，使腕骨可以自由地随桡骨转动，而不会受到尺骨的妨碍。

在解剖位置上，前臂完全处于旋后的位置，也就是桡骨与尺骨是相互平行的。在旋前的过程中，远端的桡骨与手部旋转跨过了固定住的尺骨。尺骨因与肱骨紧密联结形成肱尺关节，故在独立旋前、旋后过程中几乎保持稳定不动。稳定的肱尺关节提供了一个必要的固定轴，使桡骨、腕骨及掌部得以旋转。目前的观察显示，旋前、旋后时，肱尺关节也有动作，只是非常细微的桡骨、尺骨相对动作而已。尺骨旋转时自由的动作是有可能的，但只有同时肱骨也自由旋转（意为肩关节自由旋转时）才有可能发生。

1.近端桡尺关节 近端桡尺关节、肱尺关节与肱桡关节被包覆于共同的关节囊中。在关节囊内，桡骨头由骨–纤维圈环绕，紧附在近端的尺骨上。骨–纤维圈由尺骨上的桡骨切迹与环韧带组合而成，大约 75% 是环韧带，25% 是尺骨上的桡骨切迹。

环韧带为一厚的环形结缔组织，两端皆连接在桡骨切迹上。此韧带贴合于桡骨头，使桡骨头紧密地贴合尺骨。环韧带内衬软骨，以降低桡骨头在旋前、旋后时所产生的摩擦。环韧带的外侧面与肘关节囊、桡侧副韧带及旋后肌相连。方形韧带为一薄的纤维韧带，由尺骨桡切迹下连至桡骨颈内侧。此韧带的功能目前尚不清楚，或许与前臂旋转时支持近端的桡尺关节囊有关。

2.远端桡尺关节 远端桡尺关节由尺骨头的凸面置于浅凹的桡骨上尺骨切迹及近端关节盘构成。这个连接远端尺骨与桡骨的重要关节，桡骨尺切迹浅且不规则，只提供关节骨性边缘的牵制。远端桡尺关节的稳定度主要由肌肉收缩、外加局部结缔组织而达成。

　　远端桡尺关节的关节盘也称三角纤维软骨，由其形状和主要组织种类而得名。关节盘外侧与桡骨尺切迹的边缘完全连接，主要的关节盘以水平扇形展开呈三角状，顶点向内走，再向下连接至尺骨头及邻近的茎突，关节盘的前缘与后缘接续着掌侧与背侧桡尺关节囊韧带。关节盘的近端面，连同相连接的囊韧带紧密地包覆尺骨头，使其在旋前、旋后过程中紧靠桡骨上的尺骨切迹。新鲜大体样本实验结果显示，切除囊韧带会导致远端桡骨在旋前、旋后的各位置上，多向位移的情形明显增加。

　　3. 三角纤维软骨　此关节盘为一大结缔组织的一部分，此结缔组织称三角纤维软骨复合体，简称 TFCC。此韧带软骨位于尺骨头端与腕骨尺侧，占据了大部分尺骨与腕骨间空间。有些学者认为，结缔组织也基本含在此韧带软骨间，包括远端桡尺关节的囊韧带和尺侧副韧带等。此三角韧带软骨是远端桡尺关节的主要稳定者。

　　其他稳定远端桡尺关节的有旋前方肌、尺侧伸腕肌肌腱、大部分骨间膜的远端纤维。三角韧带软骨的撕裂或破裂，特别是关节盘可造成完全脱位或广义的远端尺桡关节不稳定，旋前、旋后甚至手腕动作会感疼痛，且难以执行（图 7-3）。

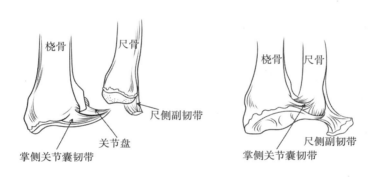

图 7-3　三角纤维软骨复合体示意图

　　4. 骨间膜的结构与功能　桡骨与尺骨间由前臂的骨间膜连接。尽管前面已提到一些副纤维，但更显著的中央带是由桡骨的远段至中段，以 20° 的斜角连接至尺骨干。该中央带比一般纤维粗两倍，且有与膝关节髌骨韧带相当的抗拉强度。少数未命名的纤维束垂直于中央带，其中一条斜索从尺骨外侧的结节连至同样远端的桡骨结节；另一条未命名的纤维束位于骨间膜的远侧末端。

　　骨间膜的主要功能是连接桡尺两骨，提供手部一些肌肉的附着点，将手部的机械力上传至上臂。由手腕挤压产生的压力约 80% 经由桡腕关节上传（由此解释了前臂过度伸展时桡骨易骨折的原因），剩下的 20% 由腕关节尺侧的软组织到达腕内侧。由于骨间膜上中央带的纤维走向，部分桡骨近端的力得以经由其而转移到尺骨。其可有效地将一部分在肱桡关节发生的挤压力转移到肱尺关节。如此一来，肱桡关节与肱尺关节得以分担通过肘部的压力，降低各关节长期的过度摩擦与耗损。

　　大部分肘屈曲肌群，基本上与所有的旋前、旋后肌群，远端的附着点都在桡骨。如此，这些肌群的拉力会把桡骨往肱骨小头推，特别是当肘关节呈完全伸展时。生物力学分析显示，当出力最大时，肱桡关节可承受 3 ～ 4 倍的体重压力。骨间膜将部分肌肉产生的压力从桡骨分流到尺骨，这样骨间膜能够保护肱桡关节，避免其承受巨大压力。骨间膜受伤会因肌肉的施力造成桡骨近端产生可测量程度位移，甚至导致肱桡关节压力增加，进而形成肱桡关节退化。有些个案因意外移除了桡骨头，因此产生了明显的桡骨近端"位移"。长期的近端桡骨"位移"，会导致腕骨或远端桡尺关节不对称，造成明显疼痛，甚至丧失功能。

骨间膜的主导方向并非排成一列抵抗来自远端桡骨的压力。例如，肘关节完全伸展提行李时，便有一种张力几乎沿着全桡骨拉伸，远端桡骨的拉力会放松（而非紧绷）大部分骨间膜的张力，如此必须由其他组织如斜索、环状韧带来承受其重量。肱桡肌或其他掌指屈肌群可协助桡骨与肱骨小头的稳定。当肘在伸展的情况下长时间提重物时，若前臂深层疼痛，可能是因肱桡肌及其他肌肉疲劳所致。如服务生托着盘子，托盘重量直接传至桡骨近端，这样骨间膜就可协助平均分散前臂的压力。

第三节　运动学

一、屈曲与伸展

肘屈曲可执行许多生理上的重要功能，包括拉、提、进食、梳洗等。例如，若肘关节活动度障碍，导致不能将食物移至口部，会明显造成独立功能受限。脊髓损伤在第五颈椎以上，可能伴随肘屈曲肌群瘫痪，会出现这种功能性损伤。

肘伸展进行投掷、推、伸取等动作时，肘无法完全伸展，通常是因为肘屈曲肌群过度僵硬造成肘关节挛缩。短期挛缩是因肘屈肌长时间固定于屈曲、短缩位置，导致不正常僵硬。长期的关节挛缩可能是因骨折固定、创伤后异位骨化、骨刺形成、肘关节发炎或积液、肌肉痉挛、肱三头肌麻痹、肘前侧皮肤瘢痕组织所致。除了肘屈曲肌群过度紧张之外，前侧关节囊及内侧副韧带的前支部分纤维束也会因此而变得僵硬紧绷。

肘关节最大的被动关节角度是 −5°～ 145°屈曲。有的研究建议，一般日常生活的功能性角度应为 30°～ 130°屈曲。与下肢（如膝盖）不同的是，肘关节活动度的丧失，通常只会造成较小的功能障碍。

1. 肱尺关节运动学　肱尺关节由尺骨的凹面滑车切迹与肱骨的滑车轴凸面组成。透明软骨包围滑车轴约 300°，包围滑车切迹则只有 180°左右。此构型上的叠合会优先造成矢状面的角度受限。为了使肘关节完全伸展，前侧皮肤、屈曲肌群、前侧关节囊与内侧副韧带的前支纤维等须有足够的延展性。同时，鹰嘴突的尖端与鹰嘴窝之间也需楔形契合。鹰嘴窝过度的异位性骨质形成也可造成伸展受限。正常情况下，肘伸直时，肱尺关节会由关节间的叠合而趋于稳定，同时结缔组织的张力增加也使关节的稳定度增强。

肱尺关节屈曲时，滑车切迹的关节凹面会以滚动加上滑动的方式在滑车轴的关节凸面上移动，完全的肘屈曲需要伸长后侧囊、肘伸肌群、尺神经以及部分内侧副韧带（特别是后侧分支纤维）。持续或重复性的尺神经牵张有可能导致神经病变。此病变常见的手术方式是将尺神经改由肱骨内侧的髁前方绕过，如此便可降低肘屈曲时造成的神经张力。

严重的肘关节受伤有可能是尺骨的滑车切迹向后脱出肱骨的滑车轴。此种脱位通常是因跌倒时上肢肘过度伸展的姿势所造成的，常常伴随桡骨骨折。

2. 肱桡关节运动学　肱桡关节由桡骨头杯状骨凹面和肱骨远端相对的圆形小头凸面组成。肘关节在屈曲或伸展时，桡骨头的凹窝在肱骨小头上进行滚动与滑动，多次屈曲时，收缩肌群把桡骨凹窝紧紧地拉向肱骨小头。与肱尺关节比较，肱桡关节提供整个肘关节较小的矢状面的稳定度，然而对手肘外翻则提供了近 50% 的阻力加以抵抗。

屈曲挛缩是紧绷的肌肉或非肌肉组织紧张，使得被动牵张受阻所致。肘屈曲挛缩时最常见的障碍之一是伸取能力下降。向前伸取的能力大小随肘关节挛缩程度而改变。完全伸展的肘关节（即 0°挛缩）代表 0°的伸取区域丧失；若关节挛缩小于 30°，则向前伸取区域减少约 6%，属轻度；若关节挛缩超过 30°，则会导致伸取区域较多的丧失。需要注意的是，挛缩 90°时，将降低总伸屈能力的 50%。因此，减轻挛缩，使其小于 30°，对患者来说是很重要的功能性目标。减轻挛缩的物理方法包括降低发炎反应、降低水肿。摆位可使关节伸展、牵拉前侧组织或内外侧旋转轴心，可进行徒手松动关节、肘伸展肌群训练等。若这些保守方法无效，则需手术介入。然而肘关节屈曲挛缩的最好方法是"事先预防"。

二、前臂旋转

前臂的旋后是旋转掌面往脸的方向。前臂旋后发生在许多日常生活中，如吃东西、洗脸、刮胡子等。前臂旋前则刚好相反，是将掌面指向目标物，如拾钱币或从椅子上用手推扶手站起来。

前臂旋转 0°是大拇指向上指的位置，在完全旋前与旋后的中心点。平均来说，前臂有 75°的旋前和 85°的旋后。大部分日常生活只需 100°左右的前臂旋转，从 50°左右的旋前到 50°左右的旋后。以肘关节而言，100°的功能弧是存在的，但这个功能并不包括末端角度范围。若少了最后 30°的手臂旋转，仍能完成日常生活中的很多事。从某种程度上讲，减少的旋前、旋后角度可分别由肩关节的内旋和外旋代偿。

旋前和旋后需要远端和近端的桡尺关节同时作用。此外，旋前和旋后还需要邻近肱桡关节的活动。这其中任何一个关节被限制都会影响整个前臂的旋转活动。被动关节角度的限制来自于紧绷的肌肉和（或）结缔组织。

1. 旋后　旋后在近端桡尺关节中，为包裹在环状韧带所形成的纤维骨环内的桡骨头与尺骨之桡骨切迹所造成的旋转。就关节表面动力学而言，纤维骨紧紧约束住桡骨头，从而禁止转动与滑动。

远端桡尺关节的旋后动作，为桡骨尺骨切迹往尺骨头转动并滑动。在旋转的过程中，近端关节盘和尺骨头持续保持接触。在末端，掌侧的关节囊韧带会被牵拉至最大长度，所产生的刚性可提供关节的自然度、稳定度。此刚性在减少关节契合度的位置增加了关节的稳定度。在旋后和旋前的极限范围内，桡骨尺骨切迹只有 10% 的面积与尺骨头接触，这与中间有 60% 的接触形成鲜明对比。

2. 旋前　旋前的关节表面动力学，无论近端还是远端都与旋后类似。在远端的桡尺关节处，完全的旋前会拉长并增加背侧关节囊韧带的张力。完全的旋后会将掌侧关节囊韧带放松约全长的 70%。此外，完全的旋后也会将尺骨头的关节面打开，所以很容易触诊到。

三、特殊的前臂、肘关节运动学

1. 肱桡关节　关节在手肘与前臂之间共同起作用。

在旋前、旋后的过程中，桡骨近端绕着近端桡尺关节和肱桡关节旋转，而且这两个关节都有独特的关节表面动力学。肱桡关节的关节表面动力学包括桡骨头凹窝对肱骨小头凸面旋转。就关节表面动力学而言，旋前圆肌在主动旋前动作中所产生的力量，肌肉收缩就像其他附着在桡骨上的肌肉一样，可对肱桡关节产生显著的下压力量，尤其是接近伸展的角度时。这个下压力量与桡骨近端的移动有关，且主动旋前会比旋后要大。因为骨间膜在旋前位置是处于相对放松状态的，故不能抵挡因旋前肌收缩所产生的桡骨近端拉力。在主动的旋前过程中，桡骨近端的自然移动与肱桡关节内下压力量的增加有关，在肘关节我们称之为"旋扭机制"。

就位置而言，肱桡关节是连接肘部和前臂肌肉的动力。任何肘部或前臂活动都要靠这个关节的活动来完成。一项对 32 具尸体（平均年龄 70 ～ 95 岁）的研究发现，肱桡关节的退化比肱尺关节要严重得多。肘外侧的磨损由频繁且复杂的关节表面活动（旋转、滚动及滑动），以及肌肉收缩所产生的压力造成。肱桡关节疼痛或活动受限都会显著影响上肢远端的功能。

2. 桡骨和手掌被固定下的手臂旋前和旋后　这章前面主要讲的是相对静止或固定的肱骨和尺骨，桡骨和手在旋前与旋后的肌动学，前臂的旋转发生在上臂未承重的情况下。接下来要讲的是上肢在承重的情况下，肱骨和尺骨相对静止或固定的桡骨与手掌的旋转。

假设一个人于站立位右侧手按压在墙上，上肢在承重状态，肘和腕处于伸展位，则右边的盂肱关节是稍微内旋的，尺骨和桡骨在完全旋后的位置是平行的。桡骨和手掌稳定地固定在墙面上，在肱骨和尺骨外旋位置会产生前臂的旋前。由于肱尺关节的组织紧密，肱骨的旋转会随着角度的增加而移转到尺骨的旋转。回到完全旋后的位置，相对于固定的桡骨与手部而言，肱骨和尺骨是内旋的。很重要的一点是，这些旋前和旋后的运动学，其实就是盂肱关节主动外旋和内旋的表现。

在承重状态前臂旋前的力偶主要体现为相对于固定的肩胛骨，冈下肌转动了肱骨，相对于固定的桡骨，则旋前方肌转动了尺骨。两个肌肉都作用在上肢的两端产生的力使前臂内旋，了解承重状态下旋前与旋后的肌肉作用机制，有助于提供额外的前臂与肩关节肌肉强化与伸展的运动。

在桡骨和手掌固定的状态下，桡尺关节在旋前活动的关节运动学为：在近端的桡尺关节，环状韧带和尺骨桡切迹环绕着被固定的桡骨头旋转，肱骨小头对着被固定的桡骨凹面相对旋转。在远端桡尺关节，尺骨头环绕桡骨上固定的尺骨切迹旋转。

3. 近端桡尺关节脱位——扯肘症 从前臂到手突然的拉力，有可能导致桡骨头从环状韧带的远端滑出。儿童因韧带较松、桡骨头未完全骨化、力气较小、肌肉反射较慢、施加其手臂的外来力量（如父母亲或宠物）可能性较多等原因，特别容易发生此种情况，即扯肘症。最好的避免方式是向家长解释清楚，突然的拉扯有可能造成此种脱臼。

第四节　手肘、前臂神经支配

肌皮神经、桡神经、正中神经、尺神经支配着整个手肘、前臂、手腕及手部的肌肉、韧带、关节囊以及皮肤的运动与感觉神经。这些神经的解剖路径是本章和下面两章（手腕和手部）的基础。

一、神经出口

肌皮神经从 C_5 ～ C_7 脊神经根分出，支配肱二头肌、喙肱肌和肱肌。正如其名，肌皮神经继续往远端走会变成前臂外侧皮肤的感觉神经。

桡神经由 C_5 ～ T_1 脊神经根形成，直接经由臂丛后束延续，最后分出这条大型神经，沿着肱骨的桡神经沟支配肱三头肌和肘肌。接着桡神经出现在肱骨远端外侧，支配附着在肱骨外髁或附近的肌肉。肘关节的近端，桡神经支配肱桡肌、肱肌外侧一小部分以及桡侧腕长伸肌。远离肘关节，桡神经分为浅支和深支两个分支。浅支纯粹是感觉神经，支配前臂远端后外侧和手部背侧的虎口。深支包括运动神经，支配桡侧腕短伸肌和旋后肌。穿过旋后肌的肌肉内隧道，桡神经走向前臂的后侧。这最后的分支，也就是骨间背侧神经，支配尺侧伸腕肌和前臂的几条伸指肌。

正中神经由 C_6 ～ T_1 神经根形成，往肘部的方向，支配大多数附着在肱骨内髁或附近的肌肉。这些肌肉包括屈腕肌、前臂旋前肌群（旋前圆肌、桡侧腕屈肌、掌长肌）和指浅屈肌。正中神经的深层分支，也就是骨间前神经，支配前臂的深层肌肉，即深屈肌的桡侧半部、拇长屈肌及旋前方肌。正中神经的最后一部分，通过腕横韧带下的腕隧道穿过腕部。此神经支配拇指和一些外侧指头的蚓状肌。此外，正中神经还支配手掌外面、拇指及外侧两根半指头的掌面感觉。

尺神经由 C_8 ～ T_1 脊神经根分出，直接由臂丛神经内侧束分出。穿过内髁后侧，尺神经支配尺侧腕屈肌和指深屈肌的尺侧半部。尺神经经由腕隧道的外部穿过手腕并支配许多手部的内部肌肉。尺神经的感觉支配手部的尺侧，包括无名指的内侧与整个小指头。

二、肌肉神经支配

肌肉、皮肤、关节神经支配的相关知识，对于治疗周围神经或神经根受伤是很有用的临床资料。根据这些资料，临床医师不仅能够判断受伤后感觉和运动损伤的程度，还可以预防并发症。治疗活动，如固定扶木、选择性的肌肉强化运动、关节运动及患者教育，在没有禁忌证的情况下，通常都可在受伤早期就开始。这些主动介入能够减少永久性变形，以及敏感皮肤和关节损伤，减少功能活动受限。

1. 运动神经支配　肘屈肌群有三种不同的周围神经支配：肌皮神经支配肱二头肌和肱肌、桡神经支配肱桡肌和外侧肱肌、正中神经支配旋前圆肌。肘伸肌群、肱三头肌和肘后肌则只有一条桡神经支配。如果桡神经受伤，则会造成肘伸肌完全瘫痪。只有三条不同的神经皆被影响时，才会导致四条肘屈肌瘫痪，但进食、整理仪容等重要功能常常得以保留。

前臂旋前的肌群（旋前圆肌、旋前方肌以及其他起始点在内上髁的协同肌）是由正中神经支配的。前臂旋后可分为由肌皮神经支配的肱二头肌、由桡神经支配的旋后肌，以及跟其他起始点在外上髁与前臂背侧的协同肌。

2. 感觉神经支配　颈椎第六到第八节的神经根是肱尺及肱桡关节，以及周围结缔组织的感觉支配，负责输入神经根信号的周围神经主要是肌皮、桡神经、尺神经和正中神经。

近端桡尺关节和肘关节囊周围组织接受来自颈椎第六到第七神经根的正中神经支配。远端桡尺关节绝大多数的感觉支配由尺神经传入颈椎第八神经根。

第五节　肌肉关节的相互作用

肌肉远端终止于尺骨的肘伸直肌或肘屈曲肌是无法做出前臂的旋前或旋后的。相比之下，在理论上，远端终止在桡骨的肌肉，无论是肘伸直肌还是肘屈曲肌是可以协同前臂旋前或旋后的。这一概念是本章的主题。

腕部的主要动作肌肉横跨肘关节。因此，许多腕部肌肉也可协同肘关节的屈曲或伸直。不过这种能力相对来说较微小，故不再讨论范围。

1. 肘屈曲肌群　肱二头肌、肱肌、肱桡肌和旋前圆肌是主要的肘屈曲肌。这些肌群中的每一条皆会产生通过肘关节内外侧旋转轴向前方的力量。

2. 肘屈曲肌群的单独肌肉动作　肱二头肌近端附着在肩胛骨，远端附着在桡骨的桡骨粗隆。第二个远端附着骨的点是通过肱二头肌腱膜联结到前臂的深层筋膜中。肱二头肌肌电图在做出拿汤匙到嘴巴这类动作时呈现出最大的数值，而做这类动作的同时也会做肘屈曲动作。肱二头肌的肌电图活性呈现出相对较低的情况，自我触诊可以得到验证。肱肌位于肱二头肌深层，起始点在肱骨前方，终止于尺骨的最近端。这条肌肉的唯一功能就是肘屈曲，肱肌的平均生理截面积为 $7cm^2$，是所有横跨肘关节肌肉中横截面积最大的一束。相比之下，肱二头肌的长头部分，横截面积只有 $2.5cm^2$。基于其生理横截面积，肱肌被认为是所有横跨肘关节肌肉中能够产生最大力量的肌肉。

肱桡肌的长度在所有肘部肌肉中是最长的，近端始于肱骨外上髁嵴，远端接近桡骨茎突。肘屈曲角度最大且前臂旋转角度接近中央位置时，肱桡肌的长度最短。肌电图研究显示，肱桡肌在对抗高阻力快速动作时是最主要的肘屈肌。

　　肱桡肌很容易在前臂的前外侧触诊到。肘屈曲且前臂旋转于正中姿势时做肘抗阻力屈曲，这条肌肉会浮现出来，像弓弦一样跨过肘关节。弓弦状使这条肌肉的力臂大于其他肘屈曲肌。

　　旋前圆肌的内容将在旋后肌群后面介绍。比较而言，旋前圆肌与肱肌有相似的屈曲力臂，但生理横截面积只有肱肌的 50% 左右。

　　3. 肘屈肌群产生的力矩　屈曲力矩的强度根据年龄、性别、举重经验、肌肉收缩速度及上肢关节的位置而有所不同。Gallagher 等人的研究指出，惯用侧可产生较大的屈曲力矩、功及能量，但肘伸直和前臂的旋前、旋后之间并无显著性差异。

　　在健康的中年人群中，男性的最大屈曲力矩为 725kg·cm，女性是 336 kg·cm。该数据显示，屈曲力矩比伸直力矩多了将近 70%。在下肢，与肘关节功能相似的膝关节中，肌群力量差异的程度相仿，差异多表现在伸直肌群。这种差异很有可能反映出肘屈曲及膝伸直肌有较多功能上的需求。

　　前臂旋后的肘屈曲力矩较完全旋前多了 20% ～ 25%。差别产生的主要原因是肱二头肌与肱桡肌在前臂旋后下屈曲力臂增加所导致的。

　　4. 肱肌在肘屈曲肌群中的特殊作用　除了横截面积外，肱肌在整个肘屈曲肌中还拥有最大的体积。肌肉的体积可以借由肌肉所排开水的体积进行测量。大的肌肉体积反映出较多的做功能力。由此，肱肌被称作是肘屈曲肌群中的"主要负荷肌"。这一名称部分源于其高做功能力，另一部分是因为无论快速还是慢速、无论合并旋前还是旋后的各种肘屈曲动作，它均会主动参与。由于肱肌远端连接到尺骨，所以无论旋前还是旋后动作，对其长度、力线或内在力臂均无影响。

　　5. 肘伸直肌群　肘伸直肌群主要由肱三头肌和肘肌组成。肱三头肌先合并成总腱，再连接到尺骨上的鹰嘴突。

　　肱三头肌有三个头：长头、外侧头和内侧头。长头的近端附着点在肩胛骨的盂下结节，因而这条肌肉甚至可以内收肩关节。长头有超越肘部其他肌肉的庞大体积。肱三头肌的内外侧头近端附着点在肱骨上的桡神经沟两侧及沿线。内侧头的近端附着点延伸至肱骨后方，位置类似肱肌在骨前侧的位置。部分远端内侧头纤维直接连接到肘关节的后侧关节囊。这些纤维类似于膝关节的膝关节肌，也具有伸直时拉紧关节囊的功能。这些肌纤维被称为肘关节肌。

　　肘肌是一条跨过肘部后方的小三角形肌肉，位于肱骨外上髁和近端尺骨后侧。与三头肌相比，肘肌有较小的横截面积和较小的力臂。虽然肘肌没有能力产生大的肘伸直力矩，但仍能提供横跨肱尺关节重要的纵向和内外侧的稳定度。稳定度不仅仅限于伸直动作，对主动旋前和旋后也有帮助。肘肌在肘部的走向与膝关节中股内侧肌的斜向纤维类似。将上肢内旋 180°，鹰嘴突面朝前方，在结构和功能上与下肢相似时能明显看到。

　　最大限度的肘伸直，可使肘伸直肌群中每一条肌肉都能产生近乎最大的肌电图活性。然而，在肘伸直不是特别用力时，不同的肌肉仅某些程度被用到。肘肌通常最先启动且维持低程度的肘伸直力量。当伸肘肌群用力逐渐增加时，三头肌的内侧头在肘肌之后启动。多数情况下，内侧头在肘伸直动作时保持活化，故内侧头被称为伸直肌群中的

"做功肌"，功能与肱肌相当。

　　只有在肘关节对伸直肌需求升高到中、强度时，神经系统才会募集三头肌的长头，之后是外侧头。长头的功能是"储备"肘伸直肌，拥有需要高强度做功所需的大体积。

　　肘伸直肌群提供肘关节的静态稳定，功能近似稳定的膝关节的股四头肌。可以想一下上肢承重时肘部屈曲的姿势。伸直肌群透过等长收缩或非常低速率的离心活化以稳定屈曲的肘关节。这些相同的肌肉需透过高速的向心或离心收缩来产生相当大的动态伸直力矩，如投球、从低椅子上撑起或快速推开门等。在许多爆发性推进动作中，肘伸直常常伴随某种程度的肩屈曲。

　　前三角肌的肩屈曲功能是向前推的重要协同部分。前三角肌是构成承重姿势下维持前伸姿势的协同部分。前三角肌构成肩关节弯曲的力矩，以阻抗肱三头肌所产生的伸直力矩。从生理学角度讲，当肱三头肌长头呈肘伸直时，可以大大减少肩屈曲合并肘伸直。

　　当肘关节屈曲90°时，肘伸肌会产生最大的力矩。接近这个角度时，肘屈肌会产生最大的屈曲力矩。因此，肘关节弯曲至90°时，是关节最等长稳定的姿势。有趣的是，当两个肌肉群都产生最大力矩时，两组肌群的最大内力臂出现的关节角度相差很大。肱三头肌和肘肌的最大内力臂出现在完全伸展位。在完全伸展位，鹰嘴突位于关节旋转轴与肱三头肌肌腱的力线之间。最大的肘肌力矩发生于屈曲接近90°而非接近伸直的情况下，由此推测，肌肉长度对于最大伸直力矩发生时的动作范围有很大影响。

　　6. 前臂旋转肌　旋前肌或旋后肌必须符合两个基本要素。第一，肌肉必须附着于旋转轴两侧。也就是说，近端必须在肱骨或尺骨上，远端必须在桡骨或手部。因此，无论在何种生物力学变因下，肱肌和伸拇短肌皆无法使前臂旋前或旋后。第二，肌肉必须产生围绕旋前和旋后旋转轴与内部力臂的力量。当肌肉的力线垂直于旋转轴时，所产生的力臂是最大的。在解剖上没有一条旋前或旋后肌符合这样的走向，只有旋前方肌比较类似。

　　从功能上说，前臂的旋前肌和旋后肌与肩膀的内旋肌和外旋肌很相近。肩内旋常伴随前臂旋前，肩外旋常伴随前臂旋后。由于结合了肩和前臂的旋转，使得手部的旋转可接近360°，而非单独旋前或旋后时的170°～180°。研究证实，前臂旋后加上肩外旋，会比肘旋后加上肩内旋的力矩多9%。这种现象的机制尚不清楚，可能与前臂主要的旋后肌——肱二头肌有关。由于肱二头肌的长头跨过肱骨头，故肩外旋时可能会牵拉到长头段，导致肌力增加。

　　测量前臂肌力和角度时，必须将肩关节的影响因素考虑进去。测量旋前、旋后时应将肱骨内髁贴紧身体，并弯曲肘关节呈90°。这样的话，肩关节有任何旋转迹象就很容易被察觉。

　　（1）旋后肌　旋后肌群包括旋后肌和肱二头肌，具有限旋后能力的次要肌群为附着于肱骨外上髁的桡侧伸腕肌、伸拇长肌和伸指肌。在短幅度、高强度的动作下，肱桡肌被认为是次要的旋前肌和旋后肌。无论前臂在何种位置，肱桡肌收缩时都能旋转前臂到正中、拇指向上的姿势。因此，完全旋前时可产生旋后动作，完全旋后时可产生旋前动作。有意思的是，肱桡肌收缩会对前臂产生偏压，使之作为肘屈肌而产生最大力臂。

旋后肌于近端有大范围的肌肉附着点。表层纤维起始于肱骨外上髁、桡侧副韧带和环状韧带；深层纤维从尺骨端沿着旋后肌。两组肌纤维沿着近端 1/3 的桡骨附着于远端。在旋前姿势下，旋后肌沿着桡骨被扭转拉长，这是前臂旋后最佳的位置。由于旋后肌附着在肱骨的部分很少，且与肘关节内外侧旋转轴的距离太近，以至于无法产生明显的屈曲伸直力矩。

肱肌在肘弯曲时类似旋后肌。当前臂旋后时，旋后肌产生明显的肌电图活动，无论肘关节的角度、速度或力量改变都不会受到影响。正常情况下，同为主要旋后肌之一的肱二头肌在高能量旋后动作中（特别是与肘屈曲相关者）亦会被募集。

在较轻松的情况下，单纯旋后的动作中，肱二头肌相对而言神经系统并不活跃。肱二头肌仅仅只有在中等或强力的作用力之下才会有明显的肌电活动。只有单纯的旋后动作时，如果使用较大型且多关节的肱二头肌是没有效率的，因此，肱三头肌和三角肌必须出力拮抗肱二头肌产生的肩关节动作，这样会使简单的动作变得很复杂，而且消耗太多的能量。

（2）旋前肌群　主要的旋前肌包括旋前圆肌和旋前方肌，次要的旋前肌包括桡侧腕屈肌和掌长肌。它们均附着于肱骨内上髁。旋前圆肌有两个头，分别接在肱骨和尺骨上。正中神经从这两个头之间通过，所以很容易被压迫。旋前圆肌的主要功能是使前臂旋前和肘屈曲。旋前圆肌在较高能量的旋前动作中会产生最大的肌电活动，例如，用右手松开过紧的螺丝或投棒球。当旋前圆肌做肘弯曲动作时，肱三头肌必须共同收缩，以抵抗旋前动作的发生。

如果正中神经近端处受伤，所有主动旋前的功能都会丧失。此时，没有肌肉可以抵抗旋后肌和肱二头肌的作用，手臂会呈现旋后状态。

旋前方肌位于前臂前方远端，在所有腕屈肌和指屈肌的深层。这块平坦、四方形的肌肉跨在尺骨和桡骨的远端四分之一处。整体来说，从近端到远端，旋前方肌纤维有轻微的斜向纹路，与旋前圆肌相似，但不完全相同。无论肘关节是否弯曲，只要做出旋前动作，无论是力量需求还是协同肘屈曲，旋前方肌是最常被使用的肌肉。

旋前方肌在生物力学上是产生力矩和稳定远端桡尺关节的有效肌肉。旋前方肌的力线几乎垂直于前臂旋转轴。这使旋前方肌能产生最大的旋转力矩。此外，旋前方肌产生的旋前力矩使桡骨上的尺骨切迹与尺骨头互相吻合。此压迫力也让远端桡尺关节在旋前范围更加稳定。这种力量被三角纤维软骨复合体增强，旋前方肌的力量会随其自然的关节运动学所引导。

在健康的关节中，来自旋前方肌和其他肌肉的压力会毫无困难地被关节吸收。但在严重的类风湿性关节炎中，关节软骨、骨头，以及周边结缔组织皆会丧失吸收关节力量的能力。在这种情况下，这些肌肉会造成关节不稳定。在健康状态下其可协助稳定关节的相同力量，在患病状态下则可能导致关节损坏。

小　结

　　桡骨近端和远端的形状有很明显的运动学设计。尺骨近端呈 C 形，为肱尺关节提供了坚固和鞍形的稳定作用，因此运动学主要受限于矢状面，尺骨远端与桡骨的尺骨切迹形成了远端桡尺关节。远端尺骨与近端桡骨相比，远端桡骨和腕骨并不契合，任何连结组织在这个地方的旋前和旋后都会受到限制。

　　桡骨近端有盘状的头部，可在小头和近端桡尺关节的纤维环内旋转。桡骨的旋转是旋前和旋后动作的主要动力学组成。相反，尺骨由它在肱尺关节与肱骨的稳定连结，为旋转的桡骨提供稳定的基础。相对较大型的桡骨远端，向内外和前后方向膨胀，以连接近排的腕骨。这个扩张的表面区域为力量从手部传递至桡骨提供了绝佳的路径。根据骨间膜的纤维走向，最后力量会平均地传播至肘部的内外侧。

　　四种横跨肘部的主要周围神经包括肌皮神经、正中神经、桡神经和尺神经。除肌皮神经外，这些神经受伤会导致创伤处远端的感觉和肌肉功能失常。因为这些神经造成伤害所导致的肌力损失都会造成关节的动力学失衡，若不及时治疗则会导致残疾。

　　基本上所有作用于肘部及前臂肌肉的远端都会附着在尺骨或桡骨上。肱肌和肱三头肌附着在尺骨上，能够弯曲或伸直手肘，但无法旋前和旋后前臂。其余肌肉附着在桡骨上。这些肌肉不仅能够弯曲手肘，而且因为力线的关系，也能做出旋前或旋后动作。这使手肘能够自由弯曲和伸直，并允许前臂旋前和旋后，且肌群间不会有任何机械性限制。这样就大大提升了上肢与周围环境的互动，如日常生活中的吃饭、盥洗、准备食物，甚至从椅子上将身体用力向上推起。

　　本章有半数以上的肌肉控制手臂或前臂的多个区域。一个看起来简单且局限于单一区域（如前臂）的动作，需牵涉的肌肉往往多于预期。试想需肱二头肌施力旋后以旋紧螺丝的动作，同时也需要活化肱三头肌以抵消肱二头肌产生的强力肘弯曲动作。肱二头肌长头和肱三头肌需共同收缩产生动力学来稳定盂肱关节。此外，肩胛轴方向的肌肉，如斜方肌、菱形肌、前锯肌等，都需稳定肩胛骨，以抵抗肱二头肌和肱三头肌产生将肩胛拉离的力。如果因为神经损伤、失去动作控制、疼痛或失能而使肩胛骨缺少了这些稳定性，肘部和前臂就无法有效执行动作。

第八章　腕关节　▷▷▷▷

　　手腕或腕部共有 8 块腕骨，如同一个整体；在前臂与手之间动作，如一个功能性的空间。除了许多小的掌间关节外，手腕包含两个主要关节：桡腕关节和掌间关节。桡腕关节位于桡骨末端与腕骨近端列之间。这个关节的远端是掌间关节，与掌骨远端和近端互相联结。这两个关节能够让手腕屈曲与伸直，且从一边往另一边活动。此称桡侧和尺侧偏移。由于远端桡尺关节在旋前和旋后动作中所扮演的角色不同，故属于前臂复合物的一部分而非手腕（见第七章）。

　　手腕的位置明显影响手的功能。这是因为许多条控制手指的肌肉源自手的外部，近端附着点位于前臂。手腕疼痛、不稳定或无力，通常是因为处于影响外部肌肉的最佳长度和被动张力的位置，因而降低了抓握的效果。

　　这里介绍几个描述手腕及手内相对位置或解剖的词。手掌的掌部（palmar）与前侧（volar）是同义词，背侧（anterior）与后侧（dorsal）是同义词。这些词将在这章和后面有关手部关节进行介绍。

第一节　骨骼学

一、远端桡骨

　　远端桡骨的背侧有许多可帮助引导或稳定手与腕部肌腱的沟槽和隆起区。例如，可触诊到的背侧粗隆将桡侧腕短伸肌与拇长伸肌的肌腱分开。远端桡骨的掌侧面为腕关节滑液囊与掌侧桡腕韧带的近端附着点，桡骨茎突从桡骨的远端外侧凸出。尺骨茎突较桡骨的茎突尖锐，从远端尺骨后内侧的角落向远端延伸。

　　桡骨远端关节面的内、外和前、后方皆为凹面。腕部的舟状骨和月状骨形成凸面，其中的软骨构成关节面。远端桡骨的不正常排列也会改变前臂旋转轴与骨间膜之间的关系。若错误排列很严重，则会限制旋前或旋后伸展的角度。

　　桡骨的远端有两个重要的生物力学形态。第一，桡骨远端向尺骨（内侧）方向的夹角约25°。这样的尺侧倾斜使手腕与手部能够旋转至尺侧而非桡侧。如果夹角偏移，则手腕的桡侧偏移会受到桡骨茎突滑液囊外侧的挤压。第二，桡骨的远端关节面与掌侧的夹角约为10°。此掌侧倾斜，可部分说明手腕屈曲的角度大于伸展的原因（图 8-1）。

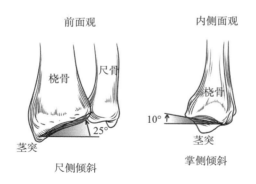

图 8-1　桡骨远端的两个生物力学形态示意图

二、腕骨

从桡骨（外侧）到尺骨，腕骨的近端包括舟状骨、月状骨、三角骨和豆状骨，远端包括大多角骨、小多角骨、头状骨和钩状骨。近端排列以较松散的形式互相连接。相对而言，腕骨的远端列由强壮的韧带紧密连接，为指间骨的关节形成提供坚固且稳定的基础。

1. 舟状骨　舟状骨的命名是基于其外形似一条船（源于希腊文 skaphoeides，像一条船）。大部分"船身"或船的下面载着桡骨，船的"载货区"被部分头状骨的头部填满。舟状骨连接四个腕骨和桡骨。

舟状骨有两个凸面，称为柱。近端柱与桡骨的舟状骨关节面相连，形成关节。远端柱有一个与大多角骨和小多角骨相接呈关节的微圆表面。远端柱朝掌面斜向凸出，在掌侧肌有一个可触及的结节。由于形状细长，舟状骨在功能和解剖上与这两列腕骨相关联。

舟状骨的远端内侧面是一个深凹面，以接受头状骨凸出的头部外侧。舟状骨内侧的一个小面与月状骨联结成关节。这主要与舟月韧带强化的关节连接，在腕骨的近端列提供重要的机械联结。

2. 月状骨　月状骨（源于拉丁文 luna，月亮）是近端列的中心骨，切入舟状骨与三角骨之间。月状骨是腕骨内部最不稳定的骨头，一部分是因为它的形状，主要的是因为它缺乏稳固的韧带附着于相对坚固的头状骨。

与舟状骨一样，月状骨的近端面是凸出的，可容纳桡骨的凹面。月状骨的远端面为较深的凹面，给予骨头本身新月形表面。该关节面接受两个凸面：头状骨头部的内侧半部和钩状骨顶点的一部分。

3. 三角骨　三角骨或称三角形骨，占据了腕部尺侧的大部分位置，在月状骨的内侧。三角骨很容易触诊，位于尺骨茎突的远端，尤其在伴随手腕做桡侧偏移时。三角骨的外侧面长而扁，与钩状骨的表面联结成一关节。三角骨在腕部骨折中居第三位，仅次于舟状骨和月状骨。

4. 豆状骨　豆状骨的形状像一颗豆子，疏松地与三角骨的掌面联结。豆状骨容易移动也容易触诊。它被镶嵌于尺侧腕屈肌的肌腱，具有种籽骨的特征。此骨为外展小指肌、腕横韧带及许多其他韧带的附着点。

5. 头状骨　头状骨是所有腕骨中最大的。当提及掌骨时，头状骨居于手腕的中心位置，与七个周围骨有关节的接触。头状骨一词源于拉丁文，意为头，描述出此骨近端面的明显形状。此骨头与舟状骨、月状骨的深凹面形成关节。头状骨通过短而强壮的韧带在钩状骨与小多角骨间是相当稳定的。

头状骨的远端面与第三掌骨的基底部坚固联结，小部分延伸至第二掌骨和第四掌骨。这个坚固的关节让头状骨和第三掌骨具有单一稳定功能，为手腕和手提供稳定性，所有手腕动作的旋转轴均通过头状骨。

6. 大多角骨　大多角骨有不对称的形状。近端面是些微的凹面，与舟状骨形成关节。特别重要的是，远端马鞍形的面与第一掌骨的基底部相连接。第一腕掌关节是特殊的马鞍形关节，允许大拇指有大的活动范围。

尖而细的结节由大多角骨的掌面凸出。此结节与舟状骨的掌侧结节提供腕横韧带外侧的附着点。紧邻掌侧结节的内侧是一个桡侧腕屈肌肌腱的沟槽。

7. 小多角骨　小多角骨是一个紧紧嵌于头状骨与大多角骨之间的小骨头。小多角骨如同大多角骨，近端面是些微的凹面，与舟状骨形成关节。此骨与第二掌骨形成相对稳固的关节。

8. 钩状骨　钩状骨的名字取自于它的掌侧所凸出的大型钩状凸起。钩状骨有椎体的大略形状。它的基座或远端面与第四和第五掌骨形成关节。此关节提供相对于手部重要功能性的活动，当手部呈现杯状时最为明显。

钩状骨的顶部，近端面朝向月状骨的凹面凸出。钩状骨的钩子（与豆状骨）提供横掌韧带的骨附着点。

9. 腕隧道（腕管）　腕骨的掌侧形成一凹面，呈拱形，覆盖于此凹面的是结缔组织的粗纤维束，名为腕横韧带。此韧带与四个掌侧腕骨的凸起点相连。顾名思义，豆状骨与钩状骨的钩子在尺侧，舟状骨与大多角骨的结节在桡侧。腕横韧带作为手部内的肌肉与一条手腕屈肌、掌长肌为主要附着点（图 8-2）。

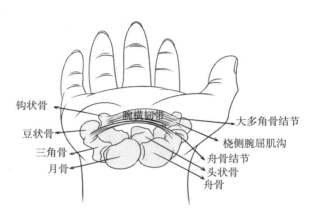

钩状骨　豆状骨　三角骨　月骨　腕横韧带　大多角骨结节　桡侧腕屈肌沟　舟骨结节　头状骨　舟骨

图 8-2　腕隧道（腕管）的骨性结构示意图

腕横韧带将腕骨形成的凹面转变成腕隧道。此隧道为正中神经和手指外部屈肌群的肌腱隧道。腕横韧带附着在腕隧道两侧，用于限制所包覆的肌腱。当手进行抓握动作伴随部分手腕屈曲时，表现得最为明显。

第二节 关节学

一、手腕的关节构造

手腕内的两个主要关节为桡腕关节和掌间关节（内侧隔层、外侧隔层和掌内关节）。许多腕内关节也在腕骨周围。腕内关节通过小的滑动与旋转，促成手腕动作。与桡腕关节和掌间关节容许较大的关节活动相比，腕内关节的活动度较小。但尽管如此，对于正常的手腕活动来讲仍然相当重要。

1. 桡腕关节 桡腕关节的近端由桡骨的凹面和周边的关节盘组成。此关节盘又称三角纤维软骨，是桡尺关节中不可或缺的部分。桡腕关节的远端由舟状骨和月状骨的近端凸面组成。三角骨是桡腕关节的一部分。尺侧完全偏移时，它的内侧会接触到关节盘。

远端桡骨的厚关节面和关节盘会接收并分散穿过手腕的力。穿过桡腕关节的挤压力中大约 20% 会通过关节盘，其余 80% 直接通过舟状骨及月状骨到达桡骨。当手腕做部分伸直和尺侧偏移时，桡腕关节的接触面积会趋于最大，这也是获得最大抓握力的手腕位置。

2. 掌间关节 腕关节腕骨的近端列与远端列之间的关节连接形成掌间关节。环绕于掌间关节的滑液囊在每个掌内关节中延续。掌间关节可分为内侧关节室和外侧关节室。较大的内侧关节室由头状骨的头部凸面与钩状骨的尖端组合进入舟状骨、月状骨及三角骨的远端表面所形成的凹窝。头状骨的头部与此凹窝嵌合的情形与球窝关节十分相似。

掌间关节的外侧关节室由舟状骨的微凸面与大多角骨及小多角骨的近端微凹面相接而成，外侧关节室缺乏内侧关节室的深卵形。手腕动作活动的 X 光显示，外侧较内侧的运动较少。接下来的掌间关节肌动学将侧重内侧关节室。

二、手腕的关节韧带

手腕的韧带很小，且很难区分，但它们在肌动学上的重要性不容低估。手腕的韧带在维持自然的掌内排列和传导腕内力量上相当重要。肌肉所产生的力量存储于牵拉的韧带中，为手腕复杂的关节肌动学提供重要控制。韧带还提供活化的肌肉感觉反馈。受伤与疾病所造成的韧带损伤会导致腕关节脆弱、无力、变形、不稳定，以及形成退化性关节炎。

腕关节韧带可分为外部韧带和内部韧带。外部韧带的近端附着点在前臂，远端附着点在手腕，如三角纤维软骨复合物包括与手腕及远端桡尺关节相关的部分。内部韧带近端和远端的附着点都在手腕内。

（一）腕关节的外部韧带（图 8-3）

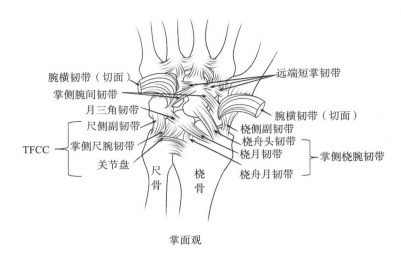

腕横韧带（切面）
掌侧腕间韧带
月三角韧带
尺侧副韧带
掌侧尺腕韧带
关节盘

TFCC

远端短掌韧带

腕横韧带（切面）

桡侧副韧带
桡舟头韧带
桡月韧带
桡舟月韧带

掌侧桡腕韧带

尺骨　桡骨

掌面观

图 8-3　腕关节外部韧带示意图

1. 桡腕韧带　纤维滑液囊环绕于手腕和远端桡尺关节的外表面。在背侧，滑液囊逐渐增厚，以稳固背侧桡腕韧带。这条韧带很细，且不易与滑液囊区分。一般而言，背侧的桡腕韧带在尺骨方向上向远端流动，主要附着于远端桡骨、月状骨和三角骨的背侧。背侧的桡腕韧带使桡腕关节的后侧得以增强，特别是近端列的骨头。附着于月状骨的纤维提供重要的约束力，以避免这个不稳定的骨头向前脱位。

2. 桡侧副韧带　Taleisnik 最先描述了手腕外侧和掌侧滑液囊的外表面增厚而成桡侧副韧带的情况。然而，较新的解剖叙述一般不将桡侧副韧带作为一个可区别的解剖实体。这个结缔组织能为手腕提供微小的稳定性。外部肌肉，如拇长展肌和拇短伸肌表现最多的是这些功能。深层且从手腕的掌侧滑液囊分离出来的是几条厚实牢固且宽广的韧带，称为掌侧桡腕韧带。一般而言，此群组内有三条韧带：桡舟头韧带、桡月韧带和较深层的桡舟月韧带。掌侧桡腕韧带较其背侧的韧带强壮和厚实。一般而言，每条韧带由腕端桡骨较粗糙的区域起，大致朝尺骨方向向远端行走，并附着于几个腕骨的掌侧。桡舟头韧带为此群组中最外侧的韧带，部分与桡侧副韧带融合。

3. 掌侧桡腕韧带　掌侧桡腕韧带在手腕伸直时绷得最紧。即使在手腕的正中位置，被动张力仍存在于这些韧带中。相关内容将在本章后面介绍。

4. 三角纤维软骨复合物（TFCC）　虽然在 X 光下尺腕间隙是空的，但事实上至少有 5 个互相联结的组织填入其间，称为三角纤维软骨复合物。三角纤维软骨复合物的主要内容物为三角纤维软骨，位于远端桡尺和桡腕关节间的关节盘。

三角纤维软骨复合物的主要功能是当桡骨及附着其上的腕骨自由地在固定住的尺骨周围旋转（旋前与旋后）时，能将桡骨和尺骨远端牢固地绑在一起。三角纤维软骨直接或间接地附着于三角纤维软骨复合物中，形成整个复合物的结构性骨架。三角纤维软骨是一个双凹面的关节盘，主要由纤维软骨组成。"三角"这个名字与关节盘的形状有关。它的基座沿着桡骨的尺侧边缘切口附着，且尖端附着于尺骨茎突的附近。"三角"的侧边由远端桡尺关节的掌侧和背侧的滑液囊韧带构成。关节盘的近端面接受远端桡尺关节的尺骨头部，远端面接受桡腕关节的月状骨及三角骨的凸面部分。关节盘的中心 80% 无血管，几乎没有或完全无愈合潜力。

5. 掌侧尺腕韧带　掌侧尺腕韧带源自关节盘的掌侧缘和邻近远端桡尺关节囊的掌侧面，从近端附着点分裂成两条韧带——尺月韧带和尺三角韧带。

6. 尺侧副韧带　尺侧副韧带代表手腕滑液囊的内侧面增厚（据 Gray's Anatomy 英国版，尺侧副韧带与并列的尺三角韧带皆为同一结构的一部分）。掌侧尺腕韧带和尺侧副韧带与尺侧屈腕和伸腕肌共同加强手腕的尺侧。然而这些韧带必须有足够的延展性，使桡骨及手在旋前、旋后时得以自由地绕着固定不动的尺骨旋转。

7. 半月板同系物　三角纤维软骨中很少被结缔组织视为半月板同系物。该组织有可能是手腕尺骨侧原始胚胎结缔组织的残留物。半月板同系物填满了尺腕空间，茎突前凹窝与内侧的间隙被称为软骨性填充物。此凹窝中的滑液常因风湿性关节炎而肿胀、疼痛。关节盘的撕裂会让滑液囊液从桡腕关节散布到远端桡尺关节。

（二）腕关节之内部韧带

手腕的内侧韧带可分为短韧带、中等韧带和长韧带三部分。短韧带以掌侧、背侧或骨间表面与远端列的骨头相接。短韧带坚固而稳定地与远端列的骨头结合，使它们像机械一般地执行重要功能。

1. 月三角韧带　三条中等韧带存在于手腕间。月三角韧带是掌侧桡月韧带纤维的延续。舟月韧带是在舟状骨与月状骨间形成主要联系的宽广集中点。几条大多角骨韧带加强了舟状骨与大多角骨之间的关节联结。

2. 掌侧掌内韧带　手腕内有两条相对长的韧带。掌侧掌内韧带坚稳地附着于头状骨的掌侧面。从这个共同的附着点，这条韧带于近端处分岔，形成两个看起来像倒 V 的分离纤维群。倒 V 的外侧角附着于舟状骨，内侧角附着于三角骨。这些韧带帮助引导手腕的关节肌动学。

3. 背侧掌间韧带　这是一条细的背侧掌间韧带，通过大多角骨、舟状骨、月状骨和三角骨的内部联结为手腕提供横向稳定性。

第三节　动力学

手腕的骨动力学有两个的自由度：屈曲、伸直和尺、桡偏移。手腕做全幅度环绕动作是上述动作的结合，而非截然不同的三个自由度。

大部分手腕的自然动作结合了冠状面与矢状面的元素：伸直倾向伴随桡侧偏移，屈曲伴随尺侧偏移。手腕呈现的自然动作路径遵循了些微的斜向路径，类似于掷镖者的动作。这个自然的动作联结会伴随其他功能的发生，如系鞋带或梳头发。这在手腕术后的康复中应被考虑。

有研究指出，手腕动作的旋转轴通过的是头状骨的头部。一般而言，这个轴接近内、外走向做屈曲与伸直，接近前、后走向做桡侧及尺侧偏移。虽然这些轴好像静止一样，但事实上它们会在整个动作范围进行轻微的移动。在头状骨与第三根掌骨基部之间的稳固关节会引发头状骨旋转，以指引整个手部的骨动力学路径。

手腕在矢状面通常旋转 130°～ 160°。平均而言，手腕屈曲从 0°到 70°～ 85°，伸直从 0°到 60°～ 75°。如同任何可动关节，手腕的活动范围会随着年龄、健康及动作的主动或被动方式而有所变化。正常情况下，总屈曲活动度会超过伸直的 10°～ 15°。末端的伸直角度会自然地因掌侧桡腕韧带较厚、硬度较高而受到限制。有的人远端桡骨的掌侧倾斜较平均值大也可能限制伸直的角度。

手腕在冠状面旋转 60°～ 75°，手腕的桡侧与尺侧偏移的测量为桡骨与第三掌骨骨干之间的角度。尺侧偏移发生角度从 0°到 35°～ 40°，桡侧偏移则从 0°到 15°～ 20°，主要因为远端桡骨的尺侧倾斜，最大的尺侧偏移角度正常状况下会两倍于桡侧偏移的量。

Ryu 和他的同事采用双轴电子侧角器对 40 名健康受测者进行了测试，每天做 24 个日常活动（ADLs）的手腕动作，包括个人卫生与照护、饮食准备、书写及使用各种工具或器皿。结果显示，在 40°屈曲、40°伸直、10°桡侧偏移和 30°尺侧偏移内，可舒适地执行这些日常活动。这些功能性角度为受测者最大手腕动作范围的 50%～ 80%。

严重的腕关节疼痛或不稳定的医疗处置可能需要做手术融合。为缩小功能性损伤，手腕常融合在"平均"功能性位置，10°～ 15°的背伸和 10°的尺侧偏移。虽然手腕永久性融合（即使是部分的）是个极端的选择，但可能是达到稳定性、减缓疼痛的唯一治疗方式。

一、手腕的伸直与屈曲

腕关节是由远端桡骨、月状骨、头状骨及第三掌骨间互相连接所形成的中央管柱。此柱中，桡腕关节等于桡骨与月状骨之间的关节联结，掌间关节的内隔层即为月状骨与头状骨之间的关节联结。腕掌关节为形成于头状骨与第三掌骨基部的半牢固关节联结。

伸直与屈曲是建立在同时发生于桡腕及掌间关节的凸凹面旋转基础之上的。桡腕关节中，当月状骨的凸面朝背侧滚动且同时向掌侧滑动时，便会产生伸直动作。滚动动作将月状骨的远端表面导向背侧，朝向伸直方向。在掌间关节中，头状骨的头部在桡骨上向背侧滚动，同时向掌侧滑动。结合两者的关节动力学特征会产生全幅度的腕伸直。此双关节系统有提供全角度动作的有利条件，仅需通过单一关节中等的转动量。因此，每个关节在相对受限且较稳定的运动弧内移动。

完全的手腕伸直拉长了掌桡腕韧带及所有跨越手腕掌侧的肌肉。这些被牵拉结构中的张力帮助稳定本身于完全伸直的封闭回路位置。手腕完全伸直的稳定性对于上臂在四点爬行及将身体从轮椅转到床上等承重活动中十分有帮助。

正常来说，健康的手腕通过限制韧带的活动可缩小错位的程度，特别是舟月韧带。这个重要韧带的断裂情况较常发生，其会明显改变腕骨近端列内的关节动力学特征及力的传导。这条韧带的损伤会来自外伤、风湿性关节炎的滑液囊炎，或神经节囊肿的手术切除。

二、手腕的尺偏与桡偏

手腕的屈曲与伸直、尺侧与桡侧偏移经由在桡腕关节、掌中关节同时存在的凸凹旋转发生。发生尺侧偏移时，掌间关节和桡腕关节形成整个腕关节动作。在桡腕关节，舟状骨、月状骨和三角骨朝尺侧滚动，向桡侧大幅滑动。桡侧的滑动可由在整个尺侧偏移中月状骨对桡骨的相对位置加以证明。在掌间关节中，尺侧偏移主要发生在头状骨朝尺侧的滚动和朝桡侧的些微滑动。

全幅的尺侧偏移会使三角骨接触到关节盘。钩状骨对三角骨的挤压力会将近端列的腕骨向桡骨茎突推挤。该挤压力可帮助稳定手腕，执行需大量抓握力的活动。当手腕桡侧夹挤桡骨茎突时，桡腕关节中桡侧偏移的量会受到限制。因此，较大量的桡侧偏移会发生在掌间关节。

有研究者采用 MRI 测量了桡侧与尺侧偏移时掌间关节的三度空间活动，结果显示，在桡侧偏移与些微伸直之间，以及尺侧偏移与些微屈曲之间的肌肉动力存在关联性。这种在掌间关节观察到的"掷镖"动作，与其他在许多手腕自然动作中观察到的相似。

三、手腕的腕不稳定

一个不稳定的手腕说明了一个或多个腕骨的错误排列，一般来说与不正常运动和疼痛有关。造成腕不稳定的原因主要是特定的韧带松脱或断裂。虽然内部韧带较外部韧带能在断裂前忍受较大的牵拉，但它们大多在手上。腕不稳定的临床表现会因受伤的韧带及伤害的严重程度而有所不同。腕不稳定有可能是静态的（在休息状态下显现），也有可能是动态的（仅在自由或受限的动作下显现）。

1. 手腕的旋转性不稳 就机械而言，手腕包括置于两个坚硬结构之间的腕骨的可动近端列前臂和腕骨的远端列。就像脱轨的货运列车，若压迫力来自两端，则腕骨近端列容易在锯齿形的状况下发生旋转性骨折。通过手腕的压迫力，由肌肉的活化和与周边环境的接触引起。大多数健康人的手腕一生都能保持稳定状态。韧带的阻力、肌腱的力量，以及毗邻腕骨的形状是避免崩裂和接踵而来的关节脱位的主要原因。

月状骨是最容易脱位的腕骨。正常情况下，其稳定性由韧带及与相邻近端列骨头相接的关节提供，尤其是舟状骨。通过这者的接触，舟状骨在月状骨与较稳定的腕骨远端列之间形成重要的机械联结。这个联结的延续需舟状骨邻近的韧带完好才行。跌落于外延展的手可造成舟状骨腰部区域骨折，舟月韧带撕裂。这两块骨头之间的联结阻力会造成舟月韧带分离所带来的一个或两个骨头的排列。例如，不稳定的月状骨会经常脱位或半脱位，故远端关节面朝向背侧。这种状况，临床称背侧联结节段性不稳定。其他韧带的损伤，如月三角韧带，有可能造成月状骨脱位，导致其远端关节面朝向腹侧（掌侧）。无论旋转性不稳定的类型如何，结果都是疼痛或丧失功能。自然关节动力学的改变会形成高压力区域，最终导致关节毁坏、慢性发炎及骨骼形状的改变。一个疼痛且不稳定的手腕无法有效地为手部提供平台。一个崩裂的手腕有可能改变跨越该区肌肉的长度、张力关系及力臂。

2. 腕部的尺骨易位　远端的桡骨从一侧到另一侧形成一个角度，使其关节面呈约25°的斜向尺骨。此桡骨的尺侧倾斜为腕部创造出一个自然向尺侧方向滑动（平移）的趋势。例如，尺侧倾斜25°的手腕有一个通过手腕总挤压力40%的尺侧平移力。这个平移力，在自然状况下会被来自外部韧带（如掌侧桡腕韧带）的被动张力所限制。像风湿性关节炎，可能会使手腕的韧带变得脆弱。时间一长，腕部有可能向尺侧移动。过多的尺骨易位会明显改变整个手腕和手的生物力学特征。

第四节　手腕关节与肌肉的神经支配

桡神经支配所有穿过手腕背侧的肌肉，主要的腕伸肌为桡侧腕长伸肌、桡侧腕短伸肌和尺侧腕伸肌。正中神经与尺神经支配所有穿过手腕掌侧的肌肉，包括主要的腕屈肌。桡侧屈腕肌与掌长肌由正中神经支配，尺侧腕屈肌由尺神经支配。

一、关节的感觉神经支配

桡腕及掌间关节接受正中与桡神经支配，C_6 和 C_7 神经根分出感觉纤维（此桡神经的终端感觉分支常在手腕背侧滑液囊发展成疼痛神经瘤）。掌间关节由透过尺神经深支游走于 C_8 脊神经根的干神经支配。

二、手腕肌肉的功能

手腕由主要和次要的肌肉束所控制，主要束中的肌肉韧带向远端附着于腕部或周边掌骨的近端边缘，这些肌肉只在手腕执行重要动作。次要束中的肌肉韧带往远端附着于指头时穿过手腕，是次要束肌肉在执行手腕与手的动作。此章着重介绍主要束肌肉。次要束肌肉的解剖与肌动学，如拇长伸肌和指浅屈肌会在相关章节介绍。手腕内外与前后的旋转轴交会在头状骨头部。除掌长肌外，没有肌肉的力线会精准地穿过任一旋转轴。就解剖位置而言，所有的手腕肌肉因与力臂相等，故在矢状面与冠状面皆产生扭力。例如，桡侧腕长伸肌由背侧通过内、外旋转轴，且从外侧至前后旋转轴。只有这条肌肉的收缩可产生手腕伸直与桡侧偏移动作。例如，以桡侧腕长伸肌产生单纯的桡侧偏移需要活化其他肌群，以中和前述肌群所产生不需要的腕部伸直力量。再产生一个有意义的动作时，手腕及手的肌肉很少以分离的方式作用。

1. 腕伸肌的功能　主要的腕伸肌为桡侧腕长伸肌、桡侧腕短伸肌和尺侧腕伸肌。指伸肌能产生明显的手腕伸直力矩，但主要为手指的伸直。其他次要的腕伸肌为食指伸肌、小指伸肌和拇长伸肌。

主要腕伸肌的近端附着点位于肱骨的外上髁和尺侧背侧缘，远端的桡侧腕长伸肌与腕短伸肌分别附着于背侧的第二、第三掌骨基部，尺侧腕伸肌附着于背侧的第五掌骨基部。

跨过手腕背侧和背桡侧肌肉的肌腱，由伸肌支持带牢靠地固定在正确的位置上，尺侧端的伸肌支持带缠绕着尺骨茎突，在掌面与尺侧腕屈肌、豆状骨、钩骨和掌骨韧带相连；桡侧端的支持带则连接至桡骨茎突和桡侧副韧带。手腕做主动动作时，伸肌支持带让下层的肌腱免于联动并远离桡腕关节。

在伸肌支持带与下层的骨头之间是六个肌腱和滑液腱鞘膜的纤维骨层。临床医师常以罗马数字Ⅰ～Ⅵ来代表，每一隔层有一组特定的肌腱。腱鞘炎常发生在一个或多个分层内，通常来自相关肌腱增加张力的重复性或强力活动中。隔层Ⅰ内的肌腱与周边的滑液囊较易发炎，临床称狭窄性腱鞘炎。造成疼痛的活动包括重复地压扳机，打开工具电源、抓握工具时前臂同时旋前和旋后，或拧衣服中的水。狭窄性腱鞘炎一般采用超声波疗法或离子透入疗法进行治疗，如体外注射、冰敷、穿戴手－腕－大拇指矫形器，以及调整引起发炎的活动等。如果传统疗方法能减轻炎症，则手术进行第一隔层放松往往是可行的。

2. 手腕肌肉动作与力矩潜能的生物力学评估　大多数横跨手腕肌肉的位置、横截面积和内力臂的长度数据是可以找到的，由此可知晓手腕旋转轴的大概位置。这些数据提供了估算动作及手腕肌肉潜在扭力的有效方法。例如，考虑尺侧腕伸肌与尺侧腕屈肌。从旋转轴标注的每条肌腱的位置可以清楚得知，尺侧腕伸肌是伸肌和尺侧偏移肌，尺侧腕屈肌是屈肌和尺侧偏移肌。因为这两条肌肉有相似的横截面积，故所产生的力量十分类似。为了估算这两条肌肉的力矩，每条肌肉的横截面积会因其特定的力臂长度而有多种变异。因此，尺侧腕伸肌被认为是一条较有力的尺侧偏移肌，胜于伸肌；尺侧腕屈肌被认为是较有力的屈肌，胜于尺侧偏移肌。

腕伸肌的主要功能是在主动屈曲手指的活动中摆位与稳定手腕。腕伸肌在做握拳动作或产生强大抓握力时扮演着重要角色。快速地握紧并放松拳头，注意腕伸肌此时强力的同步动作便可明白。指深屈肌和指浅屈肌的外部屈肌群，作为腕部屈肌时拥有明显的内力臂。当一个强力的抓握施于一物体之上时，腕伸肌一般来说会维持手腕在30°～35°的伸直和约5°的尺侧偏移。这个位置将外部指屈肌的长度、张力关系最佳化，因此能诱发出最大的抓握力。

当手腕完全屈曲时，抓握力明显减小。抓握力减少有两方面的原因：第一，由于对应于长度－张力曲线，指屈肌群在极短的长度下作用，无法产生过度的力量。这可能是最重要的原因。第二，过度伸展的指伸肌，在手腕产生了一个会进一步降低有效抓握力的被动伸肌力矩。这就解释了为什么腕伸肌瘫痪的人，即使指屈肌仍受神经支配，能够进行有效的抓握。当腕伸肌瘫痪时尝试产生最大力量的抓握，会导致错误的指屈曲肌、腕屈曲姿势。将手腕固定在最大伸直时，可让指屈肌产生近三倍的抓握力，以徒手或矫正方法避免腕部屈曲，可将外在指屈肌维持在延展长度，以产生更大的力量。

一般情况下，穿戴可维持手腕在10°～20°伸直的支具，桡神经无法重新支配腕伸肌，常以手术方式转换成另一条肌肉的肌腱，以提供腕伸肌扭力。例如，由正中神经支配的旋前圆肌与桡侧腕短伸肌相联结。在三条主要的腕伸肌中，桡侧腕短伸肌位于手腕的中间，且有最大的力臂去做腕部动作。

3. 腕屈肌的功能　　三条主要的腕屈肌为桡侧腕屈肌、尺侧腕屈肌和掌长肌。有 10%～15% 的人没有掌长肌。即使有，在肌腱的形状与数量上也往往不同。该肌肉的肌腱常用于捐赠肌腱移植手术。

这三条腕屈肌的肌腱在前臂远端的前侧，很容易辨识，尤其是在强力的等张活动情况下。掌侧腕韧带位于腕横韧带近端，触诊不易辨识。此结构被归于伸肌支持带，作用是稳定腕屈肌肌腱，避免屈曲时过度联动。

其他能屈曲手腕的次要肌肉为手指的外部屈肌，即指深屈肌、指浅屈肌和拇长屈肌。手腕在正中位置时，拇长展肌和拇长伸肌对腕屈曲有一个小的力臂，主要腕屈肌的近端附着点位于近肱骨内上髁和尺骨背侧缘的地方。一般而言，桡侧腕屈肌的肌腱并未穿过腕隧道跨及手腕，而是穿过一个由大多角上的沟及附近腕横韧带的筋膜所形成的一个分开的隧道。桡侧腕屈肌的肌腱向远端附着于掌侧的第二根掌骨基部，有时是第三根掌骨基部。掌长肌在手掌的厚腱膜有一个远端的附着点。尺侧腕屈肌的肌腱在远端连接至豆状骨，并在比腕横韧带浅层的平面连接豆钩韧带、豆掌韧带与第五掌骨基部。

基于力臂与横截面积，尺侧腕屈肌在三条主要腕屈肌中产生了最大的腕屈肌力矩。当腕屈曲时，桡侧腕屈肌与尺侧腕屈肌会同时作用成为协同肌，抵制彼此桡侧与尺侧偏移的力。腕屈肌可产生多于腕伸肌 70% 的等张力矩（12.2Nm 相对 7.1Nm）。腕屈肌肌群的总横截面积越大，则它们之间的差异越大。值得注意的是，外部指屈肌（指浅屈肌和指深屈肌）占到大约 2/3 的腕屈肌横截面积。正常情况下，许多提起或推动重物等动作需要腕屈肌和指屈肌群的力量，也需要共同强力活化腕伸肌群，以避免产生腕部与手指屈曲的无效位置。

4. 桡侧与尺侧偏移肌的功能　　能产生手腕桡侧偏移的肌肉有桡侧腕短伸肌、桡侧腕长伸肌、拇长伸肌、拇长短肌、桡侧腕屈肌、拇长展肌和拇长屈肌。在手腕的正中位置，桡侧腕长伸肌与外展拇长肌拥有桡侧偏移力矩的横截面积与力臂的最大乘积。拇短伸肌具有所有桡侧偏移肌中最大的力臂。然而，由于相对小的横截面积，此肌肉的力矩相对较小。拇长展肌和拇短伸肌可为手腕桡侧提供稳定性，增强由桡侧副韧带被动产生的稳定性。例如，使用锤子时，桡侧偏移肌收缩，所有肌肉从外侧通过，至手腕的前后旋转轴。此动作同时显示出桡侧腕伸肌和腕屈肌动作，是两组肌肉在同一动作中协同肌的相互合作，而在另一动作则互为拮抗。这个肌肉相互合作的净效应引发了手腕的桡侧偏移，在些微伸直下完好地被稳定，以做最佳的动作。

可做手腕尺侧偏移的肌肉为尺侧腕伸肌、尺侧腕屈肌、指深屈肌、指浅屈肌和伸指肌。然而，拥有这个动作能力的肌肉为尺侧腕伸肌和尺侧腕屈肌。例如，强而有力的尺侧偏移肌像锤子撞击钉子般收缩。尺侧腕屈肌与尺侧腕伸肌协同收缩而使尺侧偏移，也将手腕稳定在些微伸直的位置。由于尺侧腕屈肌与尺侧腕伸肌之间强有力的拮抗关系，故而任一肌肉损伤都会导致尺侧偏移，整体能力丧失。

小　结

腕关节可分为两个主要的关节，即桡腕关节和掌间关节。桡腕关节联结桡骨远端与腕骨近端，掌间关节将近端和远端列的腕骨联接在一起。由两者组成的腕关节，通过肌肉产生的主动力矩和韧带产生的被动力矩带动整个关节运动。其所生成的双面运动，使腕关节能有效地构成手部动作。相对而言，腕关节活动度受限或疼痛会使手部正常功能受极大影响，甚而影响整个上肢功能。

除了有效执行手部应有动作，腕关节也与两个上肢的重要功能有关：抵抗重力以承重，参与前臂旋前、旋后动作的完成。就承重来说，腕关节必须承受上肢远端阻力在关节内产生的巨大冲击力，这与行走或跑步时踝关节必须承受巨大冲击力十分相似。这些冲击力不只在与外界环境相互作用，如以手推椅子扶手时产生，在手臂肌肉用力抓握时也会产生。对此，桡骨远端较宽的关节面有助于降低与腕骨间产生的压力。另外，前臂骨间韧带和较具弹性的近端腕骨间联合也可减轻腕关节内的冲击力。当外力过大时，这些帮助压力分散的保护机制可导致远端桡骨骨折、前臂骨间韧带撕裂、舟月韧带撕裂、舟状骨及月状骨骨折或脱位等。

另外，腕关节也在前臂的旋前、旋后中扮演着重要角色，在腕关节两侧都有特殊且必要之处。在桡侧，桡腕关节限制了桡骨与腕骨间以桡骨长轴为轴心的旋转动作，由此限制这动作的产生，使手部跟着桡骨沿尺骨做出旋前、旋后动作。正是对桡骨、腕骨间旋转动作的限制，间接性地使尺骨产生了较多以长轴为轴心的旋转。另一方面，较大的尺骨、腕骨空间和松弛联结的软组织，像腕关节的三角纤维软骨复合体，会同具有弹性的锁链一般连接远端尺骨和腕骨紧密相接的桡骨，使后者能自由地沿尺骨产生旋前、旋后动作。倘若尺骨侧的腕关节不具有这样的活动度，则前臂的旋前、旋后会严重受限。

通过腕关节的肌肉具有多种功能，不是产生腕关节动作，就是协助各手指关节完成动作。看似简单的单向动作，皆需要复杂的肌肉相互配合来完成。比如单纯的伸展手腕关节，至少需要一对拮抗肌来抑制非计划内的桡侧或尺侧屈曲动作。又比如抓握，需要伸腕肌强力的收缩来稳定腕关节。如果没有这些稳定机制，各手指的屈肌会变得毫无效率。造成稳定机制丧失的原因为周围神经或中枢神经受损或病变，从外上髁到腕屈肌群近端附着点间区域或位于腕关节背侧六个纤维、骨骼隔层的任一部位疼痛等。应提供最有效的治疗，了解这些伤害如何影响腕关节的肌动学特征十分必要。

第九章　手　部 ▷▷▷▷

　　手部是人体非常重要的感觉器官，也是复杂动作行为的主要效应器官，通过手还可表达情感。手部主要由 29 条肌肉、19 块骨骼和 19 个手内关节组成。这些结构之间的相互配合极其精确，且生物力学机制非常复杂，功能涉及大脑皮层内大面积的不对称区域。因此，手部疾病或损伤常可导致严重的功能不良。

第一节　骨骼学

一、掌骨

　　掌骨如同指骨，从桡侧以一到五数字定名。任何一个掌骨都有相似的解剖特征，第一掌骨（大拇指）最短且最粗壮，第二掌骨通常最长，其他三个掌骨的长度从桡侧向尺（内）侧而减少。

　　每块掌骨的骨骼学特征为骨干、底部、头部、颈部、后侧粗隆。每一掌骨都有一个延长的骨干，每一个末端都有关节面。骨干的掌面有些微的纵向凹陷，以容纳这个区域的许多肌肉与肌腱。在近端的终点或底部，其与一个或多个腕骨形成关节。第二到第五掌骨的底部拥有关节面，与其相邻的掌骨底部形成关节。每一个掌骨的远端终点都有一个较大的凸出的头部，第二到第五掌骨的头部在握紧的拳头远端，称为指节。在近端紧接头部的是掌骨颈部，为骨折好发部位，特别是第五手指。成对的后侧粗隆表示出掌指关节副韧带的接合位置。

　　将手放在解剖位置，大拇指的掌骨处在与其他手指的平面，第二到第五掌骨大致是并排的，掌面向前。大拇指的掌骨相对于其他手指向内侧旋转了近 90°。旋转将非常敏感的大拇指掌面带向手部中线，理想的抓握取决于大拇指屈曲的平面，与屈曲手指的平面交叉，而非平行。此外，大拇指的掌骨相对于其他掌骨稍微向前，或向掌面位置。第一掌骨与大多角骨多受到舟状骨远端点的掌面投射影响。

　　第一掌骨的位置可让整个大拇指自由延伸，跨越手掌，移向手指。事实上，所有的抓握动作（从指间捏到精确操作）都需要大拇指与手指的相互作用，缺少活动流利的大拇指，手部的整体功能会大大降低。

　　大拇指的内转有专有名词用来描述其动作和位置。在解剖位置，大拇指骨骼的背侧面（即大拇指指甲所在的一面）面向外侧，掌侧面面向内侧，桡侧面面向前侧，尺侧面面向后侧。描述腕骨与其他手指骨的专有名词是标准化的：掌侧面面向前侧、桡侧面面向外侧等。

二、指骨

手部有 14 个指骨，每个指骨都可分为近端指骨、中间指骨和远端指骨，大拇指只有近端指骨和远端指骨。一个指骨的骨骼学特征是底部、骨干、头部（仅近端指骨和中间指骨有）和粗隆（仅远端指骨有）。除大小不同外，所有指骨都形态相似，近端指骨与远端指骨都有一个凹陷的底部、骨干和凸起的头部。如同掌骨，掌面侧的平面是有些纵向凹陷的。任何一个手指的远端指骨都有一个凹陷的底部，远端有一个圆形的粗隆，以将软组织的肉连接到每个手指的骨骼尖端。

三、手部的弓

观察放松的手可以看到，手掌面有自然的凹面。它能让手稳固地抓握和操弄形状、大小不同的物体。手掌的凹面由三个整合共性系统支撑：两个横向的和一个纵向的。近端横向弓由腕骨的远端列构成，这是一个静态、坚固的弓，形成腕隧道。如同大多数建筑物与桥梁中的拱形一样，手部的这些弓由中心拱石结构支撑。头状骨是近端横向弓的拱石，经由其他骨骼与腕骨间韧带间的多方接触而增加强度（图 9-1）。

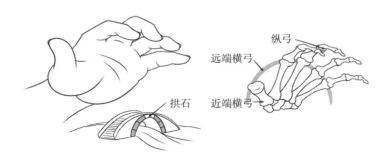

图 9-1　手部的弓示意图

手部的远端横向弓通过掌指关节。与近端弓的坚固性不同，部分远端弓是活动的。想象改变你的手，从完全平坦变成杯状来包住一个棒球。手部的横向灵活性发生在周围掌骨（第一掌骨、第四掌骨和第五掌骨）绕着较为稳定的中心（第二掌骨和第三掌骨）掌骨折叠时。远端横向弓的拱石由中心掌骨的掌指关节形成。

手部的纵向弓依循第二指线与第三指线的大致情况，整个弓的近端终端经由腕掌（CMC）关节稳固地连接腕骨。这些相对坚固的关节为手部提供纵向的稳定度。这个弓的远端终点的活动性极佳，可通过主动屈曲与伸直手指加以呈现。纵向弓的拱石包括第二掌指关节和第三掌指关节。请注意，这些关节同时作为纵向与远端横向弓的拱石。

第二节 关节学

手部动作的定义见图 9-2。

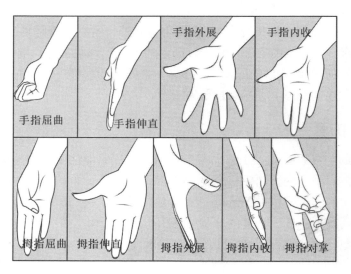

图 9-2 手部动作的定义示意图

一、腕掌关节

腕掌关节背侧韧带见图 9-3。

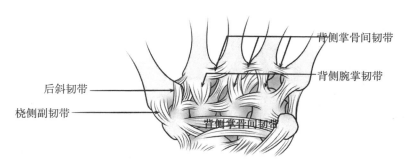

图 9-3 腕掌关节背侧韧带示意图

1. 大拇指的腕掌关节 大拇指的腕掌关节位于第一指线底部,掌骨与大多角骨之间。该关节是腕掌关节中最复杂的一个,它赋予大拇指广泛的动作。它独特的鞍形使大拇指可以完全对掌,因此能简单地触到其他手指的尖端。通过这个动作,大拇指便可握住手掌中的物体,对掌动作大大提升了人类抓握的灵活度。

2. 大拇指腕掌关节的关节囊与韧带 大拇指腕掌关节的关节囊天生就是松的,以保证很大的关节活动度,但关节囊可借由韧带的活动及上方肌肉所产生的力量予以强化。

大拇指腕掌关节处的韧带已采用许多名称命名，被报告过的越过大拇指底部的韧带有三个，有的达七个。本节关注的五个关节囊韧带，每一个都是维持腕掌关节稳定度的重要元素。因为是一整套，所以韧带能够协助控制关节动作的程度与方向，维持关节排列，消散、活化肌肉所产生的力量。一般来说，大拇指的伸直、外展与对掌动作拉长了大部分韧带。五个关节囊韧带都是大拇指腕掌关节的重要稳定因素，其中前斜韧带是最优异的。这条韧带如果发生严重关节炎或外伤断裂，通常会造成关节尺侧脱臼，大拇指底部形成特有的隆起。

3. 鞍状关节结构 大拇指腕掌关节是典型的鞍状关节。其特征是任何一个关节面在一个方向时是凸出的，而在另一个方向时则是凹陷的。大多角骨关节面的纵向直径在掌侧向背侧方向大致是凹陷的，这个平面类似于马鞍前面向后面的轮廓线。大多角骨关节面的横向直径在内侧向外侧方向大致是凸出的，类似于马鞍侧面向侧面轮廓线的形状。大拇指掌骨近端关节面的轮廓线有吻合大多角骨的互补形状，沿着掌骨关节面的纵向直径在掌侧向背侧的方向是凸出的，在内侧向外侧的方向其横向直径是凹陷的。

二、掌指关节（MCP）

手指的掌指关节相对来说是比较大的卵圆形关节，由掌骨的凸出头部与近端指骨的浅凹近端平面构成。掌指关节的动作发生在两个平面上：屈曲与伸直动作发生在矢状面，外展与内收动作发生在额状面。

对于手部的整体生物力学来说，掌指关节处的力学稳定度很关键。掌指关节是支撑手部活动弓的拱石。健康的手，掌指关节的稳定度由相互相连的结缔组织完成，埋在每个掌指关节囊中的是成对的桡侧副韧带和尺侧副韧带，以及一个掌侧板。每个副韧带都有在掌骨头部后侧粗隆上的近端附着点，在斜向掌面方向跨过掌指关节。韧带形成两个截然不同的部分，韧带较远端的腱索部分是粗且强壮的，在远端附着到指骨近端末端的掌侧面；附属部分由扇形纤维构成，在远端附着到掌面板的边缘（图9-4）。

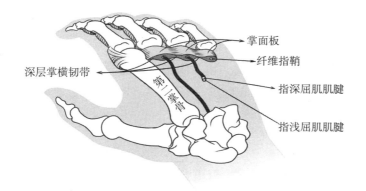

掌面板
纤维指鞘
深层掌横韧带
指深屈肌肌腱
第一掌骨
指浅屈肌肌腱

图 9-4　掌指关节示意图

位于掌侧到每个掌指关节韧带状的结构称掌面（或手掌）板。"板"字描述的是一个密集、粗厚纤维软骨的成分，每个板的远端末端处附着到每个近端指骨的底部。在这个区域，这些板相对较厚且硬，而较薄且有弹性的近端末端则附着于掌骨接近头部的地方。为外部手指屈肌形成隧道或滑车系统的纤维指鞘，固定在掌面板的掌侧（前侧）平面上，掌面板的主要功能是强化掌指关节结构，限制过度伸直动作。

一个掌指关节的凹陷部分由近端指骨关节面、副韧带，以及掌面板的背侧平面组成。这些组织巧妙地构成了一个三角形的储藏空间，适合放置大的掌骨头部。该结构不仅增加了关节的稳定度，同时增加了关节的接触面积。任何一个掌指关节的掌面板之间都由三条深浅掌骨韧带所联结，三条韧带汇合成一条宽且平的结构，彼此联结，松散地将第二到第五掌骨包裹起来。

三、指间关节

远离掌指关节的是手指的近端指间关节（PIP）和远端指间关节（DIP）。每个关节仅允许一个方向的关节活动度——屈曲或伸直。从结构与功能角度看，这些关节比掌指关节要简单得多。

1. 近端指间关节　近端指间关节由近端指骨的头部与中间指骨的底部联结而成。关节面呈木榫联结，与木工集合厚木板相似。近端指骨的头部有两个圆的髁突，被一个浅的中央凹槽分开；相对的中间指骨面有两个浅的凹陷，被一个中央隆峰分开。这样的木榫联结，协助屈曲与伸直动作，但它限制了轴向旋转。

每个近端指间关节都由关节囊包围，通过桡侧与尺侧副韧带强化。近端指间关节处副韧带的束状部分明显限制了外展与内收动作。与掌指关节相比，副韧带的附属部分与掌面板交融并对它进行强化。掌面板与副韧带之间的联结为近端指骨头部构成了一个安全底座，掌面板是限制近端指间关节过度伸直的主要构造。此外，掌面板的掌侧平面作为纤维腱鞘让外部手指屈曲肌肉进入其中（见食指与小指）——底部的附着点。

每个在近端指间关节处的掌面板近端侧面区域都是纵向变厚，形成名为缰绳韧带的纤维组织。这些组织的作用是强化掌面板的近端附着点，限制关节的过度伸直。缰绳韧带胀大，通常认为是一种病理性组织，常在近端指间关节屈曲挛缩的放松手术中被切除。

2. 远端指间关节　远端指间关节由中间指骨头部与远端指骨底部之间的联结构成。远端关节的构造与周围的结缔组织除没有缰绳韧带外，其他与近端指间关节类似。

第三节　运动学

腕掌关节的动作主要发生于两个自由度。一般来说，外展与内收发生在冠状面，屈曲与伸直发生在矢状面。任何一个动作平面的旋转轴都要经过关节凸出的一部分。

从动作力学角度讲，大拇指的对掌与复位由腕掌关节上的两个主要动作平面驱动，对掌与复位动作的运动学描述将在两个主要动作之后进行。

一、腕掌关节

1. 大拇指腕掌关节的外展与内收 在腕掌关节的内收位置上，大拇指位于手部平面。最大外展动作将大拇指掌骨带到手部平面前方大约 45°处。完全外展的动作打开了大拇指的蹼状空间，形成了一个宽阔的凹陷曲线，以助于握住大型物体。

外展与内收动作是基于大拇指掌骨凸出关节面在大多角骨固定凹陷（纵向）直径上移动的。外展时，掌骨凸出关节面在大多角骨凹陷面向掌面滚动并向背侧滑动，腕掌关节处的完全外展动作延展了拇指内收肌和及腕掌关节的大部分韧带。关节运动学所描述的内收动作与外展动作相反。

大拇指腕掌关节完全的外展动作会牵拉到前斜韧带（AOL）、掌骨间韧带（IML）和拇指内收肌。旋转轴在掌骨的底部以一个小圆圈来描述。大拇指掌指关节面主动滚动动作的主要肌肉是拇长展肌。

2. 大拇指腕掌关节的屈曲与伸直 大拇指腕掌关节主动的屈曲和伸直动作与掌骨轴向旋转的程度有关。屈曲时，掌骨向内侧旋转（即朝向第三指）；伸直时，掌骨向外侧旋转（即远离第三指）。这样自动的轴向旋转可由大拇指指甲面在完全伸直与完全屈曲之间的方位改变来表现。该旋转不被认为是一个三度的自由度，因为它无法独立执行于其他动作之外。在解剖位置，腕掌关节可以再额外伸直 10°～ 15°，完全伸直时，大拇指掌骨屈曲跨越手掌 45°～ 50°。

腕掌关节屈曲与伸直动作的关节运动学是基于掌骨的凹陷（横向）直径在大多角骨的凸面上移动。屈曲时，掌骨凹陷面向尺侧（内侧）滚动与滑动，大多角骨的横向直径上的浅沟帮助引导掌骨做轻微的内侧旋转，完全的屈曲动作延展了桡侧副韧带等组织。

3. 大拇指腕掌关节的对掌动作 从容不迫且精准地将大拇指对掌到其他手指指尖的能力，也可以说是整个手部功能健全的最极致表现。这个复杂的动作由其他腕掌关节的动作组成。

简单地说，对掌动作可分为两个时期的完整弧线。在第一期，大拇指掌骨外展；在第二期，外展的掌骨屈曲，并跨越手掌内旋朝向小指。这个复杂动作的运动学情况是：外展时，大拇指掌骨的底部以掌面方向跨越大多角骨的关节面；屈曲、内旋时，在大多角骨表面浅槽的引导下，掌骨的底部微微转向内侧。肌肉方面，特别是拇对掌肌，协助引导并旋转掌骨到大多角骨关节面的内侧。部分外展的掌骨关节能够增加大多数与掌骨关节相关的结缔组织的被动张力。例如，被牵拉的后斜韧带上增加的张力能够促进大拇指掌骨的内旋（转动）。

由大拇指指甲的方位改变可观察到，完全对掌动作包括 45°～ 60°的大拇指内旋，大拇指腕掌关节负责这个旋转的大部分（并非全部），少部分轴向旋转以附属动作形式发生在掌指关节与指间关节上。大多角骨微内旋对着舟状骨和小多角骨，故增大了掌骨旋转的程度。小指在第五腕掌关节握成杯状动作中，间接地贡献了对掌动作，这个动作让大拇指指尖更容易碰触到小指指尖。

完全对掌动作通常认为是腕掌关节的稳定位置，这个位置不仅通过肌肉稳定，还有韧带缠绕固定。只是在完全对掌动作的最大极限处，大约一半的表面积有关节接触。考量跨越这个关节较大且频繁的力量，相对小的接触面积可能自然地使关节承受到的压力较大且可能引起伤害。

腕掌关节的复位动作将掌骨从完全对掌动作转回到解剖位置，这个动作同时涉及大拇指掌骨内收与伸展、外旋的关节运动学。

大拇指腕掌关节负担大量功能性的需求，这通常被认为是一个产生局部退化性关节炎的倾向因素。这种情况比其他上肢退化性关节炎相关的情形更需接受手术治疗。退化性关节炎多发生在腕掌关节，很少源于急性伤害，常见的由职业与习惯累积造成。一项阿拉伯联合大公国的骨骼相关人类学研究发现，腕掌关节样本中，20% 有中度到重度的退化性关节炎。如此高的退化发生率归因于职业相关的大拇指过度使用。除压力与过度使用外，其他因素也能在大拇指底部引起退化性关节炎，如遗传或关节面细微但自然的不对称。排除特殊原因，需要治疗第一腕掌关节关节炎的人，以疼痛为最先出现的症状，但也会存在关节的不稳定性。疼痛且不稳定的大拇指底部明显降低了整只手乃至整个上肢的功能性潜力。大拇指底部有严重退化性关节炎的人通常会导致捏夹动作减退，存在骨刺、肿胀、半脱位或脱臼，关节会发出爆裂声。

有文献特别指出，大拇指腕掌关节原发性退化性关节炎以女性常见，尤其是 50 ~ 60 岁时，这可能与停经后导致关节韧带松弛有关。研究还指出，女性中大多角骨适中者较少，且大多角骨表面积较男性要小，这也可能是导致女性腕掌关节关节炎发生率较高的原因。对大拇指腕掌关节退化性关节炎，常见的保守治疗包括运动、物理仪器治疗如冷或热、非类固醇抗炎（NSAIDs），以及皮质类固醇注射。此外，可采用各种方式指导患者修正日常活动，以使大拇指底部减轻不必要的力量。

手术介入多用于保守治疗无法减缓疼痛或不稳定恶化时，手术常常需要置换关节，合并受损韧带的重建，如前斜韧带。此关节通常借助桡侧腕屈肌肌腱稳定，退化的大多角骨有可能完整地留下或换成一个空间占据物。该占据物由圆圈式肌腱或其他物质组成。虽然患者术后的功能会得到显著改善，但长时间以后，往往会因复杂的关节运动及自然产生于腕掌关节的强大力量而发生障碍。这类病例可采用腕掌关节部分或全部融合（关节固定）手术，尤其是年轻人和活动积极的人更为适宜。

腕掌关节伸直时，凹陷的掌骨凸出关节面向外侧（桡侧）方向滚动与滑动，跨过关节的横向直径，大多角骨关节面上的沟槽引导掌骨轻微地外转，完全伸直牵拉位于关节尺侧的韧带，如前斜韧带。

二、掌指关节

1. 骨骼运动学　掌指关节除屈曲、伸直，以及外展、内收等自主动作外，还可有许多附属动作。近端指骨相对于掌骨头部丰富的被动活动度可观察到掌指关节放松且趋于伸直时，关节可以被拉开、压迫，向前后方向和侧边方向位移，或轴向旋转。被动轴向旋转的幅度要特别注意。这些在掌指关节处丰富的附属动作能让手指更符合所握住物体的形状，增进抓握的控制能力。无名指和小指掌指关节的被动轴向旋转的范围最大，平均可旋转 30°～ 40°。

掌指关节的屈曲与伸直范围，从第二指到第五指逐渐增加。第二指（食指）屈曲约 90°，第五指屈曲 110°～ 115°。靠近尺侧的掌指关节允许有较大的活动度，与腕掌关节类似。掌指关节可以被动地伸直超过正中位置（0°），达到 30°～ 45°。以第三掌骨为参考位置的中线两侧，掌指关节的外展与内收动作可达约 20°。

手指的掌指关节允许自主动作发生在两个自由度：屈曲与伸直发生在矢状面，环绕内外方向的旋转轴；外展与内收发生在冠状面，环绕前后方向的旋转轴。每个动作的旋转轴均通过掌骨头部。

2. 关节的运动学　掌骨头部有一些不同的形状，但大致上顶端是圆的，掌侧平面差不多是扁平的。关节软骨包覆整个头部及大部分掌侧平面，关节面的凸面、凹面相互关系也显而易见。关节的纵向直径在矢状面，短的横向直径在额状面。

掌指关节的关节运动学是建立在指骨的凹陷关节面对掌骨头的凸面活动。主动屈曲动作的关节运动由一条外部屈肌——指深屈肌所驱动。屈曲动作增加了背侧关节囊与副韧带的被动张力。在健康状态下，这种被动张力能协助引导关节的自然关节运动学。例如，在伸展的被动关节囊处，增加的张力能避免关节在背侧不自然地向外"转出"。当近端指骨在掌面方向滑动和滚动时，张力能协助维持关节面之间的紧密接触。背侧关节囊与副韧带所增加的张力在屈曲时能够稳定关节，这对抓握相当有帮助。

掌指关节主动屈曲与伸直的关节运动学侧面观：当指深屈肌活化时表现为屈曲动作。该肌肉的肌腱穿越两个滑车（在纤维指鞘中特称滑车），屈曲动作将背侧关节囊和桡侧副韧带扯到相对的紧绷，关节运动以相似方向的滚动与滑动呈现。指伸肌与手指内部肌共同活化，以控制动作的呈现。伸直的位置将掌面板拉到紧绷，与此同时在桡侧副韧带形成相对的松弛。紧绷或被伸展的组织以延长的箭头表示。此动作的旋转以内、外方向穿过掌骨头部呈现。

掌指关节的主动伸直动作由指伸肌与内部肌群中的协调活化驱动。除了近端指骨的滚动与滑动方向发生在背侧方向外，伸直动作的关节运动学与屈曲动作相似。伸直 0° 时，副韧带是松弛的，掌面板则延长其皱襞，以支撑掌骨头部。伸直时副韧带相对松弛，一部分被认为是关节内增加的被动活动度。而超过 0° 的伸直动作，通常会被内部肌肉（如蚓状肌）的收缩所限制。

掌指关节处主动外展动作的关节运动学：外展动作由第一背侧骨间肌（DI1）驱动，完全外展时尺侧副韧带紧绷，桡侧副韧带松弛。注意这个动作的旋转轴是在前、后方向上，穿过掌骨头部。

掌指关节的外展、内收动作与屈曲、伸直动作十分相似。例如，食指掌指关节外展时，近端指骨会朝桡侧方向滚动和滑动。第一背侧骨间肌不仅能引导外展动作，也能在桡侧副韧带持续松弛时稳定关节。

与完全伸直相比，完全屈曲时，掌指关节的主动外展和内收动作范围明显减小（这可以在你的手臂上试验）。两个因素可以用来说明这个差异：第一，接近完全屈曲时副韧带是拉紧的。这些韧带所储存的被动张力会增加关节面之间的压迫力，从而降低有效动作。第二，大约屈曲 70°时，近端指骨的关节面接触于掌骨头部平坦的掌面部分。这个相对平坦的表面阻碍了最大的外展、内收动作关节活动度所需要的自然关节运动。

（1）大拇指的特征与韧带　大拇指的掌指关节由大拇指第一掌骨的凸出头部与近端指骨的凹陷近端面之间的连接构成。大拇指掌指关节的基本结构和关节运动学与其他手指相似，主要差异存在于骨骼运动学。大拇指掌指关节的主动与被动动作明显少于其他手指的掌指关节。就应用目的而言，大拇指掌指移动的关节活动度，在额状面呈屈曲与伸直动作。不同手指的掌指关节，大拇指掌指关节的伸直动作常被限制到只有 0°。大拇指掌指关节的主动屈曲从完全甚至开始，大拇指近端指骨可以主动屈曲约 60°，跨越手掌到中指。

大拇指对掌指关节的主动外展与内收动作十分受限，被认为是附属动作。其限制可以牢牢固定于大拇指掌骨后，在主动外展或内收近端指骨时可观察到。该关节的副韧带与骨外观结构是最有可能限制动作的原因——一种提供整个沿大拇指方向力线自然而稳定的限制。

虽然掌指关节处受限的外展与内收动作提供了大拇指某些稳定度，关节处正常紧度的副韧带特别容易因过大的外力扭矩受伤，如常见的"滑雪者拇指"。滑雪者的滑雪杖与皮带对掌指关节可产生一股很大的外展扭矩，从而损伤尺侧副韧带，特别是外展约 45°时。此外，当外展扭矩在掌指关节且屈曲约 30°时，韧带最易造成断裂，这是滑雪所发生的意外情景。

因为掌骨头部为凸轮形，掌指关节屈曲动作增加了副韧带接合点之间的距离（伸直时 27mm，屈曲 90°时 34mm）。但近端指间关节副韧带的近端与远端接合处之间的距离在整个屈曲动作中本质上仍维持不变。

大拇指掌指关节与指间关节的主动屈曲动作主要由拇长屈肌和拇短屈肌驱动。这些关节屈曲与伸直动作的旋转轴，以前后方向穿越这些关节的凸出部分。

（2）手指掌骨关节屈曲位置的临床关联性　长期以来，屈曲的掌指关节被认为比伸直关节更加稳定，且显示出较少的被动、附属动作。据此，屈曲动作被认为是掌指关节的闭合位置。如第一章所描述，大部分关节的闭合位置是一个附属动作（joint play）最小且关节内紧密度最大的独特位置。掌指关节的闭合位置与许多围绕的韧带增加的张力有关，活动时（如握或捏，或使用钥匙这种发生在屈曲 60°～ 70°的活动）副韧带增加的张力提供了手指底部附加的稳定度。

虽然这一主题缺乏特定研究，但与掌指关节屈曲动作相关所增加的稳定度至少大部分看来可能是由副韧带产生的延长动作和随之而来的牵拉动作所造成。牵拉动作由不圆或不够圆凸轮形的掌骨头部引起，因为这样的外形，屈曲动作增加了近端与远端韧带接合处的距离。

外伤或手术后，手部通常会以石膏或夹板限制活动，以促进愈合，减轻疼痛。如果限制活动的时间过长，关节周围结缔组织缩短（松弛），通常会在这个位置下重塑，并接着对延长动作产生更大的阻力。相反，结缔组织在延长的位置下限制活动较能保留其正常紧度。例如，患者第四或第五掌骨颈部骨折后，手部必须限制活动三周或四周，临床人员一般会在掌指关节屈曲约 70°的情况下用夹板固定手部。掌指关节的屈曲位置设计在副韧带处于相对牵拉的情况下，以避免其紧缩。避免副韧带的紧缩能降低掌指关节伸直挛缩的可能性。

然而，某些病例将掌指关节限制在完全屈曲作为禁忌证。例如，背侧关节囊手术再塑或全关节置换后，掌指关节必须限制活动在伸直（接近 0°）位置，这个位置能够降低位于关节背侧要愈合的组织的形变。

三、指间关节

近端指间关节屈曲到 100°～120°，远端指间关节活动度允许较少的屈曲动作到 70°～90°。与掌指关节一起运动时，尺侧的近端指间关节与远端指间关节的屈曲动作较大。在近端指间关节伸展角度最小的情况下，远端指间关节通常允许超过正中位置（0°）大约 30°的伸展动作。

关节构造的相似处引起近端指间关节与远端指间关节相似的关节运动学。例如，近端指间关节的主动屈曲动作之间指骨的凹陷底部通过外部手指屈肌的拉动以朝掌面的方向滚动与滑动，屈曲动作时，在背侧关节囊产生的被动张力协助引导这个滚动与滑动的关节运动学。

与掌指关节相反，指间关节处副韧带的被动张力在整个活动范围中相对恒定。或许是指骨头的圆形形状协助，防止了这些副韧带长度的明显改变。近端指间关节与远端指间关节闭合位置固定在完全伸直的位置，因而减低了这些关节产生屈曲挛缩的可能性。

大拇指指间关节的结构与其他手指相似。动作主要受限在一个自由度，允许主动屈曲 70°。大拇指指间关节可以被动伸直超过正中位置约 20°，该动作通常被用于大拇指附着在物体之间的力，如将图钉按到木板中。被动过度伸直的角度在整个人生中，通常会年复一年地发生在掌面结构（含掌面板），因牵拉动作而增加。

食指近端与远端指间关节的主动屈曲动作延长了指间关节的背侧关节囊。掌指关节和指间关节呈现出指浅屈肌与指深屈肌力量作用下的屈曲，所有三个手指关节的屈曲与伸直动作的旋转轴都以内、外方向，通过关节的凸出部分。

第四节　神经支配

手部相当复杂且协调的功能需要该区域的肌肉、皮肤，以及关节丰富的动作和感觉神经支配。例如，想要让小提琴演奏家表演出非常精准且敏锐的手指动作，重要的是穿越手部内肌群（如大拇指）的单一神经轴突至少支配 100 个肌纤维。因此，每个神经轴突都要活化 100 个肌纤维。相对地，穿越腓肠肌——一条没有参与精细动作的腓肠肌内侧头部的单一神经轴突大约支配两千个肌纤维。大多数手部内肌群由数量较少的神经纤维轴突控制，这样会使手指对运动的最终控制更加精细。

手指肌肉与动作的精细控制也需要持续的感觉信息流入。感觉信息的输入非常重要。例如，在很少用眼睛看的情况下，一个人要快速拨开并吃掉一个水果，主要是通过手部的感觉神经输入进行控制，多数的肌肉动作是对这类感觉信息的反应。缺乏感觉输入的肌肉活化通常会产生粗糙且不协调的动作，常见于一些保留了动作系统但主要影响感觉系统的疾病，如脊髓痨，一种影响脊髓感觉传入路径的疾病。

一、肌肉与皮肤神经支配

（一）桡神经

桡神经支配手指外在的伸肌群。这些位于前臂背侧的肌肉分别是指伸肌、小指伸肌、食指伸肌、拇长伸肌、拇短伸肌和拇长展肌。桡神经负责腕部与手背侧的感觉，特别是大鱼际指间的背侧区域（虎口区域）。

（二）正中神经

正中神经支配手指大多数的外在屈曲肌群。在前臂内侧，正中神经支配指浅屈肌，正中神经的分支（前骨间神经）支配外侧半的指深屈肌和拇长屈肌。

延续到远端，正中神经穿过腕管进入手部，位于腕横韧带深部。到了手部，它支配形成大鱼际隆起的肌肉群（拇短屈肌、拇短展肌和拇对掌肌）和外侧的两条蚓状肌。正中神经也负责手部掌面外侧的感觉，包括桡侧（外侧）三个半手指的掌面区域及指尖。

（三）尺神经

尺神经支配内侧半的指深屈肌，在远端，尺侧神经跨越腕部浅层到达腕隧道，在手部尺神经的深层运动分支支配小鱼际肌群（小指屈肌、小指外展肌、小指对掌肌和掌短肌）和内侧的两条蚓状肌。深层运动分支持续延伸到手部外侧深处，支配所有掌侧与背侧的骨间肌，最后是拇内收肌。尺神经也负责手部尺侧边缘的感觉，包括尺侧一个半手指大部分的皮肤。

二、关节的感觉神经支配

总体而言，手部关节接受来自支配其上方皮节感觉神经纤维的感觉。这些传入神经纤维在脊髓背侧神经根汇合：① C_6：传入来自大拇指与食指的感觉。② C_7：传入来自中指的感觉。③ C_8：传入来自无名指与小指的感觉。

对手部来说，正常感觉在保护免于机械或稳定伤害上相当重要。例如，患有周围神经病变、脊髓损伤和严重糖尿病者，通常肢体会缺少感觉，非常容易受到伤害。患有汉森病（从前称为麻风病）的人手指有可能完全失去感觉，并会出现皮肤病变。随着时间的推移（特别是在没有医疗照顾的情况下），患有严重或汉森病无法控制的人会面临失去部分或全部手指的情况，这与间接的细菌感染有关，大部分直接原因来自对失去感觉的手指施以非必要、极大且具有伤害性的接触力。

在正常感觉的情况下，人们执行常规活动时，通常仅需用最少的力量来完成特定任务，但对感觉缺失或减退的患者来说，其手往往要施以比正常更大的力量以代偿变差的感觉。虽然增加的力量对任何运用来说只是轻微的，但长时间的多重使用会伤害皮肤及其他结缔组织。除引起感觉丧失外，临床治疗人员必须告知患者容易受伤的可能性，以及保护易受伤部位的方法。

第五节 肌肉关节之相互作用

驱动手指的肌肉可分为外在肌和内在肌。外在肌群的近端附着点在前臂，某些肌肉位于肱骨外上髁；内在肌群的近端及远端附着点都位于手部。手部大多数的主动动作（例如打开或握紧手指）需要手部内外肌群和腕部肌肉的精确合作。

一、手指的屈曲外肌群

手指的屈曲外肌群分别是指浅屈肌、指深屈肌和拇长屈肌。这些肌肉的近端附着点广泛分布在肱骨内上髁和前臂区域。

（一）指浅屈肌

指浅屈肌的肌腹位于前臂，恰好在旋前圆肌肌腹、腕部屈肌和旋前圆肌位置。它的四条肌腱跨过腕部进入手的掌侧。在近端指骨处，每一条肌腱都分开，让指深屈肌肌腱得以通过。而每一条肌腱的分开部分，其中有一部分会再重组，穿越近端指间关节，附着在中间指骨的掌侧一端。指浅屈肌的主要动作是屈曲近端指间关节，而这条肌肉会屈曲所有它经过的关节。大致而言，除了小指，每一条肌腱都可相对独立于其他肌腱被控制，这种功能独立性在食指表现得尤为明显。

（二）指深屈肌

指深屈肌的肌腹位于前臂最深的肌肉平面，也在指浅屈肌的深部。到手指处，每一条肌腱都穿过分开的指浅屈肌分开的肌腱，每一条分开的肌腱接着持续向远端延伸，并附着到远端指骨底部的掌侧。指深屈肌是远端指间关节的唯一屈肌，与指浅屈肌一样，可以协助屈曲每一个它经过的关节。

到达食指的指深屈肌可以相对独立于其他深肌肌腱的控制，其余的三条肌腱通过不同的肌肉纤维束相互连接，因而通常能防止单一手指单独的远端指间关节屈曲动作。要想体会这个相互连接，可抓住中指并完全伸直它所有的关节。无法或难以执行这个动作是由于中指完全伸直，使指深屈肌整个肌腹产生过度延展所致。进行徒手肌力测定时，该手法通常用来抑制深肌的动作，这样能让指深屈肌成为近端指间关节较为主要的屈曲肌。

（三）拇长屈肌

拇长屈肌存在于前臂最深的肌肉平面，在指深屈肌的外侧。这条肌肉跨过腕部，并向远端附着在大拇指远端指骨底部掌侧。拇长屈肌是大拇指指间关节的唯一屈肌，也提供大拇指掌侧关节与腕掌关节重要的屈曲力矩。如果不阻挡，拇长屈肌也可以屈曲腕部。

前面提到的三条手指外肌群通常会一致收缩，特别是当需要整个手部做出扎实的抓握动作时，这些肌肉的动作能卷起手指呈屈曲动作。在拳头的握紧与放松过程中，指骨动作能被明显观察到。虽然相当细微，但这些对掌动作能协助相应的内肌群提起手部的边缘，因而促进和保证抓握效果。

在腕部隧道远端，尺侧滑膜鞘环绕指浅屈肌和指深屈肌的肌腱，除了小指肌腱周围持续到远端以外，这个束鞘终止于近端掌侧。桡侧滑膜鞘则维持于拇长屈肌，直到它在大拇指的远端附着处为止。

手指屈曲外肌群肌腱一直走在保护性纤维－骨骼隧道中，直到其远端附着处，此称为纤维指鞘。腱鞘由近端开始，是手掌皮肤下粗厚腱膜的延伸组织，贯穿于每个手指的长度。此束鞘被固定在指骨与掌面板上。

（四）腕管综合征的解剖基础

所有手指的九条外部屈曲肌群肌腱及正中神经都通过腕管，这些肌腱被滑膜鞘环绕，用于减少结构间的摩擦。尺侧滑膜鞘包覆指浅屈肌和指深屈肌的八条肌腱，而分开的桡侧滑膜鞘则独立环绕拇长屈肌的肌腱。手部活动需要重复长时间或极端的腕部摆位，如此可刺激肌腱及其束鞘。由于腕管封闭和相当窄小的空间，滑膜的肿胀会增加正中神经的压力，导致腕管综合征的发生，其以正中神经感觉分布区疼痛和感觉异常为特点。随着症状的持续进展，鱼际隆起的肌肉会无力或萎缩。患腕隧道证候的人通常会导致腕隧道压力不正常，特别是腕部的极端动作（如长时间使用电脑键盘）已被认为是腕隧道证候群的一个成因。在打字并伴随较大的腕部伸直或桡侧偏移动作时，会观察到有明显的压力增加。标准电脑键盘的设计可为腕部提供一个压迫较少的位置，故能降低疼痛程度。

束鞘对包覆的肌腱来说是营养与润滑的来源，从束鞘分泌的滑囊液能够降低指浅屈肌与指深屈肌肌腱间的摩擦。受伤或撕裂后，肌腱与相邻的指鞘之间或肌腱之间可能产生粘连，撕裂的肌腱经手术修补后，治疗师通常会实行监测运动计划以诱发肌腱滑动。这种治疗由主刀医师或治疗师根据修补方式或其他参数设定，并严格按照计划表执行。

屈曲肌腱及环绕的滑膜可能会发炎（有的称滑膜炎），肿胀会限制束鞘内的空间，使肌腱滑动受限。肌腱发炎部位可能产生结节，偶尔会在束鞘中的狭窄部位卡住，从而阻碍手指动作。通过外力，肌腱会突然滑过受限区并伴随"啪"的一声，此称"扳机指"。保守治疗包括合理活动、夹板固定、可的松注射等，这些方法可能初期有效，但在慢性期束鞘的受限区域通常需手术松解。

（五）屈曲滑车的解剖与功能

埋在纤维指鞘中的屈曲滑车，每一双手指都能观察到五个环状滑车，名为 $A_1 \sim A_5$。较大的滑车（A_2 与 A_4）附着在近端与中间指骨的骨干上，次要的滑车（A_1、

A_3 与 A_5）附着在手指三个关节中任意一个关节的掌面板上。三个较不明显的十字滑车（C_1 ~ C_3）也可观察到。十字滑车由薄而柔韧的纤维组成，十字交叉在屈曲时指鞘弯曲区域的肌腱上。

屈曲滑车、掌侧腱膜和皮肤承担着相似功能，即维持其下方的肌腱在相对靠近关节的距离。没有这些组织提供这样的控制，屈曲外肌群强力收缩产生的力量就会造成肌腱被拉开关节旋转轴，一种被称为肌腱的"弓弦现象"。

手指的屈曲滑车对于稳定肌腱在相对于其下方关节的位置有特别重要的作用。滑车可能会因外伤、过度使用或疾病而被过度牵拉或撕裂（有趣的是，屈曲肌腱过度牵拉与连续而来的弓弦现象已在 26% 的攀岩者身上观察到，大多发生在无名指和中指），主要的 A_2 或 A_4 滑车撕裂或过度牵拉会明显改变屈曲肌腱的力臂，进而改变掌指关节与近端指间关节的生物力学。因此，这两个主要滑车的保存是手部主刀医师的主要目标。

（六）主动手指屈曲时近端稳定肌群的作用

就力学而言，手指屈曲外肌群是可以屈曲多重关节的（从远端指间关节到手肘，从理论上就指浅屈肌而言）。为了让这些肌肉能够独立执行其跨越一个单一关节的屈曲功能，其他肌肉与手指屈曲外肌群会协同收缩。指浅屈肌执行独立的近端指间关节屈曲动作。收缩开始时，伸指肌必须作为近端稳定肌肉，以避免指浅屈肌屈曲掌指关节和腕部。因为指浅屈肌的屈曲力臂长度越靠近关节越增加，作用于远端关节相对微小的力量在较近端的关节处会增强到较大的力矩。

在浅肌肌腱中，一般 20N（4.5 磅）的力量在近端指间关节处会产生 15N·m 的力矩，在掌指关节会产生 20N·m 的力矩，在腕部的中腕关节则会产生 25N·m 的力矩。指浅屈肌产生的力量越大，近端稳定肌肉就必须承受其力量需求。近端稳定肌肉包括指伸肌，以及腕部伸直肌群。近端指间关节的一个简单动作所需要的肌肉力量与肌肉协调明显大于它最初显现的力量。近端稳定肌群瘫痪或衰弱都会显著破坏更多远端肌肉的功能。近端指间关节简单的屈曲动作需要肌肉的活化。指浅屈肌可产生 20N（4.5 磅）的力量，在所跨越的每一个关节上形成屈曲力矩。因为越靠近关节端力臂越大，故屈曲力矩以朝近端的方向逐渐从 15N·m 增加到 25N·m。如果独立做近端指间关节的屈曲动作，则指伸肌和桡侧腕短伸肌必须抵抗指浅屈肌跨越腕部与掌指关节产生的屈曲作用。

（七）经由手指屈曲外肌群产生抓取动作

手指的屈曲外肌群包括指深屈肌、指浅屈肌和拇长屈肌跨过腕部的前侧。腕部的位置会明显改变这些肌肉的长度，以及随之而来的被动张力。由于被牵拉的屈曲肌群增加了被动张力，所以手指能主动地屈曲。一条多关节肌肉的牵拉跨越一个关节，而在其他关节处产生一个被动动作，称之为肌肉的抓取动作。

抓取动作所引起的手指被动屈曲动作的量出人意料的大。平均来说，在正常人身上，腕部从完全屈曲到完全伸直能够自动地屈曲远端指间关节约 20°，近端指间关节约 50°，掌指关节约 35°。处在腕部完全屈曲的位置时，手指（尤其食指最为明显）会因为牵拉手指伸直外肌群的相似抓取动作而被动地伸直。实际上，身体的所有多关节肌肉都会展示某些程度的抓取动作。

值得注意的是，某些四肢瘫痪的人，手指屈曲外肌群的自然抓取动作有很重要的临床意义。一个 C_6 四肢瘫痪的患者，其四肢屈曲肌、伸直肌接近或完全瘫痪，但腕部伸直肌群则有良好的神经支配。这个节段的脊髓损伤患者通常利用抓取动作行使许多功能，例如抓握装水的杯子。为了打开手掌抓握杯子，患者先会用重力屈曲腕部，接着牵拉手指或大拇指部分瘫痪的伸直肌群。腕部伸直肌的主动收缩放松了伸指肌，但同时也牵拉了瘫痪的手指与大拇指屈曲肌群，如指深屈肌和拇长屈肌。这些屈曲肌群的牵拉产生了足够的被动张力，从而使患者能有效地屈曲手指并抓握杯子。手指屈曲肌被动张力的量间接地由主伸直腕关节的角度所控制。

二、手指的伸直外肌群

1. 肌肉解剖　手指的伸直外肌群包括指伸肌、食指伸肌和小指伸肌。指伸肌与小指伸肌始自肱骨外侧上髁的共同肌腱，食指伸肌近端附着处在前臂的背侧区域。就横截面来说，指伸肌是起主导作用的手指伸直肌，除手指伸直肌的功能外，伸指肌作为腕部伸直肌也有非常出色的力臂。

切开指伸肌与小指伸肌可暴露较深的食指伸肌和大拇指伸直外肌群，食指伸肌只有一条肌腱，服务于食指；小指伸肌是一条很小的纺锤形肌肉，与伸指肌相互联结。小指伸肌通常有两条肌腱。

指伸肌、食指伸肌与小指伸肌的肌腱跨越位于腕部伸直肌支持带中的滑囊线状空间，从伸直肌支持带、肌腱出发朝向手指远端到掌骨背侧，指伸肌的肌腱与一些联结肌腱相互结合。这些结缔组织的细索固定这些肌腱附着到掌指关节底部的走行角度，并可限制每个肌腱的独立动作。

手指伸直肌群的解剖分布与手指屈曲肌群的分布差异很大，屈曲肌腱在非常清楚的指鞘中延伸，直到单一的骨骼附着点。相对而言，在腕部的远端，伸直肌腱最终与一个结缔组织的纤维部分整合，位于沿着每只手指背侧的长段上。这个复杂的结缔组织结合被称为伸直肌结构，它还有很多名称，如伸直肌扩大物、伸直肌器和伸直肌联合。伸直肌结构包括指伸肌、食指伸肌、小指伸肌，以及多个作用于手指肌群的远端附着处。

2. 手指的伸直肌结构　伸指肌肌腱的一小条附着在近端指骨的背侧底部，其他的肌腱则压扁成一条中央带，形成每一只手指伸直肌结构的"骨架"。中央带向远端延伸，附着于中间指骨的背侧底部。在跨过近端指间关节前，两条外侧带从中央带处分开，在接近远端处，这些外侧带融合成一条单一终端肌腱，附着于远端指骨的远端底部。伸直肌有多个连到指骨的附着点，让伸指肌力得以向远端转移到达整个手指。

相对于近端指间关节的外侧带位置，每只手指的两侧，被一个薄的结缔组织固定，一般称为支持韧带。这些结缔组织中较重要的是一对斜向支持韧带。这条纤细的纤维从近端的纤维指鞘（靠近近端指间关节处）出发，斜向朝着远端连接到外侧带。这条韧带帮助协调手指近端指间与远端指间关节之间的动作（这部分内容将在稍后讨论）。伸直肌结构的近端终点最重要的特征就是背侧帽。其由薄腱膜、接近三角形的片状组成，还包括横向纤维和斜向纤维。横向纤维（亦称矢状带）以近乎垂直伸指肌肌腱长轴的走向延伸，同时从伸直肌腱两侧来的横向纤维附着到掌面板，沿着近端指骨底部构成悬吊带。这条悬吊带被伸指肌用于伸直掌指关节。此外，横向纤维也将伸指肌肌腱固定在掌指关节的背侧。背侧帽的斜向纤维向背侧远端延伸并主要与外侧束带融合。

一般而言，手部的内肌群（特别是蚓状肌与骨间肌）经斜向纤维附着到伸直肌结构，并且联结一小部分背侧帽的横向纤维。通过这些重要联结，这些内肌群可协助伸指肌在近端指间和远端指间关节上伸直。

3. 外在手指伸直肌的动作 伸指肌单独收缩产生掌指关节的过度伸直，只有当手指内在肌群活化时，才能让指伸肌完全伸直近端指间关节与远端指间关节（这将在后面重点阐述）。

每一条肌肉的动作都以相对于各个关节旋转轴的力量方向来决定。指伸肌（ED）的独立收缩会过度伸直掌指关节；拇长伸肌（EPL）、拇短伸肌（EPB）和拇长展肌（APL）都是主要的大拇指伸直肌，拇短展肌的附着点则融合到拇长伸肌的远端肌腱。

伸直肌的解剖结构与主要功能：①中央带：为指伸肌肌腱的直接延伸，附着到中间指骨底部，作为伸直肌结构的骨架，从指伸肌的力量跨越近端指间关节。②外侧带：由中央带的分支形成，与一对束带在远端指节背侧融入相同的附着点，功能是将指伸肌、蚓状肌和骨间肌的力量转移通过近端指间关节与远端指间关节。③背侧帽（横向纤维与斜向纤维）：横向纤维在掌指关节处连接伸直肌肌腱和掌面板，斜向纤维在远端背侧环绕与外侧带融合，稳定指伸肌肌腱在掌指关节的背侧面，环绕近端指骨的近段终点形成一个支撑带，协助指伸肌伸直掌指关节，将来自蚓状肌与骨间肌的力量转移到伸直肌结构的外侧带，协助近端指间关节和远端指间关节的伸直动作。④斜向网状韧带：纤细、斜行走向的纤维，连接纤维指鞘到伸直肌构造的外侧带，协助调节手指近端指与远端指间关节间的协同动作。

三、大拇指的外在伸直肌群

1. 肌肉解剖 大拇指的外在伸直肌群包括拇长伸肌、拇短伸肌和拇长展肌。这些桡神经支配的肌肉近端附着点在前臂背侧区域，这些肌肉的肌腱合成位于手腕桡侧处的"解剖鼻烟盒"。拇长展肌和拇短伸肌的肌腱一起经过手腕伸直肌网状组肌中的第一背侧腔室，而远至伸直肌网状组肌。拇长展肌的肌腱主要附着到大拇指掌骨底部的桡背侧面。这条肌肉的其他远端附着点在大多角骨，且与内在的大鱼际肌群纤维交融在一起。拇短伸肌向远端附着到大拇指近端指骨的背侧底部。拇长伸肌的肌腱跨越手腕走在第三腔室的沟槽中，在桡骨背侧粗隆的内侧。拇长伸肌向远端附着到大拇指远端指骨的背侧底部，来自外在伸直肌群肌腱的纤维构成大拇指伸直肌结构的中央肌腱。

2. 功能 拇长伸肌、拇短伸肌和拇长展肌的多重动作能观察其相对于所跨越关节即旋转轴的力线予以了解。

拇长伸肌伸直大拇指的指间、掌指与腕掌关节，肌肉通过腕掌关节内、外侧轴的背侧，也能内收这个关节。拇长伸肌因为能将大拇指复位到解剖位置的所有三个动作而显得独特：第一掌骨的伸直动作（合并些微外旋）与内收动作。

拇短伸肌是一条大拇指掌指与腕掌关节的伸直肌，拇长展肌仅能伸直腕掌关节。根据它在前侧（掌侧）通过关节内、外侧旋转轴的力线，这条长的外展肌肉也是一条主要的腕掌关节外展肌。拇长展肌的复合型伸直、外展动作反映了它在大拇指掌骨底部桡背侧的附着点。拇长伸肌与拇长展肌对于手腕是有影响力的桡侧偏移肌，因此大拇指伸直时，一条尺侧偏移肌必须被活化，以稳定手腕，对抗不必要的桡侧偏移。这个活化可借触诊尺侧屈腕肌拱起的肌腱而明显察觉，就在大拇指快速完全伸直时位于靠近豆状骨处。

四、手部的内在肌群

手部有 20 条内在肌群，虽然尺寸小，但这些肌肉对于手指的精细控制相当重要。从构造上说，内在肌群可分为四部分：①大鱼际隆起的肌肉：拇短展肌、拇短屈肌、拇对掌肌。②小鱼际隆起的肌肉：小指屈肌、小指展肌、小指对掌肌、掌短肌。③内收拇肌。④蚓状肌与骨间肌。

1. 大鱼际隆起的肌肉

（1）解剖与功能　拇短展肌、拇短屈肌和拇对掌肌形成大鱼际隆起。拇短屈肌有两个部分：一个为浅层头部，构成这条肌肉的大部分；一个为深层头部，由一小部分难以辨认的纤维组成，通常被认为是拇内收肌的一部分斜向纤维。拇短展肌深层是拇对掌肌。这三条大鱼际肌肉都附着于掌横韧带与相邻腕骨上，短展肌与屈曲肌的远端附着点在近端指骨底部桡侧。此外，拇短展肌也附着于大拇指伸直肌结构的桡侧处，拇短屈肌通常附着于籽骨上。较为深层的拇对掌肌向远端附着于大拇指掌骨的整个桡侧边缘。

大鱼际隆起肌肉的主要任务是将大拇指定位在不同程度的对掌位，通常是为了诱发抓握。对掌动作可分为腕掌关节外展、屈曲和内旋，每条大鱼际隆起中的肌肉至少是对掌动作的部分主动肌，并且是其他部分的协助肌。

大鱼际肌跨越腕掌关节，对腕掌关节产生特定的动作。另外，拇对掌肌的远端附着点在掌骨及掌指关节近端，拇对掌肌拥有的力量线可将大拇指内旋向手指，还可控制腕掌关节。

（2）正中神经损伤的影响　正中神经断裂会使大鱼际隆起的所有三条肌肉，即拇对掌肌、拇短屈肌和拇短展肌瘫痪。因此，大拇指的对掌动作失去功能则手部大鱼际隆起区域会因肌肉萎缩而变得平坦。对掌动作功能丧失的同时合并大拇指指尖与桡侧手指麻痹，从而大大降低手部的精确抓握动作和其他操作功能。

拇对掌肌除了内旋功能外，大鱼际隆起的所有三条肌肉均可独立表现腕掌关节屈曲与外展的合并动作。这是对掌时举起大拇指并跨越手掌的根本。将这些动作与其他跨越大拇指掌指关节的肌肉合并动作进行比较，几乎所有肌肉都有复合动作，可作为屈曲－外展肌、屈曲－内收肌、伸直－内收肌或伸直－外展肌的复合动作。正中神经是鱼际区肌肉屈曲、外展神经支配的唯一来源。虽然正中神经损伤后大拇指的外展受桡神经支配的外展长肌控制，但这个动作通常会被尺神经支配的拇内收肌较强的残余内收力矩影响。由于这个原因，患正中神经损伤的人，大拇指腕掌关节内收可能会萎缩。大拇指的内收错误会对对掌动作造成不良后果。

2. 小鱼际隆起的肌肉

（1）解剖与功能 小鱼际隆起的肌肉由小指屈肌、小指展肌、小指对掌肌和掌短肌组成。小指展肌是这些肌肉中最浅层且内侧的肌肉，位于手部尺侧边缘。相对较小的小指屈肌位于外展肌外侧，且常常交融在一起。这些肌肉深层的是小指对掌肌，它是小鱼际肌群中最大的肌肉。掌短肌是一条薄且相对不明显的肌肉，大约只有一张邮票的厚度，它附着在掌横韧带与豆状骨远端的皮肤之间。掌短肌提升了小鱼际隆起的高度，功能是协助加深手掌的凹陷幅度。

整个小鱼际肌群的解剖分布与大鱼际隆起肌群的分布相似。小指屈肌与小指对掌肌的近端附着点都在掌横韧带与钩状骨钩上，小指展肌近端附着点从豆钩韧带、豆状骨到尺侧腕屈肌的肌腱上。当小指抵抗或快速外展时，尺侧屈腕肌会收缩，以稳定小指展肌的附着点。这一作用可借触诊在靠近豆状骨的尺侧屈腕肌肌腱得以证实。

小指外展肌与小指屈肌的远端附着点均位于小指近端指骨底部内侧边缘上，一些从外展肌来的纤维与伸直肌的尺侧交织在一起。小指对掌肌的远端附着点沿着第五掌骨尺侧边缘附着，位于掌指关节的近端。

小鱼际肌群的功能是将手部尺侧边缘提起并"拱成杯状"。这个动作加深了远端横向弓，强化了与所持物体的手指接触。如有需要，外展小指肌可以延伸小指，以给抓握动作更好地控制。小指对掌肌将第五掌骨旋转或对掌向中指，小指的长手指屈曲肌（例如指深屈肌）的收缩对抬起手部尺侧边缘也有所贡献。

（2）尺神经损害对小鱼际肌群的影响 对尺侧神经造成伤害有可能使小鱼际肌群完全瘫痪。小鱼际隆起会因肌肉萎缩而变得平坦，明显降低手部尺侧边缘抬起或拱成杯状的能力，整个小指麻痹会造成灵活度丧失。

3. 拇内收肌 拇内收肌是一条大拇指指间蹼深处的双头肌，起点在第二与第三掌骨掌面。这条肌肉有它在手部最稳定骨骼的近端附着点，较厚的斜向头部始自头状骨、第二和第三掌骨底部及其他邻近结缔组织，较薄的三角形横向头部附着在第三掌骨的掌平面。两个头部的远端附着点均在大拇指近端指骨底部尺侧的远端，其他附着点包括位于掌指关节的籽骨。

拇内收肌是腕掌关节处的主要肌肉，可使屈曲力矩与内收力矩的结合更强。这种重要的力矩被用于许多活动上，如大拇指与食指捏着一个物体或闭合一把剪刀。拇内收肌的横向头部利用非常长的力臂在大拇指底部产生屈曲力矩和内收力矩。虽然横向纤维在腕掌关节处有较大的力学优势，但较粗的斜向头部仍能产生更大的屈曲力矩和内收力矩。

4. 蚓状肌和骨间肌 蚓状肌（源自拉丁语 lumbricus，意为蚯蚓）是源自指深屈肌肌腱的四条非常细薄的肌肉。与指深屈肌一样，蚓状肌有双重神经支配来源：两条外侧蚓状肌由正中神经支配，两条内侧蚓状肌由尺神经支配。

四条蚓状肌在大小与附着点上都有明显差异。从其肌腱近端附着点开始,蚓状肌沿着掌侧直达深层掌横韧带,接着到掌指关节桡侧;向远端看,一条典型的蚓状肌经过附着到伸直肌的外侧带,使蚓状肌能对整个伸直肌发挥朝向近端的拉力。

蚓状肌的功能已经研究且争论多年,目前比较一致的观点是,其收缩能产生掌指关节的屈曲动作,以及近端指间关节和远端指间关节的伸直动作。由此看来,这一似乎自相矛盾的动作是可能的,因为蚓状肌不仅通过掌指关节的掌面,也通过近端指间关节和远端指间关节的背侧面。

手部所有的内肌群中,蚓状肌的纤维最长,横截面最小。因而这些肌肉可在相对较长的距离下产生少量的力。虽然一条肌肉的低能力一般来说对控制动作比较局限,但却不是永恒不变的,肌肉也有除产生力量外的肌动学功能。例如,第一蚓状肌有非常丰富的肌梭,密切监测肌肉长度的变化,手部中蚓状肌的平均肌梭密度要比骨间肌高三倍之多,比肱二头肌高八倍之多。蚓状肌如此高的肌梭密度感觉器官表明,在复杂的动作中,蚓状肌扮演着提供感觉回馈的重要角色;又因蚓状肌也附着于指深屈肌肌腱,故具有帮助协调内肌群与外肌群间的作用。

骨间肌是根据其在掌骨间的大致位置而命名的。与像蚓状肌一样,其附着点与形态学的差异很大。一般而言,骨间肌作用于掌指关节,用以撑开手指(外展)或并拢手指(内收)。

手部的四条掌侧骨间肌较薄,通常单一头部的肌肉位于骨间肌间隙的掌面区域。手指的三条掌侧骨间肌近端附着于第二、第四及第五掌骨的掌面和侧面,远端附着点变异很大,一般在手背伸肌的斜纤维和近节指骨侧面。手指的三条掌侧骨间肌能够内收第二、第四和第五掌指关节,使它们朝向手的中线。大拇指的掌侧骨间肌占据了第一骨间隙掌面,这条深层肌肉的远端附着点在大拇指近端指骨的尺侧,通常也附着于掌指关节的籽骨上。第一掌侧骨间肌通常较小或部分存在,因此大多数生物力学分析会被忽略。从理论上讲,这条肌肉的作用是协助屈曲大拇指的掌指关节,将第一掌骨带向手部的中线。

四条背侧骨间肌填满了骨间区域的背侧。相对于掌侧骨间肌,背侧骨间肌群一般为双翼状。通常来说,背侧骨间肌远端附着于背侧帽斜向纤维,连到近端指骨底部,某些远端附着点可能与更多的背侧帽及掌面板横向纤维的掌面处交融。第一背侧骨间肌可以协助拇收肌在腕掌关节处内收大拇指。

由于结构相同,故背侧骨间肌能外展食指、中指和无名指的掌指关节。第五掌指间关节的外展动作是经由小鱼际肌群的小指展肌完成的。

除了外展与内收手指外,骨间肌与小指展肌是提供掌指关节动态稳定的重要来源。当两只手从视觉上交叠在一起时,可明显见到每个手指的掌指关节都有一对外展肌肉和内收肌肉,成对的肌肉作用有如动态副韧带,提供力量到掌指关节。当成对作用时,骨间肌肉也能控制掌指关节所能容忍的轴向旋转范围。

通过改变角度,掌侧与背侧骨间肌同时都有通过手掌到达掌指关节的力线,特别是掌指关节屈曲时。骨间肌通过它们连到伸直肌结构的附着点,从而通过手指指间关节背侧。由于与蚓状肌相连,故骨间肌在掌指关节会产生大于蚓状肌的屈曲力矩,原因在于骨间肌有较大的横截面积，能同时伸展指间关节。

五、手指的内在肌群与外在肌群的相互作用

手指内在肌群（蚓状肌与骨间肌）的同步收缩可产生一个复合的掌指关节屈曲与指间关节伸直的动作，手部的这个位置被称之为加入内在肌群的阴性位。相反，手指外在肌群（指伸肌、指浅屈肌和指深屈肌）可产生掌指关节伸直与指间关节屈曲动作，手部的这个位置被称之为加入内在肌群的阳性位。手部的外在肌与内在肌相互作用能产生很多复合动作，从而执行许多功能，如手部的打开与紧闭。

（一）手指伸直

1. 主要肌肉动作　准备握拳前执行的是打开手掌，完成跨越掌指及指间开关的手指伸直动作，最大的阻力通常不是来自重力，而是来自牵拉手指外屈曲肌群时产生的黏弹性阻力，特别是指深屈肌。这条肌肉产生的被动回弹力大部分源自放松的手的部分屈曲姿势。

手指的主要伸直肌群是指伸肌及内在肌群，特别是蚓状肌和骨间肌。大体而言，手指做伸直动作时，蚓状肌会比骨间肌表现出较大、更持续的肌电（EMG）活动。

伸指肌施力于伸直肌，将掌指关节伸直。手指的内在肌群在对伸直指间关节的具有直接或和非直接的影响。直接影响源自伸直肌的近端拉力，非直接影响源自掌指关节产生的屈曲力矩。屈曲力矩能够避免伸指肌过度伸直掌指关节，提早消除它的收缩力动作。只有避免掌指关节过度伸直，伸指肌才能有效绷紧伸直肌，完全地伸直指间关节（图 9-5）。

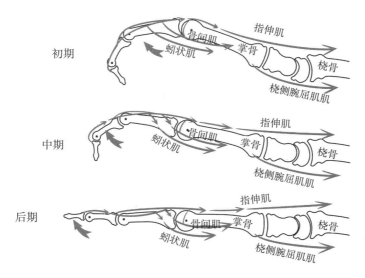

图 9-5　伸直时手指内肌群与外肌群的相互作用（初期，指伸肌主要伸直掌指关节；中期，蚓状肌和骨间肌使近端指间关节伸直；后期，肌肉持续活化直到手指完全伸直，桡侧腕屈肌收缩保持腕部的微屈）

手指的指伸肌和内在肌群协同手指伸直，指伸肌与跨越掌指关节的内在肌群之间的动作互相抵抗，从而协同伸直指间关节。这种关系可以在有尺神经损伤的人身上明显观察到。没有从内侧两支手指内在肌群而来的主动阻力，伸指肌的活化会造成手指抓握现象，掌指关节过度伸直而指间关节仍能维持部分屈曲。

缺少内在支配肌群的作用，通常称"内在肌群阴性"。没有内肌群提供掌指关节的屈曲力矩，则指伸肌会过度伸直掌指关节。该姿势因牵拉了指深屈肌，从而对指间关节伸直动作增加了额外的阻力。跨越掌指关节以徒手施予一个屈曲力矩，指伸肌收缩即可完全伸直指间关节。防止掌指关节过伸使得伸肌腱松弛，从而以最小化肌肉的被动阻力来伸展指间关节。避免掌指关节过度伸直是手指内在肌群麻痹后的一种介入治疗，治疗师可采用限制掌指关节伸直动作的夹板；外科可设计一种肌腱移位方式以对抗肌肉过度伸直，即将一条强壮、具有支配肌肉的肌腱转移到受影响的掌指关节屈曲肌侧，从而对抗肌肉过伸。

完全伸直时，手指内在肌群与外在肌群的相互作用过程为：初期，指伸肌主要伸直掌指关节。中期，内在肌群（蚓状肌和骨间肌）协助指伸肌做近端与远端指间关节的伸直动作。内在肌群在掌指关节产生屈曲力矩，从而避免指伸肌过度伸直掌指关节。后期，肌肉活化持续到手指完全伸直。注意桡侧腕屈肌的活化些微屈曲了腕部，背侧帽在屈曲与完全伸直之间向近端移动。

2. 手指伸直时腕部屈曲肌群的功能 腕部屈曲肌群的活化正常会伴随手指的屈曲，尤其是快速活动时。腕部屈曲肌群具有抵消指伸肌在腕部大部分的伸直作用。事实上，在快速且完全的手指伸直时腕部会些微屈曲。在主动手指伸直时，腕部屈曲协助维持伸指肌的最佳长度。

（二）手指屈曲

1. 主要肌肉动作 用来闭合手部的肌肉群，根据某些被屈曲的特定关节和动作的力量需求而异。对抗阻力或以相对快的速度屈曲手指需要指深屈肌、指浅屈肌及骨间肌的活化。指深屈肌与指浅屈肌所产生的力量能够屈曲手指所有的三个关节；屈曲的手指将伸直结构向远端拉了几个毫米（图 9-6）。

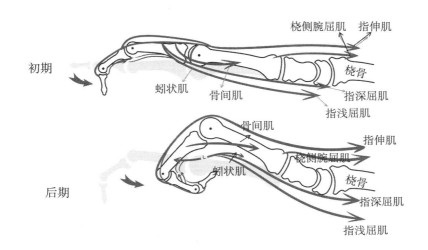

图 9-6　手指屈曲肌肉相互作用的侧面观（初期，指深屈肌、指浅屈肌、骨间肌主动收缩屈曲手指，蚓状肌并没有活化；后期，肌肉活化并没有改变，蚓状肌被延长，腕伸肌收缩，伸直腕关节）

　　虽然手掌闭合时蚓状肌一般不活化，但仍被动地协助这个动作。蚓状肌附着在指深屈肌与伸直肌之间。当主动屈曲手指时，蚓状肌因指深屈肌的收缩而被牵拉向近端方向。与此同时，又因伸直肌向远端位移而被以向远端方向延展。在完全伸直动作与完全主动屈曲动作之间，蚓状肌必须延展非常大的距离。这样的延展跨越掌指关节会产生一种被动屈曲力矩，虽然这股被动力矩小，但可以辅助骨间肌与主要外在屈肌群产生主动屈曲力矩。

　　对尺侧神经的伤害会引起大多数作用于手指的内在肌群麻痹，使抓握动作明显改变，特别是跨越关节屈曲动作的顺序。正常来说，至少在桡侧的三个手指近端指间与远端指间关节会先屈曲，紧接着几乎同时在掌指关节处屈曲。由于麻痹的内在肌群，尤其当掌指关节长期过度伸直造成过度伸展时，掌指关节屈曲动作的起始会有轻度延迟，这个异常的屈曲动作会影响抓握动作的质量。

　　与做相对力量大的握拳不同，做一个相对轻或力量小的握拳所产生的肌电图活动几乎全部来自指深屈肌，因为这条肌肉跨过手指的所有关节，其单独活化就足以轻微闭合拳头。在需要大力量握拳或单独近端指间关节屈曲时，指浅屈肌作为一条储备肌才开始活化。

　　当手部闭合时伸指肌会显示持续的肌电图活动。该活动反映这条肌肉在掌指关节充当刹车的角色。这个重要的稳定功能让长的手指屈曲肌肉群可以向远端转移其动作到近端指间与远端指间关节。没有指伸肌的共同活化，长的手指屈曲肌群会在掌指关节耗尽大部分屈曲势能，从而降低给更远端关节更精确动作的能力。

　　2. 手指屈曲时腕部伸直肌群的功能　做一个有力的握拳需要从腕部伸直肌群而来的强力协同活化。腕部伸指肌的活动可以通过握拳时触诊前臂背侧加以证实。如第七章所述，腕部伸直肌群（包括伸指肌）的主要功能是抵消活化的手指屈曲外在肌所产生的强力腕部屈曲趋势。当手部闭合时，腕部伸直动作会协助维持手指屈曲外肌群更理想的长度。若腕部伸直肌群麻痹了，试图做握拳动作会造成腕部屈曲与手指屈曲的姿势合并过度延展的伸指肌增加被动张力，过度缩短的活化手指屈曲肌群便无法产生一个有效的抓握动作。

第六节　手的功能与手关节变形

一、认识手的功能

手部是效应器官，是为上肢提供主要支撑、操作与抓握的功能器官。对于支撑来说，手部可以非特定方式支撑或稳定一个物品，让另一只手空出来执行更多特定的任务。手部也可作为转移或承受力量的平台，如累了的时候支撑头部，或从坐姿状态下协助站起来。

手部最特别的功能是操作物体的能力。手部通常以两个基本方式操作物体：一是手指重复并间断性动作，如打字或挠痒；二是动作的速度和强度被控制而连续及流畅，如写字或缝纫。当然，许多手指操作的形态会与这些运动元素相结合。

抓握的动作描述了手指和大拇指进行抓取或抓住的能力。抓握通常是为了握住、固定和拿起物体。因为抓握有多种形式，所以有很多专有词汇，大部分抓握可用紧握描述，这时所有的手指都会用到；如果是捏夹，主要用到拇指与食指。任何形式的抓握都可依靠力量或精确性需求而进一步分类。抓握动作的方式大致可分为五种。

1. 强力紧握　用于需要稳定性和强大力量而无需精确时，握住的物体形状趋于球形或圆柱形。抓握铁锤是一个很好的强力紧握例子。其动作要求从手指屈曲肌群而来的强大力量，特别是第四和第五指屈肌；手指内在群，特别是骨间肌；以及大拇指内收肌和屈曲肌。手腕伸直肌群则需要稳定并部分伸直手腕。

2. 精密抓握　当需要控制及（或）细腻动作时则需采用精密抓握。大拇指通常维持部分外展，且手指部分屈曲。精密抓握会使用大拇指和一对或多个手指，以提高抓握的安全性。如果需要的话可添加不同程度的力量。精密抓握可通过改变手部远端横向弓的轮廓进行修正，以适应不同大小的物体。

3. 强力捏夹　当需要很大的力量稳定物体在大拇指与食指外缘之间时需采用强力捏夹。强力捏夹是个非常有用的抓握形式，结合拇内收肌和第一手部骨间肌的力量，以及拇指和食指的灵巧性及感觉的敏锐性。

4. 精密捏夹　为了对握拇指与食指之间的物体提供精细控制而无需很大的力量则采取精密捏夹。精密捏夹有很多种形式，例如，指尖对指尖或指腹对指腹握住一个物体。指尖对指尖的捏夹用于需要技巧和精确性微小物体上；指腹对指腹捏夹提供更大表面积与较大物体的接触，以增强抓握的稳定性。

5. 钩状抓握　钩状抓握是不牵涉大拇指的抓握形式。钩状抓握需借助部分弯曲的近端指间和远端指间关节。这种抓握常常以静态的方式持续很长一段时间，如握着行李带。钩状抓握的力量通常由指深屈肌提供。

二、腕部与手部的功能位置

某些医疗情况，如外伤性头部损伤、中风或四肢高位瘫痪，会造成腕部与手部永久性变形，这种变形是因长期瘫痪、失用或肌肉异常张力等综合因素所造成的。因此，临床治疗人员通常会使用能将腕部与手部放在保留最大功能性潜力位置的夹板上，这种固定位置通常称功能位置。此位置能提供些微张开与呈杯状的手部，伴随腕部维持在手指屈曲肌最佳长度的位置。

患有软瘫的类中风患者常使用支持腕部与手部于功能位置的扶木。功能位置合并了以下摆位：腕部，伸直 20°～ 30°伴随些微尺侧偏移；手指，掌指关节屈曲 35°～ 45°，近端指间关节与远端指间关节屈曲 15°～ 30°；大拇指，腕掌关节外展 35°～ 45°。这些位置可能因病患潜在的身体或医疗状况而有所不同。

三、由风湿性关节炎引起的手关节变形

风湿性关节炎更具破坏性的一方面是慢性滑膜炎。随着时间的推移，滑膜炎会逐渐减少关节周围结缔组织的张力。没有这些组织提供正常的抵抗，与环境接触和更重要的肌肉收缩力量最终有可能摧毁一个关节的完整性。关节往往变得错位、不稳定并可能永久变形。具备风湿性关节炎手部变形的病理力学知识是提供有效治疗方案的先决条件，因为手部变形的许多传统治疗方式着重于问题发生的力学原因。

（一）大拇指的曲折变形

风湿性关节炎末期往往会导致大拇指曲折变形，曲折变形是因多个互连的关节方向改变所导致的。其中，比较常见的变形涉及腕掌关节的屈曲和内收、掌指关节的过度伸直以及指间关节的屈曲。在大拇指塌陷源于腕掌关节不稳定的例子中，正常的以强化关节内侧（尺侧）的韧带（如前斜副韧带和尺侧副韧带）可能因疾病时间的延长而变弱和断裂。随后，大拇指掌骨的底部会从大多角骨的桡侧或背桡侧边缘脱位，某些跨越腕掌关节的肌肉会因力臂的改变而进一步脱位。一旦发生脱位，内收肌和短屈肌群往往会痉挛，将大拇指掌骨稳固地固定于手掌。随着时间的延长，风湿性关节炎会导致肌肉纤维化和永久性缩短，腕掌关节变形。为了将僵硬的大拇指伸直，往往会发生掌指关节过度伸直变形。在该关节虚弱且过度延展的掌面板，对由拇长伸肌和短肌产生的伸直力或捏夹时产生的接触力仅能提供少许的阻力，最终跨越掌指关节的肌腱会产生拉紧弓弦的状况，增加伸直肌的作用，从而进一步促使过度伸直变形。指间关节因延展的拇长屈肌被动张力而倾向维持屈曲状态。

对大拇指曲折变形的介入方式取决于拇指塌陷的特定力学和风湿性疾病的严重程度。非手术介入包括夹板固定，以促进正常的关节排列；使用药物，以减少慢性发炎；教会患者减少关节压力的方法。若保守介入方法未能减缓变形进展，则可考虑手术治疗。

（二）手指掌指关节的破坏

风湿性关节炎末期通常与手指掌指关节的变形有关，两个最常见的变形是掌侧脱位和尺侧偏移，这两种变形往往会同时发生。

1. 掌指关节的掌侧脱位　抓握时，手指屈曲，指浅屈肌与深肌的肌腱偏移朝向掌侧，跨越掌指关节。这个自然弯曲产生朝向掌面方向的拉紧弓弦力量。拉紧弓弦的力量通过大部分掌指关节的关节周围结缔组织被转移：从屈曲肌的滑车到掌面板，再到副韧带，最终连到掌骨头部的后结节。掌指关节屈曲的程度越大，拉紧弓弦力量的强度越大。

就健康的手部而言，这股力量可以借由组织的自然弹性和肌力而安全消散（图9-7）。

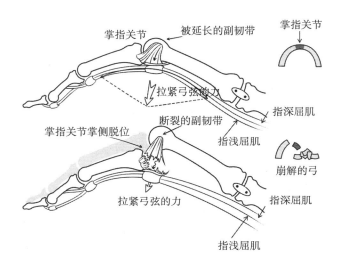

图 9-7　掌指关节的掌侧脱位示意图

就严重风湿性关节炎的手部来说，副韧带可能会因持续的拉紧弓弦力量而断裂。随着时间的延长，近端指骨可能以朝掌侧的方向过度移动，造成掌指关节完全脱位。掌侧脱位有可能同时崩解手部纵向弓与横向弓，造成手部扁平。

为了避免掌指关节进一步掌侧脱位，患者教育是治疗中的一个重要部分。患者需接受如何在手指屈曲肌群有限的情况下执行功能性活动的指导。

2. 尺侧偏移　掌指关节的尺侧偏移变形包括近端指骨过度尺侧偏移和尺侧滑动，常见于风湿性关节炎末期，且常常与掌指关节的掌侧脱位一并发生。

全面了解尺侧偏移的病理力学机制，以及所有手部（健康或不健康）受到倾向于手指尺侧位移姿势的因素相当重要。这些因素包括重力、掌骨头部不对称，以及外屈曲肌肌腱通过掌指关节时的主要尺侧（内侧）拉力线。或许最主要的影响因素是对抗桡侧手指近端指骨的持续尺侧方向的力量。这些力量借由触碰手持物品与大的捏夹力量而产生，由大拇指屈曲肌群提供。这些将食指朝尺侧方向力量接续而来的掌指关节尺侧位移会在伸指肌肌腱跨越关节背侧时增加尺侧转向（或弯曲），该转向易造成肌腱上潜在的不稳定的拉紧弓弦力量。以健康的手部来说，背侧帽的横向纤维与桡侧副韧带维持伸直肌肌腱在旋转轴处，可避免关节进一步偏移成尺侧位移。

通常，在严重风湿性关节炎病例中，背侧帽的桡侧横向纤维断裂或过度延展会让伸指肌肌腱向关节旋转轴的尺侧滑动。在这个位置上，由指伸肌产生的力量合并力臂作用会加强尺侧偏移力臂，并形成恶性循环，即尺侧偏移越大，相关的力臂会越长，则尺侧偏移变形的力矩越大。

随着时间的延长，无力且过度延展的桡侧副韧带可能断裂，使近端指骨向尺侧转动和滑动，造成关节完全脱位。多个手指发生严重尺侧移位的患者应关注手部的外观和功能减弱情况，特别是捏取和有力抓握情况。

尺侧偏移的病理学机制往往涉及掌指关节继发的不稳定过程，除尺侧位移外，指伸肌肌腱也可能向掌侧滑动到凸出的掌骨头部之间的自然沟槽中。这种不正常的掌侧位置减少了指伸肌为了伸直掌指关节的力臂。实际上从侧面看，伸直肌肌腱有可能向掌侧位移到内外侧旋转轴。在这种情况下，唯一的肌腱会在掌指关节处产生屈曲力矩，这些异常的力学倾向会造成掌侧脱位变形。

尺侧偏移的治疗通常包括关节的正常排列，在可能的情况下，最大限度地减少与不稳定或变形相关的潜在力学机制。常见的非手术治疗包括使用夹板和特制的适应辅具，并告知患者如何最大限度地减少跨越掌指关节的变形力量。例如关紧瓶盖或拿水壶时，右手掌指关节会有强力的尺侧位移力矩，随着时间的推移，这个力矩可能倾向或强化尺侧偏移。一般情况下，应建议患者尽量采用用力抓握和强力钥匙捏夹动作，尤其在急性发炎或风湿性关节炎疼痛发作时。

过度尺侧偏移的外科介入方式包括移植伸指肌肌腱到掌指关节后旋转轴的桡侧。偏移严重者，可采用全关节置换，取代损伤的掌指关节。该方法通常能缓解疼痛，恢复部分功能，但常常与关节周围结缔组织的重建一起做。腕部融合手术或关节置换也是可行的，因为手腕排列不良可导致掌指关节发生潜在变形。无论什么手术，术后治疗是成功康复的关键。治疗方式通常由专业的手部康复治疗师实施，外科医师和治疗师之间的紧密合作也至关重要。

3. 手指的曲折变形 手指的曲折变形有两种典型形式，鹅颈指变形和纽扣指变形，多发生在风湿性关节炎末期。这两种变形常常与尺侧偏移和掌指关节掌侧脱位一同发生。

（1）鹅颈指变形 鹅颈指变形具有远端指间关节屈曲时近端指间关节过度伸直的特征。掌指关节的位置各有不同，受风湿性关节炎影响的手部内肌群通常会变得纤维化且挛缩，在近端指间关节处有无力的掌面板，内在肌群中的张力最终使近端指间关节变坏而发生过度伸直。近端指间关节的过度伸直会引起伸直肌外侧带向背侧拉紧弓弦，远离关节旋转轴。拉紧弓弦给予内在肌群增加力臂，以伸直近端指间关节，于是促进了过度伸直的变形。远端指间关节倾向维持屈曲，因而跨越近端指间关节的指深屈肌肌腱保持屈曲的状况。

典型的鹅颈指变形与风湿性关节炎的病理学相关。然而，变形也可由掌面板的急性外伤或手部内在肌群（例如蚓状肌或骨间肌）的慢性挛缩或高张力导致。无论什么原因引起，一般的治疗方式包括夹板固定，以阻止近端指间关节的过度伸直；或手术修复掌面板，或进行全关节置换。

（2）纽扣指变形　纽扣指变形是指近端指间关节的屈曲合并远端指间关节的过度伸直（boutonniere，法语，意为纽扣孔，近端指骨头在滑动经过位移的外侧带产生纽扣指时的外观）。鹅颈指变形时，指间关节基本上会以反常模式崩坏。纽扣指变形的主要原因是近端指间关节处伸直肌带的异常位移和中央带断裂，通常会造成慢性滑膜炎，外侧带滑向近端指间关节旋转轴的掌侧。转移跨越滑动外侧带的力量（无论主动还是被动）会引起近端指间关节的屈曲动作而非正常的伸直动作。基本上近端指间关节会失去所有伸直动作的来源。

由于外侧带被延展使得张力增加，导致远端指间关节维持过度伸直而无法屈曲远端指间关节，使得对捡起小物品时的放松动作产生干扰，如从桌上捡起一枚硬币。

初期纽扣指变形可借夹板固定近端指间关节在伸直动作下治疗，修复中央带和 / 或重新将背外侧束带的排列关系时，需要进行手术。活动不多且合并很少变形的患者可采用近端指间关节处植入硅胶以获得一些功能和缓解疼痛。

小　结

手部的运动学特征具有复杂性，所有的 19 根骨头或 19 个关节在形态上迥异，每一部分都具有独特的功能。

手部关节可分为三组——腕掌关节、掌指关节和指间关节。腕掌关节形成手腕和手部指间的功能性过渡，位于手部的最近端，负责调整手掌弧度，从扁平状到深杯状。外周的手部腕掌关节特别重要，能让大拇指接触其他手指的指尖，且抬高手部的尺侧缘。在稳定的第二和第三腕掌关节合作下，周边关节能让手部牢牢地握住数量近乎无限的不规则曲线形状。非常特殊的肌肉，如拇对掌肌和小指对掌肌，专门控制第一和第五腕掌关节，涉及这些关节的外伤或疾病会剥夺手部许多特有的抓握姿势。

相对较大的掌指关节形成手指的底部，每个关节通过周围结缔组织而稳定。每个关节都必须支持整个指骨的重量。掌指关节受到的负荷很大，因为其功能是同时作为手部纵向弓和横向弓的拱石。一些特殊组织，如掌面板及加厚的副韧带用来稳定这些关节，允许其进行大范围的弓形动作。外伤和疾病，如风湿性关节炎会导致掌指关节不稳定，破坏整个手部的完整性。

大拇指的掌指关节主要进行屈曲和伸直动作，手指的掌指关节有两个自由度移动。手指合并的外展与伸直动作可将手部宽度最大化，这对握住不同曲率的物体特别有用。物体在手内的舒服程度借由掌指关节和腕掌关节的被动轴向旋转而进一步强化。

手部的指间关节位于上肢最远端，与周围物体的直接接触最频繁。手指远端的指腹较软，用以缓冲接触力。远端手指包括高密度的感觉受体，触觉敏感度大。指间关节与操作和抓握的关系最为密切，它们拥有最基本和简单的运动方式。指间关节仅会屈曲和伸直，其他可能的动作因关节的骨性融合及关节周围结缔组织而受到阻碍。这样指间关节的功能性潜力高度依赖手部近端关节所允许的更复杂的运动学。

指间关节的屈曲活动度很大，从大拇指指间关节的 70°到位于尺侧处手指近端指间关节的 120°。这样在握拳、拎包或以及最大限度地增加手指与物体接触是必需的。这些关节的完全伸直对于张开准备抓握同样重要。

位于最远端的指间关节最易受到直接损伤，如肌腱撕裂、关节内骨折。这种损伤可明显降低指间关节的功能性活动度。此外，来自中枢神经系统损伤的痉挛性麻痹也可降低指间关节动作的控制。无论何种原因，指间关节降低的控制力或丧失的活动性都能明显减少手部的功能性潜在能力。

手部 29 条收缩的肌肉从解剖学角度，可分为外在肌群和内在肌群。肌肉运动学是基于两种肌群之间更多的功能性相互作用和协同作用。一个独立的外在肌肉或内在肌肉收缩很少能引起有意义的动作。如伸直手指。事实上，指伸肌独立收缩只能过度伸直掌指关节，会造成近端关节和远端指间关节屈曲（如前所述）。同时所有三个手指关节伸直需要指伸肌和内肌群（如蚓状肌和骨间肌）之间的相互协调。更复杂和快速的手指动作则要求内在肌群与外在肌群的相互依赖。

正常手部运动可以通过外伤、疾病或肌肉麻痹后的病理力学进行研究。通常情况下，病理力学反映的是因肌肉或结缔组织力量丧失而导致变形，恢复其运动平衡往往需要手部损伤部位的手术和介入治疗。例如，手部外科医师可将指伸肌肌腱移向掌指关节桡侧，以代偿过度的尺侧偏移。治疗师可通过制作矫形器，避免蚓状肌麻痹后不必要的掌指关节过度伸直。从本质上讲，是以其他方式取代这些瘫痪肌肉的力量。

总之，上肢的多数动作直接或间接地与抓握动作优化相关。因此，手部失能或损伤都能显著减少对整个上肢的要求，这在严重手部损伤的患者中能够看到。其会出现各种肌肉萎缩和肩部近端动作受限，故这种手部与整个上肢之间的功能联系应在所有上肢的临床评估中予以考虑。

附：肩部肌肉群

喙肱肌　　近端附着点：喙突顶点与肱二头短头结合而形成的肌腱。
　　　　　远端附着点：肱骨干中段的内侧面。
　　　　　神经支配：肌皮神经。
三角肌　　近端附着点：前段：锁骨外侧末端处的前面。
　　　　　　　　　　　中段：肩峰外侧边缘处的上面。
　　　　　　　　　　　后段：肩胛冈的后缘。
　　　　　远端附着点：肱骨三角粗隆。
　　　　　支配神经：腋神经。
冈下肌　　近端附着点：冈下窝。
　　　　　远端附着点：肱骨大结节的中间关节面，部分盂肱关节的关节囊。

神经支配：肩胛上神经。

背阔肌　　近端附着点：胸腰筋膜的后面、胸椎下半和全部腰椎棘突、骶正中
　　　　　　　　　　　　嵴、髂骨后侧嵴、较下方的后四根肋骨、接近肩胛下角的
　　　　　　　　　　　　少部分区域，以及来自腹外斜肌的肌肉指状接合处。

　　　　　　远端附着点：肱骨结节间沟槽的基底部。

　　　　　　神经支配：胸背（中肩胛下）神经。

胸大肌　　近端附着点：锁骨头：锁骨内侧半的前缘。

　　　　　胸骨头：锁骨柄与骨干的外侧缘、前六或前七根肋骨的软骨、从腹外斜
　　　　　　　　　　肌来的肌肉带融合而成的肋骨。

　　　　　　远端附着点：肱骨大结节嵴。

　　　　　　神经支配：内外侧胸神经。

胸小肌　　近端附着点：第三到第五肋骨的外面。

　　　　　　远端附着点：喙突内侧缘。

　　　　　　　神经支配：内侧胸神经。

大、小菱形肌　近端附着点：项韧带与 $C_7 \sim T_5$ 的棘突。

　　　　　　　远端附着点：肩胛冈根部到肩胛下角处的肩胛内缘。

　　　　　　　神经支配：肩胛背神经。

前锯肌　　近端附着点：第 1 ～ 9 肋骨外侧的外缘。

　　　　　　远端附着点：肩胛骨整个内缘，接近肩胛下角有密集的纤维。

　　　　　　神经支配：胸长神经。

锁骨下肌　近端附着点：第 1 根肋骨最前端。

　　　　　　远端附着点：锁骨下 1/3 表面。

　　　　　　神经支配：锁骨下神经。

肩胛下肌　近端附着点：肩胛下窝。

　　　　　　远端附着点：肱骨小结节、部分盂肱关节的关节囊。

　　　　　　神经支配：肩胛下神经。

冈上肌　　近端附着点：冈上窝。

　　　　　　远端附着点：肱骨大结节的上关节面、部分盂肱关节的关节囊。

　　　　　　神经支配：肩胛上神经。

大圆肌　　近端附着点：肩胛下角。

　　　　　　远端附着点：肱骨小结节嵴。

　　　　　　神经支配：肩胛下神经。

小圆肌　　近端附着点：肩胛骨外侧的后表面。

　　　　　　远端附着点：肱骨大结节的下关节面、部分盂肱关节的关节囊。

　　　　　　神经支配；腋神经。

斜方肌　　近端附着点（所有部分）：上项线与枕外隆凸外侧部分、项韧带、
　　　　　　　　　　　　　　　　　第 7 颈椎与所有胸椎的棘突及棘上韧带。

　　　　　　　　远端附着点；上斜方部分：锁骨外侧 1/3 的后上方边缘。

　　　　　　　　中斜方部分：肩峰内侧及肩胛冈的上缘。

　　　　　　　　下斜方部分：肩胛冈的内侧末端处，于根部的外侧。

　　　　　　　　神经支配：主要有副神经支配；次要的是脊神经 $C_2 \sim C_4$ 腹侧支。

肘肌　　　近端附着点：肱骨外上髁的后侧。

　　　　　远端附着点：鹰嘴与尺骨后侧近端面之间。

　　　　　神经支配：桡神经。

肱二头肌　近端附着点：长头：肩胛骨的盂上结节。

　　　　　　　　　　　短头；肩胛骨的喙突顶部。

　　　　　远端附着点：桡骨粗隆，也有纤维束到达前臂的深层结缔组织。

　　　　　神经支配：肌皮神经。

肱肌　　　近端附着点：肱骨前臂的远端面。

　　　　　远端附着点：近端尺骨的冠状突与结节。

　　　　　神经支配：肌皮神经（少部分来自桡神经）。

肱桡肌　　近端附着点：肱骨外上髁边缘的上 2/3 处。

　　　　　远端附着点：接近远端的桡骨茎突。

　　　　　神经支配：桡神经。

旋前圆肌　近端附着点：肱骨头：内上髁。

　　　　　　　　　　　尺骨头；尺骨结节内侧。

　　　　　远端附着点：桡骨中间外侧。

　　　　　神经支配：正中神经。

旋前方肌　近端附着点：近端尺骨的前面。

　　　　　远端附着点：远端桡骨的前面。

　　　　　神经支配：正中神经。

旋后肌　　近端附着点：肱骨的外上髁、桡骨副韧带与环状韧带，以及尺骨的
　　　　　　　　　　　旋后肌嵴。

　　　　　远端附着点：近端桡骨的外侧面。

　　　　　神经支配：桡神经。

肱三头肌　近端附着点：长头：肩胛骨盂下结节。

　　　　　　　　　　　外侧头：桡神经沟的上外侧。

　　　　　　　　　　　内侧头：桡神经沟的下内侧。

　　　　　远端附着点：尺骨的鹰嘴。

　　　　　神经支配：桡神经。

手腕肌肉群

桡侧腕伸短肌　近端附着点：肱骨外上髁的伸肌、旋后肌共同肌腱。

　　　　　远端附着点：第三掌骨的基底部桡侧后面。

　　　　　神经支配：桡神经。

桡侧腕伸长肌　近端附着点：肱骨外上髁的伸肌、旋后肌共同肌腱，以及肱骨外上髁边缘的远端部分。

远端附着点：第二掌骨的基底部桡侧后面。

神经支配：桡神经。

尺侧腕伸肌　近端附着点：肱骨外上髁的伸肌、旋后肌共同肌腱，以及尺骨中间 1/3 的后面。

远端附着点：第五掌骨的基底部尺侧后面。

神经支配：桡神经。

桡侧腕屈肌　近端附着点：肱骨内上髁的屈曲肌、旋前肌共同肌腱。

远端附着点：第二掌骨基底部的掌侧面，以及一小部分附着到第三掌骨的基部。

神经支配：正中神经。

尺侧腕屈肌　近端附着点：肱骨头：肱骨内上髁的屈曲肌、旋前肌共同肌腱。

尺骨头：尺骨中间 1/3 的后面。

远端附着点：豆状骨、豆状钩状骨韧带与豆状掌骨韧带，以及第五掌骨基底部掌侧面。

神经支配：尺神经。

掌长肌　近端附着点：肱骨内上髁的屈曲肌、旋前肌共同肌腱。

远端附着：腕横韧带的中央部分与手部的掌侧腱膜。

神经支配：正中神经。

手部外在肌肉群

外展拇长肌　近端附着点：桡骨与尺骨中间部分的后面，以及相邻的骨间膜。

远端附着：大拇指掌骨基底部的桡侧背侧面，偶尔会次发性附着到大多角骨与大鱼际肌群。

神经支配：桡神经。

伸指肌　近端附着点：肱骨外上髁的伸肌、旋后肌共同肌腱。

远端附着点：有四个肌腱，每一条都附着到伸指肌结节与手指近端指骨的基底背部。

神经支配：桡神经。

伸小指肌　近端附着点：伸指肌肌腹的尺侧。

远端附着点：肌腱通常会分叉，与伸指肌肌腱的尺侧处相结合

神经支配：桡神经。

伸食指肌　近端附着点：尺骨远端 1/3 的后缘及临近的骨间膜。

远端附着点：与伸指肌尺侧处融合的肌腱。

神经支配：桡神经。

拇短伸肌　近端附着点：桡骨中间到远端部分的后缘及临近的骨间膜。

远端附着点：大拇指近端指骨的基部背侧与伸直肌结构处。

神经支配：桡神经。

拇长伸肌　　近端附着点：尺骨远端 1/3 的后缘及临近的骨间膜。

　　　　　　远端附着点：大拇指远端指骨的基底部背侧与伸直肌结构处。

　　　　　　神经支配：桡神经。

指深屈肌　　近端附着点：尺骨前侧与内侧近端 3/4 处及临近的骨间膜。

　　　　　　远端附着点：有四个肌腱，每一个都附着到手指远端指骨的基部掌侧。

　　　　　　神经支配：内侧一半：尺神经。

　　　　　　　　　　　　外侧一半：正中神经。

指浅屈肌　　近端附着点：肱骨尺骨头：附着到肱骨内上髁的屈肌群、旋前肌共同
　　　　　　　　　　　　　　　　　肌腱及尺骨冠状突的内侧。

　　　　　　桡骨头：肱二头肌粗隆远端外侧的斜线处。

　　　　　　远端附着点：有四个肌腱，每一个都附着在手指中间指骨处。

　　　　　　神经支配：正中神经。

拇长屈肌　　近端附着点：桡骨前面的中间处，以及临近的骨间膜。

　　　　　　远端附着点：大拇指远端指骨的基底部掌侧。

　　　　　　神经支配：正中神经。

手部内肌肉群

小指展肌　　近端附着点：豆状钩状骨韧带、豆状骨，以及尺侧腕屈肌的肌腱。

　　　　　　远端附着点：小指近端指骨基底部的尺侧，也附着到小指的伸直肌
　　　　　　　　　　　　　结构中。

　　　　　　神经支配：尺神经。

拇短展肌　　近端附着点：腕横韧带、大多角骨与舟状骨的掌侧结节。

　　　　　　远端附着点：大拇指近端指骨基部的桡侧，也附着到大拇指的伸直肌
　　　　　　　　　　　　　结构中。

　　　　　　神经支配：正中神经。

拇内收肌　　近端附着点：斜向头：头状骨、第二与第三掌骨的基底部，以及临近
　　　　　　　　　　　　　　　　　的腕掌关节关节囊韧带。

　　　　　　横向头：第三掌骨的掌侧面。

　　　　　　远端附着点：两个头都附着到大拇指近端指骨基部的尺侧与掌指关节
　　　　　　　　　　　　　处籽骨的内侧，也附着到大拇指的伸直肌结构中。

　　　　　　神经支配：尺神经。

背侧骨间肌　近端附着点：第一：临近第一（大拇指）与第二掌骨处。

　　　　　　　　　　　　第二：临近第二与第三掌骨处。

　　　　　　　　　　　　第三：临近第三与第四掌骨处。

　　　　　　　　　　　　第四：临近第四与第五掌骨处。

　　　　　　远端附着点：第一：背侧帽斜向纤维的桡侧与食指近端指骨的基部。

　　　　　　　　　　　　第二：背侧帽斜向纤维的桡侧与中指近端指骨的基部。

　　　　　　　　　　第三：背侧帽斜向纤维的尺侧与中指近端指骨的基部。
　　　　　　　　　　第四：背侧帽斜向纤维的尺侧与无名指近端指骨的基部。
　　　　　　神经支配：尺神经。

小指屈肌　　近端附着点：腕横韧带与钩状骨的钩子处。
　　　　　　远端附着点：小指近端指骨的基底部的尺侧。
　　　　　　神经支配：尺神经。

拇短屈肌　　近端附着点：腕横韧带与大多角骨的掌面结节。
　　　　　　远端附着点：大拇指近端指骨基部的桡侧，也附着到掌指关节处外侧。
　　　　　　神经支配：正中神经。

蚓状肌　　　近端附着点：内侧两条：临近小指无名指与中指屈指深肌肌腱处。
　　　　　　外侧两条：中指与食指屈指深肌肌腱处的外侧。
　　　　　　远端附着点：透过背侧帽斜向纤维附着到伸直肌结构的外侧。
　　　　　　神经支配：内侧两条：尺神经。
　　　　　　外侧两条：正中神经。

小指对掌肌　近端附着点：腕横韧带与钩状骨的钩子处。
　　　　　　远端附着点：第五掌骨骨干的尺侧面。
　　　　　　神经支配：尺神经。

拇对掌肌　　近端附着点：腕横韧带与大多角骨的掌面结节。
　　　　　　远端附着点：大拇指掌骨骨干的桡侧面。
　　　　　　神经支配：正中神经。

掌短肌　　　近端附着点：腕横韧带与豆状骨远端外侧的掌面筋膜处。
　　　　　　远端附着点：手部尺侧缘的皮肤下。
　　　　　　神经支配：尺神经。

掌侧骨间肌　近端附着点：第一：大拇指掌骨的尺侧。
　　　　　　　　　　　　第二：第二掌骨的尺侧。
　　　　　　　　　　　　第三：第四掌骨的桡侧。
　　　　　　　　　　　　第四：第五掌骨的桡侧。
　　　　　　远端附着点：第一：大拇指近端指骨的尺侧，与拇内收肌融合，也附着到掌指关节的内侧。
　　　　　　　　　　　　第二：背侧帽斜向纤维的尺侧与食指近端指骨的基部。
　　　　　　　　　　　　第三：背侧帽斜向纤维的桡侧与无名指近端指骨的基部。
　　　　　　　　　　　　第四：背侧帽斜向纤维的桡侧与小指近端指骨的基部。
　　　　　　神经支配：尺神经。

第十章　髋关节 ▷▷▷▷

髋关节是股骨的球形头和由髋臼形成的深臼之间的关节。该关节主要提供下肢与关节臼之间的活动。由于它在身体中所处的位置十分重要，故病理性或创伤性疾病会造成大范围的功能受限，包括行走、穿衣、驾车、抬和搬运重物、上楼困难。髋关节的许多解剖结构为的是站立、行走和跑步时更加稳定。股骨头的稳定来自于四周囊韧带而围成的臼。许多大肌肉提供必需的转矩，使身体向前或向上运动。这些肌肉如果虚弱会对整个身体的移动产生严重影响。髋关节的病变和损伤在年轻人和老人中相对常见，婴儿髋关节形态异常特别容易造成脱位，关节退行性疾病的老年人髋关节脆性增强，骨质疏松能使髋部骨折的潜在危险增加两倍。

第一节　解剖学

一、骨学

（一）髋骨

每块髋骨由髂骨、耻骨和坐骨三块骨头构成。左右两侧的髋骨，通过前面的耻骨与后面的骶骨联合。这些髋骨和骶骨形成骨盆。人体站立时，骨盆的正常方向为侧面观其纵轴线通过髂前上棘与耻骨结节之间，髋骨外表面有 3 个明显特征，髂骨的扇形翼形成髋骨的上半部分，下部分为深杯状的髋臼。髋臼的下方稍中侧为闭孔，此孔被闭孔膜覆盖。

（二）髂骨

1. 髂骨外表面的标志　髂骨外表面有相对模糊的后、前、下深臀线作为标志。这些线有助于辨别臀肌在骨盆上的附着点，在髂骨的最前部可轻易触及髂前上棘，在髂前上棘下面是髂前下棘。这个凸出的髂棘在髂骨上缘延伸向后并止于髂后上嵴。髂后上嵴在软组织的外表面标志为皮肤上的浅凹而凸起不明显的窝状。微凸的髂后下棘标志着坐骨大切迹的上缘。该坐骨大切迹与骶结节韧带、骶棘韧带共同围绕形成坐骨大孔。

2. 髂骨内面的标志　髂骨内面有三个显著的骨性标志，前面是光滑微凹的髂窝被髂肌充填，后面耳状面与骶骨构成骶髂关节面，耳状面后方紧接着是大而粗糙的髂粗隆，骶髂韧带附着于此。

（三）耻骨

耻骨上支由髋臼前壁向前延伸到耻骨体平面而形成，在耻骨上支的上面是耻骨线，它是耻骨肌附着处的标志。在耻骨上支的前面为耻骨结节，其为腹股沟韧带的附着处，两块耻骨在中间以纤维软骨形成耻骨联合关节。此关节属于微动关节，与透明软骨一致，并与纤维软骨、耻骨内板和支持韧带相连。耻骨联合连接着耻骨前部，其他部分如髂骨、骶髂关节和髋骨，共同形成骨盆环。在行走和妇女分娩时，耻骨联合可通过骨盆环来减轻压力。耻骨下支由耻骨体发出后与坐骨融合。

（四）坐骨

坐骨的后方是尖锐的坐骨结节，位于坐骨大切迹的下面。坐骨小切迹位于坐骨结节的下方，骶结节和骶棘韧带将坐骨小切迹围成坐骨小孔。髋臼后下方是坐骨粗隆，这个明显的凸出是很多下肢肌肉，如腘绳肌和部分大收肌的附着处。坐骨支自坐骨粗隆向前延伸，终止于耻骨下支结合处。

（五）髋臼

髋臼是一个位于闭孔上方的杯状臼，髋臼形成髋关节的插槽，骨盆的三块骨形成了髋臼的一部分，髂骨和坐骨占 75%，耻骨占 25%，髋臼的具体特征将在关节学部分讨论。

（六）股骨

股骨是人体中最长且最强壮的骨骼，它的形状和粗细程度反映出肌肉活动的力量以步行中步幅的长度。在其近端，股骨头与髋臼形成关节，股骨头向下方移形成股骨颈，股骨颈向外侧移行远离关节部位，从而减少骨盆骨折的可能性。股骨体前面呈微凸面，作为一个长形的离心性负重柱，在体重的作用下会稍微形成弓形，此时压力通过股骨体前部进行分散，张力则通过后部进行分散（图 10-1）。

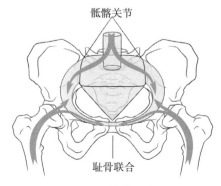

图 10-1　骨盆示意图
图中箭头表示体重的力量方向及在骨盆环、躯干、股骨之间的转移

如果股骨强度较好，则可通过弓形变形来增加负重。前部的转子间线是远端囊韧带附着处的标志，股骨大转子是由股骨颈和体连接处向外侧、向前延伸而成。此凸起容易触及的结构也是远端肌肉的附着处。大转子的内侧是一个被称为转子窝的小窝状结构（转子窝是闭孔外肌的远端附着点）。股骨颈在后方凸起的股骨转子间嵴处与股骨干结合，股方肌结节是股方肌的附着处，其为转子窝下方出现的一个凸起。小转子是由转子间嵴的下方向后内侧延伸而成。小转子是髂腰肌的主要附着处，其在屈髋中起着重要作用，对于腰椎的垂直稳定性也有重要作用。股骨干的中后 1/3 处有明显的称为股骨粗线的垂直嵴状凸起。此线是许多个收肌和大腿部肌筋膜、股四头肌等的附着处，可分为内侧的耻骨肌线和外侧的臀肌粗隆线。在股骨远端的粗线被分为外上髁线和内上髁线，内收肌结节位于内上髁线的末端。

1. 颈干角 股骨的颈干角为股骨颈与股骨干内侧面之间的夹角。出生时此夹角为 140°～150°。由于行走过程中负重的原因，成年后此夹角减少到 125° 左右（图 10-2）。

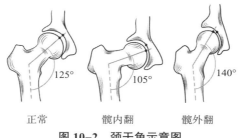

正常　　　　髋内翻　　　　髋外翻

图 10-2　颈干角示意图

2. 前倾角 前倾角又叫股骨旋转角，为股骨干与股骨颈之间因相对旋转而形成的角度。通常从上面观，股骨颈与通过股骨髁内外侧轴形成向前的 10°～15° 角。这个度数的转角被称为正常倾角。关节处有一个正常的倾斜角，一个 15° 的前倾角，能提供最佳的线性关系和关节保护。

如果前倾角的角度与 15° 有明显差别则被视为异常。如果前倾角明显大于 15°，称为过度前倾。相反，如果前倾角明显小于 10°，则称为后倾（图 10-3）。

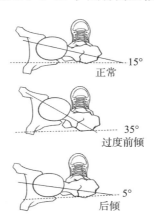

15°
正常

35°
过度前倾

5°
后倾

图 10-3　股骨前倾角示意图

特别是婴儿时期，股骨前倾角大约为 40°左右。随着骨骼的生长和肌肉力量的增加，16 岁时此角常常减少到 15°。过度前倾大多因先天性缺陷和关节软骨增厚导致。过度前倾会增加成年后髋关节脱位的概率。关节对齐不良、关节接触面积和吻合面积较少多继发于骨性关节炎。在儿童中，过分前倾且伴有步态异常称为"内八字"。"内八字"是一种髋关节过度内旋的步态。该步态的形成是纠正过度前倾的股骨头进入髋臼的代偿措施。随着时间的延长，儿童的内侧旋转肌和相关韧带发生挛缩，从而导致外旋范围减小。步态的纠正通常是因髋关节的自然前倾和下肢其他部位复合性代偿所导致，以胫骨代偿最为普遍。

3. 股骨近端的内部结构 行走时，股骨近端会产生张力、压力、弯曲力和剪切力。各种力量都会在股骨近端产生不同的压力。为了承受长时间重复的压力，股骨近端必须抵抗和吸收机械力量。这两种不同的功能由骨骼完全不同的两种结构完成。密质骨是一种非常致密且承受巨大压力的骨骼，这类骨头的皮层非常厚，存在于股骨颈的下部和整个股骨干表面，会承受巨大的剪切力和旋转力。相反，松质骨由大量的柱状小梁形成的格子组成。海绵状的网状骨吸收外侧的力量。网状骨聚积在力线方向形成网状小梁，骨内侧小梁和方形小梁可在股骨中见到。当股骨近端受到长时间大的压力时，整个骨小梁网的形态会发生改变。

二、关节学

（一）髋关节的解剖学功能

髋关节是人体中最典型的球窝关节，大量的韧带和肌肉使股骨头保持在髋臼中。股骨近端厚厚的关节软骨、肌肉和松质骨都有助于减弱通过髋部的力量。由于疾病和损伤，这些保护机制会失效，导致关节结构衰退。

1. 股骨头 股骨头位于腹股沟韧带的中下 1/3 处。一般来说，成年人两个股骨头中心之间的距离为 17.5cm。股骨头有近 2/3 的球形结构，股骨头中心的稍后方是一个明显的坑或凹陷，整个股骨头表面除了凹陷部分都被关节软骨覆盖。凹陷部前面的关节软骨是整个人体中最厚的。

圆韧带也叫股骨头韧带，循行于髋臼横韧带与股骨头小凹之间。韧带是一种滑液线状结缔组织组成的囊状结构，可为关节增加一定的稳定性。圆韧带的血供为闭孔动脉中的一小支。这个小且不常见的动脉仅能为股骨头提供少量的血液，股骨头和股骨颈的血供主要来自旋股外侧动脉和内侧动脉，它们穿过关节囊进入股骨颈。

2. 髋臼

（1）髋臼形状 髋臼是一个容纳关节头的深且呈半球形的杯状臼。髋臼下方接近闭孔的地方有 60°～ 70°的边缘缺失，形成髋臼切迹。

（2）髋臼唇 髋臼唇是围绕在髋臼周围的环形纤维软骨。此唇的横切面近似三角形，基底部沿髋臼缘与其连接。髋臼唇与髋臼切迹相邻，同时与髋臼横韧带相融合。此软骨的主要作用是加深髋臼窝和安全抓住外侧的股骨头。髋臼唇可以明显增加关节的稳定性，创伤性髋关节脱位常可导致髋臼唇撕裂。

（3）股骨头与髋臼相接触　股骨头仅仅通过其马蹄形的月状表面与髋臼接触。其表面被关节软骨覆盖，最厚的部分位于圆顶的前上部。此处为人行走时受力最大的部位。在行走时，髋部的受力是在摆动期体重的13%到中间站立期体重的300%之间波动。站立时，月状表面扩张呈髋臼切迹样大小，因增加接触面积而减小了压力。行走时，髋臼所承受的压力可传到骶髂关节和耻骨联合，关节高度的移动性可增加髋关节的压力并造成磨损。

（4）髋臼凹　是一个位于髋臼深部的深凹，通常不与股骨头接触且缺乏软骨，但包绕圆韧带、滑膜和血管。

（5）髋臼的位置　髋臼位于有不同程度下倾斜的骨盆的外侧。髋臼发育异常多为先天性或后天形态异常或缺乏线性所导致。一个不完整的髋臼不能完全包纳股骨头，从而导致慢性脱位和骨关节炎。通常用中心边缘角和髋臼前倾角描述髋臼对股骨头的包绕和保护程度。

1）中心边缘角：中心边缘角是用以描述髋臼覆盖股骨前侧范围的一个角度。中心边缘角是可变的，一般来说，成人中X线测量出来的是35°～40°。正常的中心边缘角为股骨头提供了一个很好的保护鞘。中心边缘角大幅缩小时，髋臼对股骨头的包绕面积会缩小，从而增加了股骨头脱位的可能性，减少关节内的接触面积。

2）髋臼前倾角：髋臼前倾角是用以描述髋臼在水平面内相对骨盆的前倾程度。正常的髋臼前倾角大约20°左右，且部分暴露于股骨头的前面。髋关节前面的囊韧带和髂腰肌肌腱覆盖前部的髋关节。如果患者存在股骨头和髋臼过度前倾，常常怀疑髋关节前脱位。特别是在下肢出现外旋的情况下更要予以考虑（图10-4）。

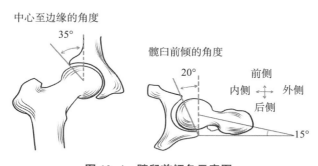

图10-4　髋臼前倾角示意图

3. 髋关节的关节囊和韧带　滑膜囊位于髋关节关节囊内表面，在关节囊外面有髂股韧带、耻股韧带和坐股韧带予以加固。髋关节的活动范围被髋关节囊、周围韧带及肌肉限制。

（1）髂股韧带　髂股韧带是一个非常厚且坚韧的结缔组织索，形态上像一个插入的Y字，在近端是髂股韧带附着于髂前下棘且与髋臼缘相邻。纤维形成不同的内、外侧束，分别终止于股骨转子间线。当髋关节全范围完全伸展时，可以牵拉髂股韧带和前部关节囊，全范围的外旋可以使髂股韧带的外侧伸长。当人体以全伸展髋关节姿势站立时，髂股韧带对股骨头前部产生抵抗。韧带上的被动张力对股骨头上的骨盆移动起着重要作用，对于截瘫患者常常运用伸长的髂股韧带的被动张力维持身体站立。

（2）耻股韧带和坐股韧带　耻股韧带和坐股韧带虽然没有髂股韧带那样的厚度和丰富的血液循环，但它们可以结合起来共同加固关节囊的下方和后方。耻股韧带附着于关节臼的前缘、下缘，与耻骨上支和闭孔膜毗邻。此纤维与坐股韧带相结合，使髋关节伸展。

坐股韧带附着于髋臼的后下缘与坐骨相邻，来自于此韧带的深部纤维加入到关节囊，其他更表浅的上、外侧螺旋状纤维经股骨颈后方附着于大转子。这些表浅的纤维对全范围的内旋和屈曲有限制作用。坐股韧带表浅纤维在外展时起着相当大的限制作用，下部纤维和关节囊下部分在屈曲时有作用。

除这三条主要韧带外，关节囊由密集的纵行和环形纤维组成。这些纤维被表浅的韧带所覆盖，纵行纤维广泛分布于关节囊的前面且植入到坐股韧带。环形韧带被称为关节囊轮匝带，广泛分布于关节囊，在股骨颈基底部形成环形带。

（二）髋关节锁定位

完全伸展髋关节，并且轻微内旋和轻微外展时，关节囊内的大部分韧带扭转或旋转到它们最紧的位置。这对做髋关节囊韧带最大拉伸时有一定的作用，这个位置也被称为髋关节的锁定位。

因为髋关节完全伸展时做一定的内旋和外展能够拉长大部分囊韧带，所以被认为是髋关节的"锁定"位。通过拉伸关节囊韧带而产生的被动张力为关节提供了稳定性，且可减少被动附属运动。有趣的是，髋关节是独一无二的在"锁定"位而与畸形无关的。髋关节屈曲90°时，给予适度的外展和外旋适合大多数患者。在这个位置，大部分关节囊和相关韧带处于更加放松的状态，并增加了少量的被动张力。

（三）髋关节的临床问题

1. 股骨头自然前倾　在产前发育期间，上、下肢都要经历明显的轴向旋转，大约受精后54天，下肢已向内侧旋转了90°。这种旋转使膝盖区域达到身体的最终位置。事实上，下肢已经变成永久性的旋前，这也有助于解释为什么伸肌，如股四头肌和胫前肌面向前面，屈肌如腘绳肌和腓肠肌出生后转向后方。股骨干和股骨颈最终的转角反映了内旋的度数。

下肢的内旋功能是足底转向适宜行走的足趾位，大踇趾的位置表明下肢旋前的位置是明显的。当上肢前臂旋前时，拇指也有同样的表现。其他的解剖特征为：下肢皮肤的螺旋纹路、髋关节缠绕或螺旋的韧带，以及缝匠肌的倾斜走行。

2. 髋关节发育不良（DDH）　髋关节发育不良通常会造成儿童时期髋关节异常，导致DDH的原因并不完全清楚，但是胎儿期或幼儿期髋关节受到异常身体的压力会使关节形成错位。

DDH 通常与髋臼的异常排列和髋臼的位置有关。因此，股骨头通常"漂移"到髋臼的上面和后面。由于髋关节移动可以改变移动臂，从而使肌肉丧失稳定性，造成关节功能下降。

脑瘫患儿发生 DDH 的可能性很高，髋臼的发育不良常常导致肌肉"失衡"而出现主要的屈曲、外展功能障碍，且体重对骨头的刺激缺失。髋部畸形，如髋外翻、股骨头或髋臼过度前倾常常与 DDH 有关。

对于 DDH 的治疗主要在儿童期且在潜伏期。新生儿期，髋的外展夹板疗法或手术常常用于股骨头"坐"入髋臼的治疗。此种位置可以刺激正常关节形态的形成，年龄大一点的孩子常常采用外科手术，用切骨术来修复骨盆或股骨近端的形态，从而提高稳定性，增加表面的接触面积。

第二节　运动学

一、骨运动学

这部分阐述的是髋关节的运动范围，包括促进和限制其活动的因素。髋关节的活动度减少是髋关节受损或疾病的早期表现，常表现为疼痛、肌无力或骨和关节在行走即系鞋带时有明显的功能受限。

此处用两个短词语来评估髋关节的活动度。骨盆 – 股骨髋关节运动学指的是相对于固定的股骨、骨盆及上部躯干的转动，股骨 – 骨盆髋关节运动学指的是股骨相对于固定骨盆的转动。无论股骨和骨盆是否是运动的部分，骨骼运动学都是从解剖学位置来描述的。例如，在矢状面的屈和伸、额状面的外展和内收、水平面的内旋和外旋。

确定活动度时，以解剖位作为 0°位或者原点位。例如，在矢状面，股骨 – 骨盆髋关节的屈曲是以股骨前旋超过 0°为参考位来描述的。相反，运动时以股骨后旋超过 0°参考位来描述后伸的程度，过伸不用来描述正常范围内的髋关节移动。

每一个移动平面都有各自的旋转轴，在内侧和外侧转动的轴叫长轴，长轴也称垂直轴。后面的阐述都是髋关节以解剖位站立。此轴从股骨头的中心延伸到膝关节的中心。由于股骨近端的倾角和股骨干前屈，大多数长轴位于股骨外侧。如果此轴位置过于内置，暗示可能因肌肉的作用而造成。

股骨 – 骨盆髋关节和骨盆 – 股骨髋关节移动常常同时发生。

（一）股骨 – 骨盆髋关节

1. 股骨在矢状面的运动　一般来说，髋关节屈曲到 120°时会伴有膝关节的完全屈曲。如蹲着做系鞋带动作特别需要接近完全屈髋动作。如果膝关节伸展时，由于腘绳肌和股薄肌形成的被动张力牵拉使得髋关节的屈曲度只限于 80°内。完全屈髋可以松动很多肌腱，但会牵拉关节囊的下部。

正常情况下，髋关节伸展超过中位（中立位）20°。当髋关节伸展时，膝关节则完全屈曲，但股直肌的被动张力可以限制髋关节的伸展角度。髋关节的完全伸展能够增加关节囊结缔组织的被动张力，特别是髂股韧带和髋部的屈肌。

2. 股骨在额状面的运动　一般来说，髋关节可以外展 40°，此外展主要受限于耻股韧带、内收肌和腘绳肌。髋关节内收时可以超过中立位 25°。除了对侧肢体的干扰外，外展肌被动张力、髂胫束、坐股韧带的表层纤维都对全范围内收有限制作用。

3. 股骨水平面的运动　与大部分移动类似，髋关节在内侧和外侧的旋转显示出很大的可能性。一般来说，髋关节可以内旋 35°。髋关节处于完全伸展时，最大限度的内旋会拉伸外侧旋肌，如梨状肌和部分坐股韧带。伸展的髋关节外旋时平均可达 45°，由于髂股韧带的外侧束和外旋肌产生的过分张力而使髋关节的全范围外旋受限。

（二）骨盆 – 股骨髋关节

1. 腰椎 – 骨盆运动节律　在下方中轴骨的尾侧末端通过骶髂关节与骨盆相连。股骨头由于在骨盆的旋转而改变了腰部脊柱的构型，这一运动学关系被称为腰椎 – 骨盆运动节律。

其表现为骨盆和腰椎在同一方向旋转。这一运动使下肢末端的角位移达到最大化，并且有助于上肢的伸展。相反，反向性骨盆运动节律为骨盆向一个方向转动时，腰椎同时向另一方向转动。这种转动的结果是当骨盆旋转时，腰上部的躯干还能保持相对稳定。这种节律主要发生在行走、跳舞和其他有关腰上部的躯干活动中。此运动中，头和腿位置固定而独自旋转骨盆。此种方式中，腰椎的功能为机械性分离器，使骨盆和腰上部的躯干独立旋转。如果患者为融合的腰椎，没有腰上部的躯干旋转，那么髋关节的骨盆则不能旋转，这种异常情况在行走时常见。

骨盆 – 股骨运动学仅为髋关节各平面的骨骼运动学组合。大部分情况下，大多数骨盆 – 股骨旋转都在腰椎以上的中位处活动受限，矢状面上髋 – 股骨旋转也同样受限。

（1）矢状面的骨盆 – 股骨运动——骨盆的前倾和后倾　髋关节屈曲可以通过骨盆的向前倾斜来实现。骨盆倾斜是骨盆相对于股骨进行的短弧状矢状面旋转倾斜。无论向前还是向后，都是基于髂嵴这个点的旋转。骨盆前倾主要通过两个股骨头之间的内外轴旋转而实现。人体在坐位髋关节屈曲 90° 时，正常人可以通过完全伸展腰椎使骨盆 – 股骨髋关节屈曲增加 30°。骨盆全前倾可以松弛大部分髋关节韧带，尤其是髂腰韧带。

人体处于 90° 坐位时，通过骨盆的后倾可使髋关节伸展 10°～ 20°。坐立时，短弧状骨盆旋转仅可轻微增加髂股韧带和股直肌的长度，骨盆后倾时，腰椎屈曲或被压扁。

（2）额状面的骨盆运动　额状面和水平面的骨盆 – 股骨旋转用一个人单腿站立来描述最为恰当，负荷体重的一侧称支撑髋。

支撑髋外展是通过非支撑髋侧的髂嵴提高或提升来完成的。如果腰上部躯干保持相对稳定，则腰椎必须弯向骨盆旋转的反方向。腰区的侧凸也有助于髋的外展。

骨盆 – 股骨或髋外展被限制在 30° 之内，主要是因为腰椎存在侧弯时的中位限制，内收肌的严重张力或耻股韧带的限制都使骨盆 – 股骨或髋关节外展受到影响。如果有明显的内收肌挛缩，则非支撑的髋关节髂嵴比支撑侧要低，行走时则更为明显。

支撑侧的髋内收是通过降低非支撑侧的髂嵴实现的。这个动作使内收髋关节侧的腰区发生轻微的外侧凹陷，使腰椎活动度下降或髂胫束或髋外展肌长度明显下降。例如，臀大肌、梨状肌、阔筋膜张肌都会导致机体活动受限。

（3）水平面的骨盆-股骨运动　骨盆-股骨在水平面旋转主要发生在长轴上。当支撑侧髋关节的髂嵴在水平面发生内旋时，非支撑侧的髂嵴则发生外旋。相反，在外旋时，非支撑侧髂嵴则在水平面发生内旋。如果骨盆在相对稳定的躯干下进行旋转，那么骨盆旋转时腰椎必会向反方向旋转。在腰椎上做适度的轴旋转会限制支撑侧髋的旋转。因此，健康人在水平面做骨盆-股骨旋转时，肌腱和关节囊并未受到明显牵拉。

二、关节运动学

髋关节在活动时，接近球形的股骨头仍处于局限的髋臼内。陡峭的髋关节壁与髋臼唇紧密相夹，以限制关节面的移动。髋关节的运动学主要以传统的凹-凸或凸-凹原理为基础，在关节表面的长轴上发生外展和内收运动在髋关节的伸展位，内旋、外旋则发生在关节表面的横轴上。屈和伸以转动的形式发生在股骨头和髋臼月状面的表面，转动轴穿过股骨头的轴线。

第三节　肌肉和关节的神经分布

腰丛和骶丛由 T_{12} ～ S_4 的神经前支组成。腰丛的神经分布于前侧和内侧的大腿肌肉，如股四头肌。骶丛神经分布于髋关节的后侧和外侧、大腿后侧和整个小腿的肌肉。

一、运动神经支配

1. 腰丛　腰丛由 T_{12} ～ L_4 的前支组成，又分出股神经和闭孔神经。股神经是腰丛的最大分支，由 L_2 ～ L_4 的神经根组成，运动支支配大部分屈髋和伸膝肌肉。在骨盆内，腹股沟韧带近端的股神经支配着腰大肌、腰小肌和髂肌，在腹股沟韧带远端的股神经支配着缝匠肌、部分耻骨肌和股四头肌。股神经的感觉支广泛分布于大腿前面的皮肤，隐神经的皮支支配小腿前、内侧皮肤。

像股神经一样，闭孔神经通过闭孔时分成前后两支。后支支配闭孔外肌和大收肌的前头，前支支配部分耻骨肌、长收肌、短收肌和股薄肌。闭孔神经感觉支分布于大腿内侧皮肤。

2. 骶丛　骶丛位于骨盆后壁，主要由 L_4 ～ S_4 的前支构成。大部分骶丛神经经坐骨大孔出骨盆，支配髋关节后面的肌肉。三条小神经支配髋关节六条小外旋肌肉的五条。这些神经均以其所支配的肌肉名称命名，如支配梨状肌的神经为梨状肌神经。骨盆外侧的神经支配闭孔内肌和上孖肌，并穿过且支配其相关肌肉。

臀上神经和臀下神经穿出坐骨大切迹，根据其位置命名。臀上神经支配臀中肌、臀小肌和阔筋膜张肌，臀下神经单独支配臀大肌。

坐骨神经是全身最大最长的神经，经坐骨大切迹，出骨盆，位于梨状肌下方。坐骨神经可分为胫神经和腓总神经。这两条神经均由结缔组织鞘包裹。大腿后方，坐骨神经的胫神经部分支配腘绳肌和大收肌后侧头等双关节肌，腓总神经支配股二头肌的短头。坐骨神经发出的胫神经和腓总神经常常可达膝关节，在骨盆附近分布的情况并不常见。腓总神经穿过梨状肌，出骨盆。

二、髋关节的感觉分布

通常来说，髋关节囊接受和提供肌肉的同一神经根，骶丛各根神经支进入关节囊的前面，髋关节囊前部接受股神经的感觉纤维，后囊接受起源自骶丛所有神经根的感觉纤维，闭孔神经分布在髋关节和膝关节的内侧面，这也是髋部炎症会出现在膝关节内侧和疼痛的原因。

第四节　肌肉功能

髋关节的旋转轴是通过对多个肌肉的力量阐述予以解释的。其有两处限制，每一条力线并不代表一个力的矢量，而是所有同方向力的合力。该图像无法比较一个肌肉的力量或转矩，如果比较，需要其他数据，特别是肌肉的切面区。一旦髋关节移开此位置，则每一块肌肉会出现潜在的运动和扭动。这也一定程度上解释了为什么通过改变运动范围可以反映内部肌肉达到最大功能的效果。

肌肉活动既是主要的肌运动也是次要的肌运动，所依据的是移动臂、肌肉大小。除非特殊情况，肌肉的运动是建立在解剖位置上肌纤维的共同收缩。

一、解剖与功能

1. 髂腰肌　髂腰肌是一块大而长且越过下位腰椎和股骨近端的肌肉。髂腰肌由髂肌和腰肌两块肌肉组成。髂肌附着于髂窝，最外侧缘伸向骶骨，且越过骶髂关节。腰大肌主要沿下位胸椎和全部腰椎横突、椎体及椎间盘附着。髂肌纤维和腰大肌纤维主要在股骨头前面结合，形成的肌腱固定于股骨上的小转子。越过耻骨上支向远端附着处走行，髂腰肌的宽肌腱可向后侧偏转 $35° \sim 45°$。髋关节完全伸展时，肌腱的插入角偏离从而接近股骨，因此增加了屈髋肌肉的力臂。

髂腰肌是主要的屈髋肌，无论是股骨 – 骨盆式还是骨盆 – 股骨式，髂腰肌并不是一个有效的旋转肌。在屈髋外展位，髂腰肌有助于外旋。髂腰肌产生的力经过腰椎、腰骶区和髋。骨盆前倾时，髂腰肌可以增加腰部负重。骨盆前倾的原因是因为腹肌没有很好的固定。

2. 腰小肌　腰小肌位于腰大肌肌腹上面，附着于 T_{12} 和 L_1，在耻骨线附近。腰小肌不像腰大肌那样在髋部活动中发挥着重要作用，约 40% 的人腰小肌缺失。

3. 缝匠肌　缝匠肌是全身最长的肌肉，起自髂前上棘，沿大腿内侧下行，附着于远端的胫骨近端。缝匠肌的命名与裁缝的跨腿坐姿有关。与其有关的动作为屈髋、外旋和外展。

4. 阔筋膜张肌　阔筋膜张肌附着于髂骨，位于缝匠肌外侧。这块相对较短的肌肉附着于髂胫束近端，向远端延伸到膝关节股骨外侧髁。

5. 髂胫束　髂胫束是大腿阔筋膜的一部分，属于结缔组织，由阔筋膜张肌处的阔筋膜增厚而成，在臀部最厚。多处阔筋膜均深入大腿肌肉，形成肌腱间纤维隔。这些纤维根据神经支配分布，将股部的肌肉分隔开来，沿着收肌腱分布且固定于股骨上。

阔筋膜张肌是主要的屈曲和外展髋的肌肉。该肌还是次要的髋关节内旋肌。顾名思义，阔筋膜张肌是通过阔筋膜来增加张力的。张力向下传到髂胫束，以帮助伸膝时稳定外侧部。髂胫束持续的张力会造成插入点（胫骨外侧髁）的炎症。伸膝时，髂胫束的过分牵拉常常伴有不同程度的髋关节内收和伸展肌的联合运动。

6. 股直肌　股直肌位于缝匠肌与阔筋膜张肌组成的 V 型区近端。这个大的双羽状肌的近端附着于髂前下棘，且沿着髋臼的前缘分布进入关节囊。伴随着股四头肌的其他头股直肌也通过髌韧带附着于胫骨粗隆，屈髋时股直肌占了总等长收缩 1/3 的力矩。除此之外，股直肌还是主要的伸膝肌。耻骨肌和长收肌是髋收肌群的一部分。

二、髋关节运动

（一）屈髋

髋部主要的屈肌有髂腰肌、缝匠肌、阔筋膜张肌、股直肌、耻骨肌和长收肌，次要的髋部屈肌为短收肌、股薄肌和臀中、小肌的前部纤维。

1. 骨盆 – 股骨式屈髋　①骨盆前倾：骨盆前倾是因屈髋肌和下背部伸肌两种力量共同作用而实现的。②固定股骨：收缩髋部屈肌可以使骨盆通过两髋的内外侧轴进行旋转。髂腰肌和股直肌等一些能够使股骨 – 骨盆式屈髋的肌肉对骨盆前倾都有作用。临床上多数人认为，前倾可以加重腰椎负担，随着负重的增加，压力也增加于腰椎的关节突关节（图 10-5）。

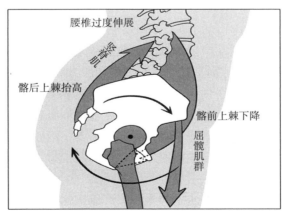

图 10–5　骨盆前倾示意图

正常腰曲的腰盆姿势可以优化整个脊柱的排列关系，然而很多人很难保持腰部正常凸出。这种不正常的姿势，有可能是因为习惯、趋避疼痛、代偿身体其他不良区域、腰椎周围结缔组织刚性增加，如髋关节伸肌紧张，或者其他特殊疾病共同作用导致。

2. 股骨 – 骨盆式屈髋　股骨 – 骨盆式屈髋是通过屈髋和腹肌实现的。这种合作出现在有大量屈髋动作的情况下。例如，直腿抬高练习需要大量腹肌，需要腹直肌产生骨盆后倾力量，以纠正潜在的骨盆前倾。如果没有腹直肌作充分稳定，屈髋不能使骨盆前倾，但过度的骨盆前倾会增加腰部负重。

腹肌无力，但屈髋仍较有力，除脊髓灰质炎和肌营养不良外，这种情况很少见。更多的是，一定程度的腹肌虚弱继发于废用性或因腹部外科手术所致。有的患者会因关节突关节压力增加而感觉下腰部疼痛（图 10-6）。

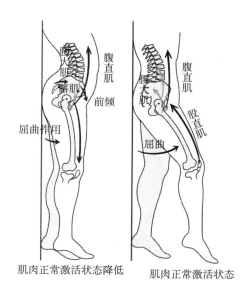

图 10-6　骨盆式屈髋肌肉不同激活状态比较示意图

（二）髋内收

髋部主要的内收肌有耻骨肌、股薄肌、长收肌、短收肌和大收肌，次要的内收肌有股二头肌（长头）、臀大肌，特别是其下部的纤维和股方肌。

这些肌肉的近端附着于耻骨的上支、下支，与骨盆相邻；远端的耻骨肌和长收肌附着于股骨后表面，沿股骨粗线分布。股薄肌远端附着于股骨近端的内侧。收肌群的中层被三角形的短收肌占据，短收肌附着于骨盆的耻骨下支，沿股骨粗线上 1/3 分布。

收肌群的深层被大块的三角形大收肌占据。大收肌的近端附着于整个坐骨支和部分坐骨结节，在近端大收肌的附着点形成前、后两个头。

大收肌的前头有两束纤维——水平纤维和斜纤维。水平方向小束纤维从耻骨下支到下肢的股骨粗线近端，延伸到远端的内上髁线。前头部分由闭孔神经支配。

大收肌的斜纤维（后侧头）由来自耻骨盆区域的大量纤维组成，与坐骨结节相邻。其从后部的附着处纤维垂直下行，附着于股骨远端内侧的收肌粗隆。大收肌的后侧头像腘绳肌一样，由坐骨神经的胫骨分支支配，后侧头又称大收肌的伸肌头。

内收肌的力线从各个方面接近髋关节，在功能上，大收肌可以在髋的各个平面产生扭矩。下面部分主要为内收肌在额状面和矢状面的活动提供力量。这些肌肉的次要活动，如内旋将在下一章讨论。内收肌在额状面上的功能是产生内收转矩，此转矩控制着骨盆－股骨和股骨－骨盆的髋关节内收。多数收肌使股骨加速踢向足球，增加这个动作的力量是通过下旋髂嵴或另一侧髂嵴下降实现的。此动作的控制主要通过骨盆一侧的髋－股骨加髋内收来实现。虽然只显示了一侧大收肌，但其他收肌在此动作中也发挥了相当大的作用。

无论髋关节处于什么位置，大收肌的后面纤维主要用于伸髋，腘绳肌也有相同作用。一般来说，余下的内收肌是伸髋还是屈髋主要与髋关节的位置有关。例如，快跑时大收肌发挥主要作用，屈髋至100°时，长收肌的力线位于关节内、外侧轴的后面。在此位置，长收肌有一条伸展的动力臂，产生伸展扭矩。同样，大收肌的后侧头也存在相同的扭矩。但是髋关节近伸展位置时，长收肌的力线会移到旋转的内外侧轴前面，此时长收肌屈曲的动量臂与股直肌屈曲的扭矩相同。

这些内收肌可以提供髋部屈和伸的扭矩。双向扭矩在高能量循环运动中非常有用。例如，跑上陡峭的山坡、深蹲位向上和向下。当髋关节接近全屈时，内收肌则准备增加伸展范围。相反，当髋关节接近全伸时，内收肌则准备增加屈曲范围。内收肌的这种功能在一定程度上解释了跑步造成劳损的原因。

（三）髋关节内旋

在解剖位置，并无明显的髋关节内旋肌，因为没有很适合的肌肉位置产生内旋力矩。但许多小的次要的内旋则存在，包括臀小肌和臀中肌的前部纤维、阔筋膜张肌、长收肌、短收肌和耻骨肌。阔筋膜张肌和内侧的腘绳肌也有小的内旋作用。

当屈髋达90°时，内旋肌潜在的内旋力矩明显增加。这些都有利于弄清臀小肌和臀中肌前纤维的骨骼模型和每条肌肉的力线。屈髋接近90°时，这些肌肉力线的旋转长轴接近垂直。臀中肌的前部内旋力矩在0°～90°屈曲时可增加到8倍。有趣的是，即便是一些伸展的外旋肌，如梨状肌，在屈曲90°时也转变成内旋。这些在力矩上的变化解释了为什么健康人的内旋力矩屈曲时要大50%而不是在伸髋的状态下，也在一定程度上解释了脑瘫患者为什么会出现过度内旋的步态。伸髋的肌肉不起作用时，会导致屈髋状态下内旋肌的转矩增加。此种步态可以通过提高臀大肌的大力伸展和外旋加以调整。

1. 内收肌作为髋内旋的生物力学　许多内收肌都能产生髋部需要的内旋力矩，然而却很难与大腿后面沿股骨粗线附着的肌肉活动一致。这些肌肉的缩短出现在股骨外旋而不是内旋，但股骨干的自然弯曲在肌肉的力线上。弯曲处位于髋关节旋转纵轴前面的大部股骨粗线处。

内收肌在水平方向的力量位于旋转轴前面，与大收肌相同。因此，来自此肌肉的力量与所产生的动力臂必然产生内旋，虽然转矩不大。

2. 行走时内旋肌的潜在性功能　在骨盆－股骨式状态下，内旋肌表现为精细但又十分重要的调节步态功能，可使骨盆在股骨头上进行水平移动。臀中肌后侧纤维是次要的伸肌，外旋肌在髋屈曲超过 90°时，其收缩可使髋关节内旋。

（四）伸髋

臀大肌位于髂骨后侧，骶骨、尾骨、骶结节韧带和骶髂韧带的后面，与相邻的纤维束处都有附着点。臀大肌附着于髂胫束和股骨上的臀肌粗隆，与阔筋膜张肌伴行。臀大肌是主要的伸髋肌和外旋髋肌。

腘绳肌的近端附着点位于坐骨结节后方，远端附着点位于胫骨和腓骨的远端。这使腘绳肌具有伸髋和屈膝功能。

在伸展位，大收肌的后侧头有最大的伸展动力臂，其位于股二头肌和半腱肌附近。半膜肌和臀大肌有所有伸肌中最大的横切面积。

屈曲 75°时，腘绳肌和大收肌产生的伸展力矩具有同样重要的作用。或者说，大约有 90°的伸展力矩在髋部余下的转矩由臀大肌产生。

1. 骨盆－股骨式伸髋　髋伸肌对骨盆－股骨式的髋伸展有两种不同的情况。

（1）髋伸肌实行骨盆后倾　在腰以上躯干保持相对稳定的情况下，髋伸肌和腹肌可提供力偶，使骨盆后倾。骨盆后倾可伸展髋部，以减少腰椎负担。骨盆后倾的肌肉力学机制与骨盆前倾很相似。在这个倾斜动作中，躯干肌和髋部都存在力偶，结果以股骨头作为枢轴点，通过转轴进行骨盆旋转。

（2）髋伸肌对身体前倾的控制　站立位时，身体倾斜非常常见。例如，在水槽边洗脸时身体前倾。在髋部，支撑这一姿势的肌肉主要是腘绳肌。在身体微微前倾时，身体的重力使髋部的旋转轴由前面转换到内外侧。这种轻微的屈髋位是通过臀大肌和缝匠肌的微小活动拮抗而形成的。明显前倾时，髋关节的内外侧旋转轴则转换到更远处。支撑这个姿势则需要腘绳肌更大的力量。臀大肌在此位置并不起作用。这一现象可用生物力学和生理学加以解释。明显前倾可以增加腘绳肌在伸髋时的动力臂，从而减少臀大肌伸髋的动力臂。腘绳肌在前倾位时具有最长的伸肌转矩。过度前倾可拉伸越过髋、膝关节的腘绳肌，显现出其独特的对前倾位的支撑作用。神经系统对臀大肌的募集需要更多的下位伸髋转矩，如这些肌肉在爬楼时所起的作用。

2. 股骨－骨盆式伸髋　作为一群肌肉，髋伸肌常常需要产生大的股骨－骨盆伸髋转矩，以使身体上下运动。例如，爬山时需要右侧的髋伸肌起作用。当登山者背着极重的背包上山时，屈曲体位可使髋部出现一个大的外旋转矩。处于屈曲位时，伸髋肌可以产生最大的伸髋转矩，且在髋关节明显屈曲时许多收肌也能产生转矩，从而帮助主要的伸髋肌。

（五）髋外展

髋部主要的外展肌为臀中肌、臀小肌和阔筋膜张肌，梨状肌和缝匠肌是次要的髋关节外展肌。臀中肌附着于髂骨外表面的前臀线上，远端附着于大转子的外侧面，所有外展肌中的臀中肌远端附着点为其提供最大的外展动力臂。臀中肌也是最大的髋外展肌，占总外展横切面积的 60%。

臀中肌可分为三束具有独立解剖结构和功能的纤维，即前部纤维、中部纤维和后部纤维。虽然三束纤维都属于外展肌，但前纤维主要作用为内旋，后部纤维主要作用为伸展和外旋。运动时这些作用大部分会发生改变。

臀小肌位于深层臀中肌稍前方，近端在髂骨的前臀线与后臀线之间，远端附着于大转子前面。臀小肌的体积比臀中肌小，只占总外展切面积的 20%。臀小肌的运动与臀中肌相同，特别是外展动作时。臀小肌与臀大肌最大的不同点在于其前部纤维有屈髋倾向。阔筋膜张肌是外展髋关节肌肉中最小的，只占总外展横切面积的 11%。

1. 行走中对骨盆前面的控制 髋部外展肌产生的外展力矩在行走过程中控制额状面的稳定性。在大多数步态中，髋关节外展肌通过股骨而稳定骨盆。因此在步态支撑期，髋关节外展肌有控制骨盆额状面和水平面的作用。

由髋关节外展肌产生的髋外展力矩在步态的单腿支撑期是非常重要的。这个时期，对侧的腿离地和摆向前面。由于没有充足的外展力矩，这个时期的骨盆和躯干会不受控制地倾向摆动的肢体侧，通过对大转子上的臀中肌触诊可以证实外展肌的活动。例如，当左腿抬离地面时右侧肌肉变得结实，但长期运动会导致外展肌远侧附着处的关节囊发炎。转子滑膜炎在单腿直立外展肌时髋部会出现疼痛。

髋关节外展肌的功能为稳定额状面，该作用对行走非常重要。在步态情况下，外展肌产生的力量可以解释大部分来自髋臼与股骨头之间的挤压力。

2. 髋关节外展肌对髋关节产生的力量作用 髋关节外展肌的作用是保持行走中单腿直立期间右侧髋的额状面的稳定性。髋外展肌和人体重量作为两个反方向力量维持着股骨头上骨盆的平衡。骨盆相当于杠杆，股骨头相当于支点。当由髋外展肌产生的力矩与体重形成的力矩相等时，此杠杆平衡。相反的力矩达到的平衡叫静态旋转平衡。

在单腿支撑期，髋外展肌特别是臀中肌对髋关节产生大量的挤压力。髋关节外展的内侧动力臂大约是体重外侧动力臂的一半。由于长度的差异，髋关节外展肌必须产生大于体重两倍的力量才能使单腿站立时达到平衡。因此，在每个阶段，骨盆都受到外展肌和体重的力量，经骨盆压迫在股骨头上。在保持静态平衡时，向下的作用力通过关节与关节反作用力形成平衡，但其方向相反。关节的反作用力方向与垂直方向的夹角为 10°～15°。此夹角受髋外展肌矢量的方向影响很大。

在力矩和力平衡等式中，右侧前平面的总转矩和垂直力都等于 0。假设一个 760.6N 的人右侧单腿直立，则髋关节的反作用力为 1873.8N。这个反作用力大约是体重的 2.5 倍。其中 66% 的关节反作用力来自髋关节外展肌。计算结果显示，髋关节的反作用力在单腿直立时大约是体重的 2.5 倍。运用劳损评估器植入髋假肢中显示髋关节的压力，行走时为体重的 2.5～3 倍，跑步时则增加为 5.5 倍。即使是日常生活的功能活动，也会产生非常大的关节压力。Hode 和其同事的报道显示，人从椅子上站立时，髋臼内的压力可以增加到 90 倍。关节压力有重要的生理学功能，如在髋臼内稳定股骨头，帮助关节软骨支撑骨盆，帮助儿童期关节发育和形态形成。关节软骨和骨小梁必须通过分散力量来保护关节，若髋关节有炎症则不能为其提供保护。

（六）髋外旋

在髋部，主要的外旋肌有臀大肌和六条短外旋肌中的五条，次要的外旋肌为臀中肌、臀小肌的后部纤维和股二头肌的长头。

髋部六个短外旋肌分别是梨状肌、闭孔内肌、上孖肌、下孖肌、股方肌和闭孔外肌。这些肌肉的力线主要位于水平面，能够优化所产生的外旋力矩。因为每个肌肉的大部分都垂直于竖向旋转轴，就像肩关节上的冈下肌和小圆肌，短外旋肌对关节后侧也有稳定作用。

1. 梨状肌　梨状肌近端穿过骶前孔，附着于骶骨的前表面。通过坐骨大孔向后出骨盆后，附着于大转子后面。除外旋作用，梨状肌还是髋部的次要外展肌。这两个动作在髋部的旋转轴上通过肌肉力线的作用予以表现。

坐骨神经常自梨状肌肌腹下方出骨盆。坐骨神经也可通过梨状肌肌腹。梨状肌收缩或异常紧张压迫和刺激坐骨神经，称梨状肌综合征，通常采用完全屈髋下进行外展和内旋来牵拉此肌肉进行治疗。

2. 闭孔内肌　闭孔内肌起自闭孔膜内侧，与相邻的髂骨、纤维汇集成肌腱，经坐骨小孔出骨盆。在通向股骨转子窝偏离 130° 时，经坐骨小切迹进行固定的牵拉。固定股骨时，该肌肉的收缩会使骨盆在股骨上转动。由闭孔内肌产生的作用力挤压关节表面，帮助骨盆旋转时稳定髋关节。

3. 上孖肌和下孖肌　上孖肌和下孖肌是位于闭孔内肌中心腱两侧的肌肉。孖肌的近端附着在坐骨小切迹两侧。每块肌肉都融入闭孔内肌的中心腱，共同附着于股骨，下孖肌下方为股方肌，这个扁平肌来自坐骨结节的外侧，在股骨的近端后侧附着。

4. 闭孔外肌　闭孔外肌起自闭孔膜外侧，与髂骨毗邻。揭开长收肌和梨状肌后，该肌从前面可以看到。闭孔外肌附着在股骨后面的转子间窝，像髋部的内旋肌一样，外旋肌在骨盆－股骨式旋转的功能非常明显。例如，右侧外旋肌收缩可旋转股骨上的骨盆。当右下肢站立时，右侧外旋肌使骨盆前倾，躯干朝向左侧，固定股骨的对侧。这种单腿站立，然后向对侧"斜切"的自然方式可在跑步中突然改变方向。如果需要，外旋力矩可通过内旋肌的偏心力降低。例如，长收肌或短收肌极端快速的偏心作用可用来减少骨盆的对侧旋转，但此动作易造成肌肉的损伤。损伤的机制可能会是许多涉及骨盆－躯干快速旋转的体育运动中的内收肌损伤。

（七）髋部肌肉产生的最大力矩

髋部肌肉最大力矩的产生常常通过不同的关节角度进行等长测量。其独特的肌肉转角－关节角度曲线，在功能需求上是肌肉中最大的。例如，健康成年人的髋关节在矢状面力矩最大，伸展力矩大于屈曲力矩。

髋关节外展肌在完全内收时产生最大的转轴。在外展 40° 时，外展力矩至少是在完全收缩的肌肉上才能产生。而髋关节在接近全面外展时则是手工测量髋外展力量的最佳时期。

第五节 髋关节疾病

一、常见的髋关节疾病

1. 髋部骨折 髋部骨折最常见的是近端股骨骨折和髋部骨关节炎。

在美国，髋部骨折是一个涉及健康和经济的问题，约 20% 的髋部骨折患者 1 年内死亡，其与骨折有直接关系。近 80% 的 65 岁以上患者，其危险性以每 10 天加倍增加。

老年人髋部骨折的发生率较高，主要与年龄有关，如骨质疏松症、跌倒。髋部骨关节炎表现为关节软骨的退行性变，分散负重的机制遭受破坏后，关节表现出退化和形状改变。

2. 髋关节骨关节炎 造成骨关节炎的确切原因还不清楚，虽然骨关节炎随着年龄的增长发生率逐渐增高，但并非仅仅受年龄影响。骨关节炎的病因很复杂，不排除磨损、撕裂造成的可能性。虽然物理性压力会使发病率上升，并造成关节磨损，但并不能导致骨关节炎。其他影响骨关节炎的因素可能是软骨基质的代谢、遗传、免疫系统、神经 – 肌肉失调，以及生物因素。

髋部的骨关节炎常常涉及关节的退行性变。关节炎是指关节的退行性变，而不是真正的炎症。

髋部的骨关节炎分为常见和不常见两种。常见或特发性骨关节炎的发生原因尚不清楚，不常见的髋部关节炎的原因大多比较清楚，有可能是肿瘤、结构异常、股骨头后脱位、解剖不对称、髋臼过度前倾、腿部长度不一致、股骨头缺血性坏死或先天发育不良。重体力劳动的髋部关节炎必须住院治疗。

3. 髋部疼痛和结构不稳定的处理 使用手杖或合适的方法以减轻关节压力，对疼痛和髋关节结构不稳定进行康复时，需进行步态帮助练习和功能活动练习，以减轻疼痛，使其在需氧条件下运动。此外，临床上常常提供行走中怎样保护髋部的知识，其中在相反侧使用手杖是方法之一，目的是减少外展肌对髋部的压力。实验表明，左侧使用手杖时，当体重为有 760.6N 的力量时，右侧髋关节的关节作用力减为 1195.4N 的力量。右侧髋关节与不用手杖相比，该方法可以减少髋部总力量的 36%。减轻外侧负重的这种方法，对髋外侧的屈肌和髋关节保护具有一定作用。疼痛、不稳定或做过置换手术者，不使用手杖时，应谨慎观察对髋部的影响。

对侧负重有非常大的动力臂，能使右侧髋关节发生旋转。由于前面的稳定，右侧的髋展肌必须产生足够大的逆时针转矩，才能与负重和体重产生的顺时针转矩达到平衡。由于髋部外展肌可以使用的动力臂较小，所以单腿支撑时所需的力量很大。例如，当体重为 760.6N 时，对侧搬运为体重 15% 的重物时，关节的反作用力可达到 2879.5N。健康的髋关节能够轻松地承受这种力，如果髋关节的稳定性不强，则要加以小心。

虽然减少髋部外展肌力量，有助于减轻髋部疼痛和结构的不稳定，但髋部功能的减低会造成长时间的外展肌无力，从而导致步态异常。临床上必须看到，保护髋关节面临着双重挑战，既要保护脆弱的髋关节避免过度和潜在的外展肌力量，又要增强这些肌肉的力量和耐力。正常或异常的髋部动力学知识、病理情况和症状都能够反映髋部的受损情况。症状和体征包括过分疼痛和导致明显的病理步态，出现髋关节及下肢的异常姿势。

4. 外展肌无力　有些疾病与髋外展肌无力有关，如肌营养不良、格林巴列综合征、脊髓灰质炎。外展肌无力也可由髋关节炎、髋部手术造成。髋外展肌无力最典型的标志是特伦德伦伯征阳性。患者要求用无力侧的髋关节进行单腿站立。阳性体征为盆骨向未支撑侧肢体下落。换句话说，无力的髋部"落"入盆骨－股骨式内收。

临床上需对检查结果予以重视。例如，一个患者髋关节外展无力，其骨盆可能落入髋部，外展肌无力非常明显。可通过减轻外侧的动力臂，以减少无力侧躯干对外侧力矩的需要。在步态中，表现为代偿性的无力侧倾斜称为臀中肌跛行或代偿性特伦德伦伯步态。在无力髋关节外展肌的相反侧，可以使用拐杖纠正这种异常步态。

二、外科干预手段

外科手术的主要目的是修复骨折的髋关节，修复的种类取决于骨折的部位和严重程度。全髋关节形成术常用于髋关节疼痛，且是明显活动受限和生活质量下降者，特别是骨关节炎患者。该手术是用生物材料置换有病的髋关节。髋关节修复是通过填料或生物制品固定为骨骼植入成分的表面生长提供条件。虽然髋关节置换术是一个成熟的手术，但股骨的不成熟和软骨成分都将成为术后的问题，大的扭转负重有可能在植入修复与骨内表面之间失去功能。

颈干角的平均角度为 125°。这个角度的改变可能是因髋部骨折进行外科修复时设计角度存在问题所致。此外，还有髋内翻切骨术，目的是改变以前存在的倾角。该手术涉及从股骨近端切除骨楔，从而改变股骨头到髋臼的方向，目的是改善髋关节的承受力。

无论是髋关节手术的种类还是合理性，股骨近端前倾角的变化会改变其稳定性、压力和肌肉功能。这些改变在生物力学上既有积极的一面，也有消极的一面。内翻位会增加髋部外展肌的动力臂，力臂的增加会使外展力矩加大。这对髋外展肌虚弱的患者是有利的。降低行走时外展所需的力，有助于防止关节炎或修复的髋关节过度磨损。内翻切骨术是通过使股骨头与髋臼更呈线性关系而改善关节的稳定性。

髋内翻的副作用是增加了股骨颈部的弯曲动力臂。弯曲动力臂在颈干角为 90°时增加。其增加会提高股骨颈后侧的张力，造成股骨颈骨折或修复结构破坏。过度的髋内翻会增加股骨头与相邻骨骺的垂直剪切力。在儿童时期，这种情况会导致股骨头滑脱。髋内翻会减少髋外展肌的功能长度，从而减少肌肉产生力量的能力，增加"臀中肌跛行"的可能性。肌肉力量的减少会抵消因髋外展力臂增加造成的外展力矩增加。

髋外翻有可能因外科手术或髋发育异常导致，髋外翻的积极作用是降低股骨颈的弯曲动力臂，减少通过股骨颈的剪切力。但是髋外翻会增加外展肌的功能长度，使其产力能力增加。相反，髋外翻的副作用是减小了可利用的外展肌的动力臂。在肢体髋外翻情况下，股骨头位于髋臼的更外侧，容易造成脱位。

小　结

　　髋关节的功能是中轴骨和下肢的基础，因此，髋关节可作为躯干动作的旋转中心点，其中包括屈曲和伸直动作。例如，抬脚上阶梯或弯腰拾取地上物品，这两个动作都需要近端股骨和骨盆间肌肉的力量。因此，髋关节的无力、不稳定或疼痛会导致执行许多动作时发生困难，从简单的坐上椅子或离开椅子，到中等程度的有氧运动都会受到影响。

　　健康髋关节的骨学和关节学设计，用以维持稳定性大于提供的活动度。相对而言，盂肱关节则提供的活动度大于稳定性。一个位置良好且稳定处于髋臼内的股骨头，周围有厚的关节囊韧带和肌肉包围，以确保其稳定性。尤其是在走路的承重期，大约占到步态周期 60% 的时间。

　　当人以放松的姿势直立时，假设一侧或双侧的髋关节都完全伸直，那么需要用以维持髋关节稳定的肌肉活动会少得令人惊奇。这样的姿势会让身体重心线恰好落在髋关节内外旋转轴的后方，因此重力让髋关节维持在被动伸直的位置下。在髋关节接近或完全伸直的状态下，髋关节韧带被拉得相当紧，也能产生有效张力，进一步协助伸直髋关节的稳定度。当人放松地站立时，肌肉力量会周期性地重新调整髋关节的稳定性。若髋关节有屈曲、挛缩的话，就不是这种情况了。髋关节发生屈曲、挛缩时，站立时会出现部分髋关节屈曲现象，需显著且持续的髋关节伸直肌群维持其稳定性。这不仅是新陈代谢上的"昂贵"，也会使髋关节上许多不需要的大量肌力出现。这些力量持续一段时间后，会对无法适当分散压力的畸形髋关节造成伤害。

　　要了解髋关节对整个躯干动作的贡献，需同时了解股骨相对骨盆和骨盆相对股骨的运动学。股骨相对骨盆的动作常与身体位置的改变有关，例如走路。另一方面，骨盆相对于股骨的动作，常执行以改变骨盆相于固定的下肢或上半身相对于下肢的位置。骨盆相对于股骨的动作有很多形式，从骨盆在步态周期中站立期间的细微震动，到明显的骨盆（及躯干）旋转动作都有。腰椎的运动学增加了骨盆相对于股骨动作的复杂度，因此，在临床评估髋关节下降或不正常动作时，也必须考虑腰椎区域的柔软度及其主要姿势，不仅是腰椎，髋关节的动作受限都会改变整个躯干及下肢运动链近端的运动学。如果能够找出不正常的运动学起源处，就可提高临床诊断及治疗的成功率。

　　大约有 1/3 横跨髋关节的肌肉的近端附着点在骨盆上，远端附着点在胫骨或腓骨上。这些肌肉不平衡时（无论是主动收缩还是被动收缩），都有可能影响髋关节的姿势和活动度，包括腰椎、髋关节和膝关节。临床治疗师通常会针对这些或其他协同肌肉产生的机能不足进行诊断和介入。治疗前必须先全面了解肌肉在跨越这些肢体上的互动情况。

第十一章 膝关节

膝关节由外侧和内侧两个部分组成，分别是胫股关节和髌股关节。膝关节有两个运动平面，可以做屈伸运动和内外旋运动。膝关节有重要的生物力学功能，例如在步行摆动期，膝关节弯曲以缩短下肢的功能性长度，否则脚就不容易离开地面。在站立时，膝关节保持微微弯曲，以吸收震动，转化能量，并将力量传递到下肢。膝关节的稳定性主要基于软组织的固定，而非骨性构造的支持。

第一节 骨骼学

一、远端股骨

1. 外侧髁与内侧髁 股骨下端有两个大的骨凸，分别为外侧髁和内侧髁（源于希腊文 kondylos，knuckle）。位于股骨内外侧髁上方的是内外上髁，副韧带在这一较高、较凸出的位置附着。位于外侧髁与内侧髁之间有一个大的髁间切迹（intercondylar notch），十字韧带由此切迹通过。如果髁间切迹的空间较小，则会增加前十字韧带受伤的可能性。

2. 髁间沟 股骨髁前方融合形成滑车。髁间沟位于髌骨后侧，构成髌股关节。髁间沟在冠状面呈凹面，在矢状面略为凸出。髁间沟两侧形成内外侧关节面。外侧关节面较内侧关节面延伸得更远，靠近股骨近端，外侧关节面较深，有助于膝关节活动时髌骨能稳定地在沟内滑动。

髌骨关节软骨上面有内外侧沟，且包覆着大部分股骨髁的关节表面。当膝关节完全伸直时，胫骨前缘会滑入髁间沟内。髁间沟的位置可以看出远端股骨的内外侧关节面形状是不对称的，这种不对称会影响膝关节在矢状面的运动。膝关节的关节囊横跨胫股关节和髌股关节，关节囊从股骨髁延伸至腘面附着（图 11–1）。

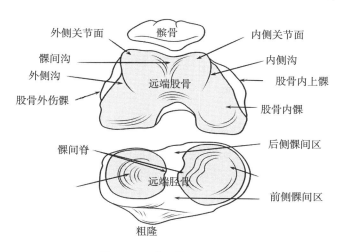

图 11-1　膝关节关节面的结构

二、近端胫骨与腓骨

1. 胫骨　胫骨的主要功能是将身体重量传过膝关节至脚踝。胫骨近端分为外侧髁和内侧髁，分别与股骨远端形成关节。胫骨髁上缘的关节面是个宽广的平面，通常称为胫骨平台（tibial plateau）。胫骨平台提供两个平滑的关节区域，使股骨能在平台平滑地活动，并构成内外侧的胫股关节。内侧关节面较大，呈凹状；外侧关节面较平坦，并微微隆起。胫股关节面中央被由内外侧关节面不规则的结节分开，向上凸出的隆起称髁间隆起。较浅的前后侧髁间与中央的髁间隆突相连。前、后十字韧带与半月板连接于胫骨的髁间。

胫骨近端骨干前缘有一个骨凸结构，称胫骨粗隆（tibial tuberosity），股四头肌经由髌韧带在此附着。胫骨近端后侧有一条粗糙的比目鱼肌线，由胫骨外向内侧远端的斜方延伸。

2. 腓骨　腓骨不直接参与膝关节的运动功能，其形状细长，固定于胫骨外侧，以助于维持骨头的排列。股二头肌和外侧副韧带附着于腓骨头。腓骨贴附于胫骨外侧，与胫骨形成胫腓关节。

三、髌骨

髌骨（patella，源于拉丁语，small plate）是膝关节前一块三角形的骨头，嵌在股四头肌肌腱内。髌骨是人体中最大的籽骨。髌骨的上方为髌底，下方的尖锐缘为髌尖。髌腱是一个连接髌尖上方与胫骨粗隆宽厚的韧带。当人体放松站立时，髌尖正好处于最接近关节面的位置。另外，髌骨的前侧面于各方向是凸的。

髌骨后关节表面覆盖着 4～5mm 厚的关节软骨。部分关节面与股骨的髁间沟形成髌股关节，粗厚的软骨有助于分散压力。髌骨中央有一个弧的垂直崤由上端至下缘并延续至髌骨后侧，由此崤隔开，分为内外侧关节面。外侧关节面外形较大且微凹，大致符合髁间沟外侧关节面的形状。内侧关节面在解剖构造中有显著区别，同时内侧关节面的内侧有残余关节面（odd facet）。

第二节　运动学

一、膝关节的正常排列

股骨干向膝关节方向轻度向前成角，股骨近端125°的生理倾斜角使得这一倾斜走行形成。由于胫骨近端的关节面接近水平，因此膝关节侧面形成了170°～175°的外展角。膝关节在额状面上的这种排列关系称为膝外翻。

膝关节在额状面上的不正常排列并不少见。膝关节额状面的侧面成角＜165°，称过度膝外翻（X形腿），或称 knock-knee。与之相反，如果侧面成角＞180°，称为膝内翻（O形腿），或称 bow-leg（图11-2）。

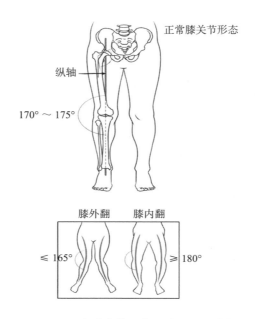

图 11-2　正常膝关节形态及膝外翻、膝内翻

髋关节的垂直旋转轴是指股骨头与膝关节中心的连线。这条纵轴可向下延伸，通过膝、踝、足。在力学上，这一轴线与整个下肢关节中主要关节的水平运动有关。例如，髋关节的水平面旋转可影响到足部关节的姿势。

二、关节囊及相关结构

膝关节的纤维关节囊包绕着胫股关节和髌股关节内侧和外侧室。膝关节囊通过肌肉、韧带和筋膜而加固关节囊结构。

1. 膝前部关节囊　膝前部关节囊附着于髌骨和髌韧带，通过股四头肌和髌骨支持带加固。髌骨支持带纤维是股内侧肌、股外侧肌和髂胫束表面结缔组织的延伸部分，所形成的网状纤维，连接股骨、胫骨、髌韧带和半月板。

2. 膝关节外侧关节囊　膝关节外侧关节囊通过外侧副韧带、髌骨外侧支持带纤维和髂胫束对关节囊进行加固，并有股二头肌、腘肌肌腱和腓肠肌外侧头共同提供肌肉的稳定性。

3. 膝关节后部关节囊　膝关节后部关节囊通过腘斜韧带和腘弓状韧带进行加固。腘斜韧带内侧起于关节囊内后方和半膜肌肌腱，之后横向上行，纤维融入股骨外侧髁旁的关节囊。该韧带在膝关节完全伸直时拉紧，此时胫骨相对于股骨向外侧旋转。腘弓状韧带起于腓骨头，并分为两支，较大的一支呈弓形跨过腘肌腱并附着于胫骨后侧髁区间；较小的一支附着于股骨外侧髁的后方，常转化为一块籽骨。该籽骨常埋于腓肠肌的外侧头。膝关节后部关节囊还通过腘肌、腓肠肌和腘绳肌，尤其是半膜肌的纤维扩张部进一步强化关节囊。与肘关节不同的是，膝关节没有防止膝过伸发生的骨骼结构，而肌肉和后部关节囊则可限制过伸。

膝关节后外侧关节囊通过腘弓状韧带、外侧副韧带、腘肌和肌腱进行加固。这一系列的组织结构称为弓形复合体。

膝关节的内侧关节囊很广泛，覆盖于整个后内侧到前内侧区域。该关节囊通过内侧支持带、髌内侧支持带和半膜肌的扩张部进行加固，后内侧关节囊被缝匠肌、股薄肌和半腱肌进一步加强。膝内侧关节囊及其附属结构为膝关节提供稳定性。

4. 滑液囊和脂肪垫　膝关节囊的内面由一层薄膜覆盖。该膜的解剖结构是人体最复杂、最广泛的结构。这种复杂性部分是因膝关节复杂的胚胎发育过程所决定的。

膝关节有多达 14 个滑液囊，这些滑液囊可以缓冲运动过程中组织间的巨大摩擦。其组织间的连接包括肌腱、韧带、皮肤、骨、关节囊和肌肉。尽管有些滑液囊仅仅是滑膜的延伸部分，但也有一些滑液囊可形成关节囊的外部结构。这些组织的连接处过度而频繁的活动易导致滑膜炎的发生。脂肪垫位于滑膜囊周围。脂肪和滑囊液可减少运动造成的摩擦。在膝关节，较大面积的脂肪垫位于髌骨表面或髌骨深面，主要与髌上囊和髌下深囊相连。

三、胫股关节

（一）关节结构

1. 股骨髁　外侧和内侧胫股关节包括位于大而凸起的股骨髁与较平坦且较小的胫骨平台间所形成的关节。股骨髁较大的关节面可提供矢状面上膝关节大范围的活动，如跑步、蹲坐及攀爬。关节稳定性并不是通过骨性结构间的紧密连接实现的，而是通过肌肉、韧带、关节囊及体重所产生的力量和物理学屏障而维持的。

2. 半月板　内、外侧半月板是月牙形的纤维软骨样盘状结构，位于膝关节内。半月板由胫骨近乎平坦的关节面向股骨髁过渡。半月板通过前角和后角被固定在胫骨的髁间区。每个半月板的外边缘通过冠状韧带附着于胫骨和邻近的关节囊。由于冠状韧带较松弛，因此允许半月板（尤其是外侧半月板）在运动过程中自由转动。两个半月板的前部由一条细小的横韧带连接。

共有七块肌肉在半月板上有附着点，例如，股四头肌和半膜肌附着于双侧半月板、腘肌附着于外侧半月板。因为有这些附着点存在，所以这些肌肉有助于膝关节主动活动时稳定半月板的位置。

半月板外周的血供非常丰富，来自毛细血管的血供源于临近的滑膜和关节囊。与之相反，半月板内侧无血管结构。半月板除靠近前角和后角部分，均无神经结构。两侧半月板的外形不同，与胫骨的连接方式也不同。内侧半月板呈 C 形，外侧缘附着于内侧副韧带深面，临近关节囊；外侧半月板呈 O 形，外侧缘仅附着于外侧关节囊。腘肌肌腱从外侧副韧带和外侧半月板的外侧缘之间穿过。外侧半月板通过后半月板股骨间韧带附着于股骨。该韧带由外侧半月板后角发出，通过后交叉韧带附着于股骨。这条及其他半月板股骨间韧带有时仅通过外侧半月板的后角形成骨性。

半月板的主要功能是减少胫股关节间的压缩应力。其他功能还有在活动中稳定关节、润滑关节软骨、减少摩擦及引导膝关节的关节运动。

半月板作为缓冲装置，在行走过程中，膝关节的压缩应力可达到体重的 2 ～ 3 倍。当膝关节进行最大程度伸展时，压缩应力可达体重的 9 倍。半月板可增加近 3 倍的关节接触面积，显著减小关节软骨的压力。外侧半月板完全切除后，可使最大接触压增加 230%，并可增加应力相关性关节炎发生的危险。因此，对半月板进行治疗的最佳选择是手术修复而不将其切除。

半月板可承担膝关节总负荷的一半。在行走过程中，半月板的外周将随应力变化而发生变形。这种机制是膝关节压缩应力的一部分，可作为每个半月板的外周张力而被吸收。因此，撕裂的半月板将丧失吸收负荷的能力。

（二）胫股关节的运动学

1. 胫股关节的骨骼运动学　胫股关节的活动包括矢状面的屈伸活动和膝关节轻度屈曲下的内外旋动作。膝关节额状面的动作仅发生于被动动作时，为 6°～ 7°。

（1）屈和伸　屈伸动作与内外侧旋转轴有关。活动范围与年龄、性别有关。一般来说，正常的膝关节可屈曲 130°～ 140°，过伸 5°～ 10°（图 11-3）。

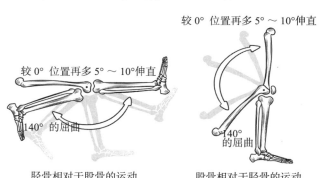

胫骨相对于股骨的运动　　　　股骨相对于胫骨的运动

图 11-3　矢状面的膝关节屈伸活动示意图

屈伸运动的旋转轴并不固定，仅在股骨髁内移动。这一轴线的移动路径称为旋转的临时中心点，受股骨髁离心曲率的影响。

旋转的移动轴具有生物力学和临床意义。首先，移动轴改变了屈伸肌固有力臂的长度。这就部分解释了为什么最大效率固有力臂随着运动范围而发生变化。其次，许多膝关节的外部装置，如测角器或铰链式膝关节矫正器可围绕同一固定轴旋转。膝关节在运动中，外部装置可在与小腿不同的平面上进行旋转，如铰链式膝关节矫正器相对于小腿呈活塞运动，可导致与皮肤的摩擦。

（2）内旋转和外旋转　膝关节在水平面的内旋转和外旋转是分别以垂直轴和纵轴为轴线的旋转。一般而言，水平面旋转可随膝关节屈曲而增加。膝关节屈曲90°可产生40°～50°的旋转。活动过程中外旋转范围通常大于内旋转，其比率为2∶1。但是在完全伸直时，则不存在水平旋转。旋转受限是因被动拉伸韧带产生的张力和关节内被动增加的骨性协调性所导致的（图11-4）。

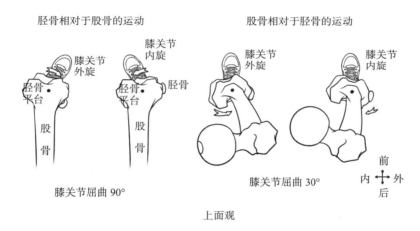

图 11-4　膝关节水平面上的内外旋活动示意图

膝关节的水平旋转要么是胫骨相对于股骨的旋转，要么是股骨相对于胫骨的旋转，这两种旋转方式均为下肢运动提供功能性保障。例如，跑步过程中，急剧的90°"切割"姿势通常会改变跑步方向，躯干与骨盆相对于胫骨的旋转一样。

2.胫股关节的运动学特征

（1）膝关节的主动伸展　图11-5描绘出膝关节最后90°伸展过程中的运动学特征。在胫骨相对于股骨的伸展中，胫骨关节面相对于股骨髁发生向前的滚动，并滑向股骨髁前方，半月板被收缩的股四头肌牵拉向前。

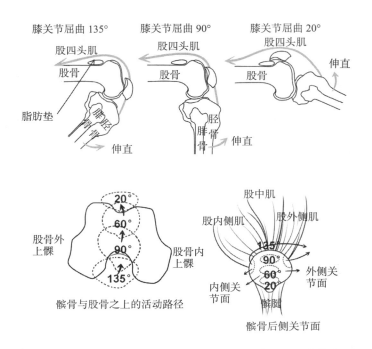

图 11-5 髌骨关节、胫股关节胫骨相对于股骨伸展的运动学特征

在股骨相对于胫骨伸展的过程中，如从深蹲位变为站立位时，股骨髁在胫骨关节面上向前滚动的同时向后滑动。这种反方向的关节运动学特征有助于限制股骨相对于胫骨的过度向前移动。股四头肌也可稳定半月板而抵抗股骨滑动时所产生的水平剪切力。

膝关节完全伸展时为锁定膝关节状态，这时需产生约 10° 的外旋转。这种旋转锁定过程称锁扣旋转。活动时，基于膝关节伸展的最后约 30° 时，膝关节会有一个绞锁现象。锁扣（外）旋转是一种契合型旋转，不同于轴向旋转。这种形式的旋转在力学上由屈曲和伸展两种形式关联或整合形成，而不是独立完成。

观察膝关节的锁扣旋转过程，可以让你的同伴以屈膝 90° 的方式坐下，在胫骨粗隆与髌骨尖之间的皮肤上画一条直线。然后让同伴起立，进行完全的胫骨伸展，重新画出标志点间的连线，注意胫骨外旋的位置变化。与之相似而不太明显的锁定机制也会发生在股骨相对于胫骨的伸展过程中。例如，从深蹲位站起时，当股骨相对于固定的胫骨向内旋转时，膝关节将锁定在伸直位。无论是大腿运动还是小腿运动部分，膝关节均在完全伸直时发生向外的旋转。

膝关节的锁扣旋转至少由三个因素驱动：股骨内侧髁的形状、前交叉韧带的被动张力和股四头肌的横向牵拉作用。其中，最重要的因素是股骨内侧髁的形状。股骨内侧髁的关节面靠近髁间沟时，约呈 30° 向外侧弯曲。由于内侧髁的关节面相对于外侧髁更加靠前，故完成胫骨的完全伸展时，胫骨将沿着外侧的弯曲轨道移动。当股骨伸展时，胫骨将沿着其上靠内侧的弯曲轨道移动。

（2）**膝关节的主动屈曲** 膝关节要在完全伸直的状态下解锁关节，需先内旋。肌肉可外旋股骨，从而诱发股骨屈曲，或先旋转胫骨，诱发胫骨屈曲。

（3）膝关节的内、外旋转　膝关节必须处于部分屈曲状态才可发生胫骨与股骨间的独立水平面旋转。一旦发生屈曲，内、外旋转就包括半月板、胫骨及股骨关节面的自旋。股骨相对于胫骨的水平旋转可使半月板因股骨髁的自旋而发生轻度变形。半月板通过主动肌的连接而稳定，如腘肌和半膜肌。

四、髌股关节

髌股关节是指位于髌骨关节面与股骨髁间沟之间的关节。股四头肌、关节面及支持带纤维可稳定该关节。当膝关节发生屈伸运动时，髌骨的关节面可在股骨髁间沟上滑动。当胫骨屈曲时，髌骨可向与股骨相反的方向滑动；当发生股骨屈曲时，股骨则向与髌骨相反的方向滑动。

对尸体的相关研究为髌股关节的连接和压力提供了细致描述。研究得出的数据和 X 光的结果显示，膝关节屈曲 135°时，髌骨与股骨的连接区域位于其上极。处于屈曲位时，髌骨位于髁间沟处，连接股骨髁间切迹。在这一位置，外侧关节面的外侧缘和髌骨"奇特"的关节面与股骨形成共同的关节连接。当膝关节向 90°屈曲时，髌骨的主要接触区域逐渐迁移到它的下极点。在 90°和 60°位时屈曲，髌骨通常进入股骨滑车髁间沟。这个弧形接触位置，使髌骨与股骨的接触面积最大化。然而在这种情况下，这一接触区的面积仅为髌骨后侧面的 1/3。因此，在股四头肌的强大力量作用下，髌股关节内关节间的压力将明显上升。

当膝关节伸直到 20°～ 30°时，髌骨的主要接触点将移向髌骨下极。在完全伸直的状态下，髌骨将位于髁间沟的上方，并撑开髌骨上脂肪垫。在这个位置，股四头肌是放松的，髌骨能够在髁间沟内自由移动。当屈膝 20°或 30°时，髌骨与髁间沟吻合度最低，因此，大部分髌骨慢性外侧脱位在这个范围内。髌骨位于髁间沟时，其稳定结构包括股四头肌被动拉伸时所产生的张力和局部结缔组织的张力。

五、侧副韧带

1. 解剖学特征

（1）内侧副韧带（MCL）　内侧副韧带是一条平而宽的韧带，跨越膝关节的内侧。许多结构与内侧副韧带混合，并对其起加固作用。其中，以髌内侧支持带纤维和内侧关节囊为主。

内侧副韧带由浅部和深部组成。浅部有一簇约 10cm 长且易于辨认的表浅韧带。这簇韧带的远端与髌内侧支持带混合，最终附着于胫骨近端内侧面。这些韧带的附着点恰好在鹅足韧带附着点的后方。内侧副韧带的前部由近端向远端呈轻度后向前倾斜。

内侧副韧带的深部有一簇较短的韧带，位于浅部韧带的深处。这些韧带的远端部较宽，附着于后内侧关节囊、内侧半月板及半膜肌的肌腱部分。

（2）外侧副韧带　外侧副韧带有一个圆而坚韧的条索状部分，呈垂直方向，走行于股骨外上髁与腓骨头之间。外侧副韧带的远端与股二头肌的肌腱混合。与内侧副韧带的不同是，外侧副韧带并不附着于临近的半月板。

2. 主要功能　侧副韧带的主要功能是限制额状面运动。当膝关节伸展时，内侧副韧带的浅部在防止膝外翻中发挥着主要作用，而外侧副韧带在防止膝内翻中发挥主要作用。其他许多组织结构也在防止膝内翻和膝外翻过程中发挥一定作用。

侧副韧带的第二个功能是维持膝关节在矢状面运动时的稳定。该功能是与后关节囊、腘斜韧带、屈膝肌和前交叉韧带共同发挥的。当膝关节处于股骨相对于胫骨完全伸直锁定状态时，内侧副韧带和后关节囊的被动张力增加。膝关节在屈曲时，关节囊和韧带相对松弛。当膝关节完全伸直时（包括膝关节的锁扣旋转），侧副韧带比屈曲状态会拉伸 20%。尽管内侧副韧带具有一定的稳定性，但在拉紧状态下，更易在外翻应力的作用下发生损伤，尤其是深部韧带，因为它较浅层韧带要短。这种受伤机制常见于美式足球中称 clip 的经典动作。侧副韧带对膝关节部分屈曲过程中的内、外旋转范围也有一定的限制作用。

六、前后交叉韧带

交叉是对韧带穿过股骨髁间切迹时矢状面关系的描述。交叉韧带属于关节囊内结构，表面由滑膜覆盖。由于交叉韧带表面的大部分位于滑膜与关节囊之间，因此交叉韧带被认为是滑膜外结构。这些韧带的血供源于滑膜和临近软组织的小血管。

交叉韧带是以在胫骨上的附着点而命名的。前后交叉韧带均较粗壮而坚韧，反映出其在关节稳定性中的重要作用。通过共同发挥作用，前后交叉韧带可限制膝关节在所有方向上的运动范围。然而，交叉韧带主要是对抗股骨与胫骨间在前后方向上的剪切力作用。这种剪切力主要见于行走、蹲坐、跑步和跳跃过程中矢状面上的作用力。交叉韧带有助于引导膝关节的关节运动。

交叉韧带损伤可导致膝关节不稳定。由于交叉韧带损伤后不能自愈，故多数交叉韧带损伤需进行自体韧带移植，少数情况下需异体韧带移植。尽管重建手术在理论上能够恢复膝关节的稳定性，但修复后的膝关节永远不可能达到正常。据文献报道，前交叉韧带损伤后，膝关节炎的发生率显著增加。

（一）前交叉韧带

1. 功能解剖　前交叉韧带（ACL）沿胫骨平台的前髁间区前部约 30mm 长的压迹附着，斜向后并轻度向上走行，向外附着于股骨外侧髁的内侧。前交叉韧带的胶原纤维相互缠绕并形成纤维束。这些纤维束呈后外或前内走向，根据在胫骨上的附着点分为前内侧纤维束和后外侧纤维束。

后外侧纤维束是前交叉韧带的主要成分。扭曲的前交叉韧带的长度和方向随膝关节的旋转而发生变化。尽管前交叉韧带的部分纤维在整个活动中均保持紧张状态，但大部分纤维，尤其是后外侧纤维束在膝关节完全伸直时会变得更加紧张。前交叉韧带与后关节囊、侧副韧带及腘绳肌腱共同作用所产生的张力，有助于稳定伸直或接近伸直状态的膝关节。

2. 前交叉韧带损伤的机制 前交叉韧带是膝关节中最常受损的韧带，损伤常见于体育运动，如足球、高山滑雪、篮球和橄榄球。前交叉韧带损伤常与其他结构的损伤同时发生，如内侧副韧带损伤、内侧半月板损伤。

对前交叉韧带检查最常用和最简单的方式是前抽屉试验。基本步骤：膝关节屈曲90°，将小腿向前推。在正常的膝关节中，85%阻止胫骨前移所需的抵抗力由前交叉韧带提供，大于对侧膝关节 8mm 的向前松弛提示前交叉韧带断裂。在膝关节屈曲、解锁的情况下，一些次级的限制结构，如后关节囊、侧副韧带和屈膝肌常对胫骨前移提供较少的抵抗力。腘绳肌痉挛可限制胫骨前移，从而掩盖前交叉韧带断裂。

前交叉韧带在膝关节内的倾斜走向限制了一部分活动范围。尽管前交叉韧带的立体走向可为膝关节提供大范围的稳定性，但也易发生韧带损伤。前交叉韧带在很多胫骨相对于股骨或股骨相对于胫骨的运动中处于拉紧状态。研究者发现，许多前交叉韧带损伤具有共同的特征，即损伤均发生在张力状态下韧带的快速伸展。如足部固定，而股骨猛烈外旋和 / 或后移。在这一过程中，外翻力的作用就可拉长并向后撕裂前交叉韧带。前交叉韧带损伤的其他常见机制还包括足部固定于地面时膝关节极度过伸。此过程中，股四头肌产生的巨大力量将加重损伤的程度，极度过伸还可伤及侧副韧带和后关节囊。

（二）后交叉韧带

1. 功能解剖 后交叉韧带（PCL）可提供另外一种重要作用，以抵抗作用于膝关节的前向后剪切力。后交叉韧带比前交叉韧带稍厚，附着于胫骨髁间区后部和股骨内侧髁的外侧。该韧带的走向比前交叉韧带更垂直，倾斜度更小。

后交叉韧带与前交叉韧带不同，由两束组成：一个较大的前束，构成韧带的主干和一个较小的后束。后交叉韧带的两个附属结构比较常见，约 70% 的膝关节可见到前半月板股骨间韧带或后半月板股骨间韧带。这些韧带仅占后交叉韧带总体积的 20%，因此它们在维持膝关节稳定性中的作用较小。其起自外侧半月板，与后交叉韧带的后部纤维混合。

与前交叉韧带相同，后交叉韧带的部分纤维在整个运动过程中均保持紧张状态。然而，这些韧带中的大部分仅在屈曲终末才变得紧张。后交叉韧带由于腘绳肌的牵拉而变得紧张，并向后滑向胫骨。当股四头肌收缩与腘绳肌收缩共同作用时，后交叉韧带的张力和拉伸程度减小。

后交叉韧带的完整性检查最常用的是后抽屉试验。该试验是在屈膝 90° 的情况下，将小腿后推。正常情况下，后交叉韧带可提供阻止胫骨后移抵抗力的 95%。一般来说，伴随后交叉韧带的损伤，胫骨向后下降并受阻于股骨。这种现象称后抽屉试验阳性，提示后交叉韧带断裂。

后交叉韧带的另一重要功能是限制股骨相对于固定胫骨向前移动的范围。如迅速下蹲和跳起后落地时膝关节部分屈曲，其均可产生股骨相对于胫骨向前的巨大剪切力。由于后交叉韧带、关节囊和肌肉力量的作用，故可阻止股骨向前滑脱出胫骨前缘。穿过膝关节后面的腹肌也可产生一部分作用于后交叉韧带的力量。

2. 后交叉韧带损伤的机制　后交叉韧带损伤在所有膝关节损伤中占 5% ～ 20%，通常伴有膝关节其他组织的损伤，并常累及前交叉韧带和后外侧关节囊。后交叉韧带断裂的主要两个机制包括膝关节屈曲时跌倒、落地时胫骨近端先着地。另一个后交叉韧带最常见的损伤是仪表盘损伤，患者的膝部撞击汽车仪表盘而导致胫骨相对于股骨向后移位。与膝关节后部不紧密接触有关的严重膝关节过伸会导致前交叉韧带、后交叉韧带和后关节囊的损伤。

第三节　神经支配

一、肌肉的神经支配

股四头肌由股神经支配，与肱三头肌类似，膝关节唯一的伸肌组仅由一根外周神经支配。因此，股神经完全损伤会导致膝关节伸肌瘫痪。膝关节的屈肌和旋转肌由发自脊髓的腰丛神经和坐骨神经支配，但主要受坐骨神经中的胫骨段支配。

二、膝关节的感觉支配

膝关节的感觉神经支配主要源于 L_3 ～ S_5 神经根，传入神经源于胫后神经和闭孔神经。胫后神经（属坐骨神经胫骨部分的一个分支）是膝关节最主要的传入神经。其提供后关节囊及相关韧带和包括髌下脂肪在内的膝关节多数内部结构的感觉。闭孔神经传入纤维可传递膝关节内侧皮肤和部分膝关节后囊、内后囊的感觉，这可以解释为什么髋关节炎症常导致膝内侧牵涉痛的原因。膝关节感觉神经的前支主要包括股神经的感觉支，股神经的感觉支提供多数前内侧关节囊和前外侧关节囊及相关韧带的感觉支配。

第四节　肌肉与关节间的相互作用

一、膝关节的肌肉功能

（一）伸肌旋转肌

膝关节的肌肉分为膝关节的伸肌和屈肌。

1. 股四头肌　伸膝机制

（1）功能学分析　股四头肌通过等长、向心、离心等方式发挥膝关节的功能。股四头肌的等长收缩，有助于稳定并保护膝关节；通过离心收缩，控制机体重心下降的速度（如下蹲和弯腰时）。股四头肌的离心性收缩可为膝关节减震。行走过程中足跟着地时，膝关节轻度屈曲可缓冲地面的反作用力。股四头肌犹如弹簧一样，有助于缓冲负重对关节的影响。这种保护机制在高度负重情况下尤为有效。例如，跳起后落地、跑步及从高的台阶上落下。

膝关节支具固定或膝关节被融合于完全伸直位的患者将缺乏这种自然的缓冲机制。股四头肌的离心运动是为了减少膝关节屈曲，股四头肌的向心运动则可加速伸膝。这一运动常见于升高身体，如跑步、登山、起跳或从坐位站起。

（2）解剖学分析　股四头肌是一块大而有力的伸肌，由股内外侧肌、股中间肌和股直肌组成。最大的股肌群可提供总伸膝力臂的80%，而股直肌仅提供总伸膝力臂的20%。股肌群收缩仅产生伸膝作用，股直肌收缩可引起屈髋伸膝。

股四头肌的所有肌腱最后合并形成一条强壮的肌腱，附着于髌骨基底部。股四头肌肌腱向远端延伸为髌腱，并附着于髌骨顶端和胫骨结节。股外侧肌附着于关节囊和髌内侧支持带。股四头肌及肌腱、髌骨和髌韧带常被描述为伸膝机制。

股直肌大部分附着于股骨，特别是股骨干前外侧和股骨粗线。尽管股直肌是股四头肌中最大的一块肌肉，但股内侧肌可延伸至膝关节更远端。

股四头肌的纤维有两种完全不同的走向。较远端的斜行纤维以50°～55°靠近髌骨，中部纤维连于股四头肌肌腱，其余的纵行纤维以15°～18°靠近髌骨。尽管斜行纤维仅占全部股内侧肌走行范围的30%，但是髌骨的斜行拉力对髌骨的稳定性和方向具有重要作用，可牵引或使髌骨在股骨髁间沟上滑动。

股中间肌位于股直肌深面，而股中间肌的深面为膝关节肌。该肌包括一些斜行纤维，附着于股骨远端的前面。股中间肌可在伸膝动作中推动关节囊和滑膜。膝关节肌与肘关节具有类似作用。

对股四头肌的强化训练主要依靠对抗性训练和由重力作用于机体所产生的外部力矩。外部力矩的强度随着膝关节的伸展情况而变化。在胫骨相对于股骨的伸展运动中，下肢重量的外部力臂从屈膝90°～0°。与之相反，当发生股骨相对于胫骨的伸展运动时，上肢重量的外部力臂将由屈膝90°减少到0°。

股四头肌的强化训练是有效的，特别是膝关节病变的患者。对股四头肌有较大负荷的训练可对膝关节和邻近结缔组织形成应力。临床上，这种应力作用可能是治疗性的，也可能是损伤性的，其决定于病变或损伤的类型和严重程度。例如，髌骨关节疼痛或疼痛性膝关节炎患者，医师会建议避免由股四头肌所产生的过大外力。一旦出现较大的外力矩时，肌肉所产生的力量将是很大的。与股骨相对于胫骨伸展或胫骨相对于股骨的伸展比较，由90°向45°屈曲或由45°向0°屈曲时的外部力矩很大。通过修正对抗伸膝肌的方式，可实现减小过大外部力臂的目的。例如，可在屈曲90°～45°的范围内进行胫骨相对于股骨的伸膝动作，并在踝部增加外部负荷。进行此训练之后可紧接着进行部分下蹲训练，包括屈膝45°～0°范围内股骨相对于胫骨的伸展。进行上述两项锻炼可提供在整个运动范围内中度到轻度的外力矩，以对抗股四头肌的收缩。

股四头肌的内力矩与关节角度的关系表现为最大的膝关节伸展力矩见于屈膝45～60°时。最大伸膝力矩在屈膝80°～30°时，至少可以保持最大值的90%。这种屈膝50°时，股四头肌较大的力矩常在许多合并股骨相对于胫骨的活动中被应用，如爬台阶；或参加某些体育活动，如足球或篮球时保持半蹲位。需要注意的是，当膝关节接近完全伸直时，内部扭矩会迅速下降。有趣的是，在股骨相对于胫骨伸展时，用于对抗膝关节的外部扭矩也会迅速下降。这说明，在股四头肌扭矩和股骨相对于胫骨伸展的最后45°～60°过程中，用于对抗股四头肌的外力矩存在生物力学的竞争。这种竞争说明，在站立位，股骨相对于胫骨的伸膝过程中的最后45°～60°对患者进行股四头肌抗阻的"闭链"训练是有效的。

内部力臂和肌肉长度的比值影响伸膝力矩角的变化。力臂影响扭矩，肌肉长度影响肌肉力量。伸膝力矩和股四头肌力臂长度同时在屈膝45°时达到峰值。

膝关节不能完全伸直在临床上很常见，阻碍膝关节完全伸直的因素包括：①股四头肌肌力丢失。②结缔组织过度阻挡。③关节运动结构异常。

2. 髌骨机制　从功能上说，髌骨可将股四头肌肌腱前移，从而增加伸膝机制的内部力臂。通过这种方式，髌骨就可增加股四头肌的力臂。机械起重机和膝关节的运动学机制均是通过"间隔区"增加旋转轴和内"提升"力间的距离。内部力臂越大，由膝关节股四头肌产生的内部扭矩越大。

在许多直立活动中，膝关节的外部（屈曲）力矩为所移动的外部负荷乘以外部力臂所得到的值。内部力臂（伸展）是股四头肌的力量乘以内部力臂所得到的值。这些相反的力矩如何发挥作用和相互作用对膝关节的康复具有重要意义。

当人进行爬梯子运动时，髌股关节的压缩力可达到体重的3.3倍；而进行膝关节极度屈曲时，髌股关节的压缩力可达到体重的7.8倍。如此大的关节作用反映了由股四头肌所产生的力量强度。其他因素还包括肌肉活动过程中，膝关节所处的角度。

为了说明这些因素，我们将对半蹲位时髌股关节的作用力进行分析。伸膝过程所产生的力向近端和远端被转移到股四头肌肌腱和髌韧带，这如同绳子穿过固定的滑轮。这些力量共同作用的结果是这些力作为关节作用于髁间沟形成关节间挤压力。通过降低重心变为下蹲位而增加膝关节屈曲度可增加伸膝所需的力量，并最终作用于髌股关节。由于深蹲位所导致的屈膝增加也会减小因股四头肌肌腱（QT）和髌韧带（PL）的力矢量交点所形成的角度。通过增加矢量显示，减少其角度可增加位于股骨间关节作用力（JF）的强度。

完成下蹲动作时，屈膝60°～90°状态下髌股关节间的压力最大。屈膝60°～90°的情况下，髌股关节间的接触区域最大。如果没有这么大面积分散压力，髌股关节间的压力将达到一个难以忍受的水平。膝关节处于此位置时，具有最大压力的同时也具有最大的髌股关节接触面积，这可使膝关节避免退变的发生。这一机制使健康的髌股关节在一生中均可承受较大的压力，但很少或不发生撕裂或不适。

在主动伸膝的过程中，许多结构可引导髌骨通过股骨髁间沟。当髌骨在髁间沟滑动时，每个结构可单独发挥作用，并拉动髌骨向内或向外滑动。当这些力量相互平衡时，就可引导髌骨在对关节面产生尽可能小的应力的情况下滑过髁间沟。如果这些力量不平衡，髌骨就不能正常活动甚至发生脱位。因反常活动而引起的应力增加将导致关节炎、软骨软化、习惯性髌骨脱位或髌骨关节疼痛综合征的发生。

股四头肌收缩可拉动髌骨向上、向外滑动。由股四头肌对髌骨产生的向外拉力角度称为Q角。该角的画法为：①画一条线，表示股四头肌合力的力线，其为髂前上棘在髌骨中点的连线。②画一条胫骨结节与髌骨中点的连线，Q 角的大小因性别而有所不同，女性为 15.8°，男性为 11.2°。Q 角大于 15°时常可导致髌股关节脱位，但目前尚无充足证据支持这一假设。

股四头肌拉力所导致的外侧偏移会形成生理性弓弦力对抗髌骨。股内侧肌斜行纤维的重要作用是抵抗股四头肌作为一个整体而造成髌骨向外脱位的趋势。髌股关节内侧纤维和股骨髁间沟内凸起的正常外侧关节可阻止髌骨向外侧滑动。

多种结构和功能性因素共同作用可导致髌骨向外侧过度滑动。髌骨反常的运动轨迹与髌骨在髁间沟的倾斜程度异常有关。女性患者中，股骨髁间沟变浅常提示髌股向外侧过度倾斜。尤其是在完全屈膝时，随着时间的推移，异常倾斜将导致关节软骨应力的增加和习惯性髌骨向外脱位。

骨性结构排位紊乱所导致的 Q 角增大是导致髌骨过度外移的原因之一。Q 角越大，对髌骨的外侧弓弦效应越大，导致 Q 角增大的因素也易导致膝外翻的发生。这些因素包括过度拉伸内侧支持带、过度内旋、过度的髋内收、足部过度旋前、性别等。大量运动医学数据显示，在习惯性髌骨脱位的患者中，58.4% 的全脱位患者为女性，男性患者仅占 14%。

（二）屈曲旋转肌

除腓肠肌外，膝关节后部的所有肌肉均具有屈曲和向内或向外旋转膝关节的能力。膝关节的屈曲旋转肌群包括腘绳肌、缝匠肌、股薄肌和腘肌。与伸膝肌群全部有股神经支配不同，屈曲旋转肌的神经支配包括股神经、闭孔神经和坐骨神经。

1. 功能解剖 腘绳肌的近端附着于坐骨结节。股二头肌的短头，近端附着于股骨粗线的外侧唇；远端三条腘绳肌肌腱穿过膝关节，附着于胫骨和腓骨。半膜肌远端附着于胫骨内髁的后面，远端附着部还包括内侧副韧带、内侧半月板、腘斜韧带和腘肌。在大部分行程中，半腱肌位于半膜肌后部，但在膝关节近端，半腱肌的腱性部分向前走行，并附着于胫骨前内侧面远端。腓侧副韧带和股二头肌的两个头均附着于腓骨头。除股二头肌的短头，所有腘绳肌均跨过髋关节和膝关节，三条双关节的腘绳肌均为有效的屈膝关节和伸髋关节的肌群，尤其是在控制骨盆位置和股骨以上躯干部分中具有重要作用。除了屈膝，内侧腘绳肌还有内旋膝关节的作用，股二头肌有外旋膝关节的作用，还伴有水平旋转。腘绳肌具有水平方向的旋转功能，通过以下方式可以鉴别：当小腿向内或向外旋转时，在膝关节后方可触及半腱肌腱和股二头肌腱。进行此项检查时，患者需保持坐位并屈膝 70°～ 90°。当膝关节逐渐伸直时，由于膝关节被锁定及多数韧带被拉紧而使膝关节的旋转停止。进一步地说，进行膝关节内旋和外旋运动时，腘绳肌的力臂将在膝关节完全伸直时显著减小。

缝匠肌和股薄肌的近端附着点位于骨盆的不同部位。在髋部，这两块肌肉均为屈髋肌，但有不同的运动方向，分别为额状面方向和水平方向。缝匠肌和股薄肌的腱性部分在远端于同侧跨过膝关节内侧，附着于胫骨干近端，与半腱肌相邻。缝匠肌、股薄肌和半腱肌三块肌肉的肌腱并列形成一扁腱，附着于胫骨。这块宽而扁平的结缔组织称鹅足腱。这组肌肉是膝关节重要的内旋肌。固定这组肌肉的结缔组织位于旋转轴的后方。尽管这些肌肉不附着于股骨，但通过结缔组织间接附着的方式对膝关节产生屈曲和内旋作用。

鹅足肌群在膝关节内侧的动态稳定性中发挥重要作用。这群肌肉的主动张力与内侧副韧带一起，可防止膝关节外旋和膝外翻的发生。手术重建鹅足肌腱可加强慢性副韧带松弛患者膝关节内侧副韧带的张力。

腘肌是一条三角形肌肉，位于腘窝内腓肠肌的深部。腘肌通过一条坚韧的韧带附着于股骨外侧髁近端，附着点位于外侧半月板与外侧副韧带之间。腘肌是膝关节唯一附着于关节囊内的肌肉。腘肌可广泛附着于胫骨后部，而附着于外侧半月板的腘肌纤维与弓状韧带融合。

膝关节的屈曲旋转肌可在行走和跑步过程中发挥良好的功能。

胫骨相对于股骨的骨骼运动控制：屈曲旋转肌的重要功能是在行走或跑步的过程中加速或减速胫骨运动。虽然这些肌肉仅能产生低到中度的力，但却可产生相对高的短缩或延长速率。例如，腘绳肌最重要的功能之一是在行走过程中延迟摆动相，使前进中的胫骨减速。尽管为离心运动，但这些肌肉则有助于缓冲膝关节完全伸直所带来的不良影响。该作用在快速奔跑或跑步、爬山中同样发挥作用。这些肌肉的快速收缩可加速膝关节屈曲，从而缩短摆动相中下肢的功能长度。

股骨相对于胫骨的骨骼运动控制：与控制胫骨相对于股骨活动的肌肉相比，控制股骨相对于胫骨活动所需要的肌肉一般较大且更复杂。例如，缝匠肌可同时对五个自由度进行控制。跑步接球这一动作可说明多块膝关节屈曲旋转肌的互动。当右足固定于地面时，右髋部、骨盆、躯干、颈部、头部和眼睛均转向左侧。这时右侧腓骨和颈部左侧的收缩肌对角线发生变化。肌肉活动的关键在于肌肉间的协调性。这个例子中，股二头肌的短头通过对角运动链与腓骨相连，腓骨通过骨间膜和其他肌肉结构与胫骨相连。

膝关节的稳定性和控制需要通过肌肉、韧带所产生的力量间的相互作用来实现。这种相互作用在水平面运动和额状面运动的控制中具有重要作用。右足固定后，股二头肌的短头将加速股骨内移。鹅足肌群通过离心运动，协助减慢股骨内旋和骨盆在骨盆上方移动的速度。鹅足肌群的作用就在于通过阻止外旋和膝外翻而发挥动态内侧副韧带的作用。肌肉活动有助于弥补内侧副韧带松弛所带来的不良影响。

2. 膝关节屈曲旋转肌最大力矩的产生　膝关节屈曲力矩在膝关节接近完全伸直时最大，随膝关节逐渐屈曲而稳定下降。屈膝50°～90°时，腘绳肌的内部力矩最大；当这些肌肉处于完全伸展状态时，膝关节的屈曲力矩最大。屈髋以延长腘绳肌会产生更大的屈膝力矩。肌肉长度与张力之间的关系是决定腘绳肌屈曲力矩的重要因素之一。有关膝关节内旋转肌和外旋转肌最小力矩的数据较少。当屈髋、屈膝90°时，膝关节内旋肌和外旋肌可产生约30Nm的最大力矩。当屈髋、屈膝20°时，内旋转力矩将比外旋转力矩大40%。

临床上，膝关节内力矩的测量是通过等功能肌力测定法实现的。该测量方法中，关节旋转，并使肌肉长度和力矩完成全范围的变化。功能肌力测定法允许内力臂在向心、等长和离心肌肉运动过程中被测量。一般来说，离心和等长运动所产生的内力臂大于向心收缩所产生的内力臂。基于肌肉的力量速度曲线，向心运动所产生的肌肉力臂会随速度的增加而下降。在非等长肌肉活动中，膝关节屈肌和伸肌可产生最大力臂的曲线图。最大力臂的下降发生在膝关节屈肌和伸肌均向心收缩时。与此相反，最大力臂在向心活动速度增加的过程中保持不变。

髋、膝关节的单关节和双关节肌肉的协同作用如下。

（1）典型的联合运动——髋膝伸展和髋膝屈曲　下肢能够完成包括髋膝伸展和髋膝屈曲循环运动在内的许多活动。这些运动是行走、跑步和攀爬运动的基础。髋膝屈曲可推动身体向前或向后运动，有利于下肢的摆动。这些活动的控制是通过跨过髋关节和膝关节的单关节和多关节肌肉间的协调作用而实现的。

跑步过程中，髋膝伸展相的肌肉相互作用。股中间肌、股内外侧肌和臀肌两个单关节肌与双关节肌股直肌、半腱肌协同运动参与跑步中的髋 – 膝伸展。

半腱肌的收缩更倾向在神经支配水平内输出相对较大的力。其生理学基础在于肌肉力量 – 速度与长度 – 张力之间的关系。当肌肉收缩速度减慢时，每个动作的肌肉力量将迅速增加。例如，肌肉以最大收缩速度的 6.3％ 进行收缩时将产生最大肌肉力量的 75％。减慢肌肉收缩速度到最大的 2.2％，可使肌肉力量输出达到肌肉最大力量的90％。在髋膝伸展运动中，股中间肌、股内外侧肌和臀肌两个单关节肌与双关节肌股直肌、半腱肌协同运动参与跑步中的髋 – 膝伸展。通过伸膝可间接减慢半腱肌的收缩速度而达到增大伸髋力的作用。

下面分析由肌肉产生被动力时肌肉长度的作用。基于肌肉被动力与肌肉张力的关系，肌肉内部的抵抗力会随肌肉的拉伸而增加。半腱肌作为双关节肌的腘绳肌，通过将股中间肌、股内外侧肌收缩所产生的力转移到伸髋动作而发挥"放大器"的作用。

在主动髋膝伸展过程中，臀大肌和股直肌的关系与股中间肌、股内外肌和半腱肌的关系相似。在本质上，有力的单关节肌、臀大肌可通过伸髋来募集伸膝的力量，使股直肌被拉伸，并将臀大肌的力量转移至伸膝过程。

伸髋肌群与伸膝肌群之间相互依赖可发挥很多效能。这种依赖关系将在评估需要髋膝伸展联合运动的功能性动作中进行分析。股中间肌、股内外肌无力可导致伸髋困难，臀大肌无力也可导致伸膝困难。

（2）不典型的联合运动——髋膝伸展和髋膝屈曲　屈髋可与屈膝同时发生，屈膝也可与伸髋同时发生。这些活动具有重要的生物学意义。双关节的股直肌将缩短很长距离，以产生较快的运动速度从而屈髋伸膝。即使很用力，在这种活动中主动伸膝的过程仍受到限制。基于肌肉长度、张力与力量、速度之间的影响，股直肌并不能发挥出最大的伸膝力。腘绳肌被过度拉伸通过髋膝关节，故被动地限制膝关节伸展。

进一步说，双关节股直肌将被过度拉伸通过髋膝关节，故被动限制屈膝。由于上述两个原因，屈膝力和活动反复通常将在超出范围的活动中被限制。

对踢球进行分析，通过髋伸展和膝屈曲的联合运动，弹性力被储存于拉伸的股直肌内。踢球动作包括股直肌迅速而完全的收缩，以达到屈膝和伸膝的目的。这一运动的目的是尽可能将所有力由股直肌释放。与此相反，行走或者慢跑等则是利用双关节将力量缓慢发挥出来，从而满足这种反复循环模式。例如，股直肌和半腱肌在整个运动过程中均保持相对松弛状态。这样肌肉可避免重复储备，并可及时缓冲过大的能量。适中的主动和被动力在肌肉间共同承担，这便优化了活动过程中的代谢率。

二、膝关节排列异常

1. 额状面　在额状面，膝关节通常存在 5°～ 10°的外翻角，这种排列方式的偏移常表现为膝外翻或膝内翻。

（1）单侧膝关节骨性关节炎所致的膝内翻　膝关节在正常情况下，站立位膝关节内外侧隔层结构之间的关节反作用力是平衡的。假设体重的 44% 由膝关节承担，那么在理论上，每层结构产生的反关节作用力可承担身体重量的 22%。然而在行走过程中，整个关节的反作用力将增加至身体重量的三倍。这种关节反作用力的增加是由于肌肉激活和地面对足跟产生的反作用力共同作用的结果。由于足跟通常以中线外侧撞击地面，故所产生的地面反作用力会通过膝内侧。因此，每走一步均可造成膝内翻。出于这个原因，行走过程中膝关节内侧结构的关节反作用力更大。

多数人能够耐受这种不对称的膝部负荷。某些人膝关节内侧室因过度劳损可导致单室膝关节骨性关节炎的发生。内侧关节软骨变薄，可使膝关节倾斜，造成膝内翻或弓形腿。这种恶性循环可造成膝内翻畸形，增加膝关节内侧结构负荷，导致膝关节内侧间隙进一步丢失等。双侧膝关节均内翻是内侧膝关节骨性关节炎的征兆。膝内翻的治疗常需手术，如高位胫骨截骨术。手术的目的是纠正内翻畸形，减少膝关节内侧室应力。除手术外，戴足部矫形器可减少发生内侧关节炎的膝关节所承受的应力。

（2）过度膝外翻　许多生物力学因素均可导致膝外翻。膝关节外翻常可导致下肢末端结构排列异常。髋外翻（即颈干角大于 125°）或足部过度内旋均可增加股直肌对膝关节的应力作用。随着时间的推移，这种应力作用会造成内侧副韧带劳损。以比正常方向大于近 10°的膝外翻方式站立时，会使诸多关节力作用于膝关节的外侧。膝关节置换术可纠正外翻畸形，尤适用于疼痛、功能丧失或生活质量降低者。严重的双侧膝关节骨性关节炎并伴严重的右膝关节外翻和左膝关节内翻畸形称为风吹式变形。这种畸形通过双侧膝关节置换术可得以纠正。

2. 矢状面

（1）膝关节过伸　膝关节完全伸直时伴轻度外旋是膝关节的稳定位，即最稳定状态。以闭锁位站立时，因胫骨平台存在向后的斜坡，故关节呈越位 5°～ 10°过伸。膝关节过伸可使身体的重力线位于膝关节内 – 外侧旋转轴的稍前方。重力可产生轻度的膝过伸力矩，从而锁定膝关节，并使股四头肌在站立时放松。正常情况下，这种重力相关的伸展力矩将被被动拉伸的后关节囊和屈膝肌所对抗。

（2）膝关节过伸畸形　膝关节过伸超过 10°称膝关节过伸畸形，形成的主要原因是慢性、过力膝伸展，导致膝关节后部结构过度拉伸。姿势不良及神经、肌肉疾病可产生过大的膝关节力矩，造成股四头肌痉挛和 / 或膝关节屈肌瘫痪。

小 结

膝关节是下肢重要的关节，其独特的运动方式能使人体能做许多运动。例如，当人向上跳时，一开始处于跳跃的储能阶段，此时身体微蹲、髋关节及膝关节弯曲，踝关节背伸。这一姿势会伸展跨关节的肌肉群，以增加髋关节和膝关节伸肌与踝关节跖屈肌推进的力量。当肌肉处于适当位置后，肌肉开始收缩并产生最大的推进力，使人体跳跃，离开地面。一旦关节活动度受限、疼痛，或髋关节、膝关节与踝关节的肌肉群明显无力，则很难完成这个动作。

膝关节的轴向旋转在步态周期中相当重要，主要发生在股骨相对于胫骨活动时，股骨相对于小腿旋转。轴向旋转对跑步十分重要，因为该动作对跑步及快速变换方向的运动来说是个基础动作，对于许多运动包括跳舞来说也是。股骨相对于胫骨的活动由肌肉协同收缩、身体重量、股骨髁与半月板间关节吻合运动及数条韧带所引导，特别是前十字韧带及副韧带等。借由胫骨相对于固定的跟骨旋转，胫骨与距骨间的活动会影响膝关节运动。下肢任一关节发生疼痛、肌肉无力或关节活动度下降时，均需要其他的肌肉、骨骼组织或关节活动来代偿，这些代偿机制通常是寻找病源的重要线索。

相对于其他下肢关节，膝关节的稳定性并非来自骨骼结构，而是来自周围肌肉的收缩，以及关节周围结缔组织的限制。膝关节活动时缺少骨骼的限制，但同时会增加关节活动度，但却更易受到伤害。当膝关节受到较大的外翻与轴向旋转力量时，会造成膝关节损伤，以及内侧副韧带、后内侧关节囊和前十字韧带损伤，特别在膝关节完全伸直的状态下。膝关节伸直，关节处于锁定位置，周围的很多组织会绷紧。虽然韧带的预张力能够为膝关节提供良好的保护，但此时韧带处于机械破坏的临界点，如果韧带进一步牵拉，就易造成韧带损伤。

预防膝关节损害是运动医学中很重要的课题，需持续关注。虽然部分非接触式运动有可能降低膝关节损伤的发生率，但要完全避免部分高速度接触运动时的膝关节损伤，如打美式足球或英式橄榄球等，事实上是不可能达到的。运动员的防护措施可增加到最大限度，如在可行范围增加吸震能力，避免受到冲击。为此，可借助更好的设备及运动环境，并建立培养计划，充分强化肌肉，提高特定运动的控制能力，增进运动员的本体感觉等等。

膝关节的生物力学容易受到相邻的膝关节及踝关节影响。人体站立时，髋关节的姿势将会直接影响膝关节的姿势。例如，当踝关节站立时，臀大肌收缩可间接协助膝关节伸直。髋关节外展肌和外旋肌在控制膝关节冠状面与水平面骨骼排列时扮演了重要角色。这对治疗及预防前十字韧带损伤、髌骨不正常运动或膝关节退化性关节炎相当重要。

第十二章 踝和足 ▷▷▷

踝和足的初级功能是在行走的过程中减震并推动部分身体。人的一生中，行走和跑步时，足必须有足够的柔韧性，以吸收无数次接触的冲击。足的柔韧性也要求它无数次与地面接触时的空间构型相符合。行走和跑步时还要求足应有相对不易弯曲性，以忍受较大的推力。健康的足应满足看似矛盾的减震与推力之间的要求，这些是通过相连的关节、组织和肌肉而实现的。

第一节 骨骼学

一、骨的组成

踝关节又称距小腿关节，包括胫骨、腓骨和距骨之间的关节。足是指所有的跗骨和踝部远端的关节。距骨是极其重要的骨头，在踝和足的局部机械运动中，以及整个下肢的机械运动中都有重要作用。

当涉及胫骨和腓骨时（如腿），前后的词语都有通常的意思。提到踝与足时，这些词语经常被替换成远端和近端。背侧和跖侧分别用来描述足的上部和下部。

在足部有三个区域，每个区域均有一组骨和一个或多个关节。后足由距骨、跟骨和距下关节组成；中足由其他跗骨组成，包括跗横关节和较小的远端跗骨间关节；前足由趾骨和跖骨组成，并包括远端的关节和所有的跗跖关节。

二、下肢远端与上肢远端的相似处

踝和足有一些与手腕和手结构相似的性质。前臂的桡骨和腿的胫骨都与一组小骨连接，腕骨和跗骨形成关节。当把腕部的豌豆骨作为籽骨时，腕骨和跗骨均由 7 个骨组成。跖骨和掌骨以及更远端的指（趾）骨，在外观上非常相似。所不同的是，足的第一跗趾的功能远不如手的拇趾。胚胎在发育过程中，整个下肢内翻并向内侧旋转，这样第一跗趾便在足的内侧，足的上面变成背侧面，这与前臂完全旋前时的手相似。足的这种跖行姿势的主要功能是行走和站立。

三、单个骨骼

1. 腓骨 细长的腓骨位于胫骨外后方并与之平行。腓骨头的近端和远端关节面与胫骨近端和远端形成两个关节，纤细的腓骨干通过小腿承担 10% 的体重，人体的大部分体重是靠粗大的胫骨承担的。纤细的腓骨向远端延续，形成明显而容易触摸的外踝。外踝就像一个腓骨长肌和腓骨短肌肌腱的滑轮。外踝的内侧面是距骨关节面，它是距小腿关节的一部分。

2. 胫骨远端　胫骨远端很宽，以适应传递至踝关节的负荷。胫骨远端的内侧面是内踝，外侧面是腓骨切迹。腓骨切迹是一个三角形凹陷，在胫腓关节的远端，与腓骨远端相连。

在成人，胫骨远端围绕自己的长轴，相对于近端，向外扭转角度为 20°～30°。这个自然扭转可以通过足部站立时的轻度外旋位观察到。根据骨骼远端相对于近端的方位，小腿的这种扭转被称为胫骨外侧扭转。

3. 跗骨　跗骨主要包括距骨，跟骨，舟骨，内侧、中间、外侧楔骨，骰骨。

（1）距骨　距骨是位于足部最上面的骨骼。它的背侧面或滑车表面是圆形的拱顶，前后均凸，中间和外侧面轻度凹陷。软骨组织覆盖滑车的表面和周围，为距小腿关节提供光滑的关节表面。距骨头部向前，内侧稍凸起，朝向舟状骨。在成人，距骨颈在距骨头矢状面偏内侧约 30° 位置。在儿童，距骨头部向内侧伸出 40°～50°，这也说明了儿童足部内翻的部分原因。

距骨跖面有三个关节面，前面和中间均有轻度弯曲，且彼此延续。覆盖这些关节面的关节软骨组织也覆盖相邻的距骨头。后面是呈椭圆形的凹面，也是最大的面。从功能上看，与背侧跟骨相连的这三个关节，形成距下关节。距骨沟是前中面与后面之间斜行走向的沟。外侧和内侧的结节位于距骨的后内侧。这些结节之间形成的沟为踇长屈肌腱的滑车。

（2）跟骨　跟骨是人体中最大的跗骨，行走时，它能很好地接受脚后跟与地面接触时的地面冲击力。大而粗糙的跟骨粗隆为肌腱的附着点。粗隆的跖面有外侧突和内侧突，它们是许多内在肌肉和足深部的足底筋膜的附着点。

跟骨和其他跗骨在足的前面和背侧面相关节。背侧面包括三个面，与距骨关节相吻合，前距骨关节面和中距骨关节面相对小，而且扁平。后距关节面比较大而且凸，凸面的形状与凹形距骨大的后距关节面相一致。在后面和内侧面中间是一个宽广倾斜的凹陷，叫跟骨沟。这个沟里连接着距骨下关节的一些韧带的附着点。在距下关节里，跟骨和距骨的凹形成了一个渠道，即跗骨窦。距突向内侧凸出，在跟骨背面形成水平支架，位于距骨中面下方，起着支撑作用。

（3）舟状骨　舟状骨因其形状像船而得名。它的凹面与距舟关节处相邻，与距骨头相连。舟状骨的远端有 3 个相对平的面，分别与三个楔状骨接合。舟状骨的内侧面主要是凸起的粗隆，这可在成人的内踝下方 2.5cm 处触诊到。这个点是胫骨后肌远端的附着点。

（4）内侧、中间、外侧楔状骨　楔状骨连接舟状骨和三块内侧跖骨。楔状骨构成足部的横弓，是中足背侧面横突的部分结构。楔状骨的外侧面凸向骰骨的内侧面。

（5）骰骨　从骰骨的名称看，骰骨有六个面，三个面凸向相邻的跗骨，远端的面凸向第四、第五跖骨的基底部，骰骨与手腕的钩状骨的作用是一致的。

整个骰骨的近端表面连接着跟骨。这个面是平的，有轻度曲线。内侧面为椭圆形，连接外侧楔状骨，另外一个非常小的面连接舟状骨。骰骨跖面有一个清晰的肌沟穿过，被腓骨长肌所占据。

4. 跖骨 五块跖骨通过近端的趾骨与远端一排的跗骨相连。跖骨按 1～5 依次排列，始于前足的中间。第一跖骨短而粗，第二跖骨最长。第二跖骨和第三跖骨以非常刚性的方式附着在远端的跗骨上。这些形态学的特征反映了步态蹬地时前足区域产生的较大推力。每一块跖骨都有底（在近侧末端）、骨干和凸起的头部（末端）。跖骨的底有小的关节面，这些关节面以相邻的跖骨底的关节面为标志。跖骨干的跖侧有轻度凹陷，这个弓形的形状提高了跖骨负重的能力。第一跖骨头的跖面有两个小的关节面，第一跖骨头的肌面有两块小的籽骨，籽骨包埋在鿏短屈肌肌腱中。

5. 趾骨 跟手一样，足部有 14 块趾骨，分别被称为近端趾骨、中端趾骨、远端趾骨。第一脚趾通常称大脚趾或鿏趾，有两节趾骨，称为近端趾骨和远端趾骨。一般来说，每节趾骨都有一个凹面的底（在近端末）、一个骨干和远端凸起的头部。

第二节　关节学

踝和足主要的关节是距小腿关节、距下关节和跗横关节。距骨在机械上涉及这三个关节的形成。距骨形成的多个关节可以帮助解释骨骼的复杂形状，近 70% 的骨的表面形状对于理解踝和足的运动学具有至关重要的作用。

一、运动与位置的术语

用以描述踝和足运动的术语有基本术语和应用术语。

基本术语描述了足或踝围绕三个标准轴正常旋转的角度。背伸和跖屈描述了与矢状面平行，围绕内、外侧旋转轴的动作。内翻和外翻描述了平行于额状面，围绕前后旋转轴的动作。外展和内收描述的是平行于水平面，围绕旋转轴的动作。但是在踝和足的主要关节中基本概念是不够的，因为踝和足更多的运动发生在倾斜方向的轴，而并非这三个标准轴。

次要和较多的概念或一组概念用以描述发生在垂直到倾斜方向轴的旋转运动。旋前描述的运动涉及外翻、外展和背伸，旋后描述的运动涉及内翻、内收和跖屈（图 12-1）。

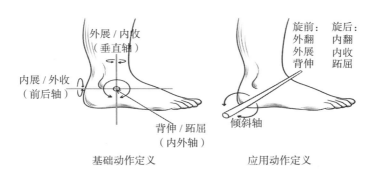

图 12–1　踝足的基础动作定义和应用动作定义

　　旋前和旋后经常被称为"三平面"移动。遗憾的是，该提法存在一定的误导。"三平面"这个词暗示运动在主要的三个平面被"横切"，而不是关节显示了三个角度的自由运动的动作。旋前和旋后仅在一个平面发生，通常在一个旋转轴上。

二、关节结构

　　踝和足的运动被假设发生在通过旋转区域仍然接近固定的旋转轴上。虽然这个假设不支持所有关节，但它允许用一个相当复杂的系统来解释一个相当简单的模式。更复杂、更精确的踝和足的旋转轴和运动模式将在其他地方介绍。

　　从解剖学角度看，踝部包括一个关节，即距小腿关节。距小腿关节的运动能引起邻近和远端胫腓关节的运动。由于这个功能，这三个关节都包括在"踝"这个范围内。

（一）胫腓关节

　　腓骨依靠外侧的两个关节，即近端的胫腓关节和远端的胫腓关节与胫骨相连。骨间膜是胫骨与腓骨间的一个连续组织，也帮助骨与骨之间连接。由于这种功能上的联系，近端和远端胫腓关节都包括在踝关节内。

　　1. 胫腓关节近端　胫腓关节近端是一个位于膝的外下方的滑膜关节。该关节由腓骨头和胫骨外侧踝的后外侧面组成。这个关节表面一般较平整或呈轻度椭圆，被关节软组织覆盖。胫腓关节近端被关节囊前方和后方韧带加固，腘肌肌腱从后方穿过此关节到达胫腓关节后侧，为关节提供额外的稳定作用。胫腓关节近端需要牢固的稳定性，以便在股二头肌和膝外侧副韧带的力能有效地从腓骨传到胫骨。

　　2. 胫腓关节远端　腓骨远端的内侧面和胫骨的腓骨切迹之间形成了胫腓关节的远端。解剖学家通常将远端胫腓关节叫韧带联合。这是一个纤维不动关节，由骨间膜固定，故移动度很小。连接这个关节的滑膜与连接距小腿关节的滑膜是贯通的。

　　骨间韧带为胫骨与腓骨末端之间提供最有力的绑定。这个韧带是胫骨与腓骨骨间膜之间的延伸部。前后侧的胫腓韧带也加强了胫腓关节的末端。胫骨和腓骨末端之间的一个牢固结合是距小腿关节的稳定性和功能所必需的。

（二）距小腿关节（踝关节）

1. 组成与形状 距小腿关节是由距骨滑车和距骨侧面与胫骨远端及两个踝部所形成的矩形空腔之间形成的关节。距小腿关节常被认为是榫眼，原因在于它与木工使用的木质关节十分相似。榫眼的近端是凹陷的外形，由结缔组织将胫骨和腓骨绑定形成，榫眼的结构能够有效稳定并接受通过小腿和足部的力量。距小腿关节的限制性形状为踝部提供了主要的自然稳定性。

2. 关节囊韧带 有一层很薄的关节囊围绕在距小腿关节。外侧的关节囊由副韧带加固，副韧带还协助保持距骨和矩形的榫眼插槽之间的稳定性。

3. 韧带（图 12-2）

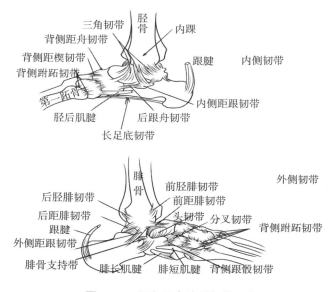

图 12-2 踝和足内外侧韧带示意图

（1）内侧副韧带 距小腿关节的内侧副韧带也称三角韧带，呈三角形，粗壮且易膨胀。三角韧带的顶端与踝内侧相连，基底部展开，形成三束浅部纤维，较深的胫距纤维融入并加强了距小腿关节的内侧囊。

三角韧带的主要功能是限制距小腿关节、距下关节和距舟关节外翻。三角韧带扭伤相对常见，部分原因是该韧带的强度和外踝用以抵抗过度的外翻。

（2）外侧副韧带 踝部的外侧副韧带包括前后侧的距腓韧带和跟腓韧带。因为内踝相对较小，没有能力抵住踝部的内翻，故踝部扭伤主要涉及过度内翻，从而导致外侧副韧带损伤。

距腓韧带的前面与外踝的前面相连，然后向前侧和内侧走行到距骨的颈部。该韧带在外侧韧带损伤中最常见。损伤大多是因为踝关节的过度内翻和内收。尤其是结合跖屈时，如不小心踩到一个洞。跟腓韧带从外踝的尖部向下和后侧走行，到达跟骨外侧面，韧带通过踝关节和距下关节来抑制内翻。跟腓韧带和前距腓韧带联合通过限制踝部背伸和跖屈曲的范围来抑制足内翻。

距腓韧带后部始于外踝的后内侧，附着于距骨的外侧结节。它的纤维倾斜地由前外向后内的方向走行，水平穿过距小腿关节的后侧。距腓韧带后部的主要功能是在踝部稳固距骨。特别是它限制了距骨的过度外展，尤其是当踝部完全背伸的时候。

（3）跗横韧带　下方的跗横韧带是一股小且粗的纤维束，被认为是距腓韧带后部的一部分。纤维中间持续到内踝后面，形成距小腿关节后壁的一部分。

总之，踝的内外侧副韧带限制了纤维通过的每一个关节的过度内翻和外翻。因为大部分韧带的走行自前向后存在角度变化，故其在踝部也限制了距骨的前后移位。跖屈和背伸在运动学上联系着距骨的前后移动，由于这些原因，检测也可评估损伤后韧带结构的完整性（图12-3）。

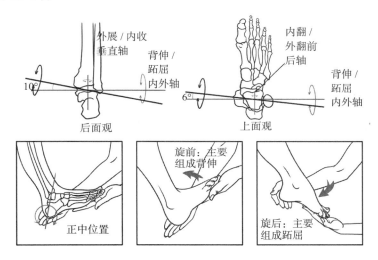

图 12-3　踝关节的旋转轴和骨骼运动学示意图

（三）距下关节

距下关节由跟骨的后、中、前三面和距骨组成（有的解剖书将它视为距跟关节的一部分）。要了解距下关节的运动程度，只需一个人紧紧抓住跟骨，朝一个方向扭转和旋转即可。在这个运动中，距骨仍然稳定在距小腿关节里。在运动无重力负荷时，当跟骨的移动带动距骨时则会发生旋前和旋后。但是在承重状态下，跟骨的相对稳定能引发更多的活动。这种情况要求较多复杂的运动学，涉及腿和距骨在稳定的跟骨之上旋转。距下关节的移动允许足部进入假定位置，这个位置可以独立于叠加的踝和小腿之外。这个位置在活动中是必需的，像爬陡峭的山、扎马步、保持船摆动时的平衡。

1. 关节的结构　距下关节的后部占到整个关节表面的70%，距骨的凹面与跟骨的凸面相接。关节依靠连锁的形状、体重、骨间韧带与活动的肌肉紧密连接，前面和中间的关节网由小且近平的关节面组成。

2. 韧带　距下关节的后部靠一组细长的韧带予以加强，根据所处的位置分为中间距跟韧带、后侧距跟韧带、外侧距跟韧带。这些韧带向距下关节提供次要的稳定性。其他大的韧带提供主要力量，使关节得以稳定。通过距下关节最多的韧带是骨间（距骨、跟骨）韧带和颈韧带。宽而平的韧带倾斜通过跗骨窦。这些韧带很难看到，除非关节被打开。骨间（距跟）韧带有两个不同的扁平束带，分别为前侧束带和后侧束带。它们联合从跟骨沟发出，在距骨的上表面和内侧面相连，在邻近区域上升。较大的颈韧带也有倾斜的纤维，与其他韧带的走行相似，但位置在跟骨沟外侧面。颈韧带远端通过上面的内侧面与距骨颈部的下侧面相连接（因此叫"颈"）作为一组，骨间韧带和颈韧带提供距骨与跟骨间最强的组织连接力。

（四）跗横关节

跗横关节也叫跗中关节，由两个差异明显的关节距舟关节和跟骰关节组成。这些关节连接中足与后足。虽然功能相关，但每个关节在解剖学上都有区别。作为一个复杂的关节，跗横关节在纵向呈拱形，增加了稳定性。

跗横关节与距下关节在功能上有很大的相关性。这两个关节共同控制整个足的旋前和旋后。

1. 距舟关节　距舟关节在距骨头的凸面和与之相连的舟状骨的凹面，与距舟韧带的背侧面间形成关节。距舟韧带厚且宽，跨过舟骨的距骨支持物和舟状骨内侧跖面间的间隙。通过直接支撑距骨头的内侧和跖侧凸起，距舟韧带形成了距舟关节内的"地面和内侧墙壁"结构。站立时，支持是很重要的，因为体重倾向于将距骨头向跖面和内侧方向挤压朝向地面。距舟韧带的表面直接与距骨头连接的部分覆盖了光滑的纤维软骨。

距舟关节由细长、不规则的关节囊所包绕，骨间韧带对关节囊后侧起加强作用；背侧距舟关节对关节囊背侧起加强作用；跟舟纤维对关节囊外侧起加强作用；三角韧带的前面纤维对关节囊内侧起加强作用。距舟关节为中足的内侧旋转提供有意义的旋转。

2. 跟骰关节　跟骰关节的外侧参与跗横关节的组成，由跟骨的前表面和骰骨近端的表面形成。相连时，每个关节表面都有轻度的凸起或凹陷，形成防止滑动的楔形锁。该关节的动作比距舟关节的幅度要小，尤其是在额状面和水平面。跟骰关节能够为足外侧提供稳定性。

跟骰关节的背侧和外侧关节囊通过背侧跟骰韧带加厚，另外三个附加韧带进一步增加了这个关节的稳定性。双叉韧带呈 Y 字形，依靠软组织与跟骨相连，恰好位于跟骰关节背侧面近端。这个韧带的主干组成纤维束的内侧和外侧。内侧纤维可增强距舟关节的外侧，外侧纤维通过背侧到达跟骰关节，在跟骨与骰骨之间形成主要连接。跖侧长短韧带可加强跟骰关节的跖侧。跖长韧带是足部最长的韧带，起于跟骨跖面的跟骨结节前面，插入外侧三块或四块跖骨基底的跖面。跖短韧带也称跖侧跟骰韧带，起于跖长韧带深部的前面，插入骰骨的跖面。这些韧带垂直进入跟骰关节，跖侧韧带可为足的外侧面提供很好的稳定。

距舟关节与之相连的组织形成内侧足弓的拱心石。内侧纵弓的高度和形状主要依靠足底筋膜、距舟韧带和第一跗跖关节内侧的稳定性，以及短韧带及足的内在和外在肌肉来维持，足部的足底筋膜为内侧纵弓提供最主要的被动支持。

足底筋膜由非常厚且强壮的纵横排列的富含骨胶原蛋白的组织束带组成。足底筋膜覆盖足底和足的边缘，并组成了很多浅表纤维和深层纤维。浅表纤维主要与厚层真皮相连，功能是减少剪切力和减震。较广泛的深层筋膜——跖肌筋膜与跟骨结节内侧面相连。以此为起点，外侧、内侧和中间纤维束向前走行，弯曲并覆盖在足部第一层内在肌上。其中，较大的、位于中央的纤维束朝跖骨头扩展，与跖趾关节的跖板韧带和附近趾屈肌腱的纤维鞘附着。因此，脚趾的伸展拉伸了深层筋膜的中心带，对内侧纵弓施加张力。这个机制非常有用，因为人用脚尖站立或蹬地时，其能增加足弓的张力。

（四）远端跗骨间关节

远端跗骨间关节描述了一些关节或复合关节的组合。这些关节被连续的滑膜和滑液的骨间膜包绕。作为一个组，通过整个足中段，远端跗骨间关节有助于跗横关节产生旋前和旋后动作。但是这些关节的运动很小，主要功能是依靠足的横弓提供横穿中足的稳定性。远端跗骨关节的连接包括舟楔关节、骰舟关节、楔间关节和楔骰关节复合体。

1. 舟楔关节 三个关节在舟状骨的前面与三个楔状骨的后表面之间形成。围绕这些关节的是足底韧带和足背韧带。每个楔状骨有一个轻浅的凹面，与舟状骨前侧面的三个微凸关节面相吻合。舟楔关节的主要功能是帮助旋前和旋后动作转移至远端前足。

2. 骰舟关节 骰舟关节是一个相当小且纤维性不动的关节，位于舟状骨外缘和1/5的骰骨内缘。该关节为外侧和内侧足部纵柱间提供相对平滑的接触点。在中足大部分动作中，关节面可以轻微滑动，尤其是内外翻动作。骰舟关节依靠背侧、跖肌和骨间韧带得以加强。

3. 楔间关节和楔骰关节复合体 该复合关节由三个关节组成，两个在楔骨间，一个在外侧的楔骨和内侧的骰骨。关节表面非常平坦，角度大致平行于跖骨的长轴。足底、足背侧和骨间韧带将这些关节加固。

楔间关节和楔骰关节复合体组成了足横弓。该足弓为足中段提供横向稳定。在承受体重的状态下，足横弓被轻度下压，通过五块跖骨头分担所承受的重量。足弓接受固有肌和非固有肌的支撑，如胫后肌、腓骨长肌、足底肌等。

（五）跗跖关节

跗跖关节由跖骨基底部、三块楔状骨与骰骨远端表面之间的关节组成。其中，第一块跖骨连接内侧楔状骨，第二块跖骨连接中间楔状骨，第三块跖骨连接外侧楔状骨，第四块跖骨和第五块跖骨的基底部连接于骰骨远端表面。

跗跖关节的关节表面通常是平的，背侧韧带、足底和骨间韧带增加了这些关节的稳定性。五个跗跖关节中，仅第一跗跖关节有良好的关节囊。

（六）跖骨间关节

跖肌、背侧韧带、骨间韧带的相互连接形成了四块跖骨外侧。三个跖骨间滑液关在跖骨基底部形成连接点。虽然通过韧带相互连接，但在第一、第二跖骨间没有一个真正的关节。

（七）跖趾关节

五个跖趾关节在每一块跖骨头凸面和每一块跖骨近端的浅凹面之间形成。这些关节能在脚蹼近端约 2.5cm 处触摸到。

关节软骨覆盖了每一块跖骨头的远端末梢。每一个跖趾关节都有一对附属韧带跨过，混入并加固关节囊。每一个附属韧带都起自脚背近端，向足底远端方向倾斜走行，形成一条粗索带和一个扇形的附属部分。

附属部分附着在厚而致密的跖板上，跖板位于关节跖面。跖板或韧带为屈曲肌腱形成了一个套。深部足底筋膜发出的纤维连接在跖板和屈肌肌腱鞘上。两块籽骨位于姆短屈肌肌腱内，靠在第一跖趾关节的跖板上。四条深的跖横韧带融合进入相邻的五个跖趾关节跖板。依靠五个跖板的互相连接，跖横韧带帮助第一骨线保持在骨线更少的相似平面内，使足部更适合推进和负重而不是被操控。在手部，掌横韧带仅连接四个手指，拇指可以自由对向动作。

纤维囊围绕每个跖趾关节，而后融入附属韧带和跖板。足背趾间的扩张部分覆盖在每一跖趾关节的背侧。其由薄薄的一层结缔组织构成，本质上与背部关节囊和伸展韧带是密不可分的组织。

（八）趾间关节

每个脚趾都有一个近端趾间关节和远端趾间关节。与拇指相似的第一脚趾仅有一个趾间关节。足部所有的趾间关节都有相似的特征。该关节由较近端的趾骨的凹面和较远端的趾骨基底部的凸面组成。在趾间关节相连的组织一般与掌指关节相似，副韧带、跖板、关节囊都存在，只是比较小，缺乏详细的说明。

第三节　运动学

一、距下关节

距下关节的关节运动学特征包括在三个关节面上的滑动，在跟骨与距骨之间产生曲线的弓形动作。这个移动的旋转轴被一些观察者描述。虽然考虑到观察者的多样性，但是旋转轴被描述为一条线。这条线是通过脚后跟的外后侧方向，向距下关节的内侧、前侧、上面三个方向走行的直线。旋转轴与水平面间有一个 42° 的夹角，与矢状面之间有一个 16° 的夹角。

距下关节的旋前和旋后出现在跟骨相对于距骨的弓形动作中，且与旋转轴垂直。由于该轴通常有斜坡，故在旋前和旋后动作中只有 2/3 可以观察到，如内翻和外翻、内收和外展。旋前主要组成外翻和外展，旋后主要组成内翻和内收，跟骨相对于距骨有轻度的背伸和跖屈，运动幅度很小（图 12-4）。

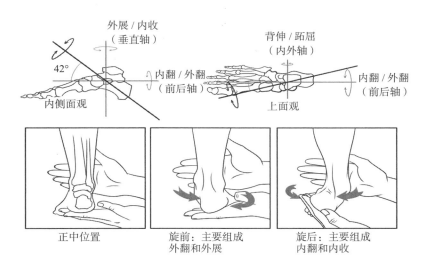

图 12-4　距下关节运动示意图

　　Grimston 和他的同事以 120 个多年龄组的受试者为研究对象，观察了复杂踝关节（距小腿关节和距下关节）的运动范围。结果显示，所有年龄组的平均值，完全内翻的角度将近外翻角度的两倍（内翻 22.6°，外翻 12.5°）。虽然包括距小腿关节的附属旋转，但更多的内翻和外翻动作范围的比例通常来自距下关节。外翻的运动范围受远端外踝和相对较粗的三角韧带限制。

　　距下关节的松弛位置经常被描述为旋后的最大程度，这样就减少了足中部的稳定性。从最大内翻逐渐到最大外翻，在步态分析中是非常重要的。

　　距下关节活动范围的临床评估标准：用量角器评估距下关节的运动范围是临床典型的测量方法。通过这种方法获得真实而有效的测量通常很困难，甚至不可能。由于刚性量角器在拱形的旋前和旋后动作中不稳定，加之邻近的软组织和关节也参与了运动，从而导致测量误差。提高测量的准确性，是把距下关节运动看作足直立时内翻和外翻的简单运动。

　　对于距下关节的动作在临床与研究中很难精准地进行描述，实际应用时，距下关节动作的描述比较简单，这对精确描述足部和踝部运动会有影响。由于一些原因，被描述距下关节的旋前和旋后经常被简单地视为跟骨的内翻和外翻。例如，外翻是旋前的一个组成部分，而不是旋前的同义词。在研究中，要比较运动范围数值是很困难的，除非运动被明确的定义。

　　临床上，大多靠建立基线或参考评估足矫形器来表达"中立位的距下关节"，依靠在受试者的跟骨放置允许在踝关节能触及距骨的外侧面和内侧面，以获得距下关节的中立位或 0°位置。在这个位置，关节有 1/3 完全外翻，有 2/3 完全内翻。

二、跗横关节

跗横关节在附近关节没有运动时很少有功能，尤其是距下关节。为了显示最初发生在跗横关节的旋前和旋后，当中足的旋前和旋后达到最大时会紧紧握住跟骨。在这期间，在没有跟舟关节的情况下，舟状骨会自旋。距下关节和距舟关节联合旋转占据了足的大部分旋前和旋后。前足的移动也参与足的旋前和旋后。

1. 骨骼运动学　描述跗横关节的功能要结合三个因素。第一，存在两个各自独立的旋转轴。第二，跗横关节移动的幅度和方向在承重活动期和非承重活动期是不同的。第三，跗横关节在中足的稳定功能影响到距下关节的位置。

Manter 描述了跗横关节移动时的两个旋转轴——纵向轴和倾斜轴。跗横关节在平面上的运动对每个轴都是垂直的。纵向轴几乎与前后轴一致，具有内翻和外翻动作。相反，倾斜轴则有一个垂直和内外的倾角。因此，该轴的运动在外展结合背伸、内收结合屈曲时很容易发生。联合运动产生的轴产生了真正的旋前和旋后（如运动的最大程度组成了三个基本平面）。跗横关节的运动使中足易于塑形。

跗横关节的运动范围很难测量，也不易从相邻关节中孤立出来。但是检查证实，中足旋后的范围是旋前的两倍。中足的多次内翻和外翻发生与距下关节类似，即内翻 20°～25°、外翻 10°～15°（图 12-5）。

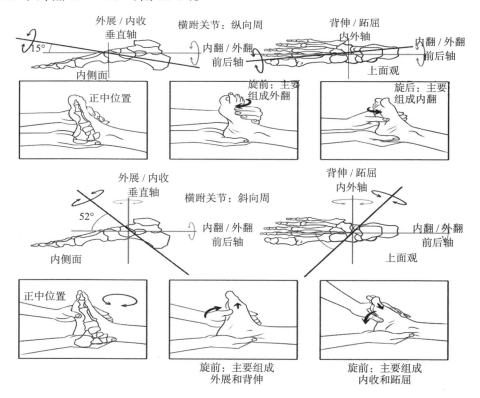

图 12-5　跗横关节运动示意图

2. 关节运动学 跗横关节的关节运动学在前足和中足是最好描述的。参考足部在未负重情况下的旋后运动，与之相连的胫后肌在足旋前过程中起着主要作用。由于跟骰关节不易弯曲，故跟骨的内翻和内收牵拉着足前段内侧下方的外侧。该运动的一个重要点是距舟关节。牵拉胫骨有利于舟状骨旋转，以升高足内侧弓。在这一运动中，舟状骨相邻的凹面、跟舟韧带的旋转都围绕这个距骨。

足内侧边缘的凹面主要靠内侧纵弓维持。内侧纵弓的中心在距舟关节和相关的结缔组织中（图12-6）。足内侧纵弓的主要作用是承重和减震。内侧弓由跟骨、距骨、舟状骨、楔状骨和内侧的三块跖骨组成。如果没有拱形结构，跑步时，快速运动往往会超过这些骨的最大承受力。在活动中，帮助减少力的另外结构是跖肌厚的足垫、跖肌的表面筋膜和位于第一趾骨基底部的籽骨。内侧纵弓还有一个次要的横断面，这将在后面的跗骨间关节讨论。

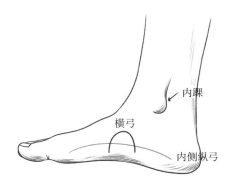

图 12-6 足的横弓和内侧纵弓示意图

健康的足主要有两个力支持内侧纵弓：①活动肌肉的力量。②相关结缔组织、骨的形状的弹性和拉力联合产生的被动力量。站立时，被动力量通常能够支持内侧纵弓。主动的力量在更多有力的活动中，如脚尖站立、行走、跑步。

支撑内侧纵弓的被动力量：站立时，体重通过踝，经内侧纵弓被分担，最后到达足垫和位于脚后跟、跖骨头区域的厚的真皮。因此，体重的力量通过足的宽的区域被分担。足前段压力通常在第二、第三跖骨头区最大，较大的压力大多发生在行走过程中，甚至是跑步和跳跃时。

站立时，体重主要落在距骨下面和平的内侧纵弓。该动作增加了跟骨与距骨头之间的距离。伸展组织的拉力，尤其是足底深筋膜起着半杠杆作用，它是在承重范围内产生的轻度半杠杆作用，仅允许落在拱形边缘。像一个桁架的作用，杠杆支持并吸收体重。尸体解剖提示，足底筋膜是维持内侧纵弓的主要结构，切断筋膜之后，足弓刚性降低约25%。

足弓塌陷后，足后部会自然旋前几度，这在跟骨相对于胫骨轻轻外翻时，从后面看更明显。足部没有承重时，如果体重要转移到另一条腿，则足弓的弹性和韧性会将自身的高度恢复到前负荷状态。当这种机械结构再次吸收震动时，跟骨的轻度内翻回到其原来位置。

健康足站立时，足的固有肌和非固有肌几乎不起作用。相关组织的被动抑制主要控制内侧纵弓的高度和形状。当人在次要支持线上站立时，则要求有活动的肌肉的支持。例如举重，或因相关组织的过度伸展导致拱形缺少固有的支持时。仅在健康足的拱形承重超过 400 磅时（1780N），Basmajian 和 Stecko 显示了胫骨后部和固有肌在 EMG 上有意义的反应。

三、跗跖关节

跗跖关节是前足的基底关节，第二跗跖关节的运动是因为其基底部在楔状骨内侧和外侧呈楔形。通过足的稳固的中心基柱形成第二骨线（距骨和楔骨），第二骨线和第三骨线可以使足部保持纵向稳定，这与手部的第二骨线和第三骨线的功能相似。在站立期前足准备蹬地的动力学中，这个稳定性是很有用的。

运动最多的是在第一、第四和第五跗跖关节，其组成主要的背伸和跖屈，其他平面的动作幅度较小。在第一跗跖关节上，背屈伴随着内翻，跖屈伴随着外翻。在踝和足的联合运动是不标准的，因为不符合旋前和旋后的严格定义。因此，这个关节的运动功能是行走在不规则路面时，足的内侧能更好地适应地面。第一跗跖关节提供内侧纵弓背屈。在负重状态下行走，第一骨线在身体重力下会产生轻度弯曲。第一骨线不易弯曲，能够增强内侧纵弓的减震能力。

四、跖骨间关节

跖骨间关节因为缺少关节，增加了第一骨线的相对移动，与手相似。但不像手那样，深部的跖横韧带与五块跖骨远端全部接触。

五、跖趾关节

每个跖趾关节的移动有两个角度的自由度。伸展和屈曲发生在矢状面的内外轴，内收和外展发生在水平面的竖轴。这两个旋转轴插入每个跖骨头的中心。

很多人的跖趾关节缺乏灵活性，尤其是内收和外展。从中立位起，脚趾能被动伸展约 65°，屈曲 30°～40°。

六、趾间关节

趾间关节的屈曲和伸展运动会受到限制，屈曲幅度一般超过伸展幅度，关节近端的移动比关节远端的移动要大。伸展主要受趾屈肌和跖韧带的被动张力限制。

七、步态中各关节的相互作用

一般来说，足未承重时（如非承重时），脚底外侧旋前、内侧旋后。在承重时，足的旋前和旋后能使腿和距骨带动跟骨在三个平面上旋转。该运动通过距下关节、跗横关节和内侧纵弓间的相互作用予以完成。

就健康足而言，内侧纵弓的升高和降低是在步态中循环出现的，较低的弓形是对逐渐增加的体重的一个轻度反应，能抵抗足弓下降，帮助吸收体重带来的压力。因此，保护足部分是保护其骨结构。在步态循环周期的前 30%～35% 期间，距下关节旋前（外翻），能够增加足中部的松弛度。站立后期，足弓升起，将提高距下关节旋后足中部的刚性。刚性让足部能够承受蹬地相中更大的负荷。每一个步态周期，足部重复性的从一个弹性减震转变到刚性杠杆，这是一个重要的与临床相关的活动。距下关节是引导足的旋前和旋后运动中的主要关节。

1. 步态早期距下关节旋前　在步态中，脚后跟一接触地面，距小腿关节的背伸和距下关节轻微的旋后就会出现，且快速引起跖屈和旋前。距下关节的旋前受两个机制控制。

第一，跟骨接触地面时，通过跟骨的外前旋转轴引起跟骨尖端外翻。脚后跟接触地面的刺激在水平面上推动距骨头在倾斜面向下。与跟骨相关，距骨的外展和距下关节的背伸都与旋前一致。一个松弛的骨关节模型有助于观察这个运动。

第二，在站立相早期，胫骨、腓骨和股骨在脚后跟接触地面后发生内旋。由于距小腿关节的怀抱结构，下肢内旋会引导距下关节进一步旋前。有报道称，跟骨接触地面可引起距下关节旋前，而不是跟着腿部内旋。关于这一点，常常引发争议。

在步态早期，距下关节旋前的幅度很小，平均约 5°。在匀速步行中，平均持续约 1 秒钟的 1/4。旋前的程度和速度都不会影响下肢近端关节的运动。这可在最初承重的步态中通过夸张和放慢足前段的旋前动作来理解。根据站立时的承重将脚固定，小腿会有力、缓慢地向内旋转，后足会出现相应的旋前，同时内侧纵弓降低。如果力量过大，该活动会引起内旋、轻度屈曲，以及髋关节内收并对膝关节制造外翻压力。当肢体负重和正常速度行走时，并不都发生这种情况（图 12-7）。由于较低肢体的连接，距下关节过度或不能控制的旋前或多或少地夸张了带动相关关节的活动机制。在步态早期，过度旋前患者常说内侧膝痛，表面上看是膝关节网的过度劳损和内侧副韧带的过度拉伸。过度旋前是否会对内侧副韧带造成过度拉伸，或是相反情况还不是很明确。

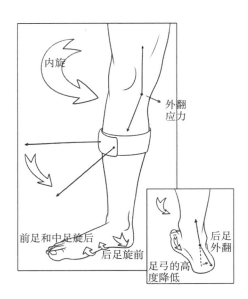

图 12-7　负重时膝、踝关节的变化示意图

　　小腿在过度旋前和内收的强度与周期之间的一个可预测性运动机制最终没有成立。受试者在行走时，精确测量这些运动机制在技术上存在困难。运动机制本身也呈多样化，很难下定义。一些研究者报道了单一骨的旋转机制，也有的报道的是骨与骨之间的旋转。给这些关系的起因和作用下定义前，其他研究是必需的。这些关系很重要，因为许多训练和矫形能够减轻因过度旋前而带来的疼痛。

　　2. 在步态中期距下关节旋后　旋后的运动机制：在步态循环中（15% ～ 20%），整个步态肢体戏剧性的由水平面从内侧向外侧旋转。当脚接触地面时，腿部外旋，对侧较低肢体开始摇摆并急剧重叠。在步态中，足着地时，跟随胫骨的股骨逐渐从内旋到外旋，逆向朝向距骨。在步态周期大约 35% 时，旋前（外翻）的距下关节开始转向旋后。距下关节旋后时，足中段和足前段须同时扭到旋前，以使足仍然完全与地面接触。在步态后期，距下关节完的旋后和升高、拉紧内侧纵弓可使足中段转化在一个较不易弯曲的水平。肌肉，如腓肠肌和比目鱼肌以这个稳定性转移力，在行走或跑步的伸屈阶段，通过足中段，从跟腱到距骨头。

　　由于一些原因，步态后期仍会有旋前。在一个时期，足中段很难稳定。作为结果，从足的固有肌肉和非固有肌到加强内侧纵弓需要过度的活动。长期的高强度活动能够引起肌肉的疲劳和疼痛。

　　3. 在步态后期足前段关节的活动　足前段关节包括与每一层相连的所有关节，从跗跖关节到脚趾的趾节间关节远端。在不同的步态周期中，这些关节为足前段提供了柔韧性和稳定性。

　　在步态站立后期，足中段和足前段必须相对稳定，不易弯曲，以承受与蹬地相关的压力。除局部固有肌和非固有肌活动，足靠增加内侧纵弓的张力进一步稳定足部。用脚

尖站立的方式抬升足弓，变化范围较大，蹬地期平均抬高 6mm。由于趾骨近端相连的
跖底深筋膜，跖趾关节的全部伸展通过内侧纵弓来增加拉力。当脚后跟和足大部分抬离
时，体重朝跖骨头内侧转移。跖骨头内侧有脂肪垫和籽骨，以及第二骨线和第三骨线作
为刚性杠杆，为趾屈曲肌的活动提供合适的基底。

与健康足相反，平足患者试图用脚尖站立时，虽然神经肌肉没有缺失，但却不能
明显抬升踝部，即使肌肉力量达到最大时。如果没有内侧纵弓的作用，不稳定、不固
定的足中段和足前段在受重情况下会凹陷。减少跖趾关节的伸展幅度会减少稳定足部的
作用。

4. 通过步态姿势，增加踝关节的稳定性　脚后跟与地面进行最初接触时，踝部会
很快跖屈，以降低脚与地面的接触距离。一旦步态中的脚底接触地面，则腿开始越过脚
向前（背屈）转动，继续背伸直到下一步的脚后跟接触地面。步态循环中的这一点，由
于许多拉伸的副韧带和跖肌屈曲有较大的张力，踝部逐渐变得稳定。当楔形的距骨前部
较宽时，背伸的踝关节会变得逐渐稳定，成为距腓关节的组成部分。楔形的作用是能引
起远侧胫骨和腓骨的轻度延伸，远侧的胫腓韧带和骨间膜则抵制了这个活动。开始行走
时，距骨小腿关节的稳定性很好，准备接受超过体重四倍的压力。

在背伸达到最大时，踝的凹陷处的轻度延伸能引起腓骨轻轻移动。胫腓韧带和骨间
膜前后延伸的力线能引起胫骨向上轻度转移，它是向近端胫腓关节的转移。因为这个原
因，近端的胫腓关节比相接的膝关节有较多的与踝相关的功能。

八、足运动机制多样性举例

足未承重时的旋前主要是距下关节和跗横关节旋前的综合作用。当足承重时，这些
是不会发生的。足在承重或固定在地面时，距下关节的旋前或许在足中段和足前段。足
中段和足前段收到来自地面的反作用力和相关旋前的扭曲。这个距下关节和足的更多前
方区域的相互作用的运动机制证实了足的多样性，放大了足在非承重时的其他活动，或
是足在承重时其他活动的中和。

1. 足过度旋前　控制正常的旋前动作，从运动学的角度看，在步态早期，控制距下
关节的旋前有一些有用的力学效果。距下关节的旋前允许距骨内旋，整个较低的远端对
抗稳固的跟骨。距下关节在水平面有很强的作用，可能提示了这个活动。在没有关节机
制的情况下，或者跟骨的跖肌表面能旋转，像一个小孩倒立，沿着腿的内侧旋转。旋后
肌肉的离心运动，例如，腓骨长肌能帮助加速旋前和抑制低的内侧纵弓。控制距下关节
的旋前，有助于通过足中段的屈曲，允许其调节各种形状和行走面的地形。

足过度旋前的病理学很复杂，尚未研究清楚。病理学涉及许多运动机制间的关系，
如足的关节之间或足的较低肢体间的关系。足在负重时，病理学特征是很明显的。足前
段的不正常运动会靠距下关节和副韧带来代偿。同时，外部因素，如矫形靴、不同的地
形、行走或跑步的速度均能改变足与较低肢体之间的运动学关系。理解整个较低肢体的
复杂的运动学特征是治疗疼痛或足排列不齐的一个必要条件。

过度旋前、足排列不齐的例子很多，它们影响了正常的行走。在步态分析中，常

见的导致距骨过度或难以控制的旋前有：①正常支持和控制内侧纵弓的力量弱。②距骨形状不正常或移动。③股骨过度前倾。④肌肉力量弱和屈曲度小。错误的结构在跟骨接触地面时，不能引起距下关节的过度外翻。距下关节的过度旋前是过度或抑制运动的代偿，部分在前面和水平面。足部最常见的畸形是距下关节内翻（内翻朝向中线）。对于畸形，在速度和/或幅度方面，距下关节依靠过度旋前进行代偿，以确保在步态中足前部的内侧面接触地面。

临床上，通常认为，足部支具或特殊的矫形靴能够控制距下韧带过度旋前。一般而言，足部支具是放入鞋内的一个辅助器械，目的是纠正足部的异常构造。最常见的是一个楔形物放于足部支具内侧，从理论上讲，它能控制距下关节旋前的斜率、幅度和时间顺序。作为足部支具的附件，一些临床医师也强调要提高肌肉的控制能力，以减弱旋前和其他与旋前有关的运动机制。这些肌肉组包括足部旋后肌和较多更近端的髋关节外旋肌和外展肌。该治疗方法的目的是减少旋前和足负重的程度。

足前部内翻也有相似的代偿。如距骨和小腿相关的内旋，或能通过整个肢体创造一连串的运动功能紊乱和代偿。胫骨与股骨间的不正常运动次序或许能通过增加膝关节"Q 角"角度，以及增加牵拉股四头肌和髌韧带的张力予以纠正。这样易使患者的髌骨关节发生紊乱。为此，临床在评估患者行走或站立时引起髌骨关节疼痛的原因，常标识距下关节的位置。

2. 踝部受伤导致末端背屈或跖肌屈曲 胫腓关节和骨间膜的近端与远端，在功能和结构上与距小腿关节相关。背伸末端损伤后，这个关系变得很明显。例如，从高处着地时，小腿超过距骨的剧烈背伸可使踝部向外，导致许多副韧带断裂。踝部向外的爆发力也能引起胫腓关节远端和骨间膜损伤，即所谓的高踝部扭伤。

跖肌完全屈曲，距小腿关节处于放松位置，踝和屈肌最多的是副韧带松弛。完全屈曲能引起胫骨和腓骨远端在距骨上松弛其之间的间隙。屈曲使距骨在平衡杠杆之间的宽度变窄，从而松弛踝部张力。踝关节完全屈曲时，能承受所有体重。因此，距小腿关节在这个位置上有相对的不稳定性。穿高跟鞋和从高处往下跳着地时屈曲通常位置是反向的，这便增加了踝部受伤的风险。

3. 畸形包括第一脚趾的跖趾关节 第一脚趾的跖趾关节畸形包括蹈内翻和蹈外翻。蹈内翻以限制运动和第一脚趾跖趾关节疼痛为主要特征。其机制目前尚不清楚，退化的情况常根据外伤的位置。随着时间进展，跖骨头背面形成的骨赘阻碍了过度伸展。运动受限和关节疼痛能够影响行走。正常的行走要求在步态后期脚后跟升高时跖趾关节能过度伸展 65°。蹈趾内翻的典型步态是在步态后期，为避免第一跖趾关节的过度伸展而出现患足外侧行走或脚尖向外。对此建议行走时穿矫形鞋，并避免上坡和下坡；情况严重者则推荐手术治疗。

蹈外翻的主要特征是第一脚趾逐渐向外偏离。虽然畸形表面涉及跖趾关节，但蹈外翻的病理力学特征常包括整个第一层。X 线显示，蹈外翻与其跗跖关节的第一跖骨过度内收有关，医学教科书称"第一内翻跖骨"。跖骨内收的位置结束于近端趾骨过度外展处，因此，暴露的跖骨头称蹈囊肿。如果跖趾关节外展的位置超过 30°，则近端趾骨常开始外翻，或在其长轴上旋转。囊肿畸形也称踇外展－外翻，说明了其在水平面和额状面偏离。

近端趾骨外展逐渐旋转轴力会产生一个不平衡肌肉的力量，该力量在正常排列整齐的跖趾关节产生。踇趾外展肌朝第一跖趾关节的跖面移动。踇趾内收和趾短屈肌的相互作用力逐渐增加了近端趾骨外侧的偏离。同时，内侧纵弓和筋膜的过度伸展也是向关节内侧移动的主要力量。踇外翻的人会经常避免第一跖趾关节受力，引起跖骨外侧接受一个较大的负重。踇外翻的病理力学特征涉及第一层呈 Z 形断裂，与风湿病患者的掌指关节尺侧偏移十分相似。

踇趾外翻的病因尚不清楚，但遗传学、不适合的矫形靴、足旋前引起踇趾外翻与这种情况下骨和关节的不对称。严重的踇趾外翻常与跖趾关节的脱臼、跖骨内翻、第一脚趾外翻、内侧跖趾关节囊肿、第二趾骨锤状趾、茧子、跖骨痛和骨性关节炎有关。严重的畸形和功能紊乱需外科手术介入。

4. 内侧纵弓的不正常形状

（1）平底足内侧纵弓下降　临床可见平底足的内侧纵弓逐渐下降，或者内侧纵弓低于正常。距下关节过度旋前导致跖肌筋膜过度伸展，从而引起足前部外翻。在这个位置，跟骨外翻偏离了中线。前足外展时，距骨和舟状骨被抑制，相邻的皮肤会长出茧子。中度或严重扁平足患者，分散足部负荷的能力会减弱。胫骨后面，固有肌和非固有肌产生的力有可能补偿相关组织过度伸展时产生的拉力。站立时，增加肌肉活动可引起疲劳，导致疼痛、胫骨托板、骨矫形、筋膜和组织炎症等情况。

（2）平底足的刚性或弹性变形　刚性平底足即使在非承重状态下拱形也是降低的。一为先天所致，二为骨和关节畸形，如跗骨联合（如跟骨和距骨外翻时的部分融合）、痉挛性麻痹所导致。刚性平底足会产生潜在疼痛，故往往要求儿童期做外科矫形术。

弹性平底足形成的拱形下降比较常见。通常未承重状态下，内侧纵弓正常；过度承重时，内侧纵弓会下降。弹性平底足与引起足过度旋前的其他异常结构与／或复杂机制有关。弹性平底足很少采用手术治疗，常采用矫形靴和锻炼的方式。

（3）平底足内侧纵弓不正常升高　内侧纵弓的不正常升高分为原发性和非进展性。拱形增高使距骨头更垂直于地面，从而导致跖骨头下面形成茧子和跖骨痛症，且往往在足前部的特殊区域。内侧纵弓不正常升高不像内侧纵弓不正常的降低那么常见。

5. 高足弓与压力性骨折之间的可能联系　一项 449 名美国海军、空军和陆军候选人的研究表明，不正常的高足弓形成压力性骨折的概率较大。较高的足弓包括前足较易旋后，与通过足部增加稳定性有关。因为柔软性的缘故，足部易遭受较大的压力，而发生骨折。有趣的是，该项研究还表明，不正常的低足弓也有患压力性骨折的风险。这项研究的参与者接受了额外的高强度物理训练。

分离的平底足或许是导致神经肌肉紊乱的次要原因，如 Charcot-Marie-Tooth 疾病、小儿麻痹、大脑瘫痪。在这些情况下，弓形足常与其他进展性疾病相关，如脚趾呈"爪形"、紧张的跖肌筋膜、代偿性足前段过度旋前，治疗包括手术和矫形。

第四节　神经支配

一、肌肉的神经支配

踝和足的非固有肌近端附着于小腿近端，一些肌肉延伸到股骨近端。然而，固有肌的附着点都在足的近端和远端。

1. 坐骨神经分支（$L_4 \sim S_5$） 非固有肌在小腿分前、外、后三室。每一层都由不同的运动神经支配。前层由腓总神经深部的分支支配，外侧由腓总神经浅表的分支支配，后层由胫神经支配。它们均为坐骨神经分支，起源于坐骨神经根部 $L_4 \sim S_5$。

2. 腓总神经（$L_4 \sim S_2$） 腓总神经在腓骨小头分为深支和浅支。腓总神经深支层支配的肌肉有胫骨前肌、趾长伸肌、踇长伸肌和第三腓骨肌，在远端支配趾短伸肌（如固有肌位于足的背部）。其感觉支支配第一、第二脚趾之间脚蹼的三角区。浅支在外侧支配腓骨长肌和腓骨短肌，也支配小腿和足背侧与外侧的皮肤。

3. 胫骨神经（$L_4 \sim S_3$） 胫骨神经和它的终末分支支配脚和足部区域剩余的固有肌和非固有肌。后层的肌肉分为浅层和后层两组。浅层组包括腓肠肌、比目鱼肌和小的跖肌。腓肠肌和比目鱼肌共同称小腿三头肌。深层组包括胫骨后肌、踇长屈肌和趾长屈肌。胫骨神经接近踝的内侧，越过脚后跟发出一个分支，支配这个区域的皮肤。

4. 内侧跖神经（$L_4 \sim S_2$）和外侧跖神经（$L_5 \sim S_3$） 在内踝后面，胫骨神经分叉，分为内侧跖神经和外侧跖神经。跖神经支配足的跖侧，运动神经支配所有的固有肌，除趾短伸肌外。支配足的固有肌神经的分布与手相似。内侧跖神经与正中神经相似，外侧跖神经与尺神经相似。

二、关节的神经支配

踝关节受胫神经的深支支配。一般来说，通过此区域的神经分支也支配足部其他关节的感觉。每一个大的关节通常可受到多种感觉神经支配，主要通过 S_1 和 S_2 神经根转移到脊髓。

三、腓神经或胫神经损伤引起的肌肉麻痹

1. 腓神经和其分支损伤 腓神经常见的分支位于浅表面，环绕腓骨颈时正好是腓骨长肌的深部。该神经易发生损伤、撕裂伤或外伤，包括腓骨骨折。腓神经深部分支的损伤可导致背伸肌瘫痪。背伸肌瘫痪时，脚与地面接触的时候，足部难以控制跖屈。在摇摆期，髋部和膝部必须过度屈曲，以保证脚趾能完全离开地面。

背伸肌肉瘫痪增加了在距小腿关节出现跖屈挛缩的概率。这种畸形被称为"下垂足"或"马蹄足"。令人吃惊的是，短期内的跖屈有可能导致跟腱的缩短和拉紧。重力有利于跖屈，故行走时矫形器能够维持足部的背伸。

腓神经浅表分支损伤可导致腓骨长肌和腓骨短肌瘫痪。瘫痪可引起足部旋转或足内

翻。足内翻常见于腓总神经损伤，也包括神经分支的深部和浅表部。背屈肌和腓骨肌瘫痪可导致距骨下关节跖屈畸形和足部旋后，即通常所说的"马蹄内翻足"。

2. 胫神经和其分支损伤　胫神经损伤有可能引起后层肌肉的减弱或麻痹。腓肠肌和比目鱼肌麻痹可导致跖屈力矩减少。固定的背屈对踝关节形成仰趾足，该名称反映了慢性背屈的踝部在站立初期足跟撞向地面，这常会导致跟骨垫反应性膨出。

足部的主要旋后肌麻痹可导致足部的旋前畸形，原因主要是胫骨前肌和胫骨后肌无反作用力的牵拉。足外翻是指外翻和外展导致旋前畸形，其中小腿后部肌肉麻痹增加了足外翻畸形的概率。

第五节　肌肉与关节的相互作用

一、肌肉的解剖与功能

（一）非固有肌

踝和足的肌肉的主要功能是提供静止的控制力、动态的推力和远端肢体末梢的减震。这些功能均通过固有肌和非固有肌加以体现。

由于所有的非固有肌都有大量的关节通过，所以其动作会涉及多个关节的活动。这可以通过胫前肌等肌肉活动踝关节和距下关节加以证明。

（二）前层肌肉

1. 肌肉解剖　前层的四块肌肉为一组肌肉群，胫骨前肌肉在胫骨近端的上半部、相邻的腓骨和骨间膜的前面与外侧附着。这些肌肉的肌腱通过踝背侧，被内衬滑膜的上、下伸肌韧带固定。位于内侧的主要是通过第一跗跖关节内、跖表面远端的胫骨前肌肌腱。长伸肌腱在胫骨前肌腱外侧，附着于第一脚趾背面。趾长伸肌的四个肌腱，通过背侧延伸，附着于中节和远节趾骨的背面（这些组织与手的延伸机制类似）。第三腓骨肌是趾长伸肌的一部分，有的认为是第五趾伸肌肌腱，第三腓骨肌连接第五跖骨的基底部。因此，前层的四块肌肉由内向外依次为胫骨前肌、跛长伸肌、趾长伸肌和第三腓骨肌。

2. 关节活动　胫前肌都具有踝关节背伸功能，因为它们经过前面到达踝关节的旋转轴。胫前肌的前部也通过旋转轴的内侧反转到距下关节。胫前肌的前部反转和内收距舟关节就像支持内侧纵弓。跛长伸肌的主要活动是在踝关节背屈和第一脚趾拉伸。在距下关节，内翻是可以忽略的，因为它的力矩短。另外，趾长伸肌和第三腓骨肌使足外翻抵消了距下关节的内翻。

胫前肌在步态早期和整个摆动期都很活跃。在早期步态，肌肉的活动是必需的，目的是控制跖屈的角度（如在脚后跟接触和足底变平时）。控制跖屈对脚的平稳着地是必需的。通过相似的活动，胫前肌减缓内侧纵弓降低的速度，包括足前部的旋前。在步态摆动期，胫前肌使踝背伸和脚趾伸展，以确保整个足部离开地面。

在近矢状面，使足背伸的能力要求胫前肌保持平衡。要使趾长伸肌和第三腓骨肌能够正常外翻或外展，必须抗衡胫前肌的内翻和内收。当胫前肌瘫痪时，踝部仍可以背伸，但足的动作会有轻度外翻和外展偏移。

（三）外层肌肉

1. 肌肉解剖 腓骨长肌和腓骨短肌位于腿部肌肉外层，会影响足的外翻。这两块肌肉的近端都从腓骨外侧发出，其中腓骨长肌的肌腱更表浅，向远端走行的距离更长。经过包绕足外侧副韧带，肌腱从后侧进入足的跖面，穿过腱鞘，抵达骰骨。此肌腱穿行于长短跖韧带间，将远端附着在第一跖趾关节的外侧。

腓骨短肌肌腱越过外踝后侧，与腓骨长肌伴行。两条肌腱通过相同的滑膜腱鞘向下走行，到达腓骨支持带。在支持带远端，腓骨短肌肌腱从腓骨长肌肌腱中分离出来，附着在远端第五跖骨茎突上。

2. 关节活动——跖屈和旋前 腓骨长肌和腓骨短肌是足部主要的外翻肌肉。这两块肌肉之所以能使距小腿关节跖屈，主要是因为外踝可作为一个固定的滑轮，能将腓骨肌肌腱移行至距骨小腿关节旋转轴的后侧。腓骨长短肌也可使距骨小腿关节和跗骨关节外展。这些肌肉为踝部的外侧运动提供稳定性。有踝关节内翻反复扭伤史和踝外侧副韧带损伤史的患者建议加强锻炼腓骨长短肌。

腓骨长肌远端附着处可使远至前足部分产生外翻。其表现为第一骨线基底处在足部无负荷状态下进行最大旋前动作时轻度的外翻和下压。腓骨长肌能稳定跗跖关节，抵抗胫骨前内侧的牵拉。如果缺乏这个稳定性，第一层有可能融合到内侧，造成踇趾外翻。

腓骨长肌和短肌是步行、站立中晚期最活跃的肌肉，是为距下关节旋后及踝关节由背伸转为跖屈做准备。腓骨肌肉的活动能够加速距下关节旋前的比例和程度。在脚接触地面时，后段的旋后在足中段和足前段产生了一个相对旋前的姿势。当腓骨长肌麻痹时，前足胫骨后肌的潜在旋后拉力便失去抵抗，足前段随着足后段旋前，导致依靠足的外侧缘行走。

在行走的伸屈过程中，在距小腿关节，腓骨肌肉帮助其他肌肉跖屈。腓骨肌外侧帮助缓解跖屈肌产生的强有力的内翻偏移，包括胫骨后、脚趾非固有的屈曲，并限制腓肠肌程度。当脚后跟进一步抬高时，胫骨肌（尤其是胫骨长肌）帮助身体重力从足前段外侧转移到内侧。中心的转移与足的方向相反，并发生于步态循环的开始时。

依靠许多内翻跖屈肌的强有力牵拉，腓骨肌的外翻力使足部得以稳定。这特别体现在用脚尖站立时，脚后跟抬高。腓骨长肌和胫骨后肌相互中和，为横断面和内侧纵弓形成的"束带"提供支持。该肌肉的作用是使未负重的足前部轻度旋前，为足部提供进一步的稳定。这个稳定是必需的，以便脚尖站立时，跖屈能有效地向前转移，超过距骨头。

（四）后层肌肉

1. 肌肉解剖　后层肌肉分为浅群和深群两组。浅群的小腿肌群包括腓肠肌和比目鱼肌（合称小腿三头肌），以及跖肌；深群包括胫骨后肌、趾长屈肌和踇长屈肌。

腓肠肌构成小腿凸出的腹部。腓肠肌的两个头部来自股骨内髁和外髁的后面。较大的内侧头沿腿部向下，与外侧头的中间相连，形成扩展的肌腱，从比目鱼肌插入肌腱后，形成跟腱。宽广的比目鱼肌位于腓肠肌深部，起自腓骨近端和胫骨中间的后面。比目鱼肌与跟腱相协调，因为其肌腱与跟骨粗隆连接。腓肠肌经过膝盖，比目鱼肌则不经过膝盖。跖肌从股骨髁上外侧上升。该纺锤肌的膨胀部只有 7 ～ 10cm 长，尤其是与环绕纺锤肌的肌肉相比则显得较短。跖肌有很长和纤细的肌腱，从腓肠肌和比目鱼肌之间经过，最终与跟腱内侧区域融合。踇长屈肌、趾长屈肌和胫骨后肌均位于比目鱼肌鞘内。作为一个肌肉组，这些肌肉从胫骨、腓骨和骨间膜的后面上升。位于中心的胫骨后肌被踇长屈肌外侧和趾长屈肌内侧覆盖。在这些肌腱的结合处，有并列的胫神经和血管从内侧面进入跖面。当肌腱通过踝和足时，其位置很好地解释了较强的旋后组成了这些肌肉。胫骨后肌、趾长屈肌和前面提到的神经血管束经过位于深部屈曲韧带的跗骨通道。跗骨通道与腕关节的腕通道相似。跗管综合征（与腕管综合征类似）的特点是包埋在胫神经鞘的屈曲韧带和超过足跖面的韧带。

踇长屈肌的肌腱经过远端的踝沟在距骨结节与距骨前方的支持物之间形成。纤维束将这个沟转化为滑液道，以固定该肌腱的位置。相对于胫骨后和趾长屈肌深部的肌腱，解释了为什么踇长屈肌不在跗骨通道中。在足的跖面，踇长屈肌经过第一跖趾关节的两块籽骨，最后与第一脚趾跖远端的跖面基底部连接。

趾长屈肌的肌腱经过远端的踝后部到达踝内侧。大约在跖骨基底部，趾长屈肌分为四个较小的肌腱，每个均与小趾远端的跖面基底部相连。

胫骨后肌肌腱在内侧副韧带后部的沟槽内，位于趾长屈肌肌腱前方。在足部跖面，胫骨后肌肌腱通过深部的屈曲韧带和浅表的三角肌韧带。在这里，肌腱被分为浅部和深部，并与除距骨外的每个跗骨和跖骨中心的一些基底部连接。过度的连接对内侧纵弓形成支持。断裂的肌腱有可能引起内侧纵弓塌陷和距骨高度下降，最主要和最易触及的是与胫骨后肌远端相连的舟状骨粗隆。

胫骨后和趾长屈肌的肌腱在副韧带作为一个固定滑轮将力量置于距小腿关节旋转轴的后面，腓骨肌也有类似的滑轮系统。胫骨后肌和趾长屈肌肌腱被屈肌支持带固定在内踝后侧。滑轮由内侧和外侧距骨结节和距骨的支持物形成。

2. 关节活动　关节的活动主要是跖屈曲和旋后。除腓骨长肌和腓骨短肌外，所有跖屈距小腿关节的肌肉也带动距骨下或跗横关节旋后。较强的内翻偏移依靠相对于距下关节的后层肌肉进行鉴别。在足部远端关节，趾长屈肌和踇长屈肌都有另外的活动，尤其在跖趾关节和趾间关节。

跖屈用于减弱或控制踝部背屈。跖屈的肌肉在步态循环中被激活，尤其在足部放平至脚趾离地期间。正常情况下，背屈肌肉放松后，这些肌肉便即刻有活性。从足放平到脚后跟抬离地面，跖屈的作用是减弱腿超过距骨的向前旋转（背屈）。但是在踝部离地至脚趾离地这一阶段，肌肉通过向心动作来提供伸髋时所需的推力。

跖屈用于加速踝部跖屈。健康者，跖屈最大的等力力矩超过了其他踝和足的联合运动。在行走、跑、跳和爬山时，加速身体上升和向前需要大的跖屈等力矩储备。踝在完全背屈（如跖屈伸长）至少完全跖屈时，跖屈力矩是最大的。一个人准备短跑或跳跃时，踝部常位于典型的跖屈位。有趣的是，在短跑起跑或起跳时，踝部较强的跖屈，所接触的腓肠肌被伸展的膝关节同时拉长。两个关节的排列阻止了腓肠肌过度缩短，从而允许较大的拉伸，而不影响膝盖的位置。在站立时，一方面，比目鱼肌的慢抽搐更适合控制相对慢的腿部越过距骨的运动；另一方面，腓肠肌的快速抽搐能够较好地提供跖屈推力，包括膝盖伸展，如跳跃和短跑。

所有的跖屈肌肉中，腓肠肌和比目鱼肌是最有力的。从理论上讲，踝关节能产生约80%的跖屈等力矩。小腿三头肌有较大的横截面积，以及较长的力臂，突出的跟骨粗隆提供小腿三头肌即时的力臂大约4.8cm。它起源于小腿关节，大约是其他跖屈肌肉即时力臂的两倍。

跖屈肌肉旋后的潜力：胫骨后肌、踇长屈肌和趾长屈肌是足部主要旋转的肌肉。胫骨后肌在距下关节产生最大的旋后力矩。小腿三头肌通过距下关节旋转轴的内侧，为该肌肉提供使足前部内翻的潜力。

二、肌肉的相互机制

（一）脚尖抬高时的生物机制

趾屈肌功能的强度经常要求受试者以脚尖站立进行评估。身体升高到极限，要求两个力矩的共同作用，一个在距小腿关节，一个在跖趾关节。代表腓肠肌的跖屈肌依靠在踝关节的跟骨和距骨旋转，使距小腿关节跖屈。但是用来抬高身体的主要力矩是靠跖趾关节的拉伸产生的。腓肠肌的动作围绕脚趾上的内－外旋转轴进行其内侧力臂远超过体重的外侧力臂。如此大的机械优势在骨关节系统也比较少。以跖趾关节作为枢纽的第二类杠杆，使得腓肠肌在抬升身体时，类似于人们抬起独轮车上负重物体的相似机制。这块肌肉需要产生1/3的向上力（或33%），以支撑跖屈位。身体内很少有肌肉只需产生比负荷还要小的力量。但是作为一个机制，从理论上讲，腓肠肌缩短的距离是身体重心垂直移动距离的三倍，这一机制使人们脚尖站立变得相对简单。

跖趾关节的运动高度拉伸范围：跖屈肌以此增加其内在的即时力矩，但在早期的描述中，这些关节的高度拉伸通过绞盘牵拉跖底筋膜。该活动帮助固有肌肉支持内侧纵弓和足前部不易弯曲，借助于允许足部接受体重带来的负荷。

（二）跖屈肌在膝关节伸肌中的作用

跖屈肌的一个重要功能是拉伸时稳定膝盖。观察跖屈肌减弱患者的步态会发现，这个功能十分重要。正常的跖屈肌在步态站立的中期至晚期可以"制动"或减低踝部的背屈。比目鱼肌功能减弱的患者站立时，腿部向前旋转，从而使体重在膝盖由后向内、向外旋转的力量发生转移。该转移会产生突然和没有去向的力矩。在这种情况下，踝部背屈在膝盖则偏离了屈曲。

比目鱼肌的一个重要功能是抑制腿的过度向前旋转，维持体重或使膝关节的内侧旋转轴向前。足部固定于地面时，踝部的跖屈肌能拉伸膝盖。部分比目鱼肌在拉伸时能够稳定膝盖。作为主要的慢肌，比目鱼肌耐力持久，不易疲劳，更适合控制站立时腿部距骨变化相对较慢且微小的姿势。比目鱼肌痉挛会产生一个有力和缓慢的膝盖拉伸偏移，一段时间后，这个偏移会造成膝反张畸形。

胫骨后肌、踇长屈肌和趾长屈肌在行走时也会产生控制旋前和旋后运动。从足底变平前到脚后跟抬离地面，胫骨后肌的活性在步态中长于其他旋前肌。在整个足部与地面接触时，胫骨后肌可减弱足前部的旋前。如果需要，则能有力地控制内侧纵弓下降。这个偏移活动，能够减少一些对胫骨后肌着地时的影响。在步态循环中，过度旋前或快速旋前的患者，为了满足胫骨后肌的需要，则小腿内侧肌肉会出现疼痛。

在步态循环的中期到后期，小腿旋转时，胫骨后肌、踇长屈肌和趾长屈肌共同引导足前部旋后。这时胫骨后肌仍支持内侧纵弓。

（三）从解剖和功能方面考虑各层固有肌

固有肌是指起源并插入足部的肌肉。足背面有一条固有肌——趾短伸肌，由腓神经的深部分支支配。趾短伸肌源于跟骨的背外侧，与跟骨关节相邻。这块肌肉发出四条肌腱：一条肌腱在第一脚趾的背侧面，为踇短伸肌，其他三条肌腱通过第四脚趾与第二趾长伸肌肌腱相连。趾短伸肌在脚趾拉伸，有助于拉伸踇短伸肌和趾长伸肌。

其他足部的固有肌源于足的跖面。这些肌肉与手的固有肌相似，所不同的是，足不包括第一到第五脚趾的反抗力。足跖面的固有肌在第四层均有形成点。跖筋膜位于第一层肌肉的浅表处。

1. 第一层固有肌　第一层固有肌是趾短屈肌、踇趾外展肌和小趾外展肌。作为一个组，它们起源的外侧和内侧行经跟骨粗隆和附近的软组织。趾短屈肌连接远端第四脚趾的趾骨，每个肌腱都有趾长屈肌通过。

踇趾外展肌起源于足的内侧缘，为进入足的趾神经提供了隐秘的通道。踇趾外展肌连接第一脚趾趾骨内侧缘的远端，与踇短屈肌的头部结合。小趾外展肌在足的外跖侧缘形成，连接第五脚趾基底部外侧边缘的远端。每块肌肉的外展和屈曲都代表各自的脚趾。

2. 第二层固有肌　第二层固有肌是足底的跖方肌和蚓状肌。这两块肌肉的功能与趾长屈肌肌腱相关联。足底方肌（趾副屈肌）附着于跟骨跖面的两个头上。这个足底的跖方肌帮助稳定趾长屈肌，阻止其在力的下面形成内侧混合。四个蚓状肌从趾长伸肌开始，形成近端的附着点。这些小而丰满的肌肉，通过次要脚趾的内侧，与它们连接的拉伸肌相连。其功能是屈曲跖趾关节和伸展趾间关节。

3. 第三层固有肌　第三层固有肌是踇收肌、踇短屈肌和小趾屈肌。作为一个整体，这些短肌起源于骰骨的跖面、楔状骨和跖骨，并形成一个局部组织。与手部的拇内收肌相似，踇收肌起源于两个头部——倾斜和横断面。这两个头部都与第一脚趾的近端基底部的外侧和相邻的外侧籽骨相连，肌肉屈曲和内收第一脚趾的跖趾关节。踇短屈肌也有两个头部，它们连接远端第一脚趾趾骨近端基底部的内侧和外侧，这些肌肉屈曲其各自脚趾的跖趾关节。

4. 第四层固有肌 第四层固有肌有三块跖面和四块背侧的骨间肌。跖面的骨间肌沿着第三层肌肉。所有的跖面骨间肌与手部几乎相同，只是脚趾的内收和外展是第二趾，而不是第三趾。

背侧骨间肌有两个头部，第二脚趾包括两个背侧的骨间肌，第三脚趾、第四脚趾各包括一个骨间肌。所有的背侧骨间肌插入趾骨近端的基底部；第一和第二骨间肌各自插入第二脚趾的内侧和外侧，第三和第四骨间肌插入第三和第四脚趾的外侧。每一个骨间肌外展跖趾关节。第三、第四、第五脚趾的每一个脚趾包括一个跖面骨间肌。每一块肌组成一个头部，并插入相对应的跖骨近端基底部内侧。这些肌肉各自内收它们代表的跖趾关节。

每一个固有肌的活动都是足部在无负重和脚趾能自由移动的情况下进行的，虽然这些活动允许临床上用以测试肌肉的强度和灵敏度，但在功能上没有相关性。足部的固有肌很少用于监测肌肉的灵敏度，如在步态循环中提供更多的平衡，增加足部的不易弯曲性和内侧纵弓的稳定性。

小　结

脚踝和足部作为合二为一的功能复合体，是下肢与地面间的动态界面。其适应能力非常惊人：柔软足以吸收反复应力，且适应不规则的地面。然而也有足够的刚性去支撑行走和奔跑时的体重及肌肉的推力。

有28块独立的肌肉在32个关节或关节复合体上动作，以控制脚踝和足部的运动及姿势。足踝可分为后足、中足和前足三个区域。虽然动作可独立发生在这些区域，但一般情况则不是这样的。尤其是在行走的站立期。大多数情况下，每个区域内动作是为了增强或适应足部其他区域和下肢产生的动作，通常应肌肉主动收缩和地面反作用力而产生。

足踝运动学是根据行走时站立期的主要事件说明的，由脚跟接触地面开始。站立期早期，踝关节在后足旋前时迅速进行跖屈，在步态应力吸收期，背屈肌和旋后（内翻）肌群离心收缩进行减速，吸收足部撞击地面带来的冲击力。

作为吸收应力和吸震机制的部分要件，内侧纵弓因体重慢慢下降。必要情况下，弹簧韧带、距舟关节关节囊、足底筋膜、胫后肌会参与其中，使足弓降低速度，减缓组织吸收能量，从而保护足部。如果不能控制后足旋前及内侧纵弓降低的速率和程度，时间一久，会导致局部组织受到破坏性压力和疼痛，治疗包括矫形器、特制的鞋、活动的改善、影响足踝控制肌肉的选择性伸展、肌力训练和下肢肌肉的再教育。

在步态站立期的中期至后期，整个下肢（先前呈现内旋）快速改变旋转方向。下肢外旋，虽然动作小到几乎难以察觉，但有助于使外翻的后足缓慢地转成内翻。足部和即将提高的内侧纵弓的结合，会增强足部的刚性。而这有助于稳定行走推进期的足部的纵向和横向运动。在站立期的较后期，足弓的提高主要依靠内翻肌肉（特别是胫后肌）的向心收缩和内在肌的作用。脚跟提起后，在脚趾离地之前，体重会移到前方的距骨头。持续共同收缩的内在肌和外在肌，与横跨过延伸的跖趾关节的绞盘机制共同作用，是提高足部稳定度的决定性要素。

足踝的损伤原因很多，包括结缔组织、肌肉、周边神经或中枢神经系统的影响。脚踝和足部很容易发生机械性创伤。急性创伤可由一个独立事件引发，牵涉到比较大的破坏性压力，如内翻扭伤、第五跖骨茎突骨折或严重的大脚趾过度伸展。慢性创伤是因较低强度应力的长时间累积，导致足底筋膜炎、腓骨长肌肌腱位移、胫后肌病变、跟骨骨刺或跖痛。微创伤造成的压力通常与足部关节或下肢近端的异常排列有关。异常排列会导致过度的运动代偿，使肌肉和支撑的结缔组织绷紧或诱发疲劳。因足部的使用频率很高，许多与压力有关的情况包括发炎和疼痛。

第十三章　步态分析 ▷▷▷▷

　　行走是人们视线转移的基础需要，也是人在一天中进行的最多的活动。从理论上说，行走是高效率的，因为它可使疲劳最小化；同时也是安全的，因为它能避免跌伤和损伤。实践证实，一个健康人在行走时能以最小的努力进行谈话、张望，甚至避开障碍物和一些失稳因素。

　　尽管行走对于健康人来说无需努力，但对学步的婴幼儿和衰老的老人来说，行走则是一项挑战。出生不久的婴幼儿，需要几个月的时间学会站立和行走。事实上，要到7岁，人才会有成熟的步态。在生命的后期，随着年龄的增大，行走会变得越来越困难。因为年老了，肌肉力量不足，平衡能力下降，所以老人需要一根手杖或陪护才能安全行走。

第一节　概　述

　　Weber 兄弟于 1836 年开始进行步态研究。他们利用计时器和带标卡尺的望远镜收集了一些有关步态的数据。例如，步长、步调、脚与地的距离，以及身体的垂直偏差。他们定义了步态循环的概念，如摆动阶段、支撑阶段、双足支撑阶段，很多术语沿用至今。Weber 兄弟提出的行走基本原则是使用最小的肌肉力量，这一概念沿用至今。

　　19 世纪，其他医学研究者，如 Marey 和 Vierordt 采用更先进的技术获得了更多的步态知识。Marey 的众多测量方法中，最常用的是带有气室的鞋子与记录器相连，从而获得步态摆动和支撑阶段的数据。还有一个比较聪明的方法是把墨水放在小的喷嘴里并与鞋子和肢体相连。行走时，墨水会喷到墙上和地上，从而提供行走时的持续记录。

　　电影摄影技术的进步也为人们提供了有力的工具，以研究和记录人们及动物行走的方式。Muybridge 是最早认识到利用电影摄像技术记录行走过程的人。最著名的是他引发了跑马的争议。1872 年，他采用摄影技术，拍摄了一匹跑着的马在非常短的时间内四脚几乎同时离地的照片。Muybridge 对人和动物动态图片的收集令人难以想象，这些图片于 1887 年印刷，1979 年再版。

　　对步态的最初研究仅限于分析，主要是在矢状位对行走进行记录，很少对冠状位进行记录。Braune 和 Fisher 在 1895 ～ 1904 年被认为是最初进行步态三维分析的人。他们用四台相机（两队分别对身体的每一侧运动进行记录）和一些附在身体各部分的灯管对关节运动进行了三维分析。

　　在整个 20 世纪，对行走的研究因为科学的进步而得到快速发展。对运动进行记录的仪器，从简单的摄影机到精密的红外线设备，真实记录了肢体各部分运动的数据。使用不同成像技术进行步态分析的研究者有 Eberhart、Inmam、Murray、Winter 和 Perry。最有价值的是 Murray，一个物理治疗师和学者，他在 20 世纪 70 ～ 80 年代发表了很多关于正常与非正常步态运动学方面的文章。他通过研究得出的关于残疾人行走运动学方面的数据影响了人工关节和下肢假肢的设计。同时，对于步态运动学更深刻的理解则需通过仪器测量脚与地之间的相互作用，力量的测量可计算出行走过程中关节所承受的力量与范围。

表面与肌内肌电也能记录行走时的电活动。将这些行走时肌肉电活动的信息进行整合后，肌肉在行走时所扮演的角色也就明了了。

如今，步态分析通常在生物力学实验室进行。通过使用两个以上同步的高速照相机就可获得步态分析的三维图像，使用插于地下的测力器能够测量地面的反作用力。肌电活动可通过多通道的肌电图获得。

有病理学改变的患者可通过仪器的步态分析而获得帮助。然而，这项技术的主要受益者是脑瘫患儿。这类患者能够通过仪器所得出的步态分析结果在手术前就决定正确的干预措施，同时也可用于术后对患者进行客观评价。

先进的技术有助于提高步态分析能力，但这些技术在临床很难获得。通常临床工作者须依靠直接观察获得患者的步态特征，这需要对正常步态有充分的理解与认识。

第二节　空间和时间分析

一、步态循环

行走是一系列运动循环的结果。行走最基本的组成单元是一个步态循环。步态循环始于足与地的接触，通常是在足跟，所以步态循环的起始点或开始是指足跟触地。步态循环的终点或完成是指同一只脚再次与地面接触时。步态循环是一个连续的事件，是指相继发生的同一只足跟接触地的过程。相比较而言，一步是指相继发生的对侧足跟接触地的过程，例如，左右足跟相继触地。因此，一个步态循环有两步——左足的一步和右足的一步。

对步态最基本的空间描述包括一个步态循环的长度和一步的长度。步态循环的长度是指同一足的足跟相继触地之间的距离。步长是指不同足的足跟相继触地之间的距离。比较左右两侧步长，有助于评价步态的对称性。步宽是指两次连续的足触地之间侧方的距离，通常为 7 ～ 9cm。足角即"外八字"的角度，是身体前进的方向与足的长轴之间的夹角，正常人约 7°。

对步态最基本的时间描述是步调，即每分钟的步数。其他对步态时间的描述还有步态循环时间（一个完整步态循环的时间）和步时（完成左或者右一步的时间）。通常情况下，对称的步态，其步时决定于步调（步时是步调的倒数）。

行走的速度与时间和空间的测量相关，是通过计算在规定时间内行走的距离而得出的。计算单位是米 / 秒或公里 / 小时。速度可通过以下几种方式计算：行走既定的距离所需的时间、在规定的时间所行走的距离或步调与步长的乘积。

基于年龄与身体因素，如体重和身高，行走的速度是有差异的。在所有步态的时间和空间的测量中，步速是对个人行走能力进行描述的最佳数据。

在正常人，一个步态循环（即连续的两步）需要 1 秒多一点的时间，距离是 1.44 米（4.5 英尺），步速为 1.37m/s。女性与男性相比，步速更慢，步长更短，步调更快。这些不同部分反映了在性别方面人体测量的差异。有趣的是，甚至以一个标准的步速行走时，女性与男性相比也有更快的步调和更短的步长。

相反，当步速变慢时，双足支撑期在步态循环中所占的百分比就会增加。较慢的步速，提供了更大的稳定性，因为双足支撑阶段在步态循环中所占的百分比更大。事实上，较慢的步速、变短的步长和变慢的步调常在老年人身上看到，其能增加步态的稳定性，防止跌倒。增加步速的方法有两种，即加大步长和提高步调。通常人们会把这两种方法结合起来，直至达到最舒适的步长。这时，步速的进一步提高只与提高步调有关。所有对步态的测量（时间、空间、运动学）都依赖于步速。因此，步态的特征研究应包括步速，以通过步速分析得到其他数据。

将支撑和摆动阶段再细分的话，传统意义的支撑阶段包括五部分，即足跟触地、足平放、中期支撑、足跟离地和大蹬趾离地。足跟触地是指足跟与地面的瞬时接触，发生在步态循环的 0%。足平放是指整个足短时间平放于地面，足平放大约占到步态循环的 8%。中期支撑通常指身体重量直接通过该下肢将其传递给处于支撑阶段的下肢。中期支撑的另一个定义是，在该时期，股骨大转子在矢状位上是垂直于支撑足中点的。事实上，中期支撑占步态循环的 30% 或支撑阶段的 50%。足跟离地发生在步态循环的 40%，是足跟瞬时离地时期。大蹬指离地发生在步态循环的 60%，是指大蹬指瞬时离地时期。离地这个时期是经常用到的。这个时期是由踝跖屈产生的，在步态循环的 40% ～ 60%。

尽管对摆动阶段的描述有很多不同说法，但这个阶段传统上被分为三段：早期、中期和末期。早期摆动是从大蹬趾离地到中期摆动时期（步态循环的 60% ～ 75%）。中期摆动与对侧下肢的中期支撑是同时发生的，这时摆动足刚好越过支撑足（步态循环的 75% ～ 85%）。后期摆动是指从中期摆动到足接触地的时期（步态循环的 85% ～ 100%）。Perry 最近提出了一种新的划分方法，将步态循环由原来的八部分归为七部分。

（一）支撑与摆动阶段

为了便于对步态循环进行描述，习惯上将步态循环从 0% ～ 100% 进行划分。如前所述，足跟触地被认为是步态循环的开始（0%），并且同一只足跟下一次的足跟触地被认为是步态循环的结束（100%）。本章我们以右下肢为例对步态进行描述。

右下肢完整的步态循环可分为两个主要阶段——支撑阶段和摆动阶段（图 13-1）。支撑阶段（从右足跟触地到右足尖离地）是指右足在地面上的阶段，即支撑了身体的重量。摆动阶段（从右足尖离地到下一次右足跟触地）是指右足尖离地到下一次右足跟触地，即右足悬在空中的阶段，为了下 1 次触地而向前移动。正常行走速度下，支撑阶段占 60%，摆动阶段仅占 40%。

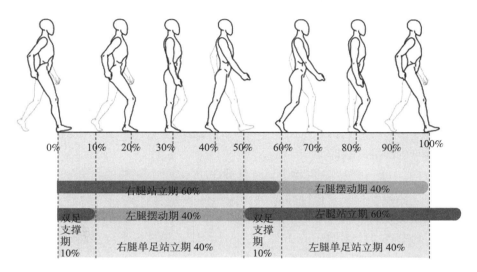

图 13-1 步态周期分期

在步态循环中，身体经历了两次双下肢支撑期（双足几乎同时触地时）和两次单下肢支撑期（仅单足触地时期）。步态循环的 0% ～ 10% 是第一个双下肢支撑期。这个时期，身体的重量被从左下肢转移到右下肢。直到步态循环的 50% 都是右下肢的单肢支撑阶段。这段时期，左下肢处于向前移动的摆动阶段。第二次双下肢支撑阶段是在步态循环的 50% ～ 60%，并且将身体的重量从右下肢向左下肢转移。最后，在步态循环的 60% ～ 100%，身体处于左下肢的单下肢支撑阶段。

左下肢的单肢支撑阶段与右下肢的摆动阶段是同时发生的。当步速提高时，双下肢支撑阶段在步态循环中所占的百分比会缩短。跑步运动员为了使步行速度尽可能加快，常保持单脚落地。运动员增加步速是通过提高步调、增加步长及将双下肢支撑阶段减少到使支撑和摆动阶段刚好相等的那个点而实现的。20 ～ 50 岁的成年人，最大步行速度是 2.4 ～ 2.5m/s 或 5.5 ～ 5.7km/h，赛跑时的步速则超过了 3.3m/s 或 7.5km/h。

步行周期是指触地初期、对侧足尖离地、足跟抬起、对侧足触地初期、足尖离地、双足靠近、胫骨垂直，之后再次触地，开始下一个步态循环。支撑阶段可分为四个时期：承重反应、支撑中期、支撑末期和摆动前期。摆动阶段可分为三个时期：摆动初期、摆动中期和摆动末期。除少数人外，这种划分方法得到了大多数人的认同。

这两种不同的划分方法容易让人混淆，很多人喜欢将它们相互使用。本章主要使用 Perry 于 1992 年提出的划分方法。为了避免混淆，我们将步态循环分时段进行描述。

（二）身体重心的转移与控制

行走可被定义为一系列的失衡与恢复平衡。行走初期，身体是向前倾斜的。为了防止跌倒，需要将另一脚足向前移到一个新的位置而暂时恢复平衡。一旦开始行走，身体向前的动力会使身体的重心向前越过足部新的位置，这样就迫使另一只脚向前一步。通过双脚连续、交替的移动位置，身体前进移动。这种流畅、受控制的恢复平衡的行为会一直持续，只要身体还在向前移动。当脚的位置阻碍了身体向前移动的动力，并且在双足支撑的静止时期恢复平衡时，行走就停止了。尽管这些描述提供了有关步态有用和相对精确的解释，但必须指出，行走是需要下肢肌肉参与的。

　　1. 身体重心的转移　身体的重心位于第二骶椎的前方，但对身体重心最好的观察方法是追踪头或躯干的转移。很明显，在行走过程中，身体最主要的移动方向是向前。然而，身体向前方移动的重叠构成了由两个正弦曲线组成的运动模式，这就与身体重心在垂直方向跟横向运动是一致的。

　　在垂直方向，每一个步态循环中，身体重心可由两个完整的正弦波描述（图 13-2）。对身体重心移动最好的理解可通过侧方对某人的观察获得。身体重心的最低点发生在两次双下肢支撑期的中点（步态循环的 5% ~ 55%），身体重心的最高点发生在两次单下肢支撑期的中点（步态循环的 30% ~ 80%）。成年男性以平均步行速度行走时，身体重心在垂直方向总的移动距离大约是 5cm。

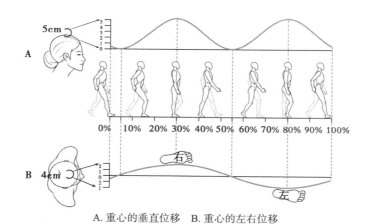

A. 重心的垂直位移　B. 重心的左右位移

图 13-2　重心在步行周期中的位移示意图

　　行走时身体重心的横向转移形成了一个在水平方向的单一的正弦波。这种身体重心的横向转移可从上方进行观察，但不是正上方，应靠前或靠后一些。在横向转移中，身体的重心从右下肢转移到了左下肢。重心最右侧位置出现在右下肢支撑阶段的中点（步态循环的 30%），重心最左侧位置出现在左下肢支撑阶段的中点（步态循环的 80%）。正常行走时，身体重心横向移动的总距离约为 4cm。这个距离会随着行走时双足横向距离的增加而增加，当然也会随着双足横向距离的减少而减少。

　　2. 身体重心的控制　在足跟触地后不久，身体重心开始向前、向上和向右足移动。这种移动方式一直持续到步态循环的 30%。从本质上说，身体是向上和向侧方将重心转移到支撑侧下肢。在右下肢支撑中期，身体重心达到了它的最高点和右侧的最远点。

在右下肢支撑中期过后，身体重心继续前移，但开始向下和向身体左侧转移。从本质上说，身体是从支撑的下肢开始向下移动的。这是步态循环中的关键时期。在左下肢的摆动阶段，身体依赖右下肢与地面的正确接触而逐渐转移身体重心并防止跌倒。在双下肢支撑期，左足跟触地后不久，身体重心位于双足之间的中点并达到它的最低点。同时继续向前和向左下肢移动，从右足踇趾离地到左下肢支撑中期（步态循环的80%），身体重心向前、向上和向支撑的左下肢移动。在步态循环的80%，身体重心再次达到最高点，但它位于左侧的最外侧。在左下肢支撑中期后不久，身体重心开始向下和向身体的右侧移动。当右足跟再次触地时，一个步态循环就完成了。

在单下肢支撑期，身体重心不会直接因支座（行走时双足的横向距离）的宽窄而发生改变。这也就说明了身体在行走过程中的相对平衡。在冠状位，为了避免失衡，足必须位于身体重心前移方向的稍侧方，以控制身体重心的横向移动。髋关节对足的正确位置摆放具有决定性作用，因为距下关节肌肉系统在冠状面上产生稳定力矩的能力是有限的。

二、运动能量与潜在能量

尽管从表面上看跑步是以一个恒定的前进速度进行的，但事实上每一步的速度都在发生变化。当处于支撑阶段的下肢位于身体前方时，速度减慢。相反，当处于支撑阶段的下肢位于身体后方时，速度加快。因此，在支撑中期，一旦身体"爬上"支撑下肢，它就达到它的最低速度；在双下肢支撑期，一旦身体从支撑下肢"落下"，尚未"爬上"对侧下肢时，它就达到它的最高速度。因为在跑步时身体的运动能量是速度的直接动力，最小运动能量在支撑中期（步态循环的30% ～ 80%），最大运动能量在双下肢支撑期（步态循环的5% ～ 55%）。

运动能量 $=0.5mv^2$（m 为身体的重量，V 为身体重心的速度），运动能量由潜在能量补给。潜在能量是指地心引力作用于身体重量时所产生的功能和身体重心的高度。在行走过程中，最大潜在能量发生于双下肢支撑期，身体重心达到最低点时（步态循环的5% ～ 55%）。

潜在能量 $=mgh$（m 为身体重量，g 是地心引力对身体造成的重力加速度；h 为身体重心的高度）。

行走时运动能量与潜在能量的图解说明，曲线间有一个关系很容易观察到。最大潜在能量的时间与最小运动能量的时间是一致的，反之亦然。当潜在能量从支撑中期到双下肢支撑期逐渐下降时（身体重心从最高点到最低点），运动能量逐渐增加（身体重心的运动从最小速度到最大速度）。相反，从双下肢支撑期到支撑中期，运动能量逐渐减小，潜在能量逐渐增加。在运动能量与潜在能量之间发生循环转移时，行走时的代谢消耗最小。

第三节　关节运动学

行走时，身体重心的移动方向是下肢各关节旋转角度综合作用的结果。这并不像汽车是由于轮胎转动而使其向前运动的。因此，下肢各关节的运动是指角旋转功能。尽管关节的角旋转主要发生在矢状面，但还是有少部分发生在冠状面和水平面。

一、矢状面运动

骨盆在矢状面的运动范围是很小的，通常将其当作骨性结构介绍。相反，髋关节、膝关节、踝关节和第一跖趾关节在矢状面都有较大范围的关节运动（图 13-3）。本章的步态循环是指从第一次右足跟触地到下一次右足跟触地。

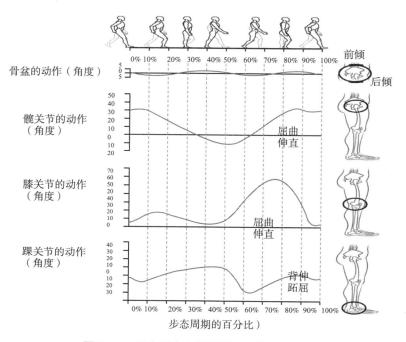

图 13-3　行走时在矢状面的角度变化示意图

1. 骨盆　骨盆在矢状面的运动是指骨盆围绕通过髋关节的内外侧旋转轴所发生的一系列向前和向后的倾斜。以中立位（骨盆倾斜 0°）的骨盆位置为参考。中立位是指骨盆处于放松姿势的位置。因为骨盆是相对坚固的结构，在以正常速度行走时，骨盆向前、向后倾斜的范围是很小的（共 2°～4°）。尽管骨盆的运动发生在髋部（骨盆与股骨间的屈伸）和腰骶关节（骨盆与腰椎之间的屈伸），但骨盆在整个完整步态循环中的运动模式类似两个完整波形的正弦波。右足触地时，骨盆接近中立位。在步态循环的 0%～10%，双下肢支撑期骨盆开始向前倾斜，并在支撑中期（步态循环的 30%）向后倾斜，直到蹬趾离地。在摆动阶段的初期和中期（步态循环的 60%～87%）骨盆再次向前倾斜，在摆动末期骨盆又开始向后倾斜。

通常，骨盆的倾斜角度会随着行走速度的增加而增加。然而，步速的不同也会导致骨盆倾斜范围、时限和方向的不同。较大范围的骨盆倾斜是随着步速的增加而发生的，这样可以增加下肢的功能长度，也就增加了步长。骨盆在矢状位的运动是因行走时髋关节和髋部屈伸肌肉主动、被动力量合力而引起的。病理状态下，伴有髋关节明显挛缩的患者在支撑期的后半部分（步态循环的 30% ～ 60%）会出现极其严重的骨盆前倾。髋前部结构的短缩会导致巨大的被动拉紧力量，从而引起骨盆前倾和脊柱前凸。

2. 髋关节 以正常速度行走，髋关节在足跟触地时前屈的角度大约为 30°。当身体前移超过固定足时，髋关节后伸，在足趾离地前，髋关节的最大后伸角度为 10°。足摆动前，髋关节开始前屈；足离地时，髋关节大约处于 0°位（步态循环的 60%）。在摆动阶段，髋关节进一步屈曲，以带动下肢前移到下一个位置。最大屈曲角度（稍大于 30°）发生在足跟触地时。需注意的是，足跟触地时，髋关节为了支撑体重已开始后伸。总的来说，正常行走时，髋关节大约需要 30°的前屈和 10°的后伸（从解剖位测量）。与下肢所有关节一样，髋关节的运动幅度与行走速度是相称的。存在髋部活动受限的患者行走时也许不会出现步态的偏差，这是由于骨盆和腰椎的运动代偿了缺乏的髋部运动，故而不太明显。明显的髋关节后伸可通过骨盆的前倾和腰椎前凸的增加而实现。相反，骨盆后倾加上腰椎前凸减少，可使髋关节出现明显的后伸。髋关节融合的患者，行走时需要用幅度很大的骨盆前后倾斜运动来代偿丢失的髋部运动。因为骨盆与腰椎的运动在力学上是与骶髂关节相关的，故过度的骨盆倾斜也许会增加腰椎的压力。而这些压力最终会刺激腰椎，导致下腰痛。

3. 膝关节 膝关节的运动模式要比髋关节复杂一些。当足跟触地时，膝关节大约屈曲 5°，并且发生在步态循环的前 15%，之后会继续再屈曲 10°～ 15°。膝关节的轻度屈曲由股四头肌的离心收缩引起。当身体重量逐步传递到下肢时，其可起到减震和支撑体重的目的。膝关节开始屈曲后，逐渐转变为完全伸直状态，直到足跟离地（步态循环的 40%）。在足趾离地时，膝关节的屈曲角度约为 35°（步态循环的 60%）。最大膝关节屈曲角度为 60°，发生在摆动中期开始时（步态循环的 73%）。膝关节在摆动初期的屈曲缩短了下肢的长度，从而加速了踇趾离地。在摆动中末期，膝关节几乎完全伸直，以为下次足跟触地做准备。

行走过程中，正常膝关节的运动是在水平面上发生的。膝关节的运动范围几乎是从完全伸直位到大约 60°的屈曲位。膝关节伸直受限（如膝关节屈肌挛缩）会导致下肢的功能长度缩短，影响支撑腿与摆动腿的运动。缺乏膝关节伸直功能的支撑腿将处于一个挛缩状态，包括髋关节、膝关节和踝关节，正常的摆动腿需要更大的膝关节和髋关节的屈曲使踇趾离地。双下肢不等长会使躯干和身体重心移动过度，从而增加行走时的代谢需要。行走时屈曲挛缩的膝关节也会增加膝关节伸直肌群的能量消耗。

行走时在摆动阶段缺乏的膝关节屈曲会影响踇趾离地。为了代偿，髋关节必须过度屈曲。如果膝关节在完全伸直位因矫形支具或石膏而制动，则髋关节需做出更大的代偿。

4. 踝关节　当足跟触地时，踝关节处于轻度的跖屈（0°～5°）。在足跟触地后不久，由踝关节背伸肌的离心收缩会控制踝跖屈，使足平放于地面。当胫骨前移越过固定的足时，踝背伸可增加到 10°（步态循环的 8%～45%）。在足跟离地后不久（步态循环的 40%），踝关节从开始跖屈到足趾离地，跖屈角度最大可达 15°～20°。在摆动阶段，踝关节再次背伸到中立位以使足趾完全离地。

以平均速度跑步时，踝关节需要大约 10°的背屈和 20°的跖屈。有趣的是，行走时较大的背伸发生于支撑阶段而非摆动阶段。与膝关节、髋关节类似，踝关节活动的受限导致异常的运动模式。例如，踝关节跖屈受限可能会导致步长缩短。

相反，如果因跟腱挛缩导致支撑期不充分的踝背伸，就可引起不完全的足跟离地，导致"跳跃"步态。由于踝背伸受限引起的"跳跃"步态限制了身体的前移，故步长也会缩短。"外八字"步态在某些情况下能代偿踝背伸不足。有明显"外八字"的人，在支撑期的后半阶段会外翻前足内侧方。尽管"外八字"可减少对踝背伸的需要，但它会增加足与膝关节内侧结构的压力。

某些严重的患者，伴有马蹄足畸形（固定于踝跖屈），其以过度伸直的足趾行走，而足跟却不再能接触地。这种情况常见于脑瘫患儿。

踝背伸受限也会影响摆动阶段的足趾离地。为了代偿就必须增加髋或膝关节的屈曲。踝背伸受限引起的原因有踝跖屈肌僵硬、腓肠肌挛缩和踝背伸肌无力。

第一跗跖关节：它可进行轻度的跖屈和背屈，以便行走时使足底形成足弓。

第一跖趾关节：大踇指的第一跖趾关节对于正常行走很重要。在足触地时，第一跖趾关节呈轻度过伸位。从足跟触地后不久到足跟离地，第一跖趾关节处于中立位。从足跟离地到足趾离地前，第一跖趾关节处于 45°～55°的过伸位（该角度的测量是在第一跖骨与大踇趾近节趾骨的长轴之间）。在支撑期阶段的后半期和摆动初期，该关节从屈曲位到中立位。

软组织损伤可导致第一跖趾关节过伸受限，如关节扭伤或退行性改变均可引起明显的"外八字"步态。这种异常步态的结果是不能有效前移。"外八字"步态还会增加膝关节和足内侧结构的压力，包括大踇趾。

二、冠状面运动

关节在冠状面的旋转范围小于矢状面。然而重心旋转是很重要的，特别是在髋关节和距下关节。

1. 骨盆　行走时骨盆在冠状面的运动可以从一个人的前方或后方进行观察髂嵴的升降。下肢支撑骨盆与股骨间总的内收和外展幅度为 10°～15°。当右下肢支撑体重时（步态循环最初的 15%～20%），左半侧骨盆逐渐下降是因右半侧股骨间内收运动引起的。

在步态循环的 20%～60%，支撑期的右下肢髋关节逐渐外展，因此提升了左侧摆动腿的髂嵴。在右下肢几乎整个摆动期，左半侧骨盆与支撑腿（左侧）的股骨间内收运动会引起右侧髂嵴逐渐下降。

2. 髋关节　髂骨的升降反映了髋部在冠状面的运动。在支撑阶段，髋部在冠状面的运动几乎完全源于骨盆与股骨运动。在摆动阶段，骨盆和股骨的运动会导致髋关节回到中立的冠状位。

3. 膝关节　关节的几何学及强有力的侧副韧带，使膝关节在冠状面维持稳定。在冠状面有很小范围的关节运动，但很难定量。当以 1.2m/s 的速度行走时，插入股骨和胫骨针电极提示，在足跟触地期，膝关节的平均外展角度是 1.2°。该角度在整个支撑期都保持不变。在摆动初期，膝关节的外展角度可增加 5°。膝关节最大的外展角度发生于膝关节在矢状面处于最大屈曲位时。在下一次足跟触地前，膝关节回到轻度外展位。患有骨性关节炎和下肢韧带功能异常的患者，膝关节在冠状面的运动会受到影响。

4. 踝关节　踝关节的主要运动是背屈和跖屈。踝关节背屈时可伴随轻度的外翻和外展，踝关节跖屈时可伴随轻度的内翻与内收。这些次要的冠状面和水平面的运动范围是非常小的，可忽略不计。

5. 距下关节　旋前与旋后的三维运动是距下关节与横向的跗骨关节相互作用的结果，旋前动作包括外翻、外展和背屈，旋后动作包括内翻、内收和跖屈。距下关节运动角度的测量是跟骨后方与小腿后方的夹角。

足跟触地时，距下关节内翻的角度为 2°～3°。足跟触地后不久，跟骨开始快速外翻并一直持续到支撑中期（步态循环的 30%～35%），最大外翻角大约 2°。与此同时，距下关节向相反的方向运动，开始内翻。正常情况下，在步态循环的 40%～45%（接近足跟离地时），跟骨处于相对中立的位置。从足跟离地到足趾离地这段时间，跟骨继续内翻，直到大约 6° 的内翻角。在摆动阶段，跟骨处于轻度内翻姿势，直到下一次足跟触地。

行走时，足的旋前、旋后运动伴随足弓高度的改变。

三、水平面运动

目前，关于下肢水平面运动学的研究很有限。为了提高测量的准确性，研究者有时会将坚硬的金属针固定在研究对象的骨盆、股骨和胫骨上。依靠这些金属针作为标记，利用摄影机就可追踪骨骼的运动。

1. 骨盆　行走时，骨盆在水平面的旋转是围绕垂直轴进行的，它是通过支撑腿的髋关节发生的。以下对骨盆旋转的描述是通过对右足步态循环的俯视观察进行的。

在右足跟触地时，右侧的髂前上棘相比左侧是靠前的。在步态循环最初的 15%～20%，骨盆内旋。在右下肢支撑阶段的余下时期，当左侧髂前上棘与摆动的左下肢一起前移时，骨盆出现外旋。当左踇趾离地时，右侧髂前上棘落后于左侧髂前上棘。在右下肢的摆动阶段，右侧髂前上棘逐渐前移。在整个步态循环中，骨盆向每个方向旋转的角度为 3°～4°。当步速和步长增加时，会出现较大的骨盆旋转。

2. 股骨　步态循环最初的 15%～20%，足跟触地后，股骨内旋。大约在步态循环的 20%，股骨开始向相反的方向旋转，即外旋，直到踇趾离地后不久。在摆动阶段的大部分时间，股骨呈内旋。行走时，总的来说，股骨向每个方向旋转的角度为 6°～7°。

3. 胫骨　胫骨的运动模式与股骨非常相似。胫骨向每个方向旋转的角度为 8°～ 9°。

4. 髋关节　股骨与骨盆几乎同时发生旋转，在右足跟触地时，基于相对靠后的左侧髂前上棘而言，右侧髋关节发生轻度外旋。在右下肢支撑期的大多数时间，左侧髂前上棘前移时，右侧髋关节处于内旋位。最大内旋角度发生在步态循环的 50%。从步态循环的 50% 到摆动中期，右髋关节处于外旋位，这时右下肢离地并前移。从摆动中期到右足跟触地，右髋关节处于内旋位。

5. 膝关节　在足跟着地时，膝关节处于 2°～ 3°的相对外旋位（胫骨的外旋是相对于股骨而言）。整个支撑期，膝关节逐渐内旋，这是因为胫骨的内旋角度比股骨大。到蹈趾离地时，膝关节处于大约 5°的相对内旋位（胫骨相对于股骨而言）。在摆动阶段，膝关节外旋，直到下一次足跟触地。

6. 踝关节和足　踝关节在水平面的运动范围很小，可以不用考虑。距下关节的主要运动（内翻与外翻）发生在冠状面。

四、躯干与上肢

躯干与上肢在维持平衡与减少能量消耗方面有着重要作用。

1. 躯干　行走时，身体的重心随着躯干的移动而移动。躯干的移动方式是在水平面围绕垂直轴进行旋转。肩带骨的旋转与骨盆的方向相反。肩带骨总的平均旋转范围是 7°～ 9°。躯干的行走模式对行走的有效性来说很重要。行走时，躯干活动受限会将能量消耗提高 10%。

2. 肩关节　在矢状面，肩关节呈现的是正弦运动模式，与髋关节的屈伸不同。当股骨后伸时，同侧的肱骨前屈，反之亦然。在足跟触地时，肩关节处于最大的后伸位，从解剖中立位测量大约为 25°。在步态循环的 50%，肩关节逐渐旋前达最大前屈角度，约为 10°。在步态循环的后半部分，同侧的髋关节前屈时，肩关节在下次的足触地时处于最大后伸位（约 25°）。

肩关节的运动模式每个人都是相同的，但运动的幅度有明显差异。通常情况下，肩关节的运动幅度随步速的增加而增加。上肢的摆动不完全是被动的，部分是主动的，特别是肩关节的后伸需要三角肌的后组肌群主动收缩。上肢摆动的主要功能是平衡躯干的旋转力量。目前的研究结果尚未显示肩关节活动受限对跑步时的能量消耗有明显影响。

3. 肘关节　肘关节在足跟触地时大约处于 20°的屈曲位。在步态循环的前 50%，肩关节前屈，肘关节也屈曲到最大角度约 45°。在步态循环的后半段，肩关节后伸，肘关节回到 20°的屈曲位。

五、能量消耗

行走时的能量消耗是以每公斤体重行走每米消耗了多少 kcal 计算的，即 kcal/m·kg。通常能量消耗是直接通过耗氧量计算的。行走时，身体尽力使能量消耗最小。能量节约是通过减少身体重心的转移幅度而获得的。

节约能量最适宜的步速大约为 1.33m/s，或 80m/min（3mph）。该速度不但可使身体最大效率地利用能量，同时也与在街上自由行走所采用的速度完全一样，超过最适速度或低于此速度都会增加行走时的能量消耗。

步速是步长与步调的产物，将步长与步调最终结合，形成最适步速是人类天生的能力。最适步速可最大效率地利用能量。当步速改变时，能量消耗也随之改变。步长与步调标准的最适比率，男性为 0.0072 米 / 步 / 分，女性为 0.0064 米 / 步 / 分。在以固定的步速行走时，增加步长或步调会增加能量消耗。

非正常行走时，能量消耗会增加。当每单位距离行走的能量消耗增加时，身体残疾的人就会放慢步速，以使每分钟的能量消耗保持在有氧水平。他们会很自然地采用对自己最舒适和最有效的步行速度。

六、减少能量消耗的运动方法

行走时有五种方法可减少身体重心的转移幅度，以优化能量的效率。应用前四种方法可使身体重心的垂直转移减少。

1. 减少身体重心垂直转移的方法　要限制身体重心向下转移可通过水平面骨盆的旋转和矢状面踝关节的旋转实现。水平面骨盆的旋转可带动整个下肢向前摆动，故固定步长就可使髋关节的屈伸范围达到最小。若下肢在步态循环中更靠近垂线方向，则可减少身体重心下移的幅度。在矢状面，踝关节的旋转可利用踝 / 足构成的倒 "T" 结构实现。在足跟触地时，踝关节的调整可使凸出的跟骨触地，从而延长下肢的功能长度。接近支撑末期时，髋关节后伸，膝关节开始屈曲，下肢因踝关节的跖屈而拉长（即足跟上提）。在支撑初期与末期，下肢的功能长度都被拉长，从而进一步减少了身体重心的下移。

限制身体重心的上移可通过支撑阶段膝关节的屈伸实现，那时下肢处于垂直位的站立期。冠状面骨盆的旋转可进一步减少身体重心的上移。在支撑期，对侧髂嵴下移时同侧髂嵴上移。因此，在整个步态循环中，两侧的髂嵴交替升降就像跷跷板的两端，而髂嵴刚好位于 S2（该点代表了身体重心）的前方。

S2 可看作是跷跷板的支点，四种方法联合使用可使身体重心垂直方向的净转移减少。减少身体重心的下移，可通过水平面骨盆的旋转和矢状面踝关节的旋转而获得。减少身体重心上移也可通过支撑期膝关节的屈曲和冠状面骨盆的旋转而实现。

2. 身体重心水平转移的方法　行走时，在双足的动态支撑下，身体重心从一侧转移到另一侧。通过减少步宽可尽力减少身体重心在水平面的移动幅度，步宽是髋关节在冠状面的运动表现（即髋关节的内收与外展）。

尽管减少步宽能够减少身体重心的水平移动幅度，从而减少能量消耗，但这也减少了动力的支撑基础大小。平均步宽 7 ～ 9cm，在力学方面，该宽度对减少身体重心的水平移动已是足够窄了，而对提供充分的支撑面基础来说则足够宽了。过宽或过窄的步宽都需在能量消耗或平衡方面作出让步。例如，患有平衡障碍的患者，需要更宽的支撑基础，但需以增加行走时的能量消耗为代价。

第四节　步行中的相关肌肉

在一个步态循环中，下肢的大多数肌肉都有一到两次电活动的爆发，通常持续100～400ms（步态循环的10%～40%）。像所有其他步态构成元素一样，肌肉电活动的形式在每一步都是重复的。肌肉在步态循环中的电活动信息为它们的特殊角色提供了新观点。

下肢肌肉的电活动已被广泛用肌电图进行研究。肌肉的电活动是短暂的，表现为"开"或"关"。"开"是指肌肉的电活动水平到达静息电位以上的预定水平，其他时候肌肉的电活动则处于"关"的状态。

一、髋关节

髋关节有三组肌群在行走时扮演重要角色：伸髋时，臀大肌和腘绳肌起着重要作用；屈髋时，髂肌和腰大肌起着重要作用；髋外展时，臀中肌和臀小肌起着重要作用。然而对于髋关节的内收和旋转的研究还不充分。

1. 伸髋　臀大肌在摆动末期开始离心收缩。臀大肌的离心收缩有两个目的：使屈髋减速，同时使下肢肌肉在支撑阶段开始做好支撑体重的准备。在足跟触地时，臀大肌的强烈收缩可导致伸髋，防止躯干过度前倾。如果骨盆的前移因足跟触地减慢，而此时躯干仍继续前移，就会出现躯干的过度前倾。臀大肌从足跟触地到支撑中期都一直处于收缩状态（步态循环的前30%），以支撑体重并产生伸髋动作。当足固定于地面上时，臀大肌的强烈收缩也间接协助伸膝动作。在步态循环最初的10%，腘绳肌协助臀大肌。与臀大肌相似，腘绳肌的功能是伸髋及支撑体重。

2. 屈髋　在步态循环的30%～50%，髂肌和腰大肌先进行离心收缩，使髋关节伸展。随着脚趾离地，开始向心收缩产生屈髋动作，使髋关节在踇趾离地前屈曲，并带动下肢进入摆动初期，但主动的屈髋运动仅占摆动阶段最初的50%。摆动阶段的后50%屈髋是因大腿在摆动初期所获得的向前惯性而产生的。股直肌在屈髋时也起到应有的作用，协助前面所提到的运动。屈髋的重要作用是使小腿在摆动阶段前移，为下一步准备，并且抬升小腿，使踇趾在摆动阶段离地。缝匠肌的运动与髂肌和腰大肌相似。

3. 髋关节外展　在矢状面，髋关节的前屈和后伸具有重要作用。髋关节的外展过程中，臀中肌、臀小肌和阔筋膜张肌在冠状面发挥了稳定骨盆的作用。臀大肌在接近摆动阶段终点时开始收缩，为足跟触地做准备。臀中肌和臀小肌（髋关节外展的主要肌群）在步态循环的最初40%处于最大收缩状态，特别是单下肢支撑期。

髋关节外展的主要作用是控制摆动侧下肢对侧骨盆的轻微下降。在支撑后期，这些肌肉在离心收缩后开始向心收缩，以启动髋关节的外展。在冠状面，来自髋关节外展肌群的适当力矩对行走过程中冠状面的稳定至关重要。在外展肌群较弱的对侧，使用手杖可减少对该侧肌群的需要，从而减少因体重引起的冠状面的不稳定。

髋关节的外展可控制股骨在冠状面的位置。不适当的肌肉收缩会导致股骨过度外展，从而使髋关节在支撑阶段产生过度外翻的力矩。臀中肌还有一些额外的重要作用，包括使用前部肌纤维辅助髋关节的屈曲和内旋，以及使用后部肌纤维辅助髋关节的后伸和外旋。

4. 髋关节的内收和旋转 在步态循环中，髋关节有两次内收运动。第一次是在足跟触地时，第二次是在踇趾离地后。第一次内收是与髋关节的后伸和外展一起稳定髋关节，也有可能是大收肌及其他内收肌在髋关节内收的协助下髋关节伸展。第二次内收是在踇趾离地后，功能是在屈髋开始时辅助屈髋。在髋关节屈曲时（足跟触地时髋关节的位置），髋的内收可辅助伸髋；在髋关节后伸时（足趾离地时髋的位置），髋的内收可辅助屈髋。

5. 髋的内旋肌 髋的内旋肌包括阔筋膜张肌、臀小肌和臀中肌的前部肌纤维，其发生于支撑阶段的大部分时期。这段时期的内收能促使对侧骨盆前移，辅助摆动下肢前移。

6. 髋的外旋肌 髋的外旋肌由六组小的外旋动作组成，由臀中肌的后部纤维和臀大肌引起。这些肌肉与髋的内旋肌一起控制髋在水平面的位置，尤其是在下肢固定在地面时，这些肌肉控制着整个骨盆的旋转。其旋转对行走和奔跑过程中的快速改变方向很重要。

在支撑早期，外旋肌肉的离心性收缩对抑制下肢的内旋尤为重要。外旋肌群不适当的力量会导致股骨的过分内旋，尤其是伴足内旋的患者。

二、膝关节

在行走中，膝关节有两组肌群——屈膝肌群和伸膝肌群扮演着重要角色。

1. 伸膝 在摆动的终末期，股四头肌的收缩为足跟触地做准备。伸膝主要发生在足跟触地不久。股四头肌在伸膝时的功能是抑制步态循环最初10%时膝关节的屈曲。在步态循环中，当下肢开始支撑体重时，股四头肌的离心收缩可起到减震和缓冲的作用，并可防止膝关节过分屈曲。之后，在支撑中期，股四头肌开始向心收缩，起到伸膝和支撑体重的作用。某些人踇趾离地后会立即出现股直肌的有力收缩，这一现象反映了屈髋时跨过多关节肌的作用。

2. 屈膝 腘绳肌在从足跟触地前到足跟触地后这段时间处于最大收缩状态。在足跟触地前，腘绳肌收缩，使伸膝运动减慢，从而使足能平放于地上。在支撑阶段的最初10%，腘绳肌收缩辅助伸髋，同时与其他肌群协同作用，增加膝关节的稳定性。在摆动阶段，股二头肌短头在伸膝时也起到了辅助作用。

三、踝关节和足

正常行走时，踝关节的肌肉，如胫骨前肌、趾长伸肌、踇长伸肌、踝跖屈肌、腓肠肌、比目鱼肌、胫骨后肌、腓骨肌和足内在肌均起着重要作用。

1. 胫骨前肌 在一次步态循环中，胫骨前肌有两次收缩。当足跟触地时，因足跟对体重支撑而引起被动的踝跖屈。此时胫骨前肌强有力的离心收缩可减慢这种踝跖屈。从足跟触地到足放平在地期间，胫骨前肌的离心收缩也会对足的内旋起到抑制作用。

第二次胫骨前肌收缩是在摆动阶段踝背伸时，此次肌肉收缩的目的是使足趾离地。在摆动阶段，如果胫骨前肌及其他踝背伸肌的力量很弱的话，就不能使踝背伸。这时会形成"垂足"，导致患者在摆动阶段过度的屈曲踝关节。垂足可引起足掌先触地。通常对垂足的治疗方法是用一个后方的踝足支具，使踝关节在摆动阶段维持于背伸位。

2. 趾长伸肌和踇长伸肌　与胫骨前肌相似，在足跟触地时，趾长伸肌和踇长伸肌使踝跖屈减慢。然而在负重时和支撑中期，这些肌肉则缺乏抑制足内旋的力线。在摆动阶段，趾伸肌协同踝背伸和伸趾，以确保足趾离地。

3. 踝跖屈肌、腓肠肌和比目鱼肌　在支撑阶段的大部分时期，这些肌肉处于收缩状态。从步态循环的 10% ～ 40%，踝趾屈肌进行离心性收缩，并抑制踝背伸。踝跖屈肌的收缩主要发生于足跟将要离地时，这时收缩力量迅速下降，到足趾离地时在极短的时间内迅速缩短，引起踝跖屈，从而导致身体前冲，这就是"蹬地期"。

腓肠肌在摆动初期也有较弱的肌肉收缩，以协助屈膝。其他踝跖屈肌（胫骨后肌、踇长屈肌、趾长屈肌和腓骨肌）协助比目鱼肌和腓肠肌的踝跖屈运动。

4. 胫骨后肌　胫骨后肌在步态循环的 5% ～ 55% 处于收缩状态，在步态循环的 5% ～ 35% 减慢足的内旋，在步态循环的 35% ～ 55% 减慢足的旋后。

就脑瘫患儿而言，胫骨后肌尤需引起关注。痉挛的胫骨后肌和比目鱼肌会引起马蹄内翻足畸形，导致患者行走时踝跖屈和旋后。

对于扁平足患者，足过分旋后会导致一种叫胫骨肌夹击的症状。该症状是因过度使用胫骨后肌或胫骨前肌，导致持续性疲劳所引起。当旋前肌在支撑早期试图控制足的过分旋后，对旋后肌的过分使用就会增加旋前肌的负担。

5. 腓骨肌　腓骨短肌和长肌在步态循环的 20% ～ 30% 开始收缩，直到足跟离地。腓骨肌的功能是使踝跖屈和外翻，这些旋前肌（外翻肌）协助对抗胫骨前肌和胫骨后肌引起的足内翻。腓骨肌还有协助调整状态和稳定距下关节的作用。

6. 足内在肌　足内在肌从支撑中期到足趾离地处于收缩状态（步态循环的 30% ～ 60%），特别是如果穿了一双不太合脚的鞋，它的收缩就会更明显。足内在肌能够稳定足前掌，提升足内侧纵向足弓的高度，在支撑末期和摆动前期为踝跖屈提供稳定的杠杆。

四、躯干

这里仅讨论竖脊肌和腹直肌。

1. 竖脊肌　中腰部（L_3 ～ L_4）平面的竖脊肌在步态循环中有两次收缩。第 1 次收缩是在足跟触地前到步态循环的 20%，第二次收缩是在步态循环的 45% ～ 70%，这段时间刚好与对侧的足跟触地时间一致。这两次收缩控制了每一步足跟触地后躯干向前的移动幅度。

2. 腹直肌　在步态循环中，腹直肌收缩力度不大。然而，在步态循环中的 20% 和 70% 会出现两次较强的收缩。这两次收缩与竖脊肌的收缩时间一致，二者共同在矢状面稳定躯干。腹直肌在躯干前倾的时间刚好与屈髋肌使髋屈曲的时间一致。因此，腹直肌收缩力量的增加能够稳定骨盆和腰椎，同时为屈髋肌（主要是髂腰肌和股直肌）提供稳定的力点。

事实上，躯干肌在步态循环中的角色被低估了。基于对脊柱研究的进展，Gracovetsky 提出了"脊髓动力"理论。该理论认为，行走首先是由脊柱运动完成的。行走时，腰椎在骨盆的移动过程中扮演了很重要的角色，该理论为以后的研究提供了有价值的参考。

第五节　步态运动学

一、地面的反作用力

在行走时，人迈出的每一步都有力量作用于足底。足底作用于地面的力量称足的作用力，地面作用于足底的力量称地面的反作用力。这两种力量的大小相等，但方向相反（牛顿第三定律——作用力与反作用力定律，描述了这两种力量成对出现，且大小相等、方向相反）。

对地面反作用力的描述是沿着三个方向正交的轴进行的，即垂直轴、前后轴和水平轴。三个方向作用力矢量的总和就是足与地之间作用力的矢量。每一步中，地面反作用力在垂直方向和前后方向矢量的总和形成典型的蝶形图案。

1. 垂直方向的力量　垂直方向的力量是指垂直作用于支撑面的力量。在一个步态循环中，地面的反作用力在垂直方向有两个高峰。在支撑初期和支撑末期，地面的反作用力稍大于身体的重量。在支撑中期，地面的反作用力稍小于身体的重量。这种力量大小的轻微波动是由于身体重心的垂直加速度引起的（力量 = 质量 × 重量加速度）。在支撑初期，身体重心是下移的。因此，此时地面反作用力在垂直方向的分力比体重大，这对于减慢身体的下移、加速其上移是必要的。这种现象与以下情况相似：当踏上体重秤秤重时，体重秤所显示的数字要大于人静止时，这是因为在支撑的早期阶段身体获得了向上的移动。支撑末期地面反作用力增加，是由于在支撑末期和摆动初期，足跖屈和身体向下移动形成的联合推动力造成的。

2. 前后方向的作用力　前后方向的作用力是指与支持平面平行的力量。在足跟触地时，地面反作用力是指向后的分力（即足对地面向前的作用力）。此时，足与地面之间需要足够的摩擦力以阻止足向前滑动（如卡通画中一个人踩到香蕉皮滑倒的情形）。前后方向地面反作用力的大小随着步长的增加而增加，这就是人们在冰面上行走时步长较短的原因，目的是减少对地面的摩擦力。

在支撑末期和摆动前期，地面反作用力是向前的，足对地面的作用力是向后的，这样可使身体向前移动。这种推动力的大小与步速有关，尤其是在加速时。如果足与地面的摩擦力不足，就会导致足向后滑动而不能使身体前移。这也就解释了为什么在光滑的平面上行走加速很困难。

前后方向地面反作用力的峰值为体重的 20%，主要是身体重心既向足的后方（足跟触地时）又向足的前方（支撑末期、摆动前期）移动的结果。步长越大，下肢与地面的角度越大，这种前后方向的作用力就越大。身体移动的惯性导致地面反作用力在前后方向分力的形成。

足跟触地时，地面反作用力向后的分力可暂时减慢身体向前的移动。相反，足趾离地时，地面反作用力向前的分力可暂时加速身体的前移。值得注意的是，在双下肢支撑期，当一侧下肢对身体起推动作用时，对侧下肢则对身体起阻碍作用。若以一个恒定的速度行走，一侧下肢在支撑末期对身体的推动力量与对侧下肢在支撑早期对身体的阻碍力量是平衡的。因为这一对力量的大小几乎相等，然方向相反，所以在双下肢支撑期，当身体重量从一侧下肢转移到对侧下肢时，这一对力量便能维持身体的平衡。减速时，需要的阻碍力大于推动力；加速时，需要的推动力大于阻碍力。

3. 水平方向的力量　地面反作用力在水平方向的分力是非常小的（即小于体重的 5%），并且个体之间存在着明显的差异。前后方向分力的大小和方向主要与身体重心和足所处的位置有关。足跟触地时（步态循环最初的 5% ～ 10%），地面反作用力向外侧的一个较小的分力便可阻止足从外向内的轻微移动。然而，在整个支撑阶段，身体的重心都位于足的内侧，足对于地就是一个向外的力量，因此，地面的反作用力就是向内的。这些向内的地面反作用力在支撑初期可抑制身体重心向外移动。之后，这些向内的地面反作用力推动身体前移。例如，滑冰者的这种推动力是通过冰鞋上的冰刀与冰面的相互作用获得的。

二、压力中心的移动路径

在支撑阶段，足底压力中心的移动路径是循环出现的。足跟触地时，足底压力中心位于足跟中点偏外侧的地方。在支撑中期，它逐渐移到足底中心偏外侧的地方；从足跟离地到足趾离地，它又移到足前掌的内侧（相当于第一或第二跖骨骨头的下方）。足跟触地时，足底压力中心的位置相当于地面反作用力的作用点，这便解释了为什么足跟触地时，踝和足会有跖屈和外翻倾向。这两种倾向是由踝部的离心运动控制的，这些肌肉是指踝部的背伸肌，包括胫前肌（图 13-4）。

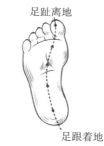

足趾离地

足跟着地

足底压力中心的转移路径

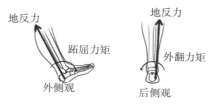

地反力

跖屈力矩

外侧观

地反力

外翻力矩

后侧观

足跟着地时反力力矩

图 13-4 足底压力中心的路径转移及足跟着地时的反力力矩

三、关节的力矩与能量

行走时，地面对足的反作用力对下肢关节可产生外部的力矩。在右下肢负重阶段，地面反作用力的力线位于踝关节和膝关节的后方、髋关节的前方。因此，足跟触地时，地面反作用可产生使踝关节跖屈、膝关节屈曲、髋关节屈曲的力量，而关节内部的力矩则产生使踝关节背伸、伸膝、伸髋的力量，以对抗外部力矩的作用。

通过地面反作用力的大小和外部力臂的长度可对下肢各关节在支撑期的力矩作出估计。这种简化的分析可得出静止状态所需的平衡条件。

内部力矩是由身体本身产生的，通常与关节周围肌肉的活动有关。肌肉产生的大多数力矩对维持身体的直立姿势和促进身体前移十分必要。在某些病理情况下，关节力矩是由软组织（如关节囊和韧带）畸形所产生的被动力量造成的。即使关节周围肌肉没有肌电活动，关节力矩也能产生。事实上，很多没有正常肌肉功能的患者也会使用被动力量产生行走时所必需的关节力矩。

值得注意的是，由肌肉所产生的净力矩不一定反映关节的运动方向。在负重阶段，踝关节跖屈时就有一个内部的净背伸力矩存在。背伸力矩与跖屈运动同时存在，表明踝关节的背伸肌在进行离心收缩。

内部力矩对于观察行走时控制关节的肌肉提供了有价值的视点。然而，内部力矩没有提供有关肌肉收缩速度的内容。对控制肌群收缩速度的理解需要结合力学知识。关节的动力是关节力矩和关节角加速度的产物。关节的动力反映了所有通过关节的肌肉和其他连接组织产生能量及吸收能力的速度。关节动力为正值时表明能量产生，反映出肌肉在做向心性收缩。对能量产生和吸收的概念可通过跳跃的例子加以理解。在准备跳跃时的下蹲动作中，下肢的大部分肌肉处于离心收缩，吸收能量。这些能量是由身体向上运动时肌肉的向心性收缩产生的。

关节力矩和能量的分析为分析步态生物力学提供了很好的理论依据。例如，在健康成年人，踝跖屈被认为是身体向前移动的主要动力。对病理步态的理解和治疗可从这类信息中获得启示。

1. 髋关节　在支撑早期，髋关节周围的肌肉在矢状面产生使髋关节后伸的力矩，这有利于支撑体重，控制躯干和伸髋。支撑期的后半阶段可产生髋关节屈曲力矩，从而减慢髋后伸的速度。髋关节的屈曲力矩是由屈髋肌群和前方关节囊的被动拉紧共同产生的。在摆动初期，一个较小的屈髋力矩与屈髋肌群的向心性收缩一起引起屈髋动作。在摆动末期，伸髋力矩的产生可减缓屈髋动作。

矢状面髋关节的能量曲线，在步态循环最初的35%，能量的产生是为了支撑体重，提升身体重心，控制躯干，促进身体前移。在步态循环的50%～55%能量被吸收，反映出屈髋肌群的离心性收缩和髋关节前方的关节囊抑制了伸髋动作。在摆动前期和摆动初期，屈髋运动的力量产生。

为了完善髋关节在矢状面运动的描述，髋关节两组主要拮抗肌群的收缩，相对强度和方式是不同的。肌电图曲线下方的阴影表明肌肉进行离心性收缩。阴影线区表明肌肉进行向心性收缩。通常，肌肉的收缩是与能量的产生和吸收相关联的。

在冠状面，支撑阶段产生了一个较大的外展力矩，该力矩位于髋关节的内侧。在对侧骨盆开始下降时能量被吸收，这反映了髋部外展肌群的离心性收缩。能量的产生在步态循环的20%和60%，这时对侧骨盆上抬。

在水平面，步态循环最初的20%，外旋力矩的产生可减缓股骨的内旋。之后，在支撑阶段的余下时间，内旋力矩产生，该力矩可促进对侧骨盆前移。需要注意的是，这些力矩较小，大约仅为冠状面和矢状面的15%。在步态循环的20%，髋外旋肌群离心性收缩导致能量吸收。

2. 膝关节　在矢状面足跟触地时，一个非常短暂（步态循环的最初4%）的屈曲力矩可使膝关节屈曲，从而使膝关节得到整合，以利于减震。在屈曲力矩后，可立即产生一个较大的伸膝力矩，这有利于下肢的负重。伸膝力矩一直保持到步态循环的20%，期间伸膝肌群的离心性收缩可控制伸膝，引起伸膝。在步态循环的20%～50%，足趾离地前，屈膝力矩的产生可引起屈膝动作。由于此时腘绳肌腱只有较小的收缩，故屈膝力矩是因膝关节后方的关节囊被动拉紧而产生的。足趾离地前会产生一个较小的伸膝力矩控制屈膝。在摆动初期，屈膝力矩的产生可减缓伸膝。

矢状面的能量曲线反映出膝周肌群的收缩。在支撑早期所产生的暂时性能量可使膝关节发生屈曲。之后，股四头肌的离心性收缩可导致暂时的能量吸收。随后再次引起短暂的能量释放，暗示伸膝动作开始。在足趾离地前，由伸膝引起的能量吸收抑制了屈膝动作。在摆动末期，当下肢的摆动减速时，腘绳肌肌腱开始吸收能量。

在冠状面，内部的外展力矩在膝关节产生，抑制因地面反作用力通过膝关节内侧时所产生的外部内收力矩。该内部外展力矩的产生是一些结构主动和被动收缩的共同结果，包括髂胫束、阔肌膜张肌和膝关节外侧韧带。冠状面能量值较小的原因是膝关节在冠状面的角加速度较小。

在水平面，膝关节的力矩与髋关节的力矩相似，即在支撑期的前半段有一个外旋力矩，在支撑期的后半段有一个内旋力矩。这些由膝关节韧带所产生的力矩与髋关节在水平面的力矩相适应。在支撑阶段，膝关节的关节囊和韧带吸收了一小部分能量，以阻止胫骨内旋。

3. 踝关节和足　在矢状面，足跟触地后不久，在踝关节便产生了一个较小的背伸力矩。该力矩可抑制因跟骨支撑体重而产生的踝跖屈。在支撑阶段的余下时间，会产生一个踝跖屈力矩。该力矩可阻止胫骨过度前移，并在"前冲期"引起踝跖屈。在摆动阶段，一个非常小的背伸力矩产生，使踝关节保持背伸，以利于足趾离地。

在矢状面，踝跖屈肌在"前冲期"前为离心性收缩吸收能量。紧接着，踝跖屈肌在"前冲期"时开始向心性收缩，产生较多的能量。该能量的产生在促进身体前移的过程中起到了较大的作用。

冠状面与水平面的力矩和力量是非常小的，且个体间存在显著差异。在冠状面支撑阶段，一个较小的外翻力矩产生（步态循环的 0% ～ 20%），紧接着是一个内翻力矩（步态循环的 20% ～ 45%）产生。足趾离地前，则又有一个较小的力矩产生。在水平面，外旋力矩在支撑阶段产生，或称外展力矩。

四、关节和肌腱的力量

关节面、韧带和肌腱被认为是有较大张力、可压缩和有剪切力的结构。有关这些力量的知识对临床医生、矫形外科医师和生物工程师是很重要的。尤其进行外科关节移植术时，这些数据是必要的。

这些力量是非常大的。例如，行走时骨与骨之间的压缩速度为 1.4m/s，大小相当于体重的 6.4 倍。

第六节　步态异常

大多数人都认为行走是一件很简单的事。事实上，如果未受伤或身体没有残疾行走确实不是件难事。本节我们会介绍行走的复杂性，步态循环的每个部分都有很多动作同时发生。

人在正常行走时，每个参与的关节都要有足够的运动范围和力量。行走也需要中枢神经系统的控制。行走的复杂性在于正常步态易受功能缺损的影响。尽管有时存在严重的功能缺失，但机体仍有修正步态的能力。

下面列出了三种不正常的步态，每一种都包括很多特殊和一般的病理步态。病理步态因功能缺损和个人的代偿能力而有所不同。

1. 减痛步态　疼痛引起的非正常步态称减痛步态，因要避免让疼痛的下肢支撑体重，故经常采取一种特殊步态，主要表现为步长缩短、疼痛下肢的支撑时间缩短和对侧下肢的摆动时间缩短。

2. 中枢神经损伤的异常步态　很多神经系统疾病，如脑血管疾病、帕金森综合征和脑瘫都会引起不正常的步态。肌痉挛即肌张力增高，会出现拉伸受限，导致肌肉动作的不协调。脑瘫和脑血管疾病患者中，肌痉挛通常发生在伸肌群，故步态模式表现为下肢僵硬、画圈和拖步。剪刀步态是由髋关节过度内收引起的。帕金森综合征步态通常表现为慌张步态。失用症是指随意运动障碍，主要发生于老年人。步态失用主要表现为宽基底步态、步长缩短和拖曳步。有感觉和平衡障碍的患者通常表现步态不稳。伴有神经系统残疾的患者，引起步态异常的主要原因是不能在合适的水平产生和控制肌肉无力。最终，肌无力和关节挛缩会加重神经运动障碍。

3. 肌肉骨骼系统功能缺失导致的步态异常　肌肉骨骼系统的功能缺失也会导致各种各样的步态异常。不正常的关节活动范围可由受伤、毗邻组织或肌肉张力增加和挛缩、不正常的关节结构、关节不稳和先天性的组织松弛等引起。在很多情况下，一个关节不正常的运动范围通常会引起一个或更多周围关节的代偿。因受伤引起的废用性肌肉萎缩、因周围神经损伤引起的神经功能障碍也会导致肌无力。无论什么原因，肌无力都会最终导致步态模式异常。

小　结

行走整合了下肢各区域的功能。要完全了解走路的运动学就必须考虑多个关节和平面、横跨双下肢、躯干与双上肢之间，近乎同时和快速的肌肉、骨骼的相互作用。无论下肢是在活动状态还是固定在地面，必须将内在和外在力量对下肢的作用考虑在内。

研究日常生活活动前，必须了解一些名词和惯例。对行走的描述是以步态周期为定义的。步态周期包括同一只脚在连续的足跟着地时所发生的所有事件。以一个固定不变的步速行走时，走路只是一次步态周期的不断重复。一个步态周期包括 1 次站立期（足跟着地至脚趾离地），即接近步态周期的前 60%；以及 1 次摆动期，即步态周期的剩余部分（脚趾离地至下 1 次足跟着地）。

在步态周期中，下肢主要的关节以转动的方式使身体向前推进，同时提供抵抗重力作用于身体之外在转矩的支撑。当身体向前推进时，重心会轻微地向内外和垂直方向位移，自然而周期性的位移，使得走路像一个倒置的钟摆，允许进行周期性及平顺的位能与动能间的机械能转换，以减少能量消耗。

身体向前的移动主要集中在下肢的髋、膝、踝和足部的转动。最大的关节活动度发生在矢状面，反映出身体的动作方向主要是向前的。一些不够明显但却重要的动作发生在冠状面和水平面的下肢转动动作。这些动作除对身体的向前推进有适度贡献外，矢状面以外的动作也帮助优化了身体重心在垂直和内外方向的位移。

走路时，任何一个关节的动作受限都会对整个身体的动作质量和效率产生影响。如果在最后 15° 的膝伸直动作出现限制则会影响步态，虽然仍能走路，但却是通过其他关节的代偿实现的，其代价是增加了能量的消耗。

在步态周期里，不同时间内，不同肌肉的作用程度不同。大多数肌肉以不同的方式表现其特定动作，如离心收缩、向心收缩或等长收缩，跨越一个或多个关节，向关节远端或近端移动，或以结合的方式实现。

如果某块肌肉或肌肉群无法在适当时机作用或作用力不足，都会导致明显的步态异常，但可通过代偿减低其异常。治疗人员可设计一些策略进行代偿或减低步态异常，包括增加目标肌肉的控制能力、肌力或柔软度的运动。其他策略包括患者的教育，耐力和步态再训练，使用支架、护具，电刺激、生物反馈或其他辅助工具，如拐杖等。

走路是下肢神经肌肉和肌肉骨骼系统的共同作用。尽管走路的运动学是复杂的，但是评估和治疗下肢相关疾病的基础。异常的变异度，包括局部肌肉的受伤或使用过度、疼痛或关节置换、神经性创伤或疾病、卧床或手术后耐力的减退，以及截肢、瘫痪等。

主要参考书目 ▷▷▷▷

[1]（美）麦里斯蒂·凯尔主编，汪华侨，郭开华，麦全安主译.功能解剖——肌与骨骼的解剖、功能及触诊.天津：天津出版传媒集团，2013.

[2] Nancy Hamilton，Wendi Weimar，Kathryn Luttgens 著，林文心，洪承纲，徐中盈，等译.肌动学：人体动作的科学基础.台北：和记图书出版社，2012.

[3] Donald A.Neumann 著，洪秀娟，徐于钧，蔡忠宪，等译.肌肉骨骼系统肌动学：复健医学基础.台北：台湾爱思唯尔有限公司，2013.

[4]（德）Peter Duus，Mathias Bahr 著，刘宗惠，徐霓霓译.Duus 神经系统疾病定位诊断学——解剖、生理、临床.8 版.北京：海洋出版社，2016.

[5] Joseph E.Muscolino 著，郭怡良，李映琪编译.肌肉骨骼触诊指引——扳机点、移转模式和牵张.台北：台湾爱思唯尔有限公司，2011.

[6]Donald. A Neumann.Kinesiology of the Musculoskeletal System：Foundations for Rehabilitation.Second Edition.St.Louis，Missouri，United States：Mosby Elsevier Inc，2010.